软件测试策略、设计及其自动化实战

——Linux、Android、Windows、Web 的全面软件测试

于艳 编著

U0379051

西安电子科技大学出版社

内 容 简 介

本书主要介绍软件测试的策略、建模、设计与不同平台的自动化技术。全书分为两大部分：第一部分包括第 1～5 章，主要介绍前沿的测试理论、测试流程、测试策略模型、测试建模、测试设计和用例设计、探索性测试、测试质量度量与改进、自动化基础知识、自动化框架的开发等，可帮助学习者成长为优秀的测试架构师；第二部分包括第 6～11 章，针对 Linux、Android、Web、Windows 下的用户界面 UI、命令行 CLI、单元接口等，分别论述了测试方法、当前流行的自动化技术与工具以及实际案例与实践总结，可以提升实际项目的自动化覆盖率，帮助学习者成长为全面的自动化测试专家。

本书涵盖了软件测试各个方面的知识，介绍了各种先进的前沿技术，涵盖了理论和实际案例，内容全面。

本书适合 App 测试人员、移动设备测试人员、Web 测试人员、驱动测试人员、Linux 测试人员、Windows 测试人员、自动化测试人员、质量保证人员等阅读学习，也适合作为软件测试课程和测试培训的参考资料，还适合作为大专院校相关专业和培训学校的教材。

图书在版编目(CIP)数据

软件测试策略、设计及其自动化实战——
Linux、Android、Windows、Web 的全面软件测试/于艳
编著. —西安：西安电子科技大学出版社，2019.6
ISBN 978 - 7 - 5606 - 5262 - 7

Ⅰ. ①软⋯　Ⅱ. ①于⋯　Ⅲ. ①软件—测试　Ⅳ. ①TP311.55

中国版本图书馆 CIP 数据核字(2019)第 037425 号

策划编辑　戚文艳
责任编辑　祝婷婷　阎彬
出版发行　西安电子科技大学出版社(西安市太白南路 2 号)
电　　话　(029)88242885　88201467　　　邮　　编　710071
网　　址　www. xduph. com　　　　　　电子邮箱　xdupfxb001@163.com
经　　销　新华书店
印刷单位　陕西天意印务有限责任公司
版　　次　2019 年 6 月第 1 版　　　　2019 年 6 月第 1 次印刷
开　　本　787 毫米×1092 毫米　　1/16　　印张　24
字　　数　569 千字
印　　数　1～3000 册
定　　价　55.00 元
ISBN 978 - 7 - 5606 - 5262 - 7/TP
XDUP　5564001 - 1

前　　言

笔者从事一线的软件测试工作已经十余年，在此期间，阅读了大量的测试文献资料，参与了很多不同类型的测试项目，从实践中逐渐构建出自己的知识体系和经验。本书的主要内容就是这些知识体系和经验的总结。希望本书能帮助测试人员快速建立测试理念，掌握切合实际的综合性技能，通过理论结合实践的方式解决实际工作中的问题，提升工作效率和质量。

笔者在以往面试过程中发现：一方面，大部分应聘人员对测试策略、建模、设计只知道皮毛，且不会结合实际项目灵活应用，导致测试架构师职位常常空缺很久也不能招聘到合适的人员。尽管有的人拥有多年测试经验，但是除了业务知识以外，对测试本身并没有进行思考和总结，一旦离开熟悉的业务领域就又变成了新人，之前的经验很难复用，而且即使在自己熟悉的业务领域，由于本身的测试核心能力不足，所以发展也受到了限制。另一方面，应聘人员欠缺自动化技术，测试金字塔中往往只懂上层不懂底层，而且随着软件越来越复杂，某个领域的测试往往会涉及其他领域的各种技术，通过了解不同领域的测试技术和自动化，开拓思维，有助于进一步提升核心能力，更好地实现整体把控，解决工作中遇到的各种问题。以手机终端测试为例，其自动化技术会涉及 Android 系统各个架构下对应的不同的自动化技术，如 UI 自动化、Framework 的仪表盘技术、HAL 的单元接口自动化等。在实际项目中还可能会涉及 Linux、Web 以及 Windows 的自动化技术，以便更好地提升自动化覆盖率，这一部分测试技术会涉及驱动、OS 和上层应用等。针对这些问题本书介绍了一些可以借鉴的方法，期待读者依据这些方法，根据被测项目的实际特点，构建满足项目实际需求的测试策略、设计和自动化等。

本书的组织结构如下：

第一部分包括第 1 章到第 5 章，介绍了前沿的测试必备理论、测试策略模型、测试与设计建模、自动化测试理论与自动化框架解决方案等。其中，第 1 章主要介绍了最新的软件测试概念、测试类型、质量属性、开发生命周期模型、漫游测试、软件测试分类、测试过程阶段等。第 2 章介绍了通过 HTSM 模型、ACC 模型及 TEmb 方法输出测试策略。第 3 章概述了各类测试模型、测试设计技术与用例设计技术，介绍了如何进行测试设计、建模和输出用例，并介绍了缺陷分析法、软件质量评估与质量管理等。第 4 章介绍了自动化测试概述、测试金字塔、自动化测试工具实现原理、自动化测试脚本技术、自动错误预防（AEP）机制等。第 5 章给出了实现跨平台自动化的整体解决方案，包括自动化下载源码和 MD5 校验、自动化编译与打包、自动化分发测试工具、自动化执行测试、自动化上传结果到 Testlink、自动化对比不同版本的源码并发送邮件、性能监测、自动化画图、精准测试等。

第二部分包括第 6 章到第 11 章，介绍各个领域常用的自动化技术、测试方法以及对应的系列工具。第 6 章介绍了白盒测试方法、接口测试方法、Gtest 单元测试框架及覆盖率工具、Python 的 Unittest 单元测试框架以及其他语言的单元测试框架等。第 7 章介绍了 Linux 测试类型、CLI 命令行的自动化、Linux GUI 自动化以及常用的系列工具等。第 8 章介绍了 Android 系统架构及各层架构下的各个自动化技术，如 Android 上层 UI、Framework 层、底层如 HAL 和 Kernel 层的自动化技术、App 测试方法以及常用的系列工具等。第 9 章介绍了 Windows 的自动化技术、自动化工具、猴子与模糊测试以及常用的系列工具等。第 10 章介绍了 Web 测试方法与工具、UI 自动化以及常用的系列工具。第 11 章介绍了 Web 性能策略与测试设计、性能测试方法以及 JMeter 性能工具等。

本书不要求读者掌握特定的背景知识，读者可以思考本书的测试技术方法，并应用于实际测试项目，评估其效果，通过评估和思考，掌握原理和细节，演化成新的测试技术方法。希望本书可以帮助初学者迅速了解软件测试全过程与相关技术，同时也能够帮助中高级工程师系统梳理测试技术并构建自己的测试体系，从而升级为测试架构师或者自动化测试专家。

感谢所有曾经支持和帮助过我的人。特别感谢研华科技的开发经理梁继超参与本书部分章节的审查与修订。感谢我的爸爸、妈妈和那些默默关心我的人，写这本书花费了很长的时间，是你们让我坚持自己的理想。感谢我的女儿梁澜馨，谢谢你给妈妈带来很多快乐，谢谢你对妈妈写作无法陪伴你的理解和支持！还要感谢西安电子科技大学出版社戚文艳编辑的悉心帮助和指导。

很高兴和大家分享十余年的经验、思考与总结。由于笔者水平有限，很多内容都是自己的经验总结，难免会出现错误，欢迎各位读者不吝指正。如果在阅读本书过程中有任何问题或者建议，欢迎随时发送邮件到 451193604@qq.com，笔者将尽量给您答疑解惑。

编　者

2019.2

目　录

第 1 章　软件测试必备理论

1.1　软件测试知识

1.1.1　软件测试

IEEE 将软件测试定义为在规定的条件下，使用手工或者自动化手段来运行或测试某个系统，对其是否满足设计需要进行评估的过程。1979 年 Glenford J. Myers 提出软件测试是为了发现错误而执行程序的过程。这个定义紧扣测试的基本活动，即执行程序和寻找错误，符合多数测试人员的工作内容。但这里要特别注意，测试不仅仅是找缺陷，也包括了改进研发流程，预防缺陷，提供对产品质量相关的信心与信息等。实际上当测试人员把工作的重点放在寻找更多的缺陷的时候，很可能会急功近利，因为发现缺陷会占用较多时间，放慢测试脚步，占用测试人员的思维，忽略其他一些基本的功能，很容易导致测试遗漏。

Cem Kaner 教授提出，软件测试是一种技术调查，其目的是向关系人提供有关产品（软件、系统或服务）质量的实验信息。他的定义认为测试是一种服务，服务的内容是提供产品质量的实验信息。质量是对某些人而言的价值，不同的人对质量有不同的评判标准，对信息有不同的需求。除了发现缺陷外，测试人员通过多种方式来向不同的关系人提供信息，不仅能为客户服务，而且能帮助客户避免获得具有较多缺陷的软件，还能向测试经理提供调查报告，向程序员提供代码的质量反馈（一般包含更多技术细节，从而让开发人员修改代码，提高产品质量），向产品经理提供技术支持（侧重于用户体验和产品价值），向运维人员提供已知的缺陷和解决方案建议等。Cem Kaner 教授特别提出技术调查，即系统地进行广度调查和深度调查，从各个方面收集信息，帮助项目关系人做出决定。测试人员的职责不是质量保证，测试人员没有权利控制项目计划、预算、开发人力、产品范围、开发模型、客户关系等，但是却能尽力提供有价值的、实时的有关产品真实状态的信息，暴露对产品、项目及业务价值的威胁，即持续向客户报告的是风险而不只是缺陷。

1.1.2　软件缺陷

IEEE 729 - 1983 将缺陷定义为：从产品内部看，缺陷是软件产品开发或维护过程中存在的错误和问题；从产品外部看，缺陷是系统所需要实现的某种功能的失效或违背。简而言之，软件缺陷是指程序、系统中存在问题，不能达成和产品设计书的一致性，不能满足用户的需求。

软件测试人员需要理解相关项目关系人，包括客户、用户、产品经理、开发人员、管理人员等对软件的期望，知道软件通过何种途径提供服务。需要考虑从不同关系人的视角考察软件，来发掘危害软件价值的问题。如果只从单一关系人的角度考察，则很可能会错过对其他人而言很重要的问题。测试人员不能仅仅依赖产品需求规格书，还应该站在用户角度考察产品，了解目标与需求价值，才能真正发现用户需求和软件需求遗漏和错误的问题。

测试过程中，测试人员应该早期参与测试，通过参与需求审查及早发现需求问题，以及通过代码审查等发现代码规范、代码架构优化等问题。例如通过代码审查发现开发人员往往只关注了功能实现，忽略了异常错误处理代码，没有对异常错误情况做处理，所以需要重视这部分的测试。总之，需要尽可能早地发现缺陷，越早发现缺陷，修复越快，成本越低。一般而言，通过相似项目的历史缺陷信息的度量和分析，可以帮助测试人员发现规律，找出问题，提前预防。

1.1.3　软件测试应遵循的七原则

软件测试有七个通用的原则，每一条原则都是宝贵的知识积累，需要关注。

（1）测试无法显示潜藏的软件缺陷。测试可以显示软件存在缺陷，但不能证明软件没有缺陷。测试会降低软件中存在没有被发现的缺陷的可能性，但是即使没有发现缺陷，也不能证明软件是完全正确的。

（2）穷尽测试是不可行的。测试新手可能认为，拿到软件后就是要进行完全测试，找出所有缺陷，确保软件完美无缺。但实际上，进行所有（如各种输入、预置条件、输出的组合）测试是不可行的，所以需要基于风险分析和优先级（参见第 2 章测试策略）进行风险的测试而不是穷尽测试。

（3）软件测试应尽早介入。越早发现缺陷，修改的代价越小；越晚发现缺陷，修改的代价越高，且成倍数增长。为了尽早发现缺陷，在软件或者系统开发生命周期中，测试活动应该尽可能早地介入。

（4）缺陷集群性（Pareto 原则）。生活中的害虫和缺陷很类似，两者都成群出现，如果发现一个，则附近可能会有一群。软件测试的工作分配比例应与预期的、后期观察的缺陷分布模块相适应，符合 Pareto 原则，即 80 - 20 原则，即 80％的缺陷发生在 20％的模块中。

（5）杀虫剂悖论。与农药杀虫一样，老用一种农药，害虫就有了抵抗力，农药就再也发挥不了效力。采用相同的测试用例重复进行测试，最后将不能再发现新的缺陷。同理，为了避免杀虫剂悖论，测试用例需要定期审查更新和修改，同时需要不断增加不同的测试用例，来找出更多潜藏的软件缺陷。

（6）测试依赖于软件测试背景。不同上下文的测试是不同的，例如涉及安全的关键性软件和电子商务网站的测试就不同。可以参考 2.4.2 节的产品特性，设计测试策略。

（7）不存在缺陷就是有用系统的谬论。如果系统无法使用，或者不能满足用户的需求和期望，那么找到和修改缺陷也是没有帮助的。而且也并非所有软件缺陷都要修复，需要根据风险决定哪些缺陷要修复，哪些不需要修复。需要尽可能多地了解客户的需求，定位产品的特性。

1.2　软件测试方法

本节介绍通用的软件测试方法，工作中建议从 1.3 节介绍的六大质量属性出发，根据实际项目产品特性、风险点，分析和构建适合项目需求的测试类型和测试点。

1.2.1　功能测试法

功能测试（也称为行为测试）以产品的需求规格说明书、设计文档和测试需求列表为依据，测试产品的功能实现是否符合产品的需求规格。需求规格是从最终用户的角度，对程序行为特征进行描述的。功能列表属于常见的功能测试模型，通过输出功能列表的方式，将产品的功能分解为层次结构，既能抽象出主要功能区域，又能提供必要的细节，为功能覆盖提供指导和参考。在应用此方法时，可以参考 3.1.2 节，综合考虑功能列表的多个元素，来测试功能之间的组合和交互。

功能测试重点关注的是对软件产品功能行为的测试，测试时应从实际用户的角度出发，按照功能的使用进行用户场景划分，划分的粒度要明确统一，划分后的测试场景要能覆盖特性功能，各场景之间不存在功能重叠。功能测试一般属于黑盒测试，常用的测试用例设计方法有等价类划分、边界值分析、因果图判定表、正交试验设计、错误推测法等（第 3 章将对这些方法进行详细介绍）。由于不可能测试所有东西，因此可以参考第 2 章的测试策略，根据风险分析对需求进行优先级划分，来决定对测试范围、每个功能投入多少关注等。

1.2.2　性能测试法与流程

性能测试的定义分为广义和狭义两个方面。在狭义上，性能测试主要涉及常规的性能指标，通过模拟生产运行的业务压力或用户使用场景来测试系统性能是否满足性能的要求，一般属于正常范围下的测试。在广义上，性能测试则可以分为压力测试、负载测试、稳定性测试、配置测试等，这在后面的章节中会做具体介绍。

就狭义的定义而言，一般来说，产品的需求规格中会给出性能指标值，测试人员可依此来验证产品是否满足需求规格，需求规格中对性能的要求和定义，会直接影响性能测试的范围，包括测试深度和测试广度。但实际上，很多时候需求规格都很简单，需要挖掘隐式需求。

性能测试的一般流程是：首先，测试出产品的最佳性能值，此时需要注意测试指标之间的内在关系，在测试一个指标时，其余的指标最好保持不变，避免对测试造成影响。其次，分析影响性能的因素，测试其对性能的影响程度。例如，分析哪些因素会导致性能下降，然后分别对其进行测试，观察测试结果是否符合预期，从而得出哪些因素对系统性能的影响大，哪些因素影响小，是否符合预期。另外，还要测试各个因素下性能趋势是否符合预期，其最坏值是否合理，是否会成为系统的性能瓶颈，是否需要调优。一般情况下，测试单个因素对性能的影响时，其余因素应保持不变，而在某些场景下，也需要考虑多个因素组合下的测试。最后，以场景为单位，测试每个场景下的性能，从而更好地评估产品在用户使用环境中的性能表现，这对用户更有意义。实际测试中，不可能对所有功能都进行性能测试，一般需要基于产品特性，根据风险分析进行慎重的选择。基于风险分析的测试策略会在第 2 章详细介绍。

1.2.3　负载测试法

负载测试是指通过对被测系统不断加压，直到超过预定的指标或部分资源已经达到了一种饱和状态不能再加压为止。它可测试系统在资源超负荷情况下的表现，用来发现设计上的错误或者验证系统的负载能力。其中，负载测试中涉及的资源包括软件配置、硬件配置、路由、TCP/IP 端口、CPU、内存、Flash、带宽、线程、句柄、锁、缓冲器、磁盘等软件正常工作所需要依赖的装置及部件。对负载测试的理解如下：

（1）负载测试站在用户的角度，观察在一定条件下软件系统的性能表现。测试人员可以通过工具获取测试场景中的资源使用情况，也可以通过分析实际用户的真实系统中的数据来统计负载信息。

（2）负载测试的预期结果是用户的性能需求得到了满足。此指标一般体现为响应时间、事务处理速率、交易容量、并发容量、资源使用率等。

1.2.4　压力测试法与驱动压力测试案例

压力测试是指当系统已经达到一定的饱和程度（如 CPU、磁盘等已经处于饱和状态）时观察系统是否会出现错误，以此判断系统的业务处理能力。

一般而言，压力测试包括以下三种测试方法：

（1）持续以超过规格的负载进行测试，查看系统的可恢复性。测试内容一般包括并发性能、疲劳测试、大数据量。

（2）耐力测试（endurance test），即以常量负载（constant-load）进行长时间测试。建议使用边界值进行测试，可以发现如内存溢出、文件碎片化、数据查找变慢（随着数据集不断扩大）、系统性能逐渐出现下降甚至服务停止等情况。

（3）弹性测试，即使用持续突发形态下的负载进行压力测试，保证规格值之内的业务都能被正确处理且系统运行情况正常。

其中，对于第（1）种测试，系统可能无法保证所有业务都能被正确处理，甚至系统有可能崩溃，但即使崩溃，也不能说明存在产品缺陷，因为只要负载超过规格足够多，系统就一定会崩溃。但是系统崩溃后希望能立即主动可恢复，所以持续超过规格用来作为测试可靠性的恢复测试法。第（2）和第（3）种测试在云测试中常常会用到，首先增加负载至超出边界（扩展），然后将负载降低到边界以下（缩短）。例如负载上限是 100 个并发用户，可以测试100、99、101 个并发用户，持续测试一天，预期结果是性能对于用户保持一致，无论用户数实际是否超过了边界值。又例如系统最多支持 1000 个用户同时发送邮件，可以设置 60 分钟一个周期，前 30 分钟为 1400 个用户同时发送邮件，后 30 分钟为 600 个用户同时发送邮件，持续测试 1 天。

以驱动类项目为例，表 1-1 至表 1-4 列出了驱动类项目涉及的压力测试点。读者可以根据产品特性，继续增减测试点。

表 1 - 1　接口 API 压力测试

压力内容	驱动进行长时间的测试，包括： （1）驱动最大性能下的长时间测试； （2）用户数据下的长时间测试； （3）同驱动多线程下的长时间测试（如 Can 驱动通过多线程实现收发功能，并运行 7 天的长时间测试）； （4）不同驱动多线程、多进程的长时间测试（单个驱动可通过多线程实现业务功能，接着同时运行不同驱动的进程，如串口、Brightness、DIO 等，进行长时间测试）； （5）支持最多数目的驱动卡片或设备下，同时进行长时间测试（如 PC 能插入的最多的驱动卡片，每个驱动卡片同时进行长时间测试）； （6）长时间用户场景的测试，可借助提供给用户的 utility 和 example 进行长时间下的稳定性测试，例如，出现过函数频繁调用 printf 打印信息，而导致无响应的问题
检查点	（1）驱动功能正常，符合要求； （2）CPU、内存等正确，无内存泄露，可正常开关机
测试工具	（1）基于单元测试框架，开发各个驱动的自动化测试工具，进行测试； （2）开发资源监测工具，提供分析
通过标准	运行 7 天，符合驱动相应标准

表 1 - 2　频繁调用接口 API 测试

压力内容	（1）频繁调用接口 API，如频繁调用 open/close（通过频繁点击界面调用接口的压力会稍小，建议直接使用 API 调用方式，加压测试） （2）对于 API 的所有参数的所有可取值进行频繁遍历测试； （3）多线程并发＋频繁操作
检查点	（1）返回值正确； （2）get 与 set 值保持一致； （3）无内存泄露
测试工具	（1）开发自动化测试工具进行测试； （2）多线程也可通过源码审查或静态工具检查（例如原子性，利用 Java 的 synchronized、pthread_mutex_lock 进行同步）
通过标准	通过检查点

表 1 - 3　频繁安装卸载驱动

压力内容	（1）频繁 insmod/rmmod； （2）频繁 Install/Uninstall； （3）Windows 的设备管理器中，频繁禁用/使能，例如频繁 Enable/Disable 串口的master 和 slave 后，发现串口驱动的 port 不出现
检查点	（1）驱动安装、卸载等操作正常，无错误； （2）驱动运行正常
测试工具	编写自动化脚本进行测试
通过标准	运行 100 次，通过检查点

表 1－4　高负载下的压力测试

压力内容	系统高负载下的测试，根据产品依赖的资源，在占用系统 CPU、内存、磁盘空间等低资源下，进行压力测试： （1）系统高负载下＋单个驱动的测试； （2）系统高负载下＋驱动的多线程、多进程争抢资源下的测试； （3）系统高负载下＋全部驱动＋低资源下的 Burnin 测试
检查点	系统不会崩溃等
测试工具	开发自动化测试程序脚本工具，进行测试
通过标准	默认运行 7 天，无异常

1.2.5　安全性测试法与案例

查找产品的潜在软肋，可以避免黑客利用该软肋对产品进行攻击。安全测试的方法分为白盒、黑盒和灰盒三种。其中，白盒测试需要使用包括源代码在内的所有可用的资源，而黑盒测试只访问软件的输入和观察到的输出结果，介于两者之间的是灰盒测试，它在黑盒测试的基础上可通过对可用二进制文件的逆向工程获得额外的分析信息。

1.　白盒测试法

白盒测试包括各种不同的源代码分析方法，可以人工完成，也可以利用自动化工具完成，这些自动化工具包括编译时检查器、源代码浏览器或自动源代码审核工具。

案例一：字符串复制没有考虑目的缓冲区的大小是否能容纳源缓冲区，导致复制时将目的缓冲区以外的内容进行非法覆盖。由于字符串缓冲区被破坏，导致程序崩溃，如果通过恶意输入触发这种情况，则可造成拒绝服务让合法用户无法正常使用，如果函数返回地址被恶意代码覆盖，则函数返回时控制权便会转移恶意代码，执行任意代码。以 Stack Overrun 为例，申请了一段内存，而填入的数据大于这块内存，填入的数据就覆盖掉了这段内存之外的内存了，代码如下：

```
void fun(char * input)
{
    char buf[100];
    strcpy(buf, input);
}
```

没有进行长度检查，如果黑客通过操作参数 input，则可能重写返回地址，从而产生安全性问题。当复制的数据大于 Stack 声明的 Buffer 时，会导致 Buffer 被 Overwritten，从而产生基于 Stack 的 Buffer Overrun。当 Stack 声明的变量位于函数调用者的返回地址时，返回地址会被攻击者重写，此时就可以利用 Buffer Overrun(BO)执行恶意代码进而控制计算机。在 C 语言中，假设调用上面的函数 fun，则程序的 Stack 如图 1－1 所示。首先，参数会放到栈中去，接着是这个函数执行完的下一个指令的地址，即返回地址，接着是 EBP、registers，再接着是这个函数的本地变量的内存空间。上面函数 fun 申请了 100 个字节的空间。当 BO 发生时，数据就会覆盖掉 Buffer 之后的内存，关键的部分是 Return address 可以被覆盖。那么黑客就可以把 Return address 的值修改成这个 Buffer 的一个地址，比如起始地址 buf[0]的地址，而这个 buf 里边填入黑客自己的代码。这样当这个函数退出的时候，程序会执行 Return address 所指定的代码，也就是黑客的代码了。

```
Highest address
        Arguments
        Return address
        Previous EBP
        Saved registers
        local storage
Lowest address
```

图 1-1　X86 EBP Stack Frame

字符串处理中常见的错误，除了字符串复制没有考虑目的缓冲区的大小是否能容纳源缓冲区以外，还包括字符串连接时未考虑到连接后的字符串是否超出缓冲区的限制（导致缓冲区被非法覆盖），以及字符指针的重叠操作（若两个指针指向的字符串内存空间存在重叠，会导致未定义的行为，且这种行为可能破坏数据的完整性）。

通过阅读源代码可以查找这类缺陷，如查看 strcpy、strcat、memcopy 等函数在调用之前，是否有做判断？尽量使用 strcpy_s 等安全版本函数来进行替代。C++程序，尽量使用 std::string、std::ostringstream 等安全性更好的类库替代不安全的 C 字符串操作函数。另外，Array index 错误，Heap overrun 也易发生此类问题。此外，也可借助工具如 Prefast、Fxcop 等进行这部分测试。

案例二：不安全的调用 CreateProcess() 也会引起漏洞。微软 Windows API 使用 CreateProcess() 函数创建新的进程及其主线程。其中，第一个参数 lpApplicationName 变量包含有将要执行模块的名称，但可能是空值，此时所执行的模块名称将会是第二个参数 lpCommandLine 字符串中的第一个空白划定符。即如果 lpApplicationName 中包含有空值，lpCommandLine 变量中的完整模块路径包含有空白且没有包含在引号中，就可能执行其他程序，例如：

```
CreateProcess(

NULL,

c:\program files\sub dir\program. exe,

...

);
```

在这种情况下，系统在解释文件路径时会扩展字符串，直到遇到执行模块。上面例子中的字符串可能被解释为 c:\program. exe files\sub dir\program name 等，因此，如果 c:\目录中存在名为 program. exe 的文件，就可能执行该文件而不是预期的应用程序。

2. 灰盒测试法

灰盒测试通过逆向代码工程获得的结果和分析编译后得到的汇编指令来协助安全测试，但是要付出更多的努力。首先识别出反汇编结果中令其感兴趣的可能存在的漏洞，然后反向追溯到源代码中以确定漏洞是否可被别人所利用。

3. 黑盒测试法

黑盒测试可以使用 9.5.2 节提到的模糊测试来进行测试，模糊测试可能会发现很多问题，但是需要进一步定位哪些问题是属于安全测试的问题，具体参考模糊测试一节所讲的内容。另外，渗透测试也常用来做安全测试，它是为了证明网络防御是按照预期计划正常运行的。渗透测试是通过模拟恶意黑客的攻击方法，来评估计算机网络系统安全的一种评估方法。这个过程包括对系统的任何弱点、技术缺陷或漏洞的主动分析，这个分析是从一个攻击者可能存在的位置进行的，并且从这个位置有条件主动利用安全漏洞。渗透测试包括主机操作系统渗透，即对 Windows、Solaris、AIX、Linux、SCO、SGI 等操作系统本身进行渗透测试；数据库系统渗透，即对 MS‐SQL、Oracle、MySQL、Informix、Sybase、DB2、Access 等数据库应用系统进行渗透测试；应用系统渗透，即对渗透目标提供的各种应用，如 ASP、CGI、JSP、PHP 等组成的 WWW 应用进行渗透测试；网络设备渗透，即对各种防火墙、入侵检测系统、网络设备进行渗透测试。安全性测试比较复杂，需要对被测标的物有深入的理解，包括架构和实现，通过设计不同的测试方法、使用不同的工具来进行测试，这里不做详细介绍，大家可根据需求进行查阅和学习。

1.2.6　UI 与 UE 测试法

在软件开发中，UI 设计是指对软件的人机交互、操作逻辑、界面美观的整体设计，要经过规划、美术设计、制作几个过程。UI 主要是指用户界面规划，包括所需要的不同控件类型的测试（如编辑框、单选按钮、树状目录、复选框、组合列表框、滚动条、下拉式菜单、鼠标操作、窗口等）；肥胖手指测试；界面是否符合清楚一致的设计原则、易用性细则、规范性细则、合理性细则、美观与协调性、独特性等。

这里，需要关注默认值测试，是否有合理的默认值，删除默认值为空白字段如何处理。特殊字符和 Ctrl、Alt、Esc 按键组合的字符，也需要测试。有些特殊字符与软件运行平台相关，每一个操作系统、编程语言、浏览器和运行时环境都有一些特定的保留字，具有特殊含义，需要考虑这些特殊的保留字的测试。

用户体验 UE（User Experience）的提出很重要，网站或者软件的使用要站在用户角度进行策划和设计，要从多个角度去试验，以找到用户最美好的使用体验。著名的营销顾问拜因和吉尔莫指出，体验的价格远远超过日用品和产品价格的数十倍甚至数百倍，即最值钱的就是体验。用户体验是从整体上去衡量在内容、用户界面（UI）、操作流程、功能设计等多个方面的用户使用的感觉，而 UI 仅仅是指用户使用的界面、流程。下面介绍 UE 的几个关注点：

（1）获取用户需求，挖掘产品价值，确保产品是有用的。例如，苹果在上世纪 90 年代的第一款掌上电脑（PDA）就是一个非常失败的案例，而当时那个年代，很多人并没有 PDA 的需求，苹果把 90% 以上的投资放到 1% 的市场份额上，所以必然会遭受失败。

（2）易用。不方便使用的产品，也是没用的。产品设计要让用户一看就知道怎么去用，而不用去读说明书。

（3）友好。例如早期加入百度联盟时，百度会发出一个邮件，即"百度已经批准你加入百度的联盟"。在这里，"批准"这个词就让人不舒服，后来改为"祝贺你成为百度联盟的会员"。文字上的这种感觉也是用户体验的一个细节。

（4）视觉设计让产品产生一种吸引力，视觉能创造出用户黏度。例如苹果产品能让用户在视觉上受到吸引，爱上这个产品。

（5）不要忽视文字的力量。

（6）需要关注怎么能让用户爱上产品。可以通过视觉去改善，去提供一种感觉。这也是百度和 Google 为什么要做节日 LOGO 的原因，LOGO 会让用户产生一种感觉、情感，黏度会更好。

（7）性能也是用户体验很重要的关注点，速度影响用户体验。例如，如果移动手机端打开一个 App 应用，超过 3s 还是白屏，则用户基本就会放弃这个 App 的应用。根据用户满意度调查显示，一个网页总加载时间小于 5s，不会让用户产生反感，用户对网页第一个屏的加载时间小于 2s 的网站会有良好的印象，而速度慢、等待时间长会导致用户放弃访问，转去竞争对手网站。当用户放弃使用或者减少使用时，将直接影响企业的收入，所以性能测试和优化也是很重要的，是用户获得更好产品体验的基本前提。

1.2.7　国际化、本地化、全球化测试法

国际化（I18N）测试：I18N 为"Internationalization"单词的缩写，由于"Internationalization"单词较长，为了书写简便，通常缩写为"I18N"。中间的 18 代表在首字母"I"和尾字母"N"之间省略了 18 个字母。国际化是使产品或软件具有不同国际市场的普遍适应性，从而无需重新设计就可适应多种语言和文化习俗的过程。国际化测试在软件设计和文档开发过程中，使产品或软件的功能和代码设计能处理多种语言和文化习俗，具有良好的本地化能力。国际化测试的目的是测试软件的国际化支持能力，发现软件国际化的潜在问题，保证软件在世界不同区域中都能正常运行。

本地化（L10N）测试：和国际化 I18N 类似，L10N 是"Localization"的缩写，由于"Localization"单词较长，为了书写简便，通常缩写为"L10N"，中间的 10 代表在首字母"L"和尾字母"N"之间省略了 10 个字母。本地化是将产品或软件针对特定国际语言和文化进行加工，使之符合特定区域市场的过程。真正的本地化要考虑目标区域市场的语言、文化、习俗、特征和标准，通常包括改变软件的书写系统（输入法）、键盘使用、字体、日期、时间和货币格式等。本地化测试主要包括内容测试、数据格式测试、可用性测试、翻译验证测试、兼容性测试、文档测试、法律法规。内容是产品除了代码之外的所有东西，包括文字、图形、声音等，如阿拉伯语是从右向左的，日语的地图、画面检索等图标是符合日本人习惯的。不同地区在货币、时间、度量衡上使用不同的数据单位格式，如中国是"2010-5-1"，而英语国家是"May 1th, 2010"。可用性测试包括快捷键的设置、命令键顺序等是否符合本地习惯，如文字超出按钮菜单的边界或乱码。翻译验证测试包括翻译正确性、政治敏感内容、宗教内容等，如邮件登录密码检查中，中文是退出而日文是登出。兼容性测试包括软硬件，使软件与系统真正适合本土环境，如兼容第三方本地化软件、兼容本地流行的硬件。文档测试包括产品发布信息、用户手册在线帮助等。另外，也要关注法律法规，数据存放地的国家法律，服务涉及的国家之间的法律。

国际化是指在设计软件时，将软件与特定语言及地区脱钩的过程，当软件被移植到不同的语言及地区时，软件本身不用做内部工程上的改变或修正。本地化则是指当移植软件时，要加上与特定区域设置有关的资讯和翻译文件的过程。国际化和本地化之间的区别，在于国际化意味着产品有适用于任何地方的潜力；本地化是为了更适合于特定地方的使用，而另外增添的特色。

全球化（G11N）测试：G11N 是"Globalization"的缩写，由于"Globalization"单词较长，

为了书写简便，通常缩写为"G11N"，中间的 11 代表在首字母"G"和尾字母"N"之间省略了 11 个字母。全球化是使产品或软件进入全球市场而进行的有关的商务活动，包括正确的国际化设计、本地化集成，以及在全球市场进行的市场推广、销售和支持的全部过程。企业通过全球化实现其全球化发展战略，实现全球化业务，扩大市场规模，降低软件成本，提升综合竞争力，展现企业发展实力，增强用户信心，树立市场形象。G11N ＝ I18N ＋ L10N，也就是说，软件全球化包含技术、市场、组织、服务等系列过程，而软件的国际化和本地化只是全球化产品的实现技术和过程。

1.2.8　安装与卸载测试法

安装测试主要是确保在正常和异常情况下，软件是否能正确安装和使用。安装测试需要检查安装界面控件排列、文字、逻辑等，检查系统文件结构和系统注册的变更。安装测试可以结合边界值、等价类等方法，例如在特定磁盘空间容量、特定网络访问速度、特定权限情况下的安装测试。例如安装过程中突然中断，关闭、关机、断网等，下次安装能继续上次的安装。同时还需要关注不同环境下的安装，也要关注升级测试，验证系统是否被正确升级。

卸载测试是对已安装好的软件进行卸载操作，测试卸载是否正确，包括安装后是否正确卸载，升级后是否正确卸载，安装插件后是否正确卸载。卸载方式包括自带卸载程序进行卸载，控制面板的添加删除程序进行卸载。需要测试软件使用过程中进行卸载（例如驱动运行过程中卸载驱动）、卸载过程中取消等，需要卸载再次安装与再次卸载测试。

Veri－Rational Installation Analyzer 工具能辅助进行安装测试，安装前、运行后、首次卸载后、再次安装后、再次卸载后建立快照，用于验证首次安装、运行、首次卸载、再次安装和再次卸载不会产生多余的目录结构和文件，并且文件属性都正确。以首次安装前快照作为基线，首次安装后快照与再次安装后快照作对比。

1.2.9　兼容性测试法与案例

兼容性测试是指软件在一个特定的硬件、软件、操作系统平台、网络等环境中是否能正常运行的测试。常见的兼容性测试法列举如下。

（1）操作系统兼容测试：是指在一个操作系统上开发的应用程序，不做任何修改不用重新编译即可直接在其他操作系统上运行。以 Windows 操作系统平台为例，如 Windows 2000 /XP/Vista/7/8 等，它们之间可能有许多不同的组件属性，而且操作系统包括 32 位和 64 位两种。操作系统不同补丁的库函数可能对应用程序带来影响，在软件发布前，需要在各种操作系统下对软件进行兼容性测试。而 Linux 作为自由软件，其核心版本是唯一的，而发行版本则不受限制，发行版本之间存在较大差异。因此被测软件不能简单地说支持 Linux，需要对发行商、多版本进行测试，用户文档中的内容应明确至发行商和版本号。对于操作系统升级，需要分析版本之间的差异，进行针对性测试。例如如果 Linux 内核升级，则相应的编译器、支持的服务也有变化，需要详细测试；而如果内核版本未变，只是简单修改了几个缺陷，则根据修改影响范围验证一下即可。如果新的操作系统升级，则要考虑旧的设备是否还需要支持，如果确定旧的设备上操作系统占比很小，则可以考虑放弃旧的设备。

（2）浏览器兼容测试：来自不同厂家的浏览器对 Javascrùpt、ActiveX 控件或不同的 HTML 规格有不同的支持，即使是同一厂家的浏览器，也存在不同的版本的问题，而且不同的浏览器对安全性和 Java 的设置也不一样。

（3）分辨率兼容测试：主要验证界面显示及相关字符在不同的分辨率模式下的显示。需要关注分辨率和标准的通用产品是否有差别，需要注意差别部分的测试。此外，也要考虑像素密度。

（4）打印机兼容测试：是指观察不同的打印机打印出来的内容是否正确。

（5）用户常用软件的兼容性测试：测试软件运行需要哪些其他应用软件的支持，而且，需要判断与其他常用软件如 MS Office、反病毒软件一起使用，是否造成其他软件运行错误或软件本身不能正确实现其功能。

（6）数据库兼容性测试：很多软件都需要数据库系统的支持，需要考虑对不同数据库平台的支持能力。需要关注软件是否提供新旧数据转换的功能，新旧数据转换是否存在问题，需要关注转换过程中数据的完整性与正确性。

兼容性包括向后兼容和向前兼容。向后兼容是指当前开发的软件版本可以在以前版本上运行，可以正确处理以前版本的数据。向前兼容是指该软件不仅可以在当前版本上运行，还可以在软件的未来更高的版本上运行。注意，并非所有软件或者文件都要求向前兼容或者向后兼容。

兼容性测试范围如何制定取决于产品本身所处的阶段，以及对质量的要求，这里给出几个思路作为参考。可以考虑用户群，例如工业方面，一般会选择稳定性好的成熟操作系统平台。尽可能覆盖该产品的主要用户，可以采用 Top X 原则。可以参考业界报告给出来的数据，例如，借助 Apple 和 Google 官方发布的版本占有率数据，选取市场占有率高的版本，对于占有率大的系统版本可能需要进行重点测试，不过业界报告给出的数据汇总了很多不同类型产品，可能与待测产品差异较大，所以建议还是要获取自己产品的实际用户数据信息，可以采用内部埋点等方式获取客户的使用情况，例如是什么操作系统版本、什么屏幕分辨率等。对于发布的产品，可以借助软件工具插件，确定用户的信息，从而协助确定待测试的平台和设备功能，例如，Omniture SiteCatalyst 是一个进行网站指标收集、报告和分析的工具，通过此软件可以得到访问量、浏览量、转化率、来源等指标。

分析产品差异，可以制定兼容性的测试策略。需要考虑设备硬件参数，例如屏幕尺寸，6 寸的可能会双手操作，支持横纵屏会带来更好的用户体验，而 4 寸的按钮最好不要放在屏幕的四个角，以免用户难点击。此外，兼容性缺陷分析也是必要的，可以根据历史缺陷，来辅助制定兼容性测试策略。

有的资料会区分配置测试和软件兼容性测试，配置测试是使用各种硬件来测试软件运行的过程，例如外设、接口（如 ISA、PCI、USB、RS232、422、485 等）、不同硬件可选项和内存、设备驱动程序。软件兼容性是检查软件之间是否能正确交互和共享信息。这里不做区分，统一为兼容性测试。

1.2.10　故障转移与恢复性测试法

故障转移是确保测试对象在出现故障时，能成功地将运行的系统或系统某一关键部分转移到其他设备上继续运行，即备用系统将不失时机地顶替发生故障的系统，以避免丢失任何数据或事务，从而不影响用户的使用。

可恢复性测试是测试一个系统从灾难或出错中能否很好地恢复，例如遇到系统崩溃、硬件损坏或其他灾难性出错。可恢复测试一般是通过人为的各种强制性手段让软件或硬件出现故障，然后检测系统是否能正确的恢复。可恢复测试是一种对抗性的测试过程。在测试中将把应用程序或系统置于极端的条件下或是模拟极端条件下产生故障，然后调用恢复进程，并监测、检查和核实应用程序和数据能否得到正确的恢复。可恢复测试通常需要关注恢复所需的时间以及恢复的程度。

故障转移测试和可恢复测试是一种互补关系的测试，它们共同确保测试对象能成功完成故障转移，并能从导致意外数据损失或数据完整性破坏的各种硬件、软件或网络故障中恢复。因此，它们两者的关系一个是测试备用系统能否及时工作，另一个是测试系统能否恢复到正确运行状态。

1.2.11　容量测试法

容量测试是通过测试预先分析出反映软件系统应用特征的某项指标的极限值（如最大并发用户数、数据库记录数等），系统在其极限状态下没有出现任何软件故障或者还能保持主要功能正常运行。例如 log 信息存满的情况下的测试。例如针对数据库应用类软件，通过在数据库中不断增加数据记录的方法对整个系统的最大容量进行测试。

1.2.12　可靠性测试法与案例

可靠性测试是产品在各种条件下维护规定的性能级别的能力，包括异常值输入法、故障注入测试、稳定性测试、压力测试、易恢复测试。异常值输入法是把不允许用户输入的数值作为测试输入，来测试产品的容错性，从而测试系统对各种错误输入的处理能力。异常值输入法也可作为安全测试的方法，避免因为异常导入安全性问题。故障输入法是把产品放在有问题的环境中，测试质量属性的容错性。例如业务环境出现如断网、网络切换、从有到无、从弱到强、网络时断时续、存在丢包等网络故障情况。例如硬件环境、硬件资源出现不足时，软件的反应是否合理等。异常值是输入错误的值，而故障注入测试是把系统放在有问题的环境中，而依然输入正确值。稳定性测试是在一段时间内，长时间大容量运行某种业务，对应的是质量属性的成熟性。

1.2.13　可访问性测试法

有的国家对残疾人的权益非常重视，残疾人也有权利使用软件系统，可通过屏幕阅读器、盲文显示器等转换设备来访问软件系统。在产品设计之初，就要考虑到这部分。MSAA（Microsoft Active Accessibility）技术的初衷就是为了方便残疾人使用 Windows 程序。例如盲人看不见窗口，但盲人可以通过一个 USB 读屏器连接到电脑上，读屏器通过 UI 程序暴露出来的这个 Interface 获取程序信息，并通过盲文或者其他形式传递给盲人。可访问性是保证软件系统对残疾人具有可访问性的过程，可通过审查软件系统是否符合规范指南的要求，或借助专门的工具进行测试。

1.3　软件产品质量模型

ISO 定义质量是一个实体的所有特性，基于这些特性可以满足明显或隐含的需求，质量是实体基于这些特性满足需求的程度。软件质量是软件产品满足明显或隐含需求能力有关的特征和特征的总和，是软件需要考虑到的质量因素。软件产品需要满足的质量划分为六大属性，分别是功能性、可靠性、易用性、效率性、可维护性和可移植性，每个属性又包括很多子属性。软件产品质量模型对产品质量进行了概括，高质量的产品，一定在质量六属性的设计上都很出色，反过来，如果产品的设计在质量六属性上存在缺失，则产品质量一定不会太高。所以通过质量属性，就能知道产品应该具备的特质，知道如何验证产品、如何评价产品。属性中包括对用户很重要的可见特性，以及对开发者、维护者都重要的不可见特性，如可维护性、可移植性、可测试性，使得产品易于更改和验证，并易于移植到新的平台上，从而可以间接地满足客户的需求。

1.3.1　功能性

功能性是指当软件在指定的条件下使用时，软件产品提供满足明显和隐含要求的功能的能力，其属性如表 1 - 5 所示。

表 1 - 5　功能属性

质量子属性	描　　述
适合性	软件产品为特定的任务和用户目标提供一组合适的功能的能力
准确性	软件产品提供具有所需精度的正确或相符的结果或效果的能力
互操作性	软件产品与一个或更多的规定系统进行交互的能力
安全性	软件产品保护信息和数据的能力，以保证未授权的用户或系统不能阅读和修改这些信息与数据，而合法用户或系统不会被拒绝访问
功能顺从性	软件产品符合和该功能相关的标准、规范或特定的能力，这些标准包括国家标准、国际标准、行业标准、企业内部规范等。

互操作性是不同功能、特性之间是否能正确的相互交互配合。安全性是功能性的一种，具体包含如表 1 - 6 所示的属性。

表 1 - 6　安全属性

质量子属性	描　　述
可信任性	保护敏感信息不被未授权用户访问
完整性	数据不被非授权或意外的方式进行修改、破坏或丢失的能力
真实性	真正能被验证及信任的能力
可检查性（Accoutability）	能够检测系统实体所声称的身份或一个实体进行检验身份的能力
不可否认性（Non - repudiation）	为信息行为负责，提供保证社会依法管理需要的公证，仲裁信息证据

1.3.2　可靠性

可靠性是指在特定的条件下，软件产品维持规定的性能级别的能力。可以从三个方面来理解,待测产品在特定条件下,尽量不要出现故障;如果出现了故障也不能影响主要功能和业务;如果影响主要功能和业务,则可以立刻恢复。可靠性属性如表 1-7 所示。

表 1-7 可靠性属性

质量子属性	描　　述
成熟性	软件产品为避免由软件缺陷而导致失效的能力或者系统能够正常运行的时间比例
容错性	在软件出现故障或者违反其指定接口的情况下,软件产品维持规定的性能级别的能力
易恢复性	在失效发生的情况下,软件产品重建规定的性能级别并恢复受直接影响的数据的能力
可靠性顺从性	软件产品遵循与可靠性相关的标准、约定或规定的能力

成熟性是产品的功能失效的概率。MTBF 平均失效间隔时间是衡量成熟性的指标,强调遗留缺陷发生故障的几率。遗留缺陷越不易产生故障,所引发失效的可能性就越小,成熟度就越高,遗留缺陷被触发故障的几率与其数量及其所在特性的使用频度有关。容错性强调产品对故障的处理,当出现故障时避免产品出现失效。例如错误输入情况下,软件有相应的处理不会因为错误导致软件无响应、重启等异常。可恢复性指软件出现异常能立即恢复,最好是自动恢复,例如软件异常不需要用户手动中止进程,会自动恢复,重启软件后立即自动恢复为重启后的画面。MTTR 平均故障修复时间,一般用来衡量产品的可修复性。可靠性顺从性例如要求多长时间内故障率不能高于多少、故障恢复时间不能长于多少等。

1.3.3　易用性

易用性是指用户在指定条件下使用软件产品时,产品被用户理解、学习、使用和吸引用户的能力。易用性属性如表 1-8 所示。

表 1-8 易用性属性

质量子属性	描　　述
易理解性	用户能理解软件是否适合,及如何能将软件用于特定的任务和使用环境的能力
易操作性	软件产品使用户能够操作和控制它的能力
易学性	软件产品使用户学习它的能力
吸引性	软件产品吸引用户的能力
易用性的依从性	软件产品遵循易用性相关的标准、约定、风格指南或者法规的能力

易学性例如提供充分完整的资料给用户,包括帮助说明、文档提供视频说明、网站等。吸引性是软件吸引用户的能力,根据定位产品的用户群体(例如商务型、年轻性等)的不同,产品的风格定位可能会不同。易用性的依从性如深入人心的习惯、公共标志等,例如统一设计风格,Windows 的计算机的界面设计就有模仿实体计算机,有利于用户理解和学习这种虚拟计算器。

1.3.4　效率

效率是指在规定条件下，相对于所用资源的数量，软件产品可提供适当性能的能力，这里测试方法对应的是 1.2 节的性能测试。效率属性被分为如表 1-9 所示的三个子属性。

表 1-9　效率属性

质量子属性	描　　述
时间特性	在规定的条件下，软件产品执行其功能时，提供适当的响应和处理时间以及吞吐量的能力
资源利用率	在规定的条件下，软件产品执行其功能时，使用合适数量和类别的资源的能力
效率依从性	软件产品遵循与效率相关的标准或约定的能力

时间特性如 Web 响应时间。例如 API 接口测试时，获取某功能的平均运行时间，可以调用多次取平均值。资源利用首先判断产品功能对什么资源依赖，然后特别关注和测试。效率依从性例如某种情况下，某功能对系统资源占有率不应该高于百分之多少。

1.3.5　可维护性

可维护性是指软件可被修改的能力，包括纠正、改进软件产品或软件产品对环境、需求和功能规格变化的适应性。可移植性包括如表 1-10 所示的五个子属性。

表 1-10　可维护性属性

质量子属性	描　　述
可分析性	软件产品诊断软件中的缺陷、失效原因或识别待修改部分的能力
可修改性	软件产品能够被修改的能力
稳定性	软件不会因为修改而造成意外结果的能力
可测试性	软件产品已修改的部分能够被确认修复的能力
可维护性依从性	软件产品遵循与维护性相关的标准或约定的能力

可分析性，例如在异常情况下给出相关信息，帮助定位复现并解决这个问题。可修改性，例如可以很快速在原有代码基础上，扩展实现一个新需求的功能。可测试性关注软件的修改是否正确、是否符合预期，所有的改动是可以被验证的，从开发到测试，是软件产品质量重要的组成部分，它不仅可以帮助开发和测试快速准确地确认修改结果，也能帮助研发和用户之间建立良好的信任合作关系。

1.3.6　可移植性

可移植性是指软件产品从一种环境迁移到另外一种环境的能力，其中，环境包括软件、硬件或组织等不同的环境。可移植性包含如表 1-11 所示的五个子属性。

表 1 - 11　可移植性属性

质量子属性	描　　述
适应性	无需采用额外的活动或手段就可适应不同指定环境的能力
可安装性	软件产品在指定环境中被安装的能力
共存性	在公共环境中同与其分享公共资源的其他独立软件共存的能力
易替换性	在同样的环境下，替代另一个相同用途的指定软件产品的能力
可移植性的依从性	遵循可移植性相关的标准或约定的能力

适应性，例如不同显示器或不同分辨率下，布局大小清晰度控件排列等正常的显示。共存性，例如与其他软件共存，不会存在资源争抢的问题。

1.3.7　质量属性与测试类型的对应关系

软件产品有上面小节提到的六大质量属性，如图 1 - 2 所示，这些都需要软件测试来进行验证，所以对应的软件测试有很多的测试类型，如 1.2 节介绍的功能、性能、可靠性、UIUE 测试等。

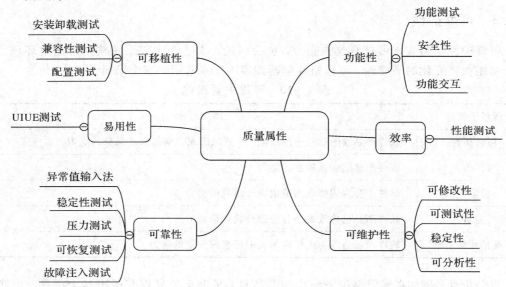

图 1 - 2　质量属性与测试类型对应关系

1.3.8　质量属性的定制化使用

在使用质量属性时，需要根据项目情况对其进行定制化，删除与产品无关的质量属性，补充与产品相关的质量属性，从而获得针对这个产品的质量列表，并根据产品特性、风险等级，确定质量属性优先级与覆盖策略。利用基于风险定制的质量属性，可以系统思考和检查测试设计，评审测试用例是否全面、是否有遗漏，以及覆盖率情况。如果某个质量属性没有考虑到，则需要进行测试设计来覆盖该质量属性；如果质量属性没有被仔细测试过，那么就需要设计新的测试策略来覆盖该特性。

测试用例不是越多越好，而是需要根据产品的质量目标，风险分析来确定测试策略，包括测试重点和难点、深度和广度。产品质量要求高、风险大的部分需要重点测试，应该加大进行深入的测试，反之相反。不需要对每个方面都进行全面深入的测试，刚刚好才是需要追求的测试状态，那么如何制定测试策略，在有限的时间内保证产品质量呢？可以通过质量属性与风险分析，制定测试策略确保达到特定的质量目标，具体参考第 2 章。这里的质量属性，可以用在第 2 章的点启发式测试策略模型 HTSM 对应的质量标准部分，也可以用于 ACC 中的属性 A 部分。

1.4　软件开发生命周期模型

软件开发生命周期模型是软件开发全过程、活动和任务的结构性框架。软件项目的开发包括需求、设计、编码、测试、维护等阶段，这里介绍几种常用的开发模型，包括大棒模型、边做边改模型、瀑布模型、V 模型、快速原型模型、螺旋模型以及敏捷软件开发。

1.4.1　大棒模型

大棒模型(Big - Bang)简单，基本没有计划、进度安排和正规开发过程，所有精力都在开发软件和编写代码上。大棒模型多数情况下没有进行测试，如果有，也会在产品发布前进行。测试工作既容易又艰难，因为软件已形成产品后，无法再修复已经无法挽回的问题，所以只是向客户报告发现的问题。应该避免采用大棒模型作为软件开发的方法。

1.4.2　边做边改模型

边做边改模型(Code and Fix)是大棒模型的一种改进。采用此模型的软件开发小组一般只有粗略的想法就进行简单的设计，接着经历漫长的反复编写、测试和修复的过程。测试人员和开发人员可能会陷入长期循环往复的开发过程，新的软件版本会不断地产生，而旧的软件版本工作可能还没有完成，新版本可能又包含了新的或修改了的软件功能。这种模型几乎没有进行计划和文档编制，能迅速展示成果，适合快速制作并用完就扔的一次性小项目，例如演示程序。

1.4.3　瀑布模型

温斯顿·罗伊斯(Winston Royce)于 1970 年提出了著名的瀑布模型，将软件生命周期的各项活动规定为依固定顺序连接的若干阶段工作，形如瀑布流水，最终得到软件产品。瀑布模型(Waterfall Model)核心思想是按工序将问题化简，便于分工协作。将软件生命周期划分为制订计划、需求分析、软件设计、程序编写、软件测试和运行维护等六个基本活动，并且规定了它们自上而下、相互衔接的固定次序，如同瀑布流水，逐级下落。每个阶段都会产生循环反馈，因此，如果有信息未被覆盖或者发现了问题，则可返回上一个阶段并进行适当的修改。

1.4.4　V 模型

V 模型是瀑布模型的变种，主要反映测试活动与分析、设计的关系。该模型强调了在整个软件项目开发中需要经历的若干个测试级别，并与每个开发级别对应。

V 模型大体可以划分为几个不同的阶段：需求分析、概要设计、详细设计、软件编码、单元测试、集成测试、系统测试、验收测试。其局限性是把测试作为编码后的最后一个活动，忽略了测试的对象不应该仅仅包括测试程序，没有明确指出对需求、设计的测试，需求分析等前期产生的错误直到后期的测试才能被发现。

1.4.5 快速原型模型

原型是指模拟某种产品的原始模型，在其他产业中经常使用。软件开发中的原型是软件的一个早期可运行的版本，它反映了最终系统的重要特性。瀑布模型不够直观，快速原型模型解决了此问题。首先，建造一个快速原型模型，实现客户或未来的用户与系统的交互，用户或客户对原型进行评价，进一步细化待开发软件的需求，逐步调整原型使其满足客户的要求，开发人员可以确定客户的真正需求是什么，后续再开发客户满意的软件产品。

1.4.6 螺旋模型

螺旋模型（Spiral）是由 Barry Boehm 提出的，它是为了适应变化和计划，将瀑布模型和快速原型模型结合，强调了其他模型所忽视的风险分析。螺旋模型最大的特点是引入了其它模型不具备的风险分析，使软件在无法排除重大风险时有机会停止，以减小损失。同时，在每个迭代阶段构建原型是螺旋模型用以减小风险的途径。

螺旋模型的基本做法是在瀑布模型的每一个开发阶段前，引入非常严格的风险识别、风险分析和风险控制，因此对风险管理的技能水平提出了很高的要求，并需要较多的人员、资金和时间上的投入。

1.4.7 敏捷软件开发

敏捷软件开发（Agile Software Development）又叫做敏捷开发，是以用户的需求进化为核心，采用迭代、循序渐进的方法进行软件开发。在敏捷开发中，软件项目在构建初期被划分成多个子项目，各个子项目都要经过测试，具备可视、可集成和可运行使用的特征。敏捷软件开发的宣言如下：

> 个人和互动高于流程和工具；
> 工作的软件高于详尽的文档；
> 客户合作高于合同谈判；
> 响应变化高于遵循计划。

敏捷软件开发以周期迭代为核心，包含团队、工作件、管理和技术实践的集合。敏捷软件开发的管理实践，包括迭代计划会议、每日站立会议、回顾会议、迭代验收、可视化管理。其中，每日站立会议围绕三个主题，即昨天我为本项目做了什么？计划今天为本项目做什么？需要什么帮助可以更高效的工作？会议限时 15 分钟，每个人保持站立，依次发言，不能讨论与三个主题无关的事情。每日站立会议可以增加团队凝聚力，产生积极的工作氛围，及时暴露风险和问题，促进团队内成员的沟通和协商。另外，推荐 Trello 工具，它是一款简洁清晰的团队协作工具，很适合敏捷开发管理。项目回顾会议，可以参考 3.7.7 小节。

敏捷软件开发的技术实践包括用户故事、结对编程、测试驱动开发 TDD、持续集成、

Anatomy 系统解剖。其中，用户故事的典型描述是：作为一个 XX 客户角色，我需要 XXX 功能，带来 XXX 好处。良好的用户故事是敏捷软件开发测试的基础，需遵守 INVEST 原则，即符合 I(Independent)独立的、N(Negotiable)便于沟通的、V(Valuable)有价值的、E(Estimable)可预计的、S(Small)短小的、T(Testable)可测试的。测试驱动开发 TDD (Test-Driven Development)是敏捷开发中的一项核心实践和技术，也是一种设计方法论，是通过测试来推动整个开发进行的，在开发功能模块前，先确定和完成测试代码，然后编写相关的代码来满足这些测试用例。而且软件测试的活动贯穿于整个软件开发生命周期过程的始终。项目之初就制订测试计划、对需求进行测试、设计测设用例、执行测试、最后对测试结果进行总结和分析，在软件开发过程中，这个过程不断重复进行。

此外，敏捷软件开发测试可以采用敏捷软件开发测试象限矩阵，来帮助团队计划测试并确保拥有所需的所有资源。象限矩阵包括 Q1、Q2、Q3、Q4，其中，Q1 是面向技术、指导开发的测试(如单元测试，组件测试等)，Q2 是面向业务、指导开发的测试(如故事测试、用户体验测试、原型、仿真等)，Q3 是面向业务、评估产品的测试(如探索性测试、可用性测试、用户验收测试等)，Q4 是面向技术、评估产品的测试(如性能测试、负载测试、安全性测试和质量属性)。顶层(Q2、Q3)是面向业务的测试，底层(Q1、Q4)是面向技术的测试。左边(Q1、Q2)是指导开发(编码前和编码中预防缺陷)的测试，右边(Q3、Q4)是批判产品的测试(找缺陷的)。开发者测试对应到敏捷象限矩阵上，包括 Q1 的全部、Q2 的大部分与 Q4 的大部分。

1.4.8　持续集成与常见问题说明

持续集成 CI(Continuous Integration)是自动化完成环境安装、配置、检测、自动化用例执行、错误现场记录和报告生成。自动化用例执行不需要人工干预，迭代版本中，根据每个新特性，开发对应的自动化用例并纳入 CI 进行每日构建。CI 将集成提前至开发周期的早期阶段，让构建、测试和集成代码更频繁更反复地发生。随着软件项目复杂度的增加，尽早集成、频繁的集成可以在早期发现项目风险和质量问题，因为越到后期发现的缺陷，解决成本越高。

目前最常用的 CI 工具是 Jenkins，可用于搭建持续集成系统，它提供大量的插件，可与其他 App 搭配使用，自动化实现代码变更检测、编译、部署、测试。它的本质是一个定时器，到时间就调用设置好的动作，它需要跟其他各种系统交互，如代码管理、编译、测试等。建立一套系统，一般只需要填写集成的周期、项目的 SVN 或者 GIT 地址、项目工程文件的路径、测试文件的路径、产物的路径、通知者的 Email 地址等。它的优点是安装和配置简单、与代码管控工具(如 SVN、maven 等容)易集成、部署构建过程简单、丰富全面的插件等。除了 Jenkins，比较常用的持续集成工具还有 Hudson、TeamCity 等。

持续集成可能会遇到两个问题：一是需要适应环境的变化，在环境、配置、数据变化时，需要保持自动化用例稳定运行，通过率正常。二是自动化用例集能分布式、并行执行，例如每日构建 8h 内完成，提交构建在 10min 之内完成，需要将自动化用例分配到多个测试环境并行执行，从而缩短持续集成执行一次的时间。解决适应环境和分布式执行的问题，可从这几个方面考虑：一是全局参数和测试数据规划，将用例与环境之间，用例与用例之间隔离开来，例如测试用例需要使用的所有环境、产品、特性的配置数据，建议设计为全局参数,而自动化用例使用到的角色、用户、业务等的数据应进行命名或区段的规划,这样自动化用例可顺利地从一个测试环境迁移到另一个环境,从串行调整为并行。二是自动化规范,包括全局参数、测试数据的使用规范,用例隔离规则等。一个用例执行与其他用例完全无关,例如自动化过程中修改了全局参数、产品状态、产品配置参数等,都应在执行结束时恢复原值,避免影响其他用例执行。三是自动化架构和实现也要提前考虑好,包括代码封装、默认参数设置、数据驱动测试等,提前考虑自动化设计模式,例如采用 PageObject 模式(即页面对象设计模式,简称 PO 模式),减少重复代码的撰写和新产品的适配工作。如果UI 发生变化,则测试业务逻辑脚本不需要修改,只需要在 PageObject 类中修改即可。此外,自动化脚本要满足质量属性的要求以及代码规范的要求,例如对异常情况要进行处理,Python 可使用 try catch 捕捉错误,如 try 代码块可能有多种错误类型,可以编写多个except 进行处理,提升健壮性与维护成本等。智能分析问题可能出现点,持续优化自动化用例设计,对于发现 bug 多的用例优先级提升,对于不稳定的自动化用例可在 CI 工具中直接删除进行自动化下线。自动化脚本设计可参考 4.3.7 节的自动化脚本衡量标准部分。

1.5　漫游测试的方法与管理

1.5.1　常用的漫游测试法

漫游测试是特定主题指导下对产品进行探索的一组测试方法。不同的主题侧重于探索产品的不同方面,测试人员通过游历产品,以尽量覆盖某类对象或发现某类错误。漫游测试的重心是探索,而学习是探索的核心价值之一。在探索过程中,测试人员除了发现缺陷,还可以深入学习软件的业务规则和实现细节,从而提出更高效的测试策略。它的产出除了软件缺陷报告外,还包括软件的功能列表、风险列表、需要覆盖的测试目标等,基于这些信息,可以更好的规划测试,选择有针对性的测试技术。

常用的基本漫游方法列举如下:

(1) 功能漫游:发现软件的功能区域(功能列表的主干)和细节功能(功能列表的分支),通过功能漫游了解软件的整体情况和特定功能细节。

(2) 业务漫游:业务漫游需要覆盖软件支持的所有业务。业务是软件需要完成的一项完整的任务,通常会涉及多个具体的功能。

(3) 价值漫游:发现软件为用户提供的最有价值的功能,理解软件目标和项目团队使命。

(4) 另外还有文件漫游、数据漫游、文档漫游、兼容性漫游等。

1.5.2　探索性软件测试法

基于旅行者隐喻的漫游测试是测试专家 James Whittaker 在其所著的探索性软件测试书提到的基于系统化错误的猜测,以旅行者作为隐喻提出的一组测试方法。它关注特定的风险和缺陷,是基于风险的测试技术。作者借鉴旅游行业的概念,使用传统旅行者的各种工具来类比软件探索测试过程中的各种方法,从而帮助测试人员明确测试的目的,指导测试过程中做出正确的决定。根据探索性测试的全局探索式测试法,把软件特性分成了相互重叠的区域，分别是商业区（销售特性）、旅游区（噱头特性）、娱乐区（辅助特性）、历史区（继承特性）、旅馆区（平台和维护特性）和破旧区（问题高发区），根据不同的分区来选择适合这个分区的探索性测试方法。

1. 商业区

商业区主要是软件包装盒上描述的特性，以及市场商业活动中或者销售演示中的各种特性和实现这些特性的程序代码。它主要针对的是销售特性，即重要功能和特性，是测试时需要重点测试的对象。

1）指南针测试法

旅行者遵循旅游手册来漫游景点。指南针测试，即测试人员需要根据用户手册，确保遵照手册的执行，不偏离其引导，验证软件确实实现了手册所描述的各种特性，同时也验证了用户手册的准确性。可以在用户场景中引入变化，如插入步骤、替换步骤、重复步骤、删除步骤，对数据进行修改，对环境进行替换（替换硬件、版本、配置等）。

（1）博客测试法：一些旅行者会写博客来点评城市或者景点。测试人员遵守第三方建议如第三方博客、用户论坛等资源来收集用户反馈，根据反馈来测试。

（2）专家测试法：一些旅行者会以专家的身份批评景点，指出不足。根据怒气冲冲的评论者的抱怨来创建测试用例，如果软件被广为使用，则就能在各类在线论坛、测试社区、书店书架等地方发现这类信息。

（3）竞争对手测试法：参考旅行者对其他景点的评论来改进当前城市的旅游品质。测试人员从论坛、博客、新闻、专栏等收集用户对竞争产品的看法和建议。遵循这些信息来测试，有助于评估当前产品是否满足用户需求，并发现设计的不足之处。

2）卖点测试法

旅行者总是访问城市中最知名的景点。用户买软件自然有其原因，如果确定某些特性能吸引用户，那就是软件的卖点，有助于分析核心价值是否存在风险。找到那些最能卖钱的特性，跟着卖点走，卖点和钱自然直接和销售人员相关。和销售人员保持良好的关系，观摩销售演示，观看销售录像，和销售一起拜访客户。

这种方法有一个变种是质疑测试法：一些旅行者很挑剔，会打断导游介绍，询问一些挑剔的问题。在测试人员执行卖点测试时，也要考虑客户可能提出的一些苛责的问题：如果我这样做会怎么样，或者我怎么做才能实现那个什么功能？这些问题会迫使打乱原来的计划，被迫加入新的内容，这种情况在用户演示中经常发生。

3）极限测试法

极限测试就是向软件提出很多难以回答的问题，比如如何使软件发挥到最大程度？哪个特性会使软件运行到其设计极限？哪些输入或者数据会耗费软件最多的运算能力？哪些输入可能欺骗错误检验程序？如果软件用户产生某些特性输出时，使用哪些输入和内部数据可以不断挑战软件的这种能力。使软件处于满负荷、大流量等状态下，可能会出现一般情况不易出现的一些问题。例如依赖的资源达到极限情况下，或者进行其他操作，或者减少一种使得其他不生效项自动生效，或者不重启不上电进行长时间运行。

4）地标测试法

地标测试法，即选择地标（即关键的软件特性），确定它们的先后顺序，从一个地标执行到另一个地标来进行探索，直到访问了所有地标。

5）快递测试法

快递员携带货物在城市间穿梭，快递测试就是测试人员跟随一组数据走遍软件的功能，例如同一变量不同地方进行显示，变量变化后，不同地方的显示需要同步更新。数据从被输入后就开始了它的生命周期，先被存储在内部变量和数据结构中，然后在计算中被频繁操作、修改和使用，最后被作为输出给用户，所以必须专注于数据。

6）深夜测试法

一些景点和商店会通宵营业，深夜测试即测试人员测试一些深夜运行的任务。营业时间以后，卖点特性的代码可能不运行了，但是还有其他应用程序在工作，执行各种维护工作，如将数据归档、备份文件等。

该方法的清晨测试法：一些清洁工人在清晨会清理城市。测试人员测试软件的启动过程，关注软件设置、操作系统设置、硬件参数设置等对启动的影响。

7）遍历测试法

垃圾车会途径每个垃圾箱，并作短暂的停留。遍历测试即测试人员通过选定一个目标（例如所有菜单项、所有错误信息或者所有对话框），然后使用可以发现的最短路径来依次访问目标包含的所有对象，测试中不要求追求细节，只检查明显的东西。

2. 历史区

历史区包含从前版本留下的代码，还有那些曾经出现较多缺陷的特性和功能。

1）恶邻测试法

城市中有脏乱差的社区，旅行者会避之不及，但是侦探却要勇往直前。恶邻测试即随着测试的深入，发现和报告越来越多的缺陷后，可以跟踪哪些地方会出现产品缺陷。根据1.1.3 小节提到的缺陷集群性原则，缺陷通常会扎堆出现，所以产品缺陷多的地方需要反复测试，如果确定某个代码区域缺陷很多，则建议对邻近功能使用遍历测试法进行测试，以此验证那些修复已知缺陷的代码没有引入新的缺陷。

2）博物馆测试法

博物馆保存了许多历史久远的古董。软件中的古董指的是那些遗留代码。此方法适用于继承特性或修改特性的测试，通过查看源码修改记录，就能很容易发现最近被修改过的老代码。那些老代码或者接受重新修改、或者没被改动就被放到新环境运行，这样则很容易发生失效。

3）上一版本测试法

城市是在原有的基础上发展而来的。上一版本测试，即如果当前产品是先前版本的更新，则应该运行先前版本上支持的所有场景和测试用例，确保在新产品上，显性和隐性规格的特性、配置没有遗漏，用户数据没有丢失，用户体验不变。如果新版本重新实现或者删除了一些功能，则测试人员应选择新版本定义的方法来输入数据和使用软件。应该仔细检查那些在新版本中无法再运行的测试用例，确保产品没有遗漏所必需的功能。

3. 旅游区

旅游区说的是有些特性和功能对新用户非常有吸引力，针对的是噱头特性。

1）收藏家测试法

一些旅行者会收集所到城市的纪念品，收集的越多越好。收藏家测试，即测试人员通过测试去收集软件的输出，收集的越多越好。可以收集每个特性容易出问题的点，形成特性藏宝图。测试人员应该确保能观察到软件生成的任何一个输出。

2）长路径测试法

商业旅行者会常常访问新城市，为了了解新城市，会选择一个距离办公地点较远的旅馆，以便有机会在城市中穿行。长路径测试，即测试人员选择一个功能，然后构造最长的路径访问它，目的是到达目的地之前使用尽可能多的功能。哪个特性需要点击 N 次才能被用到，就选定哪个特性，一步步点击进行测试。哪个特性需要经过最多的界面才能访问，就选择长的而不是短的，把那个埋在应用程序最深处的界面作为测试目标，可以有助于更好地理解产品，发现多个功能交互引发的缺陷。

3）超模测试法

超级模特靓丽的外表会吸引最多的目光。超模测试，即测试人员需要关心表面的东西。例如界面的各个元素看起来如何，性能是否良好；变化界面时，UI 界面刷新情况如何等。

4）测试买一送一测试法

购物者都喜欢买一送一。测试买一送一测试，即测试人员启动被测软件的多个进程，让它们同时开始工作，访问相同的资源如本地文件，网络服务等，有助于发现进程相互影响而导致的缺陷。测试时同时运行一个应用程序、该应用程序的另外一个拷贝以及再一个拷贝，可以买一送多。例如多线程同时设置配置，或者读配置的同时进行写配置，或者读配置的同时删除配置，或者写配置的同时删除配置，或者读配置和写配置的同时删除配置等。可结合功能交互法与并发测试，进行多线程多进程下功能组合的测试，如 11.2.2 小节讲到的组合模块的用户并发测试。

5）苏格兰酒吧测试法

苏格兰旅行者喜欢成群结队的泡吧、喝酒和聊天。苏格兰酒吧测试法适用于大规模的复杂应用程序，在这些程序的有些地方，需要事先知道如何找到它们。可以找到用户组并参与他们的讨论，或者读产业博客等，花大量时间深入了解待测的应用程序。

4. 娱乐区

软件有些并不是很重要的辅助特性或者功能的测试，使用娱乐区测试法可以测试这些功能，还能补充其他区域中各种测试的不足，使得测试计划更加完善。

1）配角测试法

旅行者会访问著名景点，也游历到周边地区，它们构成了城市的整体印象。配角测试，即测试人员重点测试软件的非主要功能。虽然不是希望用户使用的主要特性，但和那些主要特性一同出现，它们越是紧邻那些主要功能，越是容易被人注意，所以必须给予这些特性足够的重视，不能犯忽视的错误。

2）深巷测试法

旅行者经常不会进去阴暗的后巷，但侦探恰恰相反。深巷测试指的是最不可能被用到的或者是那些最不吸引客户的特性，建议测试人员也应该进行测试。

混合测试法：旅行者既访问华丽的景点也进入阴暗的后巷。试着把最流行和最不流行的特性放在一起混着测试，也许会发现这些特性以一种意想不到的方式在相互交互影响，因为开发人员从来没有预想过它们会在这样的场景会被混合在一起，这样有助于发现一些隐藏很深的集成缺陷。

从待选的特性列表中随意选取两项。

（1）这两个特性会不会处理同一个输入？

（2）这两个特性功能是否在可见的用户界面操作同一块区域？会产生同一个输出吗？

（3）这两个特性会操作其共享的一些内部数据？是读取共享数据还是修改共享数据？

如果对以上任何问题回答是，那么这两个功能就会相互交互，因此需要放在一起测试。

3）通宵测试法

有些旅行者会在酒吧通宵狂欢。通宵测试，即测试人员长时间用各种方法测试产品，且不重新启动它，有助于发现一些长时间运行才能暴露的缺陷。由于内存数据的不断积累和对内存变量持续读写，所以如果运行时间足够长，就可能出现问题如内存泄露、数据毁坏、竞争条件等。对于移动设备，很多天不关机是很正常的，因此这样的测试变得更为重要。

5. 旅馆区

旅馆区测试法指测试人员放下那些主要的和最受欢迎的功能，而去测试一些经常被忽视的或者在测试计划中较少描述的次要和辅助功能，主要针对的是平台或者维护特性。

1）取消测试法

遇到阵雨时，旅行者会暂停旅程，当雨过天晴后会继续上路。取消测试，即测试人员启动操作然后停止它。寻找最耗时的操作来充分实施这种攻击方法，例如查询功能，使用一些搜索时间较长的术语，可使这种操作更容易。操作包括取消按钮、Esc 键、程序中的回退按钮、Shift＋F4 键或者关闭按钮，需要确定被取消的操作可以再次被执行并成功结束。例如，如果对版本加载过程的不同阶段进行取消加载测试，则需要关注取消之前被测对象所处的状态，不同的状态可能会有不同的情况。此外，可开始一个操作不要停止，接着打开另一个同样的操作。这里发现的缺陷绝大多数与应用程序自我清除能力不足有关。

2）懒汉测试法

有些人很少旅行，只是陷在沙发里看电视。懒汉测试，即测试人员做尽量少的实际工作、接受所有默认值、保持输入字段继续为空、在表单尽可能少填数据、从不点击广告等。

6. 破旧区

破旧区是那些不吃香的地方，很少有人谈及。破旧区对测试人员来说是必须要去的，因为这里可能存在非常令人讨厌的漏洞。破旧区针对的是问题高发特性，输入恶意数据以及破坏软件和做一些通常有害的事情。

1）破坏测试法

某些旅行者会破坏环境，并以此为乐。破坏测试需要了解软件成功完成操作必须使用的资源，在不同程度上移除或者限制使用硬件、软件、内部组件等资源。软件每次需要使用能访问的资源如另一台计算机、网络、文件系统或者其他本地资源的时候，就记录下来，然后在运行场景测试时，在资源调用处进行破坏活动。例如，如果场景需要网络传输数据，则可以在执行该步骤前或者执行中拔掉网线，或者通过操作系统来断开网络连接或者关闭无线连接等，用文档记录下所有这些破坏点，并尽可能多有意识的执行。

2）反叛测试法

反叛测试法是输入最不可能的数据或者已知的恶意输入。有三种方法可以实现反叛行为：一是逆向测试法，即每次都输入最不可能的数据，测试错误处理能力。例如年龄输入－10 岁。二是歹徒测试法，即关于如何处理非法输入的测试法。输入一些不该出现的数据，例如输入错误的类型、错误的格式、太长的输入或者太短的输入。三是错误测试法，即以错误的顺序做事情。

3）强迫症测试法

强迫症患者会反复做同一件事情。强迫症测试，即开发者认为用户应该按照特定的顺序做事情，有目的的使用软件，但是用户往往由于弄错而不得不回头重干，因此需要反复进行测试。

出租车测试法：测试人员发现并测试触发某一功能的所有途径，或完成某项任务的所有方式，有助于完整的考虑并测试一个功能或情景。不是重复执行完全相同的测试路径，重点是要执行不同的测试路径。例如热键打开、快捷键打开、菜单打开，或者程序某处打开等多种打开方式都要测试。

出租车禁区测试法：测试人员瞄准一个很难达到的软件状态，尝试各种方法去驱动软件抵达该状态，有助于完整的考虑并测试一个功能或情景。

7. 其他区测试法

其他区测试，即那些无法归档于历史区、商业区、娱乐区、破旧区、旅馆区、旅游区的区域，如产品的可维护特性等，最终用户可能不一定使用，但是对测试、开发或维护却比较有用的内容。

探索性测试的探索是一种态度和方式，是一种聚焦于调查、发现和学习的测试态度和方式。它强调主观能动性，碰到问题时及时改变测试方法。测试设计和测试执行并行，相互之间迅速反馈，测试执行结果快速反馈到测试设计，测试设计快速落实到测试执行，执行和设计快速反馈，从而可尽早尽快更有效地发现产品的缺陷。探索性测试对人的要求很高，包括测试者的思维能力、分析能力、总结能力、持续改进、追求卓越的意愿等。和传统测试相比，探索性测试弱化了流程，强调实践、边学边测、持续改进，可以更快地进行测试、更高效地发现缺陷。目前大都以传统测试作为主线，以探索性测试作为补充，将探索性的思想运用到各种测试活动中。

1.5.3　漫游测试的选取与定制化

项目早期，建议使用功能漫游、业务漫游、价值漫游、地标漫游等，学习产品并发现缺陷。重心不是深入模块或功能，也不是挖掘藏得很深的缺陷，而是理解产品的远景和价值，建立功能之间的联系，获得产品的整体模型。随着项目的发展，根据项目风险和已发现的缺陷，选择一些深入漫游的测试方法，例如极限漫游、后巷漫游、阵雨漫游等，针对特定目标实施细致的测试。之前执行的功能漫游，风险识别漫游等方法可以为深入测试提供测试想法和风险列表。风险应根据测试情况动态刷新，例如卖点部分、新功能部分、设计复杂部分、时间压力大或者人员变更的情况下实现的功能、经常修改的功能，风险高。风险应该结合缺陷分析评估，例如缺陷数或缺陷密度大的部分，则风险高，例如缺陷有收敛趋势表明测试发现的问题在减少，而缺陷没有收敛趋势则表示需要进一步分析，具体缺陷分析法可参考 3.5 节。应该关注之前版本的测试情况，例如覆盖了哪些部分、缺陷集中在哪些部分等，具体可以参考 3.6 节的软件质量评估的内容。对于高风险部分、高缺陷密度部分，优先探索并进行重点发散测试，而不是每个部分都投入同样的精力测试。可以参考 2.4.3 小节的风险分析，确定测试策略，并结合探索性测试方法和实际项目特性，提取探索点。

探索测试是基于上下文的，上一次的测试结果会影响到下次的执行。测试过程中，可以保留详细记录，通过计算出每个用例所发现的缺陷数，对不同测试类型进行排名。可以追踪哪些测试类型发现的缺陷最多，对于某类缺陷哪种测试类型最有效，哪种执行时间最少，哪种代码、界面、功能覆盖最多等。如果对测试类型的数量、验证软件时所花费的时间和代价等进行持续关注和跟踪，就会发现哪些测试类型对当前项目更有效。通过对探索性的缺陷进行分析，可以补充测试场景和观察点等改进现有测试类型、设计和探索点，或者输出 checklist 测试技巧方法等文档，通过识别问题，可以对测试策略、管理上的薄弱点、测试盲点进行改进。具体可参考测试专家 James A. Whittaker 所著的探索性软件测试书的详细介绍。基于这些测试方法和待测产品特性，思考适用于自己产品的测试方法。根据实际项目情况，基于自己的理解，不断适配和调整。

测试专家 Jonathan Kohl 针对运行在移动设备的软件，结合产品特性，提出了一些移动测试漫游方法，主要特点是选择一组用户的使用场景或者移动设备的特性，例如加速传感器、光线传感器、GPS、无线网络、触屏等，来测试移动软件的功能，具体可参考 8.8 节的App 测试部分。像 James Bach 所说的，去发明适合自己的测试，不要满足于其他人所说的，基于自己的知识、经验和技能去实地考证，需要经常观察别人如何测试。

1.6　软件测试分类

根据不同的角度，可以对软件测试进行分类。从测试对象是否运行的角度，可以分为静态测试和动态测试。从对被测对象内部代码实现情况了解程度的角度，可以分为白盒测试、灰盒测试和黑盒测试。从开发阶段划分，可以分为单元测试、集成测试、系统测试、验收测试。从测试执行时使用工具的角度，可以分为手动测试和自动化测试。

1.6.1　黑盒、白盒、灰盒测试

1. 黑盒测试

黑盒测试(Black Box Testing)从用户的角度出发，不依赖代码，无需考虑程序内部结构、语句、分支、路径等情况。黑盒是形容对软件内部如何实现不了解的状态，把被测程序当做一个黑盒，在不考虑程序内部结构和内部特性、只知道该程序输入和输出之间的关系或者程序功能的情况下，主要根据需求规格说明书，来确定用例和推断测试结果的正确性。常用的测试方法如边界分析法、等价类划分法、因果图、错误推测等，此部分会在后面的章节中详细介绍。

2. 白盒测试

白盒测试(White Box Testing)(也叫结构测试、玻璃盒测试、透明盒测试、开放盒测试等)与黑盒测试相反，通过访问代码，并通过检查代码的线索来协助测试。它需要了解程序的内部结构和处理过程，并基于此来设计用例，根据程序的不同点检验程序的状态，来判断实际情况是否和预期状态一致。测试人员需要较高的编程能力，从设计者的角度出发对程序进行测试。白盒中常用到的覆盖率如语句覆盖、判断覆盖、条件覆盖、判断/条件覆盖、路径覆盖、循环覆盖、模块接口测试。白盒测试和黑盒测试相比较而言，白盒只考虑测试软件代码，会发现代码方面的缺陷，指出哪些实现部分是错误的，不保证完整的需求规格是否被满足，而黑盒测试只考虑测试需求规格，指出规格的哪些部分没有完成，不保证实现的所有代码被测试到。

3. 灰盒测试

灰盒测试是把黑盒测试和白盒测试结合起来的方法，既关注需求规格，也关注内部表现。灰盒测试和黑盒一样通过用户界面测试，但测试人员对软件或者软件功能的源代码程序的具体设计也有所了解，甚至读过源代码。例如可以通过源代码方式，查看驱动程序是否做了保护，多线程同时设置寄存器等会不会出错。

1.6.2　静态、动态测试

静态测试是指不需要实际执行软件的方式，可使用审查、走查、评审等方式。静态白盒测试是不运行被测程序，分析的是处于静止状态的软件，仅通过分析或者检查源程序的语法、结构、过程接口等来检查程序的正确性，包括代码检查、代码质量度量等，可以人工进行，也可以借助工具自动进行。其中，代码检查包括桌面检查、代码审查、代码走查、技术评审等，主要用于检查代码和设计的一致性，从代码是否遵循标准、是否具有可读性、逻辑表达是否正确，架构是否合理等方面，可以发现程序编写标准方面的问题，查出程序不安全不明确和模糊的部分，找到程序中不可移植的部分以及违背程序编程风格的问题。例如对于变量没有赋初始值，动态测试很难发现这种间歇性缺陷，除了可以通过经验积累形成checklist 文档进行自我审查外，也可以结合工具进行自动化检测。编码标准和规范是程序在编写过程中必须遵守的规则，它会规定代码的语法规则、语法格式等。目前编码规范很多，但实际项目不能完全照搬，需要根据实际情况，制定适用自身的不同语言的规范，有一些工具可用于代码规范检查，如 C++ Test、Lint 等。静态黑盒测试利用书面文档（如产品说明书）进行测试，查找缺陷。

动态测试是使用和运行软件，检查运行结果与预期结果的差异，并分析运行效率和健壮性等性能。动态黑盒测试是指不了解软件如何工作的前提下进行测试，包括基于规格的测试与探索性测试。动态白盒测试是指根据软件工作方式获得的信息，对软件进行测试。

1.6.3　单元、集成、系统、验收测试

软件开发生命周期中，以最典型的 V 模型为例，软件测试级别可以分为单元测试、集成测试、系统测试和验收测试。

1. 单元测试（Unit Testing）

单元测试是软件开发过程中要进行的最低级别的测试活动，测试对象是软件设计的最小单位。一般来说，单元的具体含义要根据实际情况去判定，如结构化编程语言（C 语言）中单元指函数或子过程，面向对象的语言（如 C++、Java、QT）里单元指类或类的方法，可视化编程环境下的面向对象语言（如 Visual C++、C#）里可以指窗体或菜单等。总的来说，单元就是人为规定的最小的被测功能模块。在开发人员编写代码后，或者编写代码前就进行单元测试，通常由开发人员来进行测试。常用的单元测试方法有编写驱动模块（Driver）和桩模块（Stub），驱动程序模拟调用的单元，接收测试数据并将这些数据传递到被测试模块，最后输出实测结果。而桩模块模拟被调用的单元。单元测试通过提供一些单元测试框架来提升工作效率，具体可参考第 6 章。

2. 集成测试（Integration Testing）

经过单元测试后，一般来说每个模块都可以单独工作，但是一旦将所有模块集成起来后，模块相互调用时接口可能会引入新问题，这时就可能不能很好的工作，例如一个模块对另一个模块可能造成不应有的影响，几个子功能组合起来不能实现主功能，误差不断累积达到不可接受的程度等。集成测试是组装软件，按设计把通过单元测试的各个模块集成在一起之后，进行集成测试来发现和接口相关的错误。集成测试一般由开发人员进行，在单元测试之后进行或者和单元测试同步进行。

3. 系统测试（System Testing）

系统测试是将已经确认的软件、计算机硬件、外设、网络等其他元素结合在一起，进行信息系统的各种组装测试和确认测试，将整个系统作为测试对象的测试，目的是验证系统是否满足了需求规格的定义，验证产品的实现是否符合用户的需求。这种测试方法要求测试人员对产品的规格说明、需求文档、产品业务功能都非常熟悉，主要采用黑盒测试技术，需要对测试设计也有一定掌握，才能设计出好的测试方案和用例，高效进行测试。系统测试一般由测试工程师在系统集成测试完成后进行测试。

4. 验收测试（Accept Testing）

验收测试通常由使用系统的用户或客户来进行，而且系统的其他利益相关者也可能参与，包括 Alpha 测试和 Beta 测试的非正式验收测试，以及正式验收测试。验收测试的目的是增加对质量的信心，它不一定是最后级别的测试。其中，Alpha 是潜在用户或独立测试团队在开发环境下或模拟实际操作环境下的软件测试；Beta 是潜在现有用户、客户在开发组织外的场所，检验软件是否满足客户和业务需求的测试。Beta 版本是典型用户在日常工作中实际使用的版本，要求用户报告异常情况、提出批评意见等，然后公司对 Beta 版本进行改错和完善。正式验收测试是一个严格管理的过程，测试用例可以系统测试用例的子集，也可以重新设计验收测试用例，重点关注核心业务和基本业务的验收。

1.7　测试过程阶段

一般而言，测试阶段包括五个阶段：测试计划与控制阶段、测试设计阶段、测试执行阶段、评估结束准则和测试报告阶段、测试结束活动。

1.7.1　测试计划与控制阶段

测试计划阶段主要输出测试计划等概要性和指导性资料。制订测试计划的目的是通过确定测试任务与范围、定义测试对象和详细的测试活动来达到组织的目标和使命。测试计划描述了要进行的测试活动的产品特性、测试目标、风险及对策、测试策略、测试任务与范围、测试类型与技术、测试级别和准则、工作量与项目风险、工具与资源、团队协作等。软件测试人员、开发小组、产品经理一起评审测试计划，目标是交流软件测试的意图、期望以及对执行任务的理解，就测试、开发的职责、测试与研发如何协作等关键问题达成一致。

测试风险分为项目风险和产品风险。产品风险是在软件或系统中的潜在失效部分，对产品质量而言是个风险，在测试策略和设计中，应考虑产品风险，具体可参考 2.4.3 小节的风险分析。项目风险是根据项目管理考虑的，与项目管理、控制相关，它是围绕项目按目标交付能力的一系列风险(如组织因素、技术因素、供应商因素等),例如技能培训和人员的不足、测试环境没有及时准备好、第三方或合同方面存在的问题等。风险管理是指通过风险识别、风险分析和风险评估来识别项目的风险,项目风险管理以此为基础,合理的使用各种风险应对措施、管理方法技术和手段,对项目的风险进行有效的控制,妥善处理风险事件导致的不利后果,以最少的成本保证项目总体目标的实现。风险识别是对于存在项目中的各类风险源或不确定度因素,按照其发生的背景、表现特征和预期后果进行界定和识别,对项目风险因素进行科学分类的过程。风险来源包括时间、成本、技术和法律等。风险事件是影响项目的积极或者消极的相关事件。风险分析是指分析风险事件发生的可能性,风险发生可能的结果范围和危害程度,风险事件预期发生的时间。风险评估是在对单个项目风险进行估计分析的基础上,对项目风险进行系统和整体的评估,以确定项目的整体风险等级,关键的风险要素及项目内部各系统风险之间的关系,为风险应对和监控提供依据。

　　风险处理(即风险应对)是对项目风险提出处理的意见和方法,即当风险出现时如何处理风险,将风险的处理成本降到最低。处理措施包括:减轻风险,即通过缓和或预知手段来减轻风险,降低风险发生的可能性或减缓风险带来的不利后果,以达到风险减少的目的;预防风险,即一种主动的风险管理策略;回避风险,即主动的避开风险的策略;转移风险,即将风险转移至参加该项目的其他人或其他组织,转移风险并不能降低风险发生的概率和不利后果,只是借用合同或者协议的方法,在风险发生时将一部分风险转移到有能力承受或控制的个人或组织;接受风险,即认为可以承担风险所带来的损失,有意识的选择承担风险,可以是主动的也可以是被动的;储备风险,即在计划时故意预留一些余量,以防止风险发生,这样即使发生风险也不至于带来很大的影响。在项目执行过程中,需要每天对项目进行监控,风险监控通过风险规划、识别、估计、评价,对全过程进行监视和控制。风险控制是为了最大限度地降低风险事故发生的概率和减少损失的处置技术。

　　测试控制阶段主要包括监控进度覆盖率、监控跟踪工作量与风险、缺陷跟踪、过程结果和最终结果的度量等。

1.7.2　测试设计阶段

　　测试设计阶段输出测试设计方案和测试用例,并组织评审,评审通过后进入下一步工作,否则重新修改相关内容。如果需求规格说明书等资料发生改动,则后续的相关资料也要随之发生变化,需要做好变更记录。

　　测试方案主要解决特性在测试设计和执行方面的问题,主要是如何对特性进行测试设计、如何安排特性的测试执行。对于特性测试设计部分,首先对特性的需求、风险优先级、场景、设计进行分析,如重要的算法或技术的分析、产品实现中的关键业务流程等分析,提取测试点;其次,对测试点选择合适的测试设计方法,识别测试条件与测试数据,生成测试用例。对于特性测试执行部分包括:哪些用例通过手动测试;哪些通过自动化测试;自动化测试如何设计;以及测试用例优先级基础设施与工具都有哪些;测试环境如何搭建。如何做测试设计,输出测试用例? 相关的技术和步骤具体可参考第 3 章。

1.7.3　测试执行阶段

　　测试执行阶段依据测试用例提前搭建测试环境、准备测试数据和测试脚本工具、执行测试用例、回归测试、缺陷验证、记录测试结果、输出缺陷列表。

1.7.4 评估结束准则和测试报告阶段

评估结束准则和测试报告阶段主要的任务包括：一是根据测试计划中定义的结束标准检查测试；二是评估是否需要更多的测试或者更改定义的结束标准；三是撰写测试报告，对产生的缺陷进行分析总结归纳，并且输出软件测试报告以及测试总结文档等资料。

测试报告包括对产品质量和测试过程的评价，以及测试的结果，例如执行了哪些测试、覆盖了哪些需求、获得了哪些信息等。测试报告基于测试中的数据采集，对发现的问题和缺陷进行分析，对软件产品质量进行准确评估，为纠正软件质量问题提供依据，通过阅读测试报告，能了解测试进度、产品问题、项目风险等信息，为后续规划提供基础。

（1）概述。

① 项目概述：背景与术语、缩略词介绍。

② 测试环境与资源：包括硬件资源、软件资源、测试环境拓扑。

③ 测试目标范围：测试需求、计划或方案的测试范围内容罗列，建议表格方式。

（2）测试过程分析。建议以表格方式列出每个测试项，测试结果，进行风险点分析。

（3）测试结果分析。

① 测试执行情况。

② 性能测试报告。

③ 可靠性测试报告。

（4）主要结论与关键风险。

（5）覆盖率分析，包括需求覆盖率和质量属性覆盖率分析。质量属性评估如表1-12所示。

表 1-12 质量属性评估

质量属性	风险优先级	质量要求	测试充分性	质量评价

（6）缺陷统计分析。如缺陷走势分析、四象限缺陷分析、ODC 缺陷分析等，分析方法可参考第 3 章。遗留缺陷清单如表 1-13 所示。

表 1-13 遗留缺陷清单

index	缺陷描述	严重等级	分　析

（7）测试总结评价。测试问题汇总与遗留问题汇总以及测试总结评价。

（8）测试过程评估。

① 测试设计评估。

② 测试执行评估。

（9）附件。

① 测试计划。

② 测试记录。

③ 问题列表。

1.7.5　测试结束活动

测试结束活动包括：确认计划交付的产品已经交付；关闭风险、问题、事件报告；系统验收文档化；完成和存档测试件、测试环境、测试基础设施等便于后续的重复使用；优秀实践和经验教训总结；使用收集的信息来提升测试成熟度。测试属于质量系统的检测措施，测试阶段结束时，分析测试过程的有效性、优秀实践、经验教训，例如召开项目回顾会议进行经验分享，总结待改进项，并引入所需的改进措施是很重要的，改进目的是用更少的工作量和预算执行该过程，促进持续优化。

第 2 章　测试策略模型

2.1　测试策略概述

2.1.1　测试活动步骤说明

　　一般来说，测试活动分为几个步骤：第一，需要确定产品价值、信息、质量目标，可以参考 2.2 节的 HTSM 与 3.4 节 5W1H 部分。第二，根据质量目标、风险来制定测试策略，确定接下来的测试活动，可参考 2.4 节 TEmb 方法与 2.3 节的 ACC 部分。第三，进行测试建模与方案的设计，包括测试点的设计、测试用例的设计以及自动化的设计，可参考 3.1 节的测试设计、3.2 节的用例设计、3.4 节的测试建模与设计等部分。第四，按照优先级，执行各种测试活动。第五，对测试结果进行评估，评估产品的质量目标是否达成，从而形成反馈与闭环，可参考 3.5 节的缺陷分析法与 3.6 节的质量评估部分。本章主要介绍测试策略部分，测试建模设计和质量评估部分将在第 3 章进行介绍。实际项目中，有的测试人员跳过前两个步骤，直接进行测试建模与测试设计，没有考虑测试策略风险优先级，所有功能特性都是相同的测试深度与广度，这样可能导致风险暴露的严重后果，或者导致测试用例与自动化脚本的大量冗余与膨胀，耗费大量设计与维护人力。有的测试人员由于不清楚产品目标与价值跳过第一个步骤，导致耗费了大量的人力与成本，最终却发现是个没有价值的无用产品。

2.1.2　测试策略概述

　　测试策略是测试工程的总体方法和目标，是测试活动的指导原则和观点。测试策略需要明确以下六个方面：测试的目标是什么？测试的对象和范围是什么？测试的重点和难点是什么？测试的广度和深度是什么？如何安排各种测试活动，即先测什么再测什么？如何评价测试的效果？

2.1.3　回归测试

　　回归测试是指当运行一个过去曾经运行过的测试，可能会发现过去没有发现过的缺陷。回归通常和系统变化相关，如增加了新功能或者修改了缺陷。一般而言，回归测试包括：本地回归（变化或者缺陷修正造成了一个新缺陷）、暴露回归（变化或缺陷修正揭露了一个已有的缺陷）、远程回归（在一个区域变化或者缺陷修正搭配了系统另外一个区域的某些东西），远程回归一般最难检测到。回归测试在整个软件测试过程中占据了很大的工作量，软件开发的各个阶段都会多次进行回归测试。在没有开始进行测试设计前，可以进行继承性分析，分析每个功能特性，例如哪些特性是新开发的，哪些是从老版本继承的，哪些特性的改动会比较大。从老版本继承而来的特性的历史测试情况分析，具体可参考 2.4.3 节继承性分析部分。

2.1.4　BVT 测试与冒烟测试的区别

　　曾经有多人问及 BVT 测试和冒烟测试的区别，这里进行说明。BVT(编译验证测试，Build Verification Test)是一个自动化测试集，用来验证每个新版本构建的完整性、可用性。如果 BVT 不通过，则测试人员不能拿到新版本进行测试。BVT 的优点是时间短，通常是基本功能的验证，这些测试用于验证特定版本的总体质量。目前此部分通常与持续集成结合使用。通过 Jenkins 工具，如果开发工程师提交代码到 SVN 后，则自动编译、部署、运行 BVT 基本功能，完成后发测试结果的邮件给相关人员。其中，ISO 对验证 Verification 的定义为，通过检查和提供客观证据来证实指定的需求已经满足，保证 Do thing right，可以借助单元、集成测试。ISO 对确认的定义为，通过检查和提供客观证据来证实特定的目的功能或应用已经实现，保证 Do right thing，可以借助系统测试、验收测试。

　　冒烟测试(Smoke Test)专注于保证代码功能的变更会达到预期的效果，以及确定新变更不会导致版本不稳定。这个词来源于硬件工业，当电路元件被修改或者修复之后，工人们会先加电测试，如果没有冒烟则再进行其他测试，如果冒烟了就说明这个电路板连基本的功能都没达到，那其他的功能也就无法继续测试了。版本出来后，可以先运行基本功能，如果基本功能出现错误，则就没有必要继续深入测试了，可以直接把版本打回给开发人员进行修改。冒烟测试的用例需要不断演进。在冒烟测试前，需要先明确冒烟测试的范围，此部分可以和精准测试结合，侧重于对代码中所有更改部分的检查。

2.2　启发式测试策略模型(HTSM)

2.2.1　启发式测试策略模型(HTSM)

　　启发式测试策略模型(Heuristic Test Strategy Model，HTSM)是测试专家 James Bach 提出的一组帮助测试设计的指南，它是一个结构化的、可定制的参考模型，它从测试技术、产品元素、项目过程、质量标准等多个角度启发测试设计，启发测试人员应思考哪些方面，帮助思考获取哪些信息。实际工作中，产品所面临的风险多种多样，需要基于风险分析来设计测试，只有经过全面周密的考虑，才能避免风险暴露导致的严重后果。测试人员需要一个相对完整、可以定制、容易扩展的风险列表或参考模型，来帮助发现产品风险。HTSM 在测试全程提供有益的帮助，在制订测试计划时，可帮助完整地思考产品的各个方面，从而产生系统性的测试计划；在测试过程中，可帮助组合测试想法、深入探索产品，输出测试策略；在回归测试中，可帮助确定测试范围，制定测试方案。

　　测试人员利用质量标准(Quality Criteria)、项目环境(Project Environment)、产品元素(Product Element)，指导测试技术(Test Techniques)地选择与应用，并产生观察到的质量(Perceived Quality)。HTSM 是层次结构的(见图 2-1)，顶层元素是质量标准、项目环境、产品元素、测试技术，可以分解为次层元素，而次层元素可进一步分解为第三层元素。这里只介绍到次层元素，更多细节建议参考 James Bach 的 HTSM 的文档。

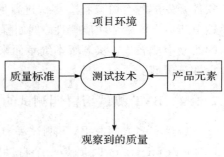

图 2-1　HTSM 层次结构

（1）项目环境：资源、约束和其他影响测试的项目元素。测试总会受到项目环境的约束。适合某个团队的策略不一定适合另一个相似的团队，以往有效的方法未必适应当前的项目。需要根据当前上下文语境（Context），在约束条件下充分运用资源，来高效地测试。

① 使命（Mission）：项目的目的。客户是谁，谁的意见至关重要？谁会受益？客户对产品的期望是什么，是否同意？主动和客户沟通可帮助测试，客户可能会建议应该创建和测试的部分；而且他们可能会有冲突的预期，这都需要进行确认和解决。

② 信息（Information）：产品、项目测试所需的信息。可以和谁咨询，了解项目？是否有文档、用户手册、网上的资料、规格、用户故事？是否有历史缺陷库，以及客户的抱怨？熟悉产品越多测试越好。信息是否是当前的，如何确认新需求和变更的信息？是否有对比的产品项目帮助获取产品的重要信息？产品复杂的部分，或者信息很少的部分需要特别关注。建议将客户信息作为输入信息之一，包括环境相关的、业务体验相关的、客户验收使用发现的缺陷、客户验收用例和工具、性能相关的如性能指标、压力模型等，客户信息可帮助搭建与产品生产环境接近或一致的测试用例，从而得到可信度质量评估结论。

③ 开发者关系（Developer Relations）：如何与开发者协作以加速开发，可以迅速友好的交流，开发对测试策略及时反馈，协作加速开发。

④ 测试团队（Test Team）：利用团队的力量支持测试。谁来测试？是不是有足够的人员？不是测试团队却可能帮助的人，例如相似产品的测试人员、程序员、用户、Writer。是否需要特定技能？是否有培训需求，是否可获得？谁是同地协作谁是其他地域协作，时区是否是问题？

⑤ 设备与工具（Equipment & Tools）：可利用的硬件、软件、自动化、工具、探测器、记录测试过程的文档等。

⑥ 进度（Schedule）：项目活动的顺序，周期以及同步和依赖。什么时候执行测试？是否是回归测试？什么时候版本可以提供？什么时候用户文档可供审查？测试设计要多长时间？

⑦ 测试项（Test Items）：需要测试的产品，包括产品是否可获取？产品是不是不断变化？测试范围是什么？产品最近增加和修改的部分是什么？测试重点是什么？可测试性如何？未来版本需要关注什么？

⑧ 交付品（Deliverable）：测试的产出。是否有测试文档标准？交付件是否作为产品的部分提供？还是有人会测试？测试报告内容是否需包含详细的细节？如何记录和交流测试报告？

（2）产品元素：需要测试的对象，软件是复杂且不易为视线所见的，要覆盖所有涉及的，而不仅仅是那些易见的部分。广泛深入的理解业务的领域知识，能帮助设定特性优先级、简化解决方案、与真实用户同样的使用方式探索软件、预防缺陷以及提供新思路。

① 结构（Structure）：产品的物理元素。它包括软件代码如平台、驱动等；接口；硬件；不可执行文件除了多媒体或程序外的任何文件如文本、数据、帮助文档；间接产品包括除

软件硬件外的产品部分如纸质文档、Web 链接和内容、包装、license 协议等。版本测试时，识别测试中结构的变更，例如新增或者变更部分。

② 功能（Functions）：产品的功能。它包括定义的满足核心需求的任何功能；时间相关如超时设置、日报月报、晚上批量作业、时间区域、工作假期等；启动和关闭；可测试性包括任何可帮助测试产品的 log、断言、菜单等；产品功能之间的交互；多媒体；错误处理；计算任何算术功能或者操作；转换如设置字体格式、插入艺术字。

③ 数据（Data）：产品所操作的数据。它包括输入数据；输出数据；预置数据；内部存储的任何数据；数据生命周期的转变包括创建、访问、修改和删除等；数据的大小或集合的变化；无效损坏的、或在不可控或错误情况下产生的数据或状态；顺序和组合。如 PICT 工具可用户组合数据筛选，具体参考 3.1.5 小节。多数程序是为了处理数据而存在的，程序将接受的数据作为输入，处理数据，存储数据，获取数据以及输出数据。在数据处理期间，数据将在系统中流动。

④ 接口（Interface）：产品所使用或暴露的接口。它包括用户接口；系统接口；API/SDK 等。

⑤ 平台（Platform）：产品所依赖的外部元素。它包括外部硬件指非产品的组成部分而工作中需要依赖的硬件组件或配置；外部软件指非产品的组成部分而工作中需要依赖的软件组件或配置；内部组件指植入产品内部但在项目外部产生的库或者其他组件。

⑥ 操作（Operations）：产品将被如何使用。它包括不同种类的用户；环境例如产品使用的物理环境，包括灯光、噪音等；普通操作如产品典型使用方式和输入顺序，根据用户不同稍有变化；不赞成的操作包括无知的错误的疏忽甚至恶意的；极端操作例如故意的挑战性的使用方法和使用顺序。

⑦ 时间（Time）：影响产品的时间因素。它包括并发同时多个事件发生（多用户，时间共享，多线程等）；变化的速度包括加速或者减速、突发、中止；快慢包括使用快/慢输入测试，最快和最慢的，快慢结合方式；输入什么时候提供，输出什么时候产生以及其中任何与时间的关系（如延时、时间间隔）。

（3）质量标准：质量标准是定义产品应该是什么的需求。通过思考不同种类的质量标准，能更好地计划测试，以更快速度发现重要的问题。下面的每项都可能是潜在的风险区域。思考下面的每项，如果对产品重要，则思考如何识别产品工作的好坏。

① 质量标准之操作性标准（Operational Criteria）：面向用户和运营团队。它包括功能（Capability）、可靠性（Reliability）、可用性（Usability）、安全性（Security）、可伸缩性（Scalability）、性能（Performance）、可安装性（Installability）、兼容性（Compatibility）、吸引力（Charisma）。

② 质量标准之开发标准（Development Criteria）：面向开发团队。它包括可支持性（Supportability）、可测试性（Testability）、可维护性（Maintainability）、可移植性（Portability）、本地化（Localizability）。

（4）测试技术：用于启发创造测试。有效地选择和实施测试技术，需要综合分析项目环境、产品元素和质量标准。

① 功能测试（Function Testing）：软件测试的能力。确定产品能做的事情；确定如何判断功能正确的方式；依次测试每个功能；检查每个功能完成预期，不做非预期的事情。

② 域测试（Domain Testing）：选择产品处理的数据，包括输入和输出；需要测试的特

殊数据，如边界值、典型值、默认值、无效值或者最好的代表值；考虑值得一起测试的数据组合，组合分析见 3.1.5 节。

③ 压力测试(Stress Testing)：选择那些在挑战数据或资源限制的高负载条件下，容易受到影响的子系统和功能。确定与那些子系统和功能相关的数据或资源；选择有挑战的数据或资源限制条件下测试，例如大或复杂的数据结构、高负载、长时间运行、低内存条件。

④ 流测试(Flow Testing)：测试软件的操作顺序，例如改变时间和顺序，尝试多线程。测试过程中不能复位系统。

⑤ 情景测试(Scenario Testing)：开始思考产品的任何事情；设计包含和产品有意义的复杂交互的测试；好的测试场景是讲述故事，某人如何使用产品完成某个重要的任务。

⑥ 声明测试(Claims Testing)：验证每一个声明。识别包含产品声明的资料，包括显式和隐式；分析每个声明，澄清模糊声明；确认关于产品的每个声明都是真实的；如果依据显式需求测试，则检查产品是否匹配此规格。

⑦ 用户测试(User Testing)：确定用户种类和角色；决定每类用户做什么、如何做、重视什么；得到有效的用户数据，或者让实际用户参与测试；或者模拟用户，需要注意，很容易就认为自己是用户，而实际不是；更有效的用户测试是包含不同种类的用户和用户角色。

⑧ 风险测试(Risk Testing)：产品可能会有什么类型的问题？什么类型的最重要，需要关注；如果有的话如何侦测它们？列出感兴趣问题的表单，设计用例来测试它们；咨询专家、设计文档的人、报缺陷的人、或者应用风险启发的人可能会有帮助。

⑨ 自动测试(Automatic Testing)：寻找或者开发工具来运行测试和检测；考虑自动化测试覆盖率的工具；考虑自动化数据库的工具；考虑自动化产生数据的工具；考虑自动化的变更检测工具；考虑可以让测试更强大的工具等。

可以看出，HTSM 由一组指南词语组成，它们构成一个层次结构，启发测试人员的思维，引导测试人员从高层抽象到底层细节对产品和测试进行思考，挖掘测试对象和测试策略。需要主动提问和沟通，包括用户、PM、测试、开发、技术支持、市场代表等进行全方位的沟通，并有沟通记录。测试设计以风险驱动。测试人员分析质量标准、项目环境、产品元素中的风险，设计有针对性的测试策略，可通过对继承性需求或者新需求、需求复杂程度、代码修改影响、历史问题、开发人员能力等分析高风险功能。根据风险分析结果，输出功能测试覆盖方法选择测试策略重点与高风险。可以使用如表 2-1 所示的风险分析追踪表完成风险分析追踪记录。

表 2-1 风险分析追踪

风险类型	风险描述	应对措施	责任人	计划解决方案	状态
质量风险					

在测试设计时，质量标准启发测试先知，项目环境启发测试过程，产品元素启发测试覆盖，观察到的质量启发测试报告。对于测试，HTSM 强调测试策略的多样性，平衡代价和收益(Cost vs. Value)，利用启发式方法(Heuristics)充分发挥测试人员的技能。

2.2.2 启发式测试策略模型(HTSM)的定制化

HTSM 是通用的模型，测试人员需要将其定制化与本地化，使其成为符合当前语境的模型，如组织架构、项目时间限制、过程成熟度等。根据 HTSM 的指南，深入地思考产品、测试，添加自己的想法、评论、标记和启发式问题，定制化的 HTSM 会进一步为测试设计提供基础。正如 Cem Kaner 所说："大多数严肃对待此模型的人会定制它以符合自己的需要"，定制 HTSM 是理解和掌握 HTSM 的过程，测试人员通过修改它，加入自己的风格和元素，如增加有价值的节点元素，删除与项目或任务无关的节点元素，增加标记、注释、链接等图元，以获得符合项目语境的模型。这里推荐采用思维导图工具，如 Freemind 或 Xmind，来定制 HTSM。Freemind 是一款跨平台的、基于 GPL 协议的自由软件，用 Java 编写，是一个用来绘制思维导图的软件，其产生的文件格式后缀为 . mm，可导出图片等格式。测试人员在测试中会接触新信息、新知识，应持续地将新知识补充到 HTSM 中，持续优化测试略模型。

测试人员在测试时，首先从 HTSM 中启发，获取信息，包括但不限于从文档获取，从自身或历史经验获取，通过交流从相关角色头脑里获取等。接着对信息思考，去伪存真，判断合理性，进行整合分析，启发策略与设计。最后需要及时反馈，HTSM 持续刷新和生成。测试人员可以自问：该元素与当前测试任务相关吗？针对该元素，产品有什么风险？可能会有什么缺陷？通过什么测试可以发现这些缺陷？依据当前的进度和资源，如何实施这些测试？也可以综合 HTSM 中的多个元素，输出测试策略。如果开发人员已经使用单元测试检查过组件，则测试人员可在系统层检查产品，此时，产品的缺陷往往存在于组件的交互和复杂的流程中，综合产品的多个方面，进行多样化的测试，通过更深入地测试产品，才能够更好地体现测试人员的价值，此时的启发式问题例如该元素与哪些元素相关？元素的组合有没有揭示出新的风险？如何设计测试，以同时测试这些元素？能否让来自元素 A 的信息帮助元素 B 的测试？

2.3　Google ACC 建模

ACC(Attributes Components Compatibilities)是 Google 测试团队最佳实践总结的，用来快速地建立产品模型的一种建模方法，从而指导下一步的测试计划和设计。在 Google 内部，ACC 得到较普遍的应用，一些工程师还开发了支持 ACC 模型的 Web 应用，并将其开源。Google 软件测试之道一书中，有详细介绍 ACC 模型。

首先，ACC 建模要先确定产品的属性(Attributes)。属性是描述产品目标的形容词和副词，代表了产品的品质和特色，是与竞争对手相区别的关键特征，也是人们选择产品而不是竞争对手产品的原因。按照敏捷开发的观点，属性是产品所交付的核心价值。从 HTSM 的角度，属性位于 HTSM→Quality Criteria→Operation Criteria，属于面向用户的质量标准。ACC 以属性开始，是确定哪些属性是产品存在的根本原因，并使这些原因被众所周知。测试人员需要通过确定属性来明确产品的核心价值，从而区分出测试对象的优先级。可以从产品经理、市场营销人员、技术布道者、商业宣传材料、产品广告等方面获取属性信息，也可以使用"卖点漫游"来发掘和检验产品的卖点。

Google＋的属性(Attributes)包括：

(1) Social(社交)：鼓励用户分享信息和状态。

（2）Expressive（表现力）：用户可以运用各种方式去表达自我。

（3）Easy（轻松）：凭直觉即可完成各种操作。

（4）Relevant（相关）：只显示用户感兴趣的内容。

（5）Extensible（可扩展）：能够与 Google 的已有特性、第三方网站和应用集成。

（6）Private（隐私）：用户数据不会泄漏。

其次，要确定产品的组件。组件是确定各部分、各特征的名词。可以理解为产品的主要模块、组件、子系统。从 HTSM 的角度，组件位于 HTSM→Product Elements→Structure 和 HTSM→Product Elements→Function，即同时具备代码结构和产品功能的特征。在属性被识别之后，确定组件，组件是构成待建系统的模块，是使软件之所以如此的关键代码块，是要测试的对象，是产品核心功能的清单。Google 软件测试之道书中，建议组件列表要尽可能简单，10 个组件就好，20 个则太多了，除非系统非常大，其目的是重点考虑对产品、对用户最重要的功能与代码，并避免太长的组件列表导致分析瘫痪。这里不需要担心完整性问题，ACC 过程的要点是快速行动，动态迭代。遗漏的特性在罗列组件时被发现，而且分析接下来提到的能力时，也可以找到先前遗漏的特质或组件。

Google＋的组件包括：

（1）Profile（个人资料）：已登录用户的个人信息和偏好设置。

（2）People（人脉）：用户已经加了的好友。

（3）Stream（信息流）：帖子、评论、通知、照片等组成的信息流。

（4）Circles（圈子）：将联系人按照朋友、同事等所做的分组。

（5）Notifications（通知）：当用户被帖子提到时，向他显示提示信息。

（6）Hangouts（视频群聊）：视频对话的小组。

（7）Posts（帖子）：用户和好友发表的信息。

（8）Comments（评论）：对帖子、照片、视频等的评论。

（9）Photos（照片）：用户和好友上传的照片。

最后，确定产品的能力（Capabilities），能力是描述产品实际做什么的动词，能力处于属性与组件的交点，描述了组件如何实现属性。它代表着系统在用户指令下完成的动作，也是用户选择一个软件的原因所在，即需要一些功能。在 HTSM 的角度，Capabilities 位于 HTSM→Product Elements→Function 和 HTSM→Quality Criteria→Operation Criteria→Capability，说明了产品实现其核心价值的手段。

表 2－2 是一个能力矩阵案例。

能力矩阵中，能力应该是可测的和抽象的，可设计用例检测产品实现了预期能力，并把更多的细节留给测试用例或者探索式测试。能力是面向用户的，反映了用户视角的产品行为，应关注对用户而言最有价值、最有吸引力的能力，并在合适的抽象层次记录能力。根据项目元素，如代码变更、产品缺陷、代码复杂度等来识别风险等级，分析功能列表对应的质量属性的优先级，风险分析可以参考 2.4 节。在计算风险因素时，测试人员可以采用尽可能简单的度量方法。通过测试去获得直接的反馈，并定期重新度量风险因素，是更注重实效的方法。ACC 的风格是快速前进、持续迭代，在测试计划时，快速地确定能力矩阵，而不必担心遗漏，随着测试的进展，持续调整和优化矩阵。

表 2-2 能力矩阵案例

	社交	表现力	轻松	相关	可扩展	隐私
Profile	在好友中分享个人资料和偏好设置	用户可以创建虚拟世界的自己，可表达自己的个性	很容易创建、更新、传播信息		按照适当的访问权限传递个人信息给有关应用	确保用户可以保护自己的隐私数据不被泄露，只在已被批准、适宜的时候分享数据
People	用户能够将其他用户的朋友、同事和家人添加为好友	用户可以定制个人资料，使自己与众不同	提供方便用户联系人管理的工具	用户可以根据一定条件过滤联系人列表	只给有授权的服务和应用提供联系人数据	确保只有经过批准才能看到用户的联系人数据
Stream	将社交网络的更新通知到用户			可以过滤掉用户不感兴趣的更新	将信息流更新传给其他服务和应用	
Circles	将好友分组	基于用户背景创建新的圈子	鼓励创建和修改圈子		将圈子数据传递给有关服务和应用	
Notifications			简介的显示通知		将通知传递给其他服务和应用	
Hangouts	用户可以对圈子中的好友发送群聊邀约，用户可以将群聊公开，其他人可以在他们的信息流中得到群聊通知	加入群聊前，用户可以预览自己的形象	几次简单的单击就可以创建和参与一个群聊，一次点击就可以关闭视频和音频输入，额外的用户可以被加入进行中的群聊		在加入群聊之前，用户可预览自己的形象，用户在视频群聊中可以通过文本交流；YouTube 中的视频可放到群聊中；Settings 中可配置和调整有关设备；没有摄像头的用户可仅通过音频参与	只有被邀请的用户才能加入群聊，也只有被邀请的用户才能收到群聊通知

续表

	社交	表现力	轻松	相关	可扩展	隐私
Posts		表达用户的想法			向应用提供帖子数据	帖子限制在希望的范围内
Comments		用评论表达用户的想法			向应用提供评论数据	评论限制在希望的范围内
Photos	用户可以与联系人和好友分享照片		用户能轻松完成照片上传；用户能轻松的从其他来源导入照片		与其他照片服务集成	对照片的查看限制在希望的范围内

ACC 可以快速应用于不同的产品类型的测试中，测试人员可以利用电子表格记录能力矩阵，并自行计算各个条目的风险。如表 2-3 所示的列对应的是功能列表，行对应的是属性。根据每个功能列表，罗列适合的属性，这里也可以参考第 1 章提到的适合于产品的质量属性，并进行风险分析，可以用颜色标记风险等级，更好地确定测试优先级，将有限的资源运用在最需要的地方。测试团队可以利用矩阵去指导测试设计。

表 2-3　基于质量属性的能力矩阵

	功能性	功能交互	效率	稳定性	故障注入	压力（可恢复性）	兼容性	安全性	吸引力	易用性
核心功能 X										

2.4　测试策略 TEmb 方法

第 1 章介绍了很多的测试方法，但是实际工作中发现，有的测试人员拿到项目后，经常遇到这样的问题：项目时程紧，测试人力少，测试内容多，既有老功能的回归测试，又有新功能的测试需求，那么怎么确定测试范围，用什么测试技术，在什么阶段等来进行测试，如何制定测试策略和高效的测试方法呢？这里给出一些引导方向，更多的还是需要结合具体项目具体制定。

TEmb(Testing Embedded)方法是能够有效组合多种测试技术的结构化测试方法，它能够提供一种机制，从适用于任何测试项目的通用元素和一组相关的特定方法中组合出恰当的专用测试方法。通用元素例如根据一定的生命周期规划测试项目，在周期中不断加入各种基础设施，采用各种传统和先进的技术，有特定的管理和技术组织。

如图 2-2 所示，通过适合于任何项目的通用元素，以及与产品特性相关的特定方法组合，其机制主要是基于风险和产品特性分析，即可得到恰当的专有测试方法，需要考虑LITO矩阵，即生命周期(Lifetime)、基础设施（Infrastructure）、技术（Technique）和组织

（Organization），简称为 LITO，具体将在 2.4.1 小节进行介绍。TEmb 方法的通用元素和特定方法都与 LITO 四要素息息相关。产品特性是特殊属性要求，例如强实时性、高安全性、技术复杂性等，通过对产品特性进行分析，以便处理项目的具体问题，如选择工具 JMeter、Loadrunner 等辅助进行并发测试。通过分析与哪些产品特性相关，就可以使得产品的独特性变得越来越具体和可管理，将可能有用的方法和每个产品特性联系起来，就可以为专用测试方法中需要包含的内容提供指导。从理论来说，测试所有东西是不可能的，为了最大限度地利用资源，需要决定哪些部分和特性是重要的，哪些是不重要的，从而更好的管理测试过程，所以需要基于风险的测试，见 2.4.3 节部分。

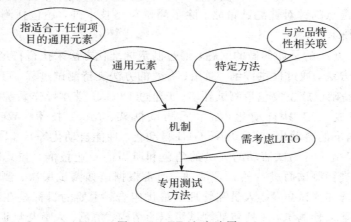

图 2-2　TEmb 方法图

作者发现，这一理论可以进一步扩展：无论待测项目是 Web 类产品，还是嵌入式系统类产品、驱动类产品、云测试等，都可参考此方法。根据产品特性的研究以及产品的风险分析，并结合适用于任何测试项目的通用元素，共同来制定出恰当的测试策略技术。

2.4.1　通用元素 LITO

在不同的测试阶段，会有很多不同的人员或团队来执行各种不同的测试，LITO 四个要素，即做什么与什么时候做、通过什么做、如何做和由谁做，都存在于开发过程中。

（1）生命周期（L）只限于产品开发和测试，将这一期间划分成不同的阶段，规划在不同阶段需要执行哪些测试活动以及按照什么顺序来执行，从而使得测试人员和经理都能把握测试过程。希望尽可能快、尽可能多的执行测试活动，例如如果被测软件在系统测试执行阶段才被交付测试人员，才开始设计用例，则是对时间的极大浪费。例如某些质量属性特别重要，风险很大，所以需要在开发阶段就开始测试活动。例如通过缺陷分析和评估发现很多问题，则应该在前期如需求阶段，就应该预防和处理，从而避免资源和进度的影响，降低成本。基于 V 模型的测试方案主要分为四个开发阶段（需求分析、概要设计、详细设计、编码）的测试和四个测试阶段（单元测试、集成测试、系统测试、验收测试）。其中，四个测试阶段，分别贯穿开发的各个阶段。单元测试是处于模块层次的测试，通常会采用白盒测试技术，目的是最大限度的检测出程序中的缺陷。集成测试针对模块集成过程中，各模块接口之间是否协调进行测试。系统测试属于黑盒测试的范畴，是应用最为广泛的一种测试方法。验收测试是向最终用户表明系统能像预定要求那样正确的工作，目的是增加对质量的信心。在 4.1.2 小节的测试自动化金字塔小节中，建议单元测试投入最多，接着是集成，最后是 UI 自动化。

（2）基础设施（I）定义了测试环境中需要哪些工具设施，以便能够执行计划中的活动。技术是指针对产品特性，可以采用的技术。测试策略就是基于风险评估来做出选择和协调，策略是所有人对应该给测试投入多少达成一致，以便能在所需的质量与时间、金钱与资源之间找到最佳平衡点。例如 HTSM、ACC 等模型帮助确定测试策略。例如根据缺陷分析，从测试策略、测试设计场景、测试执行、测试类型、测试阶段、测试用例 Level 等级等不同纬度，给出改建措施并落地，持续优化测试策略和设计技术等。例如通过精准测试自动化生成基于改动风险点的针对性测试策略。除了测试策略技术外，还包括测试设计、建模技术、探索性测试技术等。

（3）技术（T）解决的是如何做的问题，通过制定标准化方法来执行特定的活动。它是指实现某种活动的方法，通过提供详细、通用、有效的方法支持测试过程，可以结合生命周期进行整体考虑。基础设施主要包括测试环境（如通过 Docker 搭建操作系统以方便不同测试环境下的持续集成）、工具自动化（如单元测试框架、Mock 技术、Web GUI 自动化、Android 不同架构下的自动化、Windows GUI 自动化、性能自动化等），以及办公环境。

（4）组织（O）指执行测试活动的人员的角色和所需的专业技能，和其他团队交互的方法以及为了有效进行测试而进行的管理活动。通常根据诸如测试层次、测试对象大小、组织文化等因素来选择测试角色、人员和管理的最优组合，主要的目标是在时间和预算限制之内得到可能多地最佳测试，主要包括测试组织的结构、角色、人员与培训、管理与控制规程。

2.4.2 产品特性与案例说明

产品特性指一些特殊属性要求，例如强调安全、高实时性、技术复杂性等。特性分析主要是分析产品的特别之处是什么，例如被测产品的市场定位和价值，是否是卖点，在测试方法中必须包括哪些东西才能处理这些特别之处。从 ACC 的角度，属性 A 代表了产品的品质和特色；从 HTSM 的角度，属性位于 HTSM→Quality Criteria→Operation Criteria，属于面向用户的质量标准。根据产品的特性，选择适用的有用方法。

需要尽可能多地了解用户的需求、产品价值，来定位产品的特性。通过客户声音，根据 Kano 模型，对用户需求进行分类和优先排序，以分析用户需求对用户满意的影响为基础，体现产品性能和用户满意之间的非线性关系，可获取客户非有不可的预期必备需求（这部分需求未达成会引起客户不满），获取客户满意状况与需求的满足程度成比例关系的期望型需求（这部分需求越多越好），获取魅力型需求（这部分需求即使没有用户也不会表现出明显的不满，但是如果有的话，用户会有惊喜）。魅力型需求一旦得到满足，即使产品表现并不完善，顾客表现出的满意状况则也是非常高的，所以需要挖掘产品的魅力型需求，测试也需要特别关注魅力型需求。通过需求、设计文档以及协议规范、认证等，深入了解软硬件架构、被测特性与周边特性的功能交互点、被测产品的原理和流程。和相关人员沟通，理解产品要解决的问题和产品如何解决问题，从竞争对手的产品、产品家族的其他产品、产品的已发布版本、电子邮件、会议记录、用户反馈、第三方评论、技术标准、法律法规、领域专著等获取隐式需求。分析友商和业界的测试方案，明确借鉴或采纳点，理解内部信息提取流程图、状态图、提取测试因子等。对收集到的资料进行整理的过程也是学习的过程，可以帮助测试人员更深入的思考产品和测试任务。测试需要尽可能多的获取相关信息，需要和周边同事建立良好的关系，如果测试遇到困难，则知道从哪里寻找信息。达成协作关系的前提就是测试人员能够为同事们提供高质量的服务。无论是嵌入式测试、Web 测试、应用程序测试、Android 测试还是云测试，都需要考虑其产品特性。产品特性也需要关注硬件特性，例如，有些特殊硬件需求的特性，导致要测试的硬件设备和操作系统环境都不同。

　　面试或者笔试的时候，考官从面试现场随意选取一个简单物品，假定是一个喝水的带广告图案的花纸杯，让应聘人对它设计出尽可能多的测试用例。有了这个理论，大家是不是会先思考客户群体是什么？客户最关心什么？产品价值是什么？业务目标是什么？待测物的特点是什么？风险点是什么？针对这些特点，再结合 1.3 节的质量属性，就可以考虑用什么测试技术方法来测试了。那么针对这个花纸杯的题目，了解产品特性与风险，研究杯子的特性：功能性如装水后是否漏水，水能不能喝到；安全性如人喝水用的，是否有毒或细菌；界面测试如外观漂亮、是否变形；易用性如杯子是否烫手、是否有防滑措施、是否方便饮用；兼容性例如杯子是否能够容纳果汁、白水、酒精、汽油等；可靠性如杯子从不同高度落下的损坏程度；跌落测试如杯子加包装（有填充物）在多高的情况下摔下不破损；震动测试如杯子加包装（有填充物）六面震动，检查产品是否能应对恶劣的铁路、公路、航空运输；压力测试如用银针穿杯子，针上面不断加重量，压强多大会穿透；可移植性如不同地方、温度湿度等环境下是否都可以正常使用；可维护性如杯子变形，看是否可恢复；稳定性如将杯子盛上水放 24 小时检查泄漏时间和情况，或盛上汽油放 24 小时检查泄漏时间和情况等；文档测试如使用手册是否对杯子的用法、限制、使用条件等有详细描述等，如说明书是否正确；以此来确定测试数据和期望输出。根据风险分析制定测试策略，结合业务设计需求选择测试设计技术，得到测试点，接着再通过等价类、边界值、错误猜测、因果图判定表以及组合分析法，得到测试用例。另外，针对分析的这些特性，除了考虑 T 测试技术以外，还要考虑 L 什么时候开始进入测试，要用到的 I 基础设施是什么（例如用什么工具来进行相应特性的测试），以及组织 O 谁去测执行测试。

　　软件复杂性来自于领域、设计、技术、开发过程等多个方面。为了应对高度复杂且持续变动的软件，测试人员除了持续深入地学习产品领域知识外，可参考 HTSM，从多个来源收集信息，并在项目全程持续收集对测试的反馈，只有充分掌握质量属性、项目环境、产品要素，测试技术才能大放光彩。

2.4.3　风险分析

1. 基于风险分析的测试 RBT
　　一般情况下，有的测试人员拿到项目后，可能会发现要测试的内容很多，甚至可能会涉及不同的平台、不同的设备，但是在有限的时间和精力投入下，经常不知道怎么确定测试范围、测试策略。无风险，不测试，风险分析通常是所有测试方法的基础。测试人员应该聚焦风险，关注用户的价值和风险，进行基于风险的测试 RBT，测试策略是基于风险评估来做出选择和协调的。无论什么项目，首先需要考虑风险，可以考虑客户承担的风险，强调聚焦于风险，进行批判性思考。一切要以风险作为基础，建立快速的测试循环。

　　产品风险是指产品失效概率与预期损失的乘积，即风险＝失效概率×失效影响。其中，失效概率＝使用频率×缺陷概率。使用频率，即每天被访问很多次的系统中，缺陷被激活的几率要比每天访问一次系统的缺陷大很多。缺陷概率，即产品中包含缺陷的概率，即使产品存在缺陷，并不意味着在交付使用后一定会出现，例如缺陷位于一个从不使用的产品中，产品将不会发生对应的失效。包含缺陷的产品的使用频率越高，则产品失效的几率越大。风险应根据测试情况动态刷新，风险高的因素例如有复杂功能、新的功能或修改及影响功能、卖点、第一次使用某个新技术或工具的功能、开发人员经验不足或不同开发人员交接开发的功能、非常大压力下实现的功能、早期已经发现大量缺陷的功能、设计复杂的功能、具有很多接口的功能、沟通不充分的大团队、不当的质量管理等。此外，风险可结合缺陷分析评估，例如某部分的缺陷数或缺陷密度大，则此部分风险高。例如缺陷有收敛趋势，则表明测试发现的问题在减少，而缺陷没有收敛趋势，则表示需要进一步分析，具体缺陷分析法参考 3.5 节。风险也应关注之前版本的测试情况，例如覆盖了哪些部分，缺陷集中在哪些部分等，可以参考 3.6 节的软件质量评估。

测试需要与不同的干系人讨论信息系统可能发生的失效及其带来的影响。可能性高、影响显著的失效是高风险，需要较多的测试覆盖，包括测试范围、测试技术与测试优先级。如果失效的可能性小，影响也小，则不需要过多的测试。为了衡量失效的影响，需要转换到实际的场景视角，即修复问题的开销多大，会损失多少收入等。基于详细的风险分析，测试人员可以制订测试计划，为高风险任务分配较多的测试资源，为低风险任务分配较少的测试资源。产品风险分析后可产生风险列表，所有风险被分类为相应的类别，即高风险 H、中等风险 M、低风险 L。对于每组风险，需要确定合适的应对措施。根据测试项的风险水平选择所需的测试技术，这实际上是在选择风险缓解策略，对于风险高的软件需求，其相关的设计和实现需要进行严格的代码审查、设计审查、功能和性能测试等。风险优先级案例分析如表 2-4 所示。

表 2-4　风险优先级案例分析

特性	失效影响度	失效概率	风险优先级
XX1 如新特性	H	H	H
XX2 如需求变化，修改代码	H	M	M
XX3 如需求变化，修改代码	H	L	M
XX4	M	H	M
XX5	M	L	L
XX6	M	M	L
XX7	H	L	L

风险分析能识别出高风险、缺陷最可能存在的部分，这些需求需要更加充分和详细优先地进行测试。这里介绍三种风险分析方法，一是通过第 1 章提到的质量属性作为风险分析方法，需要首先确定待测标的物所适用的质量子特性，为每个子特性确定对系统的特定风险。二是使用质量风险列表作为一个起点，确定特定的质量风险，如表 2-5 所示。三是

使用特性作为起点，作为风险分析的基础，确定特定的质量风险，如表 2-4 所示。这里需要注意，许多缺陷是对于整个系统而非局部的。在每个分类中，都要确定特定的质量风险，针对这些质量风险，需要进一步确定可能对用户、客户以及其他涉众乃至社会所产生的效应。风险优先级的制定基于一种对每种失效影响度和每种失效概率的评估，就得到了一个综合的风险优先级度量。

表 2-5 风险分析

质量风险	技术风险	业务风险	风险优先级	测试深度	测试广度	追踪
可靠性						

表 2-5 的第一列中列出了所确定的质量风险，此表中有两层结构，这个结构中有风险类别，以及每个类别中特定的风险。对于质量子特性可以使用同样的模板，确定每个子特性的质量风险就有三层结构。质量风险列表或者质量子特性，有助于记忆缺陷，防止遗漏，且不用担心某个特定的风险应该属于哪一种类别，因为一旦它们出现在列表的某处，就不会忘记给它标识优先级。如果存在可以作为风险分析的输入需求或者设计规约，则当识别风险时，可以利用表格的最后一列，把需求或者设计规约的元素分配到相关的风险中。

风险分析需要跨团队的所有人至少都有参与，对要测试什么、不测试什么达成共识，而整个项目团队的共识必须在每个人都参与时建立。为了提高风险分析的效率，可以根据失效概率和影响度，提前生成风险列表的初稿，接着集体复审，来缩短会议时间。对测试人员来说，描述风险是非常重要的技能，创建风险列表，从经验、缺陷报告、技术支持人、网上问题、开发人员、客户论坛、刊物、风险摘要、竞争产品的收集风险方面的意见，对每个项目维护一张关键风险列表，基于它们测试并发现风险覆盖。

测试是测试人员通过实验方法，获得产品知识，以进行产品评估的过程，实验方法包括一定程度的提问、学习、建模、观察和推论。需要根据学习信息，选择下一步测试的方向。测试聚焦于发现产品的新信息，而不是证实已有产品的知识，需要不断变化测试视角和方向，而不是简单重复，除非重复是为了发现新信息。测试人员应聚焦于是否有潜在风险，而不是聚焦于测试用例是否通过或者失败。基于风险的测试策略决定测试资源投入的程度与方向，目标是用最少的资源尽可能早的发现最重要的缺陷。对于风险低的特性只需轻量级的测试，而对于风险大的特性则需要更深入的测试，是预算及进度和风险与覆盖的平衡。

2. 继承性分析

在敏捷软件开发中，以用户需求为核心，采用迭代、循序渐进的方法进行软件开发，在极端编程方法中，每天都进行若干次的回归测试，需要选择正确的回归测试策略来改进回归测试的效率和有效性。对于回归类项目，一般需要对原始需求进行继承性分析，主要分析新版本特性与历史版本特性继承方面的关系，包括与新开发特性的交互关系等综合分析，结合项目背景上下文、网上使用情况、历史测试情况等，来辅助进行测试策略（包括测试深度和广度）的制定，以及测试点的设计（例如功能交互分析）。

继承性分析主要从失效影响程度、失效概率、继承方式三个维度进行分析。首先确定产品所继承的全部特性，继承特性包括但不限于本产品历史版本的特性和从其他产品移植的特性。接着分析失效影响，根据用户对特性功能的使用和关注程度，分为高、中、低三个等级。接着分析继承方式和失效概率，根据网上实际应用成熟度(包括使用频度和网上缺陷情况等)、历史测试情况(包括测试充分性和测试频度情况)等，分析各个继承特性的失效概率。举例说明，产品中存在全新开发的功能以及老功能，对于新开发的某个版本来说，发现老功能在老版本已经充分测试过，质量的起点相比全新开发的功能要高，失效概率更低。即使全新开发的功能和老功能的质量目标、要求一致，也没有必要投入同样的资源，可以减少质量情况较好的老功能的测试，而将重点放在风险较大的地方。

如表 2-6 所示是对继承性风险的案例分析。

表 2-6　继承性风险举例分析

继承特性	失效影响	失效概率	优先级	继承方式	测试深度/类型	测试广度	自动化
XX1	H	H	H	新特性	需要所有适合的测试类型，如功能、功能交互、性能、可靠性和易用性	新增用例，全面进行新特性的测试	使用 XX 技术新增自动化
XX2	H	M	M	老特性变化	需要所有适合的测试类型，如功能、性能、可靠性和易用性	(1) 对发生了变化的部分进行重点测试；(2) 分析变化部分对老功能的影响，针对影响部分进行部分回归测试，探索性测试；	例如，对外的用户的接口发生了变化，则相应修改自动化部分
XX3	M	H	M	老特性优化	可使用功能测试、稳定性测试、故障注入法	(1) 分析变化部分对老功能的影响，针对影响部分进行部分回归测试、探索性测试；(2) 稳定性测试	对外的用户的接口未发生变化，内部进行了功能的重构，稳定性方面提升等，例如功能依赖的中间件、底层发生了变化
XX4	M	L	L	老特性无变化	可使用基本功能测试＋探索性测试	BVT 冒烟测试＋探索性测试	对外的用户接口以及内部都没有发生变化，可只需 BVT 冒烟自动化测试

2.4.4　组合测试策略的机制与案例

研究与产品特性相关联的特定方法，有助于解决一个或多个产品特性相关的某些问题，特定方法可以按四要素进一步分析：生命周期、基础设施、技术、组织。产品特性和特定方法(每个要素)之间的关系可以用一个矩阵来描述，即 LITO 矩阵，该矩阵提供了产品特性与特定方法的总的关系图。

　　研究其产品特性，有助于分析出相应的质量风险，并对此进一步分析相应的测试策略方法技术、需要用到的测试环境和工具、什么时候开始测试（生命周期）以及谁来测试。分析产品特性时，通过前面小节介绍的风险分析来进一步确认重要程度，从而帮助决定测试策略。例如缺陷分析发现，很多缺陷都是 Android 架构的 HAL 层的问题，那么可在 HAL 层进行测试来降低成本，在单元、接口测试阶段或者开发阶段就要考虑进行测试、谁来测试、怎么测试等，具体策略还要根据产品特性，风险评估来进行分析。以手机 Android 的质量风险—可靠性为例，进行风险分析以及 LITO 分析（见表 2-7）。

表 2-7　LITO 矩阵案例

质量风险	生命周期	基础设施	技术（测试深度/测试类型）	技术（测试广度）	组织	风险优先级
高可靠性	Android 架构底层（如驱动、HAL 层）的单元、接口测试	单元测试工具 Gtest 来实现，Mock 来封装底层。使用 GCOV 来进行代码覆盖率的检查	对于 Camera 新特性和 Audio 改动部分： （1）Fuzz 测试/容错测试； （2）故障注入测试； （3）稳定性、压力测试与可恢复测试等。 对于其余模块可进行 BVT 测试＋探索性测试＋整机稳定性测试	根据继承性分析，全新或者是部分继承等，定义继承策略为完全覆盖，部分测试或者不测试。 例如，通过继承性分析，得知： （1）Camera 新特性风险高需要深入测试； （2）Audio 老特性变化，对变化部分进行深入测试，对影响部分进行回归测试、探索性测试； （3）其余模块都是老特性无变化，可进行 BVT 冒烟自动化测试＋探索性测试＋整机稳定性测试	开发或测试工程师	Camera 有新特性，风险等级为高 H，Audio 老特性变化，风险等级为中 M，其余部分风险等级为 L
	Android 架构 Framework 层的单元、接口集成测试	继承原有的自动化：单元测试工具 Instrumatation 实现 Java 接口的自动化测试，比如增部分如服务的自动化			测试工程师	
	Android 架构的应用层测试	继承原有的自动化：包括 UIAutomator 和 Monkey 测试工具，实现上层应用程序的自动化测试			测试工程师	

第 3 章　测试建模、设计技术与质量管理

3.1　测试设计技术

　　测试设计技术是从特定的测试依据中得到测试用例的，用来实现特定测试覆盖的标准化方法。首先，了解用户、产品价值、项目信息与质量目标，根据风险分析制定测试策略，结合业务设计需求选择测试设计技术和建模技术，得到测试点，接着再通过等价类、边界值、错误猜测、因果图判定表以及组合分析法，可输出测试用例。

3.1.1　功能列表

　　测试人员通过需求文档、隐含需求、探索性测试等识别出功能点，将其组织成功能列表，梳理出一份逻辑合理的层次列表，将文字信息重构为树形结构的信息框架，推荐使用思维导图工具，会比较清晰。功能列表可为功能测试和功能交互测试提供很好的帮助。从功能列表出发，产品的功能分解为层次结构，可为功能覆盖提供指导和参考。测试策略制定时，要保证每个功能列表都有核心用例覆盖，进行核心功能的覆盖，参考 2.4.3 的风险分析，对修改点进行需求合入部分、缺陷修改部分、代码影响部分的针对性测试，并根据上一版本的测试过程与分析、类似产品缺陷高风险部分、开发团队情况等，对某些高风险的功能列表部分进行重点测试。

3.1.2　功能交互分析

　　功能交互分析是被测功能与该功能相关的功能或特性的关系进行分析的一种测试分析法。综合功能列表中来测试功能之间的协作，考虑该功能与哪些功能相关，结合风险与重点，从资源、时间空间等角度，通过功能交互分析，进一步细化和明确特性的功能交互点。

　　列出与被测对象有关系的继承和新增的特性及原始需求，逐个找出其交互点或交互接口，例如共用的输入/输出参数，数据对象等，分析每个交互的关系，包括时间关系（即功能之间运行的先后关系，如同时运行、先后顺序运行）、空间关系（即功能使用相同资源，如内存、定时器、共享关系如数据和资源的共享），从而找到测试需求，对于继承特性和新增特性需要细分为子特性和功能。在功能流程的基础上，经过对继承特性的交互分析，获取到涉及的功能交互点及其带来的影响。这里对输入粒度和输出粒度要求较高，对输入粒度要求统一，若输入的原始需求之间，继承特性之间的粒度粗细不一，将不利于功能交互分析，而且分析过程对输出的粒度也要把握，否则可能影响后续的工作。需要熟悉产品功能流程，

否则可能会遗漏影响功能流程相关的因子或参数。

继承性分析时，需要关注是否存在功能交互点，是否是独立的，若包含交互，那么就需要采用功能交互矩阵，如表 3－1 所示，将待测新特性放在第一行，将遗留特性和其他新特性放在第一列，在交叉单元格将有关系的功能进行说明。

表 3－1　功能交互分析

特　　性	待测新特性 1	待测新特性 2	待测新特性 n
继承特性 xx	Xxx1	独立	Xxxn
新特性 XXX	Xx1	独立	Xxn

3.1.3　输入输出模型

基于用户使用角度，测试场景划分为若干功能独立的场景。输入输出建模是对于每个场景进行输入输出的分析，建立测试对象的输入输出状态模型。

预置条件：用例开始前，对被测系统的状态，有交互关系的外部实体，记录输入/输出的测试仪器工具的状态等的要求。开始执行前，需要明确预置条件是什么？如何操作可以达到预置条件以及如何操作检验预置条件已经被满足。

输入 Input：测试用例的输入是用例对应的测试规格的因子相应状态的组合。细化每个输入因子及其取值，分析并描述如何产生该输入，并将该输入作用于被测系统上。描述如何确认系统接收到的是用例要求的输入。

输出 Output：输入的激励下产生的外在状态变化，输出的外部信息，保证用例的观察点不遗漏，并对每个观察点，给出清晰可行的观察方法，这里的输出可能很多，但是观察点是与本用例的目的紧密相关的。

内部信息：必要的系统内部信息的观察点，和系统外部输出观察点一样重要，系统内部信息大多关于内部资源分配和释放、状态迁移、异常消息、断言等方面的记录，分析异常记录，发现系统处理异常情况是否存在错误或者遗漏。

预期结果：根据测试输出、系统内部信息、数据分析结果，得到的用例通过与否的结论。

具体参考表 3－2，针对各个场景进行分析，输出测试点。

表 3－2　输入输出模型分析

场　　景	预置条件	输入	内部信息	预期结果	测试因子
XX1					

3.1.4　状态机模型

状态机被广泛地应用于软件分析、设计、开发与测试中，属于常见的基于模型的测试技术。首先需要识别状态、设计用例覆盖所有状态，并覆盖所有状态的变迁，以及覆盖所有触发的事件。系统的正确行为不仅依赖于现在所发生的事情，而且依赖于到目前为止发生了哪些事情，知道过去发生过什么的系统具备状态相关的行为。状态机测试的分析过程简单描述如下：

（1）识别系统、用户或者对象可能位于的各种状态，包括初始状态、最终状态和活跃状态。其中，活跃状态是系统所处的状态，在任何时候，只有一个状态是活跃状态。

（2）记录每个状态中能够以及不能运用的事件、时间、条件和动作。

（3）使用系统建模的一个图形或者表格。其中，状态转换图和状态转换表可用于分析和测试这类系统。

（4）对于每个事件和条件，即每个转换，应验证正确的动作和下一个发生的状态。

状态图主要元素包括：状态、初始状态、事件（触发状态转变的事情）、条件（将一个事件划分到不同的可能结果状态的判据或者标准）、转换（事件触发的，且可能是受条件所影响的，转移到一个不同状态或者可能返回到同一个状态的变动）、最终状态指示。从状态转换图开始设计测试用例，需要考虑访问每个状态、覆盖每个转换、确保没有状态是不可抵达或者不可离开的。

状态转换表将每个事件（条件）和每个已知的状态进行组合，如表 3-3 所示，可以指定正确的动作或者下一个状态。如果发现一个伴随动作和后续状态未被指定的状态组合，如事件（条件），就说明发现了一个潜在的缺陷。使用状态机模型可以帮助我们更好的理解软件的运行机制、把握软件与外界的交互、更全面的测试软件在不同情景下的行为。

表 3-3 状态机模型分析

状　态	事件（条件）	动　作	下一个新状态

3.1.5 组合分析模型

将被测对象抽象为一个受多个变量影响的系统，每个因素的取值是离散且有限的，可以使用组合测试工具组合测试用例集。这些因素可能是输入域、输出域、数据库域、事件或者条件，因素之间会相互交互，从而产生两个或者更多的情况。一般而言，由于因素的数量，加上每个因素的有意义测试值或选项的数量，使得可能的测试用例数量非常庞大，例如输入域数量为 10，每个输入域可接受 0～9 的一个数，则有效组合数量为 10^{10}。

组合测试包括两类，第一种是两因素组合测试，覆盖任意两个变量的所有取值组合，根据错误模型发现，值的相互组合是缺陷的最主要来源，而绝大多数缺陷都来源于结对参数的组合，所以可以只专注于成对组合，即以两个两个为主进行组合设计。首先，每个参数的每种状态都至少测试一次，接着，不同类型的参数要和其他类型中的参数进行结对测试。第二种是多因素组合，覆盖任意 n 个变量的所有取值组合，可发现所有 n 个因素共同作用引发的缺陷，如三元对、四元对和更多元对。理想情况下，应该使用 AC 全组合测试，例如作者在进行某项目的接口测试，当遍历所有参数的所有取值的全组合时就有出现过缺陷，但是一般来说，这种测试集可能非常庞大，很耗时，可能会超出测试的可用资源，如果覆盖过多，则可能会没有足够的时间、金钱和人力来测试其他重要的质量风险，所以需要基于风险进行分析，选择合适的覆盖策略。

无论是多因素组合还是成对组合，测试量都很大，可以借助工具 PICT 来生成这种组合。PICT 工具是微软公司内部使用的一款组合的命令行生成工具，已经对外提供，可以很方便地下载。它的使用很简单，即把输入类型和对应的参数输入到一个 csv 格式的文本文件中，从 cmd 中运行 PICT 工具，则 PICT 就会自动化生成组合并输出到另一个指定好的文本文件中。它可以输出两因素组合、三因素、四因素、五因素、全组合测试，随着因素的提高，用例个数呈现非线性增长。

需要注意的是，组合测试可能会错过最重要的取值组合，例如没有覆盖最常用最重要的取值组合，所以需要测试人员认真分析软件，通过研究需求文档、设计文档、客户调查、相关产品、领域专著等，根据业务领域，抽取恰当的变量，确定变量的取值，确定变量之间的约束关系等。例如，懒汉测试中的默认值应该加入测试集；HTSM 的产品元素，从结构、功能、数据、接口、平台、操作、时间等角度分析软件的实现，根据源代码分析变量分组和取值组合(例如通过源代码确定需要组合有意义的组合值)；同时需要考虑 HTSM 的项目环境，如 3 天的测试和 1 周的测试可能需要不同的组合方式 BC 或者 AC，而不仅仅只是借助测试工具。在项目之初通常很难识别细节，需要测试人员随着项目发展进行调整。

EC：参数与参数取值在用例中至少出现一次，如表 3-4 所示，P1 取值为 1、3、5；P2 取值为 2、4、6；P3 取值为 7、8。

表 3-4　EC 分析

	V1	V1	V3
P1	1	3	5
P2	2	4	6
P3	7	8	

EC 取值是：1，2，7；3，4，8；5，6，X。

BC：确定一个基本测试用例，如最简单/最小/第一个/最可能的值，以基本用例为基础，更改一个参数的取值创建新用例。例如，基本用例的取值为 1、4、7；以基本用例为基础，更改一个参数的取值创建新用例，所以其他值为 1、2、7，1、6、7，1、4、8，3、4、7；5、4、7。

这里可以根据风险评估、测试策略来选择，最好能通过自动化工具，自动配置哪种组合方式。结合精确测试，来自动化选择采用哪种组合方式。例如对于风险小的无变化的需求，进行 BC、EC 覆盖，而对于有风险的部分，则进行二元组合测试；对于高风险的则采用多元测试，如三元、正交分析进行组合测试。可以使用选项来增加对有意义的三元对、四元对和更多元对的组合的覆盖，通过经常性的改变选项方面，就可以增加遇到缺陷的机会，有的缺陷的发生可能和某些特定三元对和四元对相关。

3.1.6　错误推测法

错误推测法是基于经验和直觉来推测程序中所有可能存在的各种错误，从而有针对性地设计测试用例的方法。错误推测法是基于经验的测试设计方法，首先，利用直觉和经验列举可能犯的错误或错误易发情况的清单；其次，利用清单来输出测试用例。

错误推测法建立在对错误的了解上，可以通过获取系统的薄弱点和开发人员的盲点等信息，或通过度量缺陷，如被测试软件在哪些方面缺陷最多，缺陷的性质又具备什么样的特点等，来作为错误猜测法的依据。测试团队内部可以定期对缺陷进行分析，具体缺陷评估参考 3.5 节，并在团队内进行分享，从而拓展思路，增加缺陷敏锐度，提高测试设计的有效性。通过利益相关者将软件、软件使用、环境等作为信息来源，在理解需求的基础上，可以充分发挥想象力，尽量比较全面地列出各种异常情况。例如强制产生错误条件：内存耗光、磁盘满、网络断线不可用或有问题。例如尝试在处理过程中中断事务：尝试中断用户到服务器的网络连接，系统能否正确处理这些错误？这里需要注意的是，避免太过专注发现缺陷，却忽视或遗漏基本功能和场景的测试验证，造成基本功能场景的缺陷漏测。

3.2 测试用例设计方法

3.2.1 等价类划分法

等价类划分是为了在有限的测试资源情况下，用少量有代表性的数据得到比较好的测试效果。等价类是指某个输入域的子集合，在该子集合中，各个输入数据对于揭露程序中的错误都是等效的，并合理的假定：测试某等价类的代表值就等于对这类其他值的测试，这样就可以把全部的输入数据合理划分为若干等价类，在每个等价类中取一个数据作为测试的输入条件，就可以用少量代表性的测试数据，取得较好的测试效果。等价类划分的方法是把程序的输入域划分为若干个部分（子集），再从每一个部分当中选取一个或者少数具有代表性的数据作为测试用例的输入。有时候，也需要把所有输出结果域分别罗列出来，确定哪些输入会引发这些输出结果，把输入和输出配对是最常用的手段。测试人员需要考虑在各种的合法输出上，尽可能测试多的场景。

根据所选取输入数据的有效性，等价类划分可分为有效等价类和无效等价类两种不同的情况。有效等价类是指对于软件测试对象来说是合理的、有意义的输入数据所构成的信息集合，利用它可检验程序是否实现了规格书所规定的功能和性能。无效等价类与有效等价类相反，是指对于软件测试对象来说不合理或者无意义的输入数据构成的信息集合，主要验证软件是否实现了意外处理，例如，根据产品具体情况，对非法参数非法组合等情况是否都有考虑到，是否有合理的处理。设计用例时，需要同时考虑这两种等价类，因为软件不仅要能接收合理的数据，也要能经受意外的考验，才能确保软件具有更高的可靠性。

划分等价类可参考以下六条原则：

（1）在输入条件规定了取值范围或值的个数的情况下，可以确立一个有效等价类和两个无效等价类。

（2）在输入条件规定了输入值的集合或者规定了必须在什么条件的情况下，可确立一个有效等价类和一个无效等价类。

（3）在输入条件是一个布尔量的情况下，可确定一个有效等价类和一个无效等价类。

（4）在规定了输入数据的一组值假定 n 个，并且程序要对每一个输入值分别处理的情况下，可确立 n 个有效等价类和一个无效等价类。

（5）在规定了输入数据必须遵守的规则的情况下，可确立一个有效等价类（符合规则）和若干个无效等价类（从不同角度违反规则）。

（6）如果已划分的等价类中各元素在程序处理中的方式不同，则应再将该等价类进一步的划分为更小的等价类。

等价类划分的优劣，关键是把输入背后隐藏的信息从各个角度进行分类。等价类可以对输入、输出、动作、环境等因素都进行分类，系统对每一类因素进行等价的处理，把这些因素划分到等价类。例如结合状态考虑，初始情况下测试可能得出一个结果，但是第二次同样的代码执行会得出另一个结果，因为第一次是软件处于未被初始化的状态时产出的，而第二次则是软件处于已经被初始化的状态产出的。而且除了覆盖等价类的情况外，还需要对各个情况的组合充分考虑。等价类划分通常要和其他方法如边界值，辅助或配合使用。

3.2.2　边界值分析法

边界值分析法(BVA)是用于对输入或者输出的边界值进行测试的典型和重要的测试方法，是对等价类的补充。边界是系统的预期行为发生变化的地方，它不仅需要关注输入条件的边界值，也需要关注输出域，边界存在于输入值从有效成为无效的那一点上，也可能存在于输出可能溢出显示区的地方，也可能存在于内部处理极限的点上。通过选择等价类边界的测试用例，重点关注不同值域之间的变化点，是对等价类划分方法的补充。以往很多错误都发生在输入或者输出范围的边界上，所以针对各种边界情况设计用例，可以查出更多的错误。使用边界值分析方法设计测试用例，首先应该确定准确的边界情况。等价类的数据被划分为三类，即上点、离点和内点。其中，上点和离点是边界上的数据，内点是非边界的数据。

上点指边界上的点，如果边界是开区间的话，则上点就在域范围外，如果边界是闭区间的话，则上点就在域范围内。离点指离上点最近的一个点，如果边界是开区间的话，那么离点就在域范围内，如果边界是闭区间的话，那么离点就在域范围外。内点是在域范围内的任意一个点。总之，如图 3-1 所示，上点、离点的确定与该域的边界是开区间还是闭区间有关，如果是闭区间，则上点在域范围内，离点在域范围外；而如果是开区间，则上点在域范围外，离点在域范围内。可以发现，无论边界是开区间或者闭区间，上点和离点总有一个在域范围内，另一个在域范围外。例如，a 为大于 0 的整数，属于开区间，所以上点是 0，离点是 1。例如 a 为大于等于 0 的整数，属于闭区间，所以上点是 0，离点是 -1。如果 a 是实数，那么需要确定精度，如精度为 0.01，则 a 为大于 0 的实数，属于开区间，所以上点是 0，离点是 0.01。例如 a 为大于等于 0 的实数，属于闭区间，那么上点是 0，离点是 -0.01，内点是域范围内的任意点。例如 a 取值为[66,88]，上点就是"66,88"，内点就是域内的任意点，离点是"65,89"。例如 a 取值为(66,88)，那么上点还是"66,88"，内点还是域内的任意点，而离点是"67,87"。

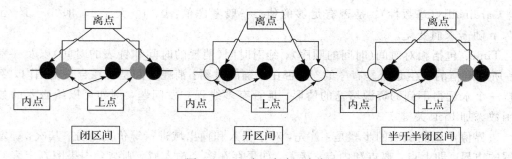

图 3-1　上点、离点、内点

基于边界值分析方法选择测试用例的原则如下：

(1) 如果输入条件规定了值的范围，则应取刚达到这个范围的边界的值，以及刚刚超越这个范围边界的值作为测试输入数据。

(2) 如果输入条件规定了值的个数，如闭区间，则用最大个数、最小个数，比最小个数少一，比最大个数多一的数作为测试数据。

(3) 根据规格说明的每个输出条件，使用前面的原则(1)。

(4) 根据规格说明的每个输出条件，则应用前面的原则(2)。

(5) 如果程序的规格说明给出的输入域或输出域是有序集合，则应关注集合的第一个元素和最后一个元素。

(6) 如果程序中使用了一个内部数据结构，则应当选择这个内部数据结构边界上的值作为测试用例。

(7) 分析规格说明，找出其他可能的边界条件。

边界条件需要遵守 CORRECT 原则，具体如下：

Conformance(一致性)：值是否与预期的一致。例如对于某类报告数据，其中包括了头部记录，头部记录连接到数据记录，最后是尾部记录。测试举例：如果没有头部记录，只有数据记录和尾部记录？没有数据记录？没有尾部记录？只有尾部记录？只有头部记录？只有数据记录？

Ordering：值是否如应该的那样，有序或无序。可测试最前或最后的条件，如点菜顺序。如排序函数要测反序的和已经有序的。

Range：值是否在合理的最小值和最大值之间，例如年龄 age 为 10000，角度值大于 360。

几乎所有的索引都要测试：开始索引与结束索引有相同的值；第一个索引值大于最后一个索引值；索引值是负的；索引值大于允许值；count(数)不能匹配确切索引的个数等。

Reference(引用耦合性)：代码是否引用了不再代码本身控制范围内的外部资源。判断已知方法的前条件和后条件。

Existence：值是否存在，是否非 null、非 0、空字符串，在一个集合中与存在性相关的陷阱。例如网络、文件的 URL、许可证、用户、打印机等所能列举的事物的存在性。需关注默认值测试，如删除默认值，使内容为空仍恢复默认值，另外，编辑框、勾选状态等所有地方都有初始的默认值。一定要考虑建立处理默认值、空白、空值、零值或无输入等条件的等价划分。

Cardinality(基数性)：是否有足够的值。一般考虑值：0、1、大于 1，即"0－1－n 原则"，n 随需求而变化。

Time：包括相对时间(时间的顺序)、绝对时间(消耗的时间和钟表的时间)以及并发时间。所有事情的发生是否是有序的？是否在正确的时刻？消耗时间是否在合理范围内，例如等待一个永远得不到的资源堵塞的情形。是否有多线程并发问题，例如可以给必要的数据和函数添加 lock 关键字。

边界值产生测试项的步骤是：首先，对于输入和输出域进行等价类划分；其次，确定域范围的边界，即上点、离点和内点；接着，如果存在多个输入域，则结合因果图判定表对输入域边界值进行组合来进一步分析；最后，选择上点、离点和内点以及这些点的组合形成测试项，如果有重复的测试项则进行合并即可。

3.2.3　判定表因果图法

等价类和边界值分析，都着重考虑输入条件，但没有考虑输入条件的联系，相互组合等。考虑输入条件之间的相互组合，可能会产生一些新的情况。但是要检查输入条件的组合情况会非常多，因此必须考虑采用一种适合描述对于多种条件的组合，相应产生多个动作的形式来考虑设计测试用例时，就需要利用因果图方法。

因果图是描述系统的输入、输出以及输入和输出之间的因果关系、输入与输入之间的约束关系的，它关注被测软件逻辑上的因果关系。因果图可以帮助发现需求规格不完整和不明确的地方，因果图法最终生成的就是判定表，适合于检查程序输入条件的各种组合情况。判定表驱动分析法分析和表达多逻辑条件下执行不同操作的情况，关注被测试软件中的条件选择顺序。判定表的组成包括：

（1）条件桩：列出系统所有输入，列出的输入次序没有影响。

（2）动作桩：列出系统可能采取的操作，这些操作的排列顺序没有约束。

（3）条件项：列出针对它所列输入条件的取值，在所有可能情况下的真假值。

（4）动作项：列出在输入条件项的各种取值情况下应该采取的动作。

（5）规则：任何一个条件组合的特定取值及其相应要执行的操作。

注：判定表中贯穿条件项和动作项的一列就是一条规则。

编写判定表的步骤如下：

第一步：根据输入的条件数据确定规则的个数。假如有 n 个条件，每个条件有两个取值（0，1），故有 2 的 n 次方种规则。

第二步：列出所有的条件桩和动作桩。条件桩是影响结果的条件，动作桩是由于所有条件组合后可能产生的结果。

第三步：填入条件项和填入动作项，得到初始判定表。

第四步：简化、合并相似规则或者相同动作。

3.2.4　测试用例及其检查点

IEEE 定义的测试用例是描述输入实际值与预期输出行为或者结果的文档，它同时标识了测试过程结果和约束。设计好的测试用例是做好测试工作的关键。好的软件测试用例不仅能够体现测试思想、技巧，而且要包含有效的测试数据、结果以及测试过程记录等。如果能有效地复用测试用例的这些资源，则将极大地提高软件测试的效率，降低测试成本。

一个完整的测试用例包括测试用例标识符、简短的目的描述、前置条件描述、测试用例输入、期望输出、期望的后置条件描述和执行记录。执行记录用于测试管理，包括执行测试的日期、执行人、针对的测试版本、测试是否通过。测试用例运行包括建立必要的前置条件，给出测试用例输入，观察测试输出结果，将实际输出与期望输出进行比较，在保证预期后置条件成立的情况下，判断测试能否通过。这里测试用例的检查点是最难最关键的部分，需要重点关注，同样的测试用例，不同的测试人员测试，可能用例结果不同。检查点除了关注用例本身预期结果成功外，例如算法值正确或者功能执行正确外，还需要关注一致性检查如同一软件风格保持一致、与业界标准对比、冲突或者矛盾检查等、类比法等。例如，检查点需要关注同一产品不同版本对比，或者同硬件不同产品对比，或者与业界竞争产品对比的各个性能是否变差。例如需要关注设备是否发热功耗太大或者听硬件声音，如硬盘读取太频繁发出声音。例如通过抓取日志辅助结果判断，来挖掘隐藏的缺陷。测试用例需要设计、审查、使用、管理和保存。

但是，目前很多公司都过分强调测试用例，即写了多少测试用例、执行了多少测试用例、自动化了多少测试用例等。通过测试用例来驱动测试人员，测试人员执行测试用例，认为执行的人只要按部就班执行就好，但是测试用例好不代表测试好，测试用例不是测试，测试是有技能的人执行的，测试目的是为了发现缺陷、预防缺陷、提供信息与信心，以便于客户基于此做出更好的决策，需要测试人员持续学习、分析、探索和实验，甚至可以不用产生测试用例，例如进行探索性测试。

3.3　测试建模技术

3.3.1　测试模型概述

抽象是认识事物的一种关键途径，是为了用少量的特征、属性来给对象打标签的，这些标签要具体、可度量且识别性强。而建模是对目标进行系统的、结构化的、多层次的和多视角的抽象。随着系统规模越来越大，软件测试也变得越来越复杂，包含了业务、设计技术等多方面细节，其复杂度已经超越了人的理解能力。所有的测试都是在建模，为了实施对质量信息的调查，测试人员通常使用一组简化的模型来分析产品和设计测试，从而使得在构造模型阶段可能就会发现很多问题。

常见的模型有：2.2 节介绍的启发式测试策略模型（HTSM），2.3 节介绍的针对产品的属性、组件和能力建立的 Google ACC 模型，3.1 节介绍的 IBO 模型、状态机模型、组合分析模型、功能列表模型等。软件产品是很复杂的，所有模型都是对软件的简化，是片面不完整的，只能描述局部，如果只使用一种模型，则会存在认知偏差，错过重要的测试策略，导致缺陷遗漏，所以需要从不同的角度考察软件。模型是不完整的，不用追求完美的模型，重点关注模型的实用性，是否能提供好的测试想法。完善测试模型需要深耕产品的业务知识，也要参考产品的代码实现，测试建模是一个演进的过程，随着项目的发展，测试模型的不足会逐渐暴露，需要在测试过程中，持续打磨和调整模型，用模型优化测试过程，同时让测试过程来优化模型。

3.3.2　基于模型的测试（MBT）

为了减少测试过程的盲目性，提高测试过程效率，基于模型的测试（Model Based Testing，MBT）应运而生，通过对目标进行抽象和建模来指导测试工作。MBT 是一种根据模型来设计测试的高级测试方法，是一种轻量级自动生成测试用例的方法，需要关注构建一个能描述被测系统各方面数据和行为的形式化模型，可以通过激发头脑风暴，锻炼思维方式，挖掘团队和个人的潜能，多层次多视角的认识和量化待测目标，从而更科学的指导软件测试工作。传统模式下，随着需求的增加或修改，测试方案和用例可能都不一致，所以无法继承，而 MBT 模式对于业务流程变化导致的用例大面积修改或添加，可通过调整模型即可实现，例如可能只需要添加某个变量值即可支持某个新需求。MBT 用模型强调测试设计，是测试工程化的台阶。

基于模型的测试，狭义来说，是用例自动化生成。可以对模型生成用例的过程进行更多干预，这些控制在 MBT 中被称为测试策略，根据风险设置测试策略，使得生成的用例更符合目的。如果单纯地使用全组合方法生成用例，或者所有需求功能对应的所有测试因子使用相同的组合方式，则可能会导致测试用例爆炸，从而导致大量的维护工作量，这里需要根据风险调整用例生成测试策略。在 3.2.6 节的组合分析法中可以得知，数据组合方式有 BC、AC、正交，测试人员可以根据风险评估，来选择测试策略。例如，对于风险小的无变化的需求，进行 BC、EC 覆盖；对于有风险的部分，进行二元组合测试；对于高风险的采用多元测试，如三元、正交分析进行组合测试。通过设置测试策略，从而自动化生成不同个数的测试用例和脚本。测试策略的选择建议能结合精准测试，自动化根据对应代码改动情况，选择对应的采用哪种组合方式。广义上讲，基于模型的测试是基于模型进行测试的应用模式和相关工具体系，基于模型生成测试用例和自动化脚本，基于模型的测试 MBT 是自动化与测试技术发展的结果，是属于软件测试领域的一种测试方法。

MBT 可以让测试人员聚焦于前期的需求分析、风险分析、测试设计等工作，而具体的设计技术的应用由工具生成，提高设计效率，目的在于通过构造测试用例和自动化脚本而进行的被测系统描述，可以更加深入的理解需求，也可以发现许多问题。MBT 虽然能辅助测试设计和脚本实现，但是测试设计的质量在本质上还是取决于设计人员的经验和能力的，测试建模对测试人员的知识结构和技术水平提出了一定要求。不同的应用领域要选择合适的测试模型，只有充分理解模型和软件系统，才能选择合适的模型对软件进行测试，具体测试设计和建模步骤可参考 3.4 节。

3.3.3　常用的基于模型的测试工具

目前支持 MBT 的代表性工具有微软公司的 Spec Explorer 工具，它具有创建软件行为模型、可视化模型分析、验证模型有效性和根据模型生成测试用例等功能。首先，需要创建一个机器可读的模型，该模型表述需求所表述的所有可能行为，模型设计工作的关键点在于正确的抽象，应该专注于待测系统的某一方面，而不需要关心系统的其余部分。不同部分可以被不同模型覆盖，但是每一个模型都需确保自己在清晰的抽象层面上。

Spec Explorer 的模型被表述为一组规则，这些规则可以使用主流开发语言 C♯进行开发，因此不需要学习其他的形式化建模语言，降低了学习难度。同时，Spec Explorer 是一个 Visual Studio 集成开发环境的插件，提供了如语法颜色标记、自动补全和代码重构等功能，还提供了一种小型的配置语言 Cord(Coordination Language 的简称)，用于结合不同模型，生成代码以及选择特定的测试场景。虽然创建模型的工作量比较大，但是回报也很大。通过把非形式化的需求转化为形式化的模型，很容易发现需求中遗漏的部分。当模型成型以后，Spec Explorer 能通过分析模型自动生成测试用例，包括提供给待测系统的输入以及期望的输出，接着，就可以在单元测试框架中(例如 Visual Studio 的测试框架或者 Nunit)独立运行。

此外，还有腾讯公司的 GraphWalker 工具和 Sparx Systems 公司的 Enterprise Architect(EA)工具。腾讯公司的 GraphWalker 工具是一个基于测试模型的用例生成工具，主要应用于 FSM、EFSM 模型，可以直接读取 FSM、EFSM 图形模型等，生成测试用例。Sparx Systems 公司的 Enterprise Architect(EA)工具，它覆盖了系统开发的整个周期，除了开发类的模型外，还包括事务进程分析、使用案例需求、动态模型、组件和布局、系统管理、非功能需求、用户界面设计、测试和维护等。读者可根据自己的需求扩展与使用。

3.4　如何进行测试设计与建模

3.4.1　了解目标和项目环境信息

通过对项目上下文信息进行分析，对应 2.2 节 HTSM 的项目环境部分的八个方面，包括项目用户、目标、信息、开发者关系、测试团队、交付件、测试条目、进度、设备与工具，根据项目需求进行适配，全面了解测试对象的相关信息，整合信息和资源，挖掘有启发式的线索。

首先需要了解目标，整体考虑需求价值，获取信息，这也符合敏捷先分析价值的理念，参考下面 3.4.2 节的需求 5W1H 分析进行需求目标分析，从 Why 开始，关注潜在的新特性的目的，关注客户为什么要此特性，这样则会让做出正确产品的可能性变得更高，关注特性的目标和如何衡量成功，可能会发现客户未要求但却实际需要的东西。需要重点关注的是，需求是由 XX 提出，希望解决 XXX 问题，而不是这个需求是如何实现的。

3.4.2　基于 5W1H 的需求分析

5W1H 分析法也叫六何分析法，它是一种思考方法，对选定的项目、工序或操作，都要从原因(何因)、对象(何事)、地点(何地)、时间(何时)、人员(何人)、方法(何法)六个方面提出问题并进行思考，如表 3-5 所示。

表 3-5　5W1H 分析

Why	客户要解决什么问题，达到什么目的？该功能给用户带来的价值是什么？用户期望如何？
Who	用户群体如何分类？包括内部客户和外部客户
When	在什么场景或事件下触发用户使用特性
Where	在哪个功能入口？
What	使用什么功能的什么操作来达成业务目的？与哪些功能交互？可参考合同、用户需求、隐式需求
How	用户使用时如何操作完成此功能？可参考软件需求文档和设计文档

对于需求可以通过此方法进行分析，从用户群体、目标诉求、在什么条件下、从哪入口、使用什么功能、如何操作几个维度考虑设计，完整的覆盖用户在使用该功能可能遇到的场景。

应该围绕 Why 做评估，对应 HTSM -项目环境的使命，了解项目上下文信息，获取完整需求，除了需求规格说明书外，可在客户访谈、问卷调查、体验测试、演示等过程中进行需求补充，基于需求进行测试。如果发现需求不符合，则可以澄清需求，从而帮助做出正确的产品。只有围绕 Why 来测试和评估，才能真正发现用户需求和软件需求遗漏和错误的问题。

3.4.3　MFQ 测试设计模型

MFQ 测试设计模型获取 HTSM 的产品元素、质量标准，对 3.4.1 节获取的信息整合，并将被测对象进行分层，针对不同层次进行分析与设计，找出相应的单功能 M、交互功能 F（多个单功能之间，以及与系统原有功能的交互）、质量属性 Q，同时识别风险 Risk、疑问 Issue、数据 Data。测试人员需要掌握用户知识、业务知识、产品架构和设计、测试技术和工具。例如对于手机测试的某个模块如 Audio 来说，包括对 Android 架构的 HIDL 层分析和设计、对 Framework 层的分析和设计、包括对 App 层的分析和设计，根据不同架构层的关注点不同，所建的具体模型是不同的。根据 4.1.2 节的测试金字塔原则，底层自动化覆盖应尽量的多，上层 UI 自动化覆盖应相对减少。

MFQ 模型是某知名通信公司在使用的一种设计模型，通过三个维度进行，包括单功能 M、功能交互 F 与质量属性 Q。其中，M（Mode）是基于模型的单功能测试分析与设计；F（Function）是功能交互分析与设计，可参考 3.1.2 小节；Q（Quality）是质量属性的分析与设计，质量属性可参考 1.3 节。通过单功能 M 的梳理，可以避免功能需求的遗漏，保证功能模块覆盖；功能交互 F 可以进一步覆盖功能需求；通过质量属性 Q，可以进行产品质量属性、测试类型的覆盖。通过功能点和质量属性，可以快速产出 ACC 模型，结合风险分析，协助快速输出适合的测试策略与测试设计。

3.4.4　PPDCS 测试建模步骤

测试人员通过获取项目上下文信息，对特性的需求、风险、场景、设计进行分析（例如重要的算法或技术、产品实现中的关键业务流程等）和建模，根据风险策略分析数据覆盖原则，提取测试点，接着输出测试用例。具体可分为以下步骤（可根据情况进行适配）：

（1）首先对待测标的物进行分类，看是否具有流程类、参数类、数据类或是组合类。根据测试点的特征，选择合适的模型，如流程图、状态机图、IBO 模型。这里给出最适合建模的方法，不仅适合 M 单功能、也同样适合 F 功能交互与 Q 质量属性，不过目前应大多用于 M 单功能。

① 对于流程类 P（Process），针对系统功能流程进行分析，业务由多个步骤完成，步骤之间有明显的顺序关系，采用结构化的流程图，描述其系统功能流程。通过绘制流程图，如第一步、第二步等，来建立测试模型。覆盖技术包括语句覆盖、分支覆盖、路径覆盖，根据风险确定覆盖策略，一般采用路径覆盖技术，通过路径覆盖技术来识别测试条件，得到基础的测试用例，如果流程的输入是参数，则考虑等价类边界值，最后根据经验进行补充和完善用例。

② 对于参数类 P（Parameter），通过决策树决策表、输入输出表来建立测试模型。这里，包含多参数，参数值的个数是有限的且易识别参数间的逻辑关系，包含多规则且每个规则有不同的变量和不同的值，而且系统会对不同参数值做不同的处理或响应。对输入输出表中不适合的进行删除，覆盖输入输出表，最后根据经验补充和完善用例。

③ 对于数据类 D（Data），通过等价类边界值建立测试模型。数据的取值有范围，数据个数有限，数据之间没有明显规则或逻辑关系，不同的数据可能存在限制，且系统对允许

输入的数据做出的处理或响应一般是一样的。首先确定参数和参数的取值，然后对每个参数的取值划分等价类，接着选择参数的等价类，覆盖等价类分析表，根据经验补充用例。

④ 对于组合类 C(Combination)，通过被测对象的分析，识别测试输入及可能的取值，参数数据多，则每个参数可能有多种取值，参数之间有逻辑关系。使用测试因子进行组合，组合方法参考 3.2.5 组合分析法。可以把流程类、数据类、参数类的测试点组合在一起进行测试设计，从而形成组合类测试点，可测试到各个功能之间的配合以及与系统整体相关的问题。采用数据组合覆盖技术进行覆盖，测试中可以借助 PICT 工具来生成测试用例。如果有些测试因子可能对其他功能没有影响或者影响很弱，就没有必要使用组合。除了通过需求规格、设计规格说明书外，也可通过直接阅读源代码的方式，来获取测试因子的信息。例如，分析测试因子如果只是作为函数的参数传入，则对应的可能作为弱耦合变量；而如果是作为多个函数功能中分支判断的依据，则可能属于强耦合。

⑤ 对于状态类 S(Status)，针对符合协议、状态机模型的系统功能进行分析，采用状态迁移图描述系统功能流程，使用状态机模型建立测试模型，具体可参考 3.1.4 节。使用 N-switch 覆盖技术识别测试条件，基于测试条件生产基础的测试用例。0-switch 包括测试条件、初始状态、事件、第一次转换后的状态。1-switch 包括测试条件、初始状态、事件、第一次转换后的状态、事件、第二次转换后的状态。

（2）模型建立后，需要根据风险策略来确定测试覆盖技术，测试方案需要遵循测试策略对具体某个特性的测试深度和广度的要求。根据测试策略进行测试用例的设计。对于高优先级的特性，需要进行全面、深入的测试，需要考虑各种测试类型，而针对低优先级的特性，可能只需要考虑基本功能验证测试即可。例如风险低，数据组合覆盖技术采用 BC、EC；风险高，则采用三元对、四元对和更多元对的组合的覆盖或者 AC 全覆盖。

（3）这里就得到了测试点，测试点是不是测试用例呢？测试点在内容上可能有重复，在描述上比较粗，细节上不是很明确，例如测试输入不明确。测试点是测试时需要关注的地方，而测试用例是详细指导测试的测试说明书。那么如何在测试点的基础上加工得到测试用例呢？首先把测试点重复的地方去掉和合并，其次进行细化，最后确定各个测试点的测试条件、测试数据和输出结果，即在什么情况下进行 XX 的测试，可以设定约束条件。确定和补充测试数据时，如果是参数类，则选择合适的参数值；如果是数据类，则使用等价类边界值选择输入数据。在此过程中，一般会用到等价类、边界值、组合分析法、判定表等测试用例设计方法。

（4）继续补充扩展优化模型、测试用例。

3.5 缺陷分析法

3.5.1 缺陷分析方法

测试人员对于缺陷的态度一般有三种，第一种是踏实型，就是记录缺陷的步骤方法，以后可用同样的步骤方法操作；第二种是思考型，考虑原因，通过原因分析，找出更多缺陷；第三种是一劳永逸型，找出根源，采用 4.4 节讲的自动错误预防机制进行自动化预防，或者预防缺陷如在设计编码需求阶段采取措施避免缺陷。收集和整理典型缺陷有助于吸取教训，对症下药，是一项非常有价值的活动。将缺陷作为攻击指南，根据典型缺陷和产品特点来做快速测试。通过对测试过程中发现的缺陷进行分析，可以得到缺陷聚集的功能模块、严重等级较高的缺陷分布情况、缺陷的发现趋势以及阶段分布情况等，从而完善测试策略和设计点。

缺陷分析可以多维度思考，即从产品维度、各个模块特性维度分别进行分析和持续改进。例如首产品、衍生产品如何改进测试策略和测试设计，包括：测试策略如何优化，如各个生命周期如何测试、问题易发生阶段以及如何部署、各个用例 Level 是否需要优化，不同器件策略如何制定等；测试执行如何优化，如对于偶发问题可考虑自动化方式实现，进行根因分析如何从根本上解决优化等；测试设计如何优化，如测试类型如何优化、测试场景是否有遗漏。通过测试类型分类，如按照安全性问题、可用性问题、一致性问题、性能问题等进行分类，可以帮助确认测试是否已经足够深入，测试方法越多，测试也越深入。如果测试方法单一，测试比较浅，则产品可能还有缺陷未被有效去除。缺陷管理工具如 Bugzilla，可以确定和增加测试类型的选项，来记录相关的信息，统计出各种测试类型发现的缺陷数量，绘制得到不同测试类型发现的缺陷的比值和分布，并进行缺陷触发分析。例如，如果发现有些测试类型发现的缺陷很多，则说明这种测试类型能有效发现产品缺陷，产品在这方面的质量可能不高，相对其他方面来说风险较高，此时可能就需要调整测试策略，增加此部分的测试投入。而如果测试类型发现的缺陷少或者没有，需要进一步确认原因，例如是测试投入不足或者较少测试，或者没有掌握该测试方法，或者测试投入和方法都没有问题，确实缺陷较少或者没有，则说明当前测试方法确实不能发现产品缺陷，产品在这方面质量不错，相比其他来说风险较低，此时可以考虑调整测试策略，降低这方面的测试投入。基于某个产品分析主要的缺陷类别，帮助识别典型问题，形成风险列表清单，帮助优化测试设计和测试策略，指导以后类似项目测试，实现测试人员之间的交流共享。

缺陷密度是指每千行代码发现的缺陷数。通过缺陷密度，可以预测产品可能有多少缺陷，帮助评估缺陷总数是否足够多，如果实际缺陷数与预期偏差较大，则可能不应该退出测试，发布产品。因为在系统复杂度、研发能力一定的情况下，由各个环节引入系统中的缺陷总数也基本是一致的。实际测试中，实际的缺陷密度与估计的缺陷密度不太会相等，可能会在一定的偏差范围内，如 3％，即实际缺陷密度在允许的偏差内，都是正常的。如果偏差较大，则需要评估是测试能力不足导致的还是测试投入不足导致的，或者是产品质量真的较好导致的。产品质量好导致的则是正常的，其他则可能需要加大投入测试人力，进行更有效的测试方法来解决相关问题。

缺陷年龄是软件产生或引入缺陷的时间，如需求阶段引入（如需求不清、需求错误等）、设计阶段引入（如功能交互问题、算法设计问题等）、编码阶段引入（如流程逻辑实现问题、算法实现问题、编码规范问题、模块与模块间接口问题等）、新需求或者变更引入、缺陷修改引入（如修改缺陷时引入的问题等）。通过 Bugzilla 工具，可要求开发人员在修改缺陷的时候，选择缺陷年龄，统计出各个缺陷年龄的缺陷数目，进行缺陷年龄分析，例如在测试后期，发现了需求阶段引入的缺陷，说明需求质量不高，架构设计的质量不高，需要有针对性的进行改进。例如发现因为继承或者历史遗留引入的缺陷，需要对缺陷进行测试场景分析，测试方法分析，考虑是否需要更新测试策略等。例如系统测试发现，很多是单元测试能发现的问题，需要进行根因分析、场景分析，考虑是否需要有针对性的增加单元测试的投入，从而减少成本，缺陷越早发现，成本越少。如果是缺陷修改引入的新缺陷过多，则说明需要加大基本功能进行回归到比例，缺陷修改后验证时，需要对影响范围进行探索性测试，或者针对修改的缺陷进行更新、要求开发自测等。通过控制提高缺陷修复的质量，来促进缺陷的快速收敛。

常见的缺陷分析方法有 ODC 正交缺陷分析法、Gompertz 缺陷分析法、四象限缺陷分析法，下面将分别进行介绍。

3.5.2 ODC 缺陷分析法

正交缺陷分类（Orthogonal Defect Classification，ODC）是一种缺陷分析方法，由 IBM 于 1992 年提出。它会给每个缺陷添加一些额外的属性，通过对这些属性进行归纳和分析，来反映出产品的设计、代码质量、测试水平等各方面的问题，从而进行版本计划指导、策略调整、测试过程改进及改进措施的评估，提高客户满意度，减小产品投入市场后的维护花费等。对于测试团队，通过 ODC 可以知道测试工作是否变得更加复杂；每一个测试阶段，是否利用了足够多的触发条件来发现缺陷；退出当前测试阶段有什么风险；哪个测试阶段做得好，哪个测试阶段需要改进等。对于开发团队，利用 ODC 可以知道产品设计和代码编写的质量情况。

ODC 的工作流程分为四部分：缺陷分类、校验已被分类的缺陷、评估数据、采取行动来改进工作。缺陷分类时，需要增加的 ODC 相关属性分别包括以下几项。

（1）发现问题活动：表示在做哪种测试活动时发现的缺陷。如需求审查、设计审查、代码审查、功能测试、Beta 测试等。

（2）触发因素：表示采取哪种方式触发的该缺陷，不同的发现问题活动对应不同的触发因素类型。例如编码规范性、单运行的参数合法值测试、单运行的参数非法值测试、多运行顺序测试、多运行相互作用、测试失效恢复测试、压力测试、兼容性测试、文档资料测试。

（3）结果影响：表示该缺陷的发生会对客户造成的影响。缺陷根据严重程度可分为致命、严重、一般、提示。

（4）问题根源对象：表示开发人员为了修复这个缺陷，需要在哪方面做修改。比如可以修改的方面包括产品设计、相应的代码和文档等。

（5）缺陷类型：例如需求设计阶段的业务功能遗漏或错误、业务性能问题、兼容性设计问题（如周边产品接口变更、兼容性如平台、操作系统、升级前后等）、安全设计问题、并发设计问题等。例如编码阶段的赋值初始化、时序/序列（如多线程多进程临界资源未有效同步）、条件检测/分支（如返回值未处理失效异常、异常未处理等）、相关性（如配置错误等）、算法实现（如资源申请未释放或者释放错误、使用空指针、作用于错误、访问越界或内存越界、代码逻辑实现错误等）、本地语言支持、可测试性、函数/类/对象的设计、可维护性等。除了需求设计阶段与编码阶段的问题以外，缺陷类型还包括材料和资料等。

（6）缺陷界定：表示该缺陷是由于相关代码缺失还是代码不正确造成的，或者是由于第三方提供的代码造成的。

（7）责任来源：表示该缺陷的来源是由内部编写的代码所引起的，还是由外部如外包公司提供的代码所引起的等。

（8）缺陷年龄：表示该缺陷是由新代码产生的还是由于修改其他缺陷而引发的，或是在上一个发布版本中就已经有的问题等。

（9）缺陷内容类型：表示修复文档的类型，仅对文档类的缺陷有效。

同一个阶段，定义一维 ODC 度量指标，主要包括两种：ODC 缺陷密度，即每一类别下的 ODC 缺陷数/代码规模；ODC 缺陷百分比，即每一类别下的 ODC 缺陷数/所有类别的总缺陷数。推荐使用缺陷密度的度量方法来确定，但如果版本的代码量很难获取，则也可以使用缺陷百分比的方式。

横坐标为触发因素，纵坐标为缺陷类型，可以分析各种触发因素去除各类缺陷的有效性及不足，以及所应用测试手段和发现问题类型情况，可以帮助识别产品/特性中数量最多的缺陷类型，以及针对这些缺陷类型最有效的触发因素。例如，对于系统测试阶段的缺陷进行分析，根据触发因素与缺陷类型的图形发现，触发因素集中在单运行覆盖，比重过大，建议测试前移到单元测试阶段进行加大覆盖，同时建议加大其他触发因素的充分性，如压力测试、多功能相互作用、多运行顺序执行、非法输入等。缺陷类型集中在编码阶段的赋值/初始化错误、算法实现（逻辑实现错误、使用空指针、数组访问越界/内存越界、资源中源未释放）、时序/序列、条件检测/分支的异常未处理。第一，建议加强 TDD 测试驱动开发，加强单元测试的基本场景测试、非法输入测试、异常场景测试、多线程测试，可以通过代码覆盖率工具，提升代码覆盖率。第二，定制化静态扫描工具，对赋值/初始化、使用空指针、数组访问越界/内存越界、资源中源未释放等作为静态扫描工具的检测项，在 CI 持续集成工具中，进行静态工具的自动化扫描。第三，建议通过完善 Checklist，加强代码审查力度，如多线程/多进程操作临界资源未有效同步等相关代码部分。第四，在单元接口测试中，引入模糊测试，对函数接口部分，自动化生成模糊测试代码。此外，缺陷类型需要加强需求分析阶段的兼容性设计部分，关注自身版本升级的兼容性以及周边依赖接口变更等。

横坐标为触发因素，纵坐标为结果影响，用于了解各严重程度的问题所占比例，以及各严重程度问题主要通过哪些触发因素发现，主要目的用于去除影响最严重的几类缺陷的最有效的触发因素。例如，对于系统测试阶段的缺陷进行分析，致命问题主要触发因素有测试单运行覆盖、多功能相互作用、测试失效恢复。严重问题主要触发因素为功能测试的单运行覆盖、多功能相互作用、压力测试。建议加强致命和严重问题的触发因素。

横坐标为缺陷类型，纵坐标为结果影响，可以帮助了解产品对客户的潜在影响最严重的几类缺陷及其可能的影响。例如，致命问题的缺陷类型为时序/序列的多线程/多进程操作临界资源未有效同步，条件检测/分支的异常处理考虑不全，资源未释放问题。严重问题的缺陷类型为算法实现的空指针、数组访问越界/内存越界、逻辑实现等。建议针对以上缺陷类型，加强单元接口测试、静态扫描、代码审查部分。

横坐标为触发因素，纵坐标为发现问题活动，可以帮助理解产品级和特性级各种触发因素的比例关系，并从中发现最有效的触发因素。缺陷年龄的饼图，用于识别缺陷的主要引入环节。例如，发现系统测试阶段缺陷的触发因素集中在单运行覆盖，比重过大，建议测试前移到单元测试阶段进行加大覆盖。测试应尽可能以金字塔的底层级别来编写自动化，从自动化功能测试左移到单元测试，代码合入前先进行单元测试，做好开发者测试，保证代码质量，缩短测试时间。对于新用例优先单元测试、继承用例左移，可通过单元测试、接口测试进行测试。

ODC 模型可以根据实际项目需要进行定制化，对于复杂业务功能，可以进一步划分为子功能，子功能是按照各模块/特性分类，包括新需求与继承需求。横坐标为子功能，纵坐标为触发因素，可以识别 TopN 风险高的子功能模块，及其有效的触发因素。横坐标为子功能，纵坐标为缺陷类型，可以识别 TopN 风险高的子功能模块，及其对应的缺陷类型。

建议根据公司现有的产品线，在上面罗列的属性的基础上，选择适用的、优先级高的进行引入，根据不同的产品线的需求进行定制化。

3.5.3　四象限分析法

四象限分析是对软件内部各模块、子系统、特性测试等所发现的缺陷，按照每千行代码缺陷率（累计缺陷数/KLCO）和每千行代码测试时间（累计工时/KLOC）两个维度进行划分，将缺陷分为四个象限，即稳定象限、不确定象限、不稳定象限和极不稳定象限。将累计的测试时间和累计的缺陷数与累计测试时间基线值和累计缺陷数基线值进行对比，划分出所位于的区间，进而判断哪些部分测试可以退出，哪些测试需要加强，四象限分析法可用于指导测试计划和测试策略的调整优化。

第一象限为不确定象限，即经过较长时间的测试发现较多的缺陷，说明质量稳定性不够，需要修改后再进行回归测试，而且需要保证回归测试覆盖。第二象限为极不稳定象限，即经过较短时间测试发现较多的缺陷，这是质量不佳的特性，需要判断当前测试是否充分，是否要继续投入测试工作量，下一版本的计划和策略需要继续加强测试投入，此时还需要结合开发的缺陷解决力度对缺陷密度影响进行分析，以综合判断影响质量的因素和策略的调整方向。第三象限为不稳定象限，即在较短时间内发现的缺陷不多。如果质量要求很低，比如只是用来演示的或者只使用一次，则测试需要做的工作完成、缺陷修改完成，就可以结束测试。但如果是正常质量要求的特性，则需要审视是否有的功能未测试到，或者测试设计是否遗漏了设计要素导致没有全部覆盖。这种情况下，需要审视测试策略和计划，如果没有按照计划，则需要按照计划执行，否则，建议分析后再测试，可以重新审查策略、计划和用例充分性。第四象限为稳定象限，即在较长时间内发现的缺陷不多，建议结合策略、用例质量、技能进行综合判断，可以参考覆盖数据检查是否有遗漏，如果有遗漏则需要修改测试设计，如果没有发现测试遗漏，则说明已经比较稳定了。

3.5.4　Gompertz 模型分析法

Gompertz 模型主要用于分析软件测试的充分性及其缺陷发现率。原理是使用 Gompertz 函数画出拟合曲线，再画出实际测试过程中每天累计的缺陷曲线，比较这两条曲线进而分析测试的充分性和软件缺陷发现率。可用于当前测试状况的评估，已知满足测试结束条件的可靠性指标，即结束准则，判断当前阶段的测试是否可结束。也可以用于缺陷增长情况的预测，对于不满足结束准则的情况，则应该在当前测试的基础上，预估能造成结束要求的时间，并制定策略。除了可确定产品、子系统、模块或特性的可靠性增长趋势以外，与一定的度量缺陷分析方法结合，如 ODC 结合，可以估计某一类缺陷的量化增长趋势，进而为合理制定测试策略提供量化的改进方向。

缺陷的增长趋势分析，在较大型的、采用瀑布、V、W 流程模型的项目中比较常用。项目持续三个月以上，分析、设计、实现、测试等活动在时间轴上分为相互不重叠的几个阶段，每个阶段的工作对象都是项目的全部特征。这些项目的缺陷增长能拟合 Gompertz 模型、Rayleigh 等模型，缺陷趋势可以预测缺陷到下一阶段的缺陷数。而在敏捷软件开发模式下，项目周期被分割为以周为单位的若干个迭代，每个迭代的工作对象是不同的特征，不符合以上模型的适用约束，实际项目的缺陷增长确实无法拟合 Gompertz 模型、Rayleigh 等模型，迭代开发项目不进行缺陷的增长趋势分析。

3.5.5　根本原因分析 RCA

根本原因分析(Root Cause Analysis，RCA)是一种解决问题的方法，旨在定位问题的根本原因而不是仅仅关注问题的表象，并最终使问题得到解决。根本原因分析是一个系统化的问题处理过程，包括确定和分析问题原因，找出问题解决办法，并制定问题拦截和预防措施。RCA 基于的理念，即解决问题的最好方法是修正或消除问题产生的根本原因，而不是仅仅消除问题带来的表面上显而易见的不良症状。根本原因，即导致问题发生的最基本的原因，因为引起问题的原因通常有很多，物理条件、人为因素、系统行为或者流程因素等，通过科学分析，有可能发现不止一个根源性原因。它的一般步骤如下：

(1) 根本原因分析法最常见的一项内容是，提问为什么会发生当前情况，并对可能的答案进行记录。然后，再逐一对每个答案问为什么，并记录下原因。这种方法通过反复思考为什么，能够把问题逐渐引向深入，直到发现根本原因。通过访谈和资料分析收集尽可能完整的问题信息和数据，然后通过头脑风暴、鱼骨图、因果图、5W1H 等分析方法确定直接原因、根本原因、间接原因，鱼骨图内容可参考 3.7.4 小节。

(2) 针对分析出来的各个根本原因，评估改变根本原因的最佳方法，从而从根本上解决问题，即改正和预防。对每一个根本原因制定对应的改进措施，并在措施实施后进行结果的核实和成果的推广，进行整体改善和提高。

注意，测试人员发现问题，需要尽可能地去排查和分析定位问题，而不是简单的描述问题的现象。目前，有的开发人员在遇到问题时，首先了解的不是问题的根本原因，而是从其他方面绕过去，只顾解决表面原因，而不管根本原因的解决，选择这种急功近利的问题解决办法，治标不治本，问题避免不了要复发，这时测试人员就要关注，可能会导致其他问题，或一而再、再而三地重复应对同一个问题。例如，如果缺陷分析发现出现问题的根因是由于变量未初始化导致的，则可以在代码静态扫描工具加入变量初始值的扫描，结合持续集成工具，代码提交后进行自动化扫描，从而确保不会出现类似根因的缺陷，而不是通过现象进行测试。如果缺陷根因分析发现，对应修改代码部分属于复杂处理流程或复杂的分支判断出现问题，例如基于流程的故障注入法，则需考虑结合不同流程的处理阶段分别注入故障，考虑不同的故障注入手段。

通过对遗留缺陷进行根因分析，找到测试过程或者方法存在的薄弱点，从而在以后的测试中能进行拦截，避免遗漏到客户。

3.6　软件质量评估

一般可以从以下几个方面进行软件产品质量评估，对产品质量进行分析、确定和评估。测试覆盖率评估：对测试范围和测试深度和广度进行分析和评估。一般采用需求和代码两个维度对测试的全面性进行分析和评估，属于定量指标。

测试过程评估：对测试过程和测试的投入情况进行分析和评估，包括测试用例分析、测试方法分析和测试投入分析，既包含定量指标，又包含定性分析。

缺陷评估：对测试结果进行分析和评估，包括缺陷密度分析、缺陷修复情况分析、缺陷趋势分析、缺陷年龄分析、缺陷根因分析，既包含定量指标，又包含定性分析。

3.6.1　测试覆盖率评估

需求覆盖率是已经测试的产品需求数和产品需求规格总数的比值。需求覆盖率的目标是 100%，保证对产品承诺的需求进行了测试，并对产品是否满足需求给出评估。如果不是 100%，则需要评估剩下的需求是什么情况？需求覆盖率中的需求指的是需求规格，user case 等可以代表项目中产品需求的内容，可以在需求表格中维护。

需求追踪表可以通过文档记录（见表 3-6），也可以通过工具维护。例如 Testlink 用例管理工具中就有提供需求管理，需求和测试用例的对应关系、各版本执行结果覆盖情况等。

表 3-6　需求覆盖率表

需求编号	需求描述	测试用例	测试结果	测试责任人
需求 1	XXXXX	用例 1	Pass/Fail/Block	张三
需求 2	XXXXX	用例 2	Pass/Fail/Block	李四

代码覆盖率评估：一般不同的开发语言，都有提供对应的代码覆盖率的工具，可帮助进一步确认代码的覆盖评估，这里不做具体介绍。此外，还有功能模块覆盖率、质量属性、测试类型覆盖率。

3.6.2　测试过程评估

测试过程评估，主要分析测试用例、测试类型和测试投入。充分完备的测试用例、使用了多种测试类型，充足的测试投入，相比于随机测试、单一测试类型、测试投入不足，其测试结果明显会更可靠。

测试用例执行率是指已经执行过的测试用例数（包括通过和失败的用例）与测试用例总数的比值，测试执行率可以帮助分析测试的全面性。测试用例执行通过率是指测试用例执行结果为通过的测试用例数和已经执行的测试用例数的比值。测试用例首次执行通过率，是指第一次执行该测试用例的结果为通过的测试用例数和已经执行的测试用例数的比值，用于评估当前开发版本的质量，比值越高，说明开发的版本质量越好。另外还包括测试用例累计执行通过率，可以帮助评估产品在发布时的质量，比值越高，说明当前版本的质量已经达到了基本要求，可以考虑发布了。可以对测试用例划分优先级，并根据风险分析动态调整优先级，在项目紧张人力不足时，可以优先保证高优先级的用例执行率，不执行某些低优先级的测试用例。

测试投入分析是很重要的一项测试过程评估项，需要保证重要、高风险特性的测试投入，符合测试策略。如果发现不符合，则需要考虑调整测试投入，或者调整测试策略，进行风险识别和控制。

3.6.3　质量评估

质量评估的目的不是在项目结束时给出质量达标或者不达标的结论，而是保证产品按时保质保量的发布，如果快要发布才进行质量评估，若此时发现问题，得到不能发布的结论，则违背了产品能够保质保量地按时发布的初衷，所以，质量评估应该贯穿测试项目活动的始终，每天、每个版本、每个阶段都需要进行质量评估，这样就可以及早地发现质量问题，及早实时地调整测试策略等，使得产品最终达到发布的质量目标。

版本质量评估关注每个版本的质量是否符合预期，例如集成测试可能包含版本 1、版本 2 等，在每一次版本测试结束后，对本版本的测试情况进行总结回顾和质量评估，看看当前产品的质量如何，能不能在测试结束时，达到产品的质量目标。如果发现可能会影响到产品最终发布的质量问题，就需要立即采取相应的措施，如调整测试策略，包括测试用例的选择、调整用例的执行顺序、调整人力投入等，版本质量评估在下个小节将进行详细介绍。

阶段质量评估，是在每个阶段结束，如集成测试阶段、系统测试阶段、验收测试阶段等，评估每个阶段的质量目标是否完成。测试覆盖率评估中，关注需求覆盖率评估、代码覆盖率评估是否达到质量目标，如 70%。测试过程分析中，关注测试用例执行率、首次用例的执行通过率和累计执行通过率是否达到质量目标；以及测试用例与非测试用例发现的缺陷比率是否达到质量目标，如 80%。缺陷分析中包括：系统缺陷密度评估是否达到质量目标，如 15/千行代码；缺陷修复率是否达到质量目标，如 80%；还有缺陷趋势分析、缺陷年龄分析、缺陷测试类型分析以及遗留缺陷分析等。其中，遗留缺陷分析是测试人员、PM、开发人员等针对本版本发布时不准备修改的缺陷，达成一致，需要考虑缺陷对用户的影响程度、缺陷发生的概率、缺陷风险评估和规避措施等。

测试是一个贯穿项目周期的过程，测试人员一个版本接一个版本的测试，测试活动总是迭代向前的。后续的测试周期会利用先前测试所产生的信息，测试人员会进行继承性分析，分析历史问题、客户舆情，了解团队其他人对软件行为的看法等，动态的确定测试策略，根据新功能特性和修复的缺陷，设计新的测试。前面提到的四象限分析、Compertz 分析、ODC 分析，以及 Rayleigh 模型都是可用于软件质量评估的模型。

度量的目的是改进，SQE 专家 Lee Copeland 提出过关于度量的四不要原则：

（1）如果不清楚数据的含义，就不要去度量。

（2）如果不打算在度量之后做些什么，就不要去度量。

（3）能够度量结果就不要度量过程。

（4）不要把提升度量数据值作为目标，特别是不要把度量数据作为考核结果。

3.6.4　版本质量评估

在版本质量评估中进行测试覆盖率的评估，关注需求与实现的偏差。例如需求理解错误导致的功能错误。例如需求描述问题或者开发人员遗忘导致的功能对应的需求没有提交完，测试过程中发现需求的问题，报告了缺陷后，还需要定期跟踪和特别关注，因为这类缺陷可能不是当前版本最紧急必须解决的缺陷，所以可能会被搁置和遗忘，从而严重影响后续功能的集成，导致项目不可控。这类实际功能与需求偏差的缺陷，测试人员可与开发人员、PM 等再次进行需求澄清及其后续追踪。另外，需求人员或者开发人员忘记进行某需求的说明，使得后面的人员（例如测试人员）可能不知道此需求，由此导致的各种严重后果的情况之前也是遇到过的，所以说要从流程上做好需求的追踪和管理。

版本评估过程中也要进行测试过程的评估，通过过程来保证质量，是最终能达到测试目标的基础。关注被阻塞的测试用例分析；关注测试用例执行率，首次用例的执行通过率和累计执行通过率，以及测试用例在多个系统版本的测试结果分析；关注测试执行是否按照测试策略的测试方法和测试顺序来进行的；测试投入分析是否按照优先级进行的。通过回顾经验教训的总结，从而进一步调整和完善后续的测试范围、测试策略。

版本质量评估中进行缺陷分析，包括缺陷密度评估，帮助评估当前产品发现的缺陷总数是否足够多，例如根据优先级，测试投入来分析缺陷密度是否合理，针对不合理的地方进行进一步的分析改进。缺陷年龄分析时，预期是在缺陷引入的时候就能发现该缺陷而不是遗留到下一个阶段，在特定的测试分层发现该层的问题，如集成测试发现的主要是编码阶段和设计阶段引入的。缺陷修复分析时，关注哪些缺陷要在本版本中解决。缺陷的测试类型分析，主要是确定缺陷的测试场景和类型，统计各个测试类型发现的缺陷总数，进行分析与优化。

3.7 质量管理

ISO 对质量管理的定义为指导和控制组织与质量相关的彼此协调的活动。软件产品的质量不是突然获得的，只有通过全面的质量管理才能保证产品有一个好的质量。不能把质量寄希望于最后的测试阶段。测试不能发现产品中所有的问题，而且缺陷发现越晚，成本越高。因此质量控制是一个自始至终的过程，应该在每个阶段得到保证。CMM 二级中定义的 KPA"软件质量保证"是一个保证过程质量的有效手段，其正式的定义为，软件质量保证通过使用已建立的质量控制过程来保证软件的一致性，并延长软件的使用寿命。

在软件开发过程中通过执行一些保证活动来保证质量，包括全面质量管理 TQM(Total Quality Management)、能力成熟度模型 CMMI(Capability Maturity Model Integration)、ISO 9000 和 ISO 17025 等。

3.7.1 软件质量管理三部曲

现代质量管理的领军人约瑟夫·M·朱兰(Joseph M. Juran)博士提出了质量三部曲，即质量策划、质量控制、质量改进三个过程组成的质量管理，美国质量管理专家朱兰博士称之为"质量管理三部曲"。

质量策划：从顾客满意追溯现实中的质量差距，制定质量目标，并规定必要的运行过程和相关资源以实现质量目标。经过质量策划，明确对象和目标，才可能有措施与改进方法。

质量控制：制定和运用一定的操作方法，以确保各项工作过程按原设计方案进行过程控制，确保并最终达到目标。在按照流程的前提下，有效的过程控制是保证交付的有效手段。

质量改进：管理者通过打破旧的平稳状态达到新的管理水平，可进行持续改进和突破改进。质量改进通过消除系统性问题，现有质量水平在控制基础上提升，使得质量达到新水平，PDCA 循环、经验教训等可反馈到下次的质量策划，从而使整个管理过程形成循环链。

3.7.2　能力成熟度模型(CMMI)

软件的能力成熟度模型(Capability Maturity Model Integration，CMMI)是一个行业标准模型，用于定义和评价软件公司开发过程的成熟度，提供怎么做才能提高软件质量的指导。CMMI 是通用的，它有助于组织建立一个有规律的、成熟的软件过程。软件过程的改善不可能在一夜之间完成，CMMI 以增量方式逐步引入变化的，CMMI 明确地定义了五个不同的成熟度等级，每个等级都包含几个到十几个过程域 PA(Process Area)，如果要达到某个级别，就要达到该级别对应的所有 PA 的要求。一个组织可按一系列小的改良性步骤向更高的成熟度等级前进，很多公司目前都有通过 CMMI 的不同等级。

1 级：初始级，处于这个最低级的组织，开发过程随意，常混乱无序，过程没有通用的实际计划、监视和控制。项目成功依靠个人能力和运气，具有不可预测性，人员变化了，则过程也跟着变化，大多数的行动只是应付危机，而非事先计划好的任务。处于成熟度等级 1 的组织，要精确地预测产品的开发时间和费用之类重要的项目，是不可能的。

2 级：可重复级，该等级有一些基本的项目管理行为，设计和管理技术是基于相似产品中的经验，故称为可重复。在这一级采取了一定措施，典型的措施包括仔细地跟踪费用和进度、功能和质量。

3 级：已定义级，该等级具备了组织化思想，而不仅仅是针对具体项目。通用管理和工程活动被标准化和文档化。这些标准在不同项目中采用并得到证实。软件过程的管理方面和技术方面都明确地做了定义，并按需要不断地改进过程，而且采用评审的办法来保证软件的质量。测试前要审查测试文档和计划。测试团队与开发人员独立。

4 级：管理级，该等级加入了评估和度量机制，利用评估和度量对软件过程及产品做出合理的判断和控制。在整个开发过程中，收集开发过程和软件质量的详细情况，经过调整校正偏差，使得项目按照计划进行。组织过程处于统计控制下，对每个项目都设定了质量和生产目标，这两个量将被不断地测量，当偏离目标太多时，就采取行动来修正。

5 级：持续优化级，该等级的目标是持续改进，即根据过程中的反馈信息来改善当前已定义的开发过程，优化已定义的执行步骤。持续地改进软件过程，尝试新的技术和处理过程、缺陷预防等，不断增长和变革来达到质量更佳的等级。组织使用统计质量和过程控制技术作为指导，从各个方面中获得的知识将被运用在以后的项目中，从而使软件过程融入了正反馈循环，使生产率和质量得到稳步的改进。

3.7.3　全面质量管理(TQM)

全面质量管理(Total Quality Management，TQM)是指一个组织以质量为中心，以全员参与为基础，目的在于通过顾客满意、本组织所有成员及社会受益，而达到长期成功的管理途径。在全面质量管理中，质量与全部管理目标的实现有关，具体有以下观点。

顾客为中心，为用户服务的观点：在企业内部，凡接收上道工序的产品进行再生产的下道工序，就是上道工序的用户，"为用户服务"和"下道工序就是用户"是全面质量管理的一个基本观点。通过每道工序的质量控制，达到提高最终产品质量的目的。

全面管理的观点：全面管理，即进行全过程的管理、全企业的管理和全员的管理。

以预防为主的观点：以预防为主，对产品质量进行事前控制，把事故消灭在发生之前，使每一道工序都处于控制状态。

用数据说话的观点：科学的质量管理，必须依据正确的数据资料进行加工、分析和处理找出规律，再结合专业技术和实际情况，对存在的问题做出正确地判断并采取正确措施。

正确的引入 QCC(Quality Control Circles)品质圈的方法是 TQM 的一个部分，品质圈是自下向上发起的持续改进，可以包括问题解决主题和创新达成主题。使用解决问题所需的工具包括控制图、鱼骨图、直方图、排列图、检查表、分层法、散布图等 QC 旧的七工具，关联图、系统图、亲和图、过程决策程序图、矩阵图、矩阵数据分析法、箭条图等 QC 新的七工具，以及头脑风暴、5W1H、柏拉图分析、PDCA 等。QCC 步骤一般包括：① 选定主题现状分析(可以用头脑风暴、分层法、排列图)和设定目标(目标要 SMART 化)；② 分析原因(可以用头脑风暴、鱼骨图、关联图、系统图)和确定主因(排列图 Pareto)；③ 制定措施(可以用 5W1H)；④ 对策实施与效果检查(可以用散布图、直方图、控制图、PDCA)；⑤ 成果标准化与固化，并进行下一步规划，去除已经解决的关键问题，次要问题优先级上升，可再次发动小组成员提问题，选取评估下次的 QCC 主题，持续改进。

PDCA 管理循环是全面质量管理最基本的工作程序，即计划—执行—检查—处理(Plan、Do、Check、Action)，这是美国统计学家戴明(W. E. Deming)发明的，因此也称之为戴明循环。下面分别介绍 QC 旧的七工具与新的七工具。

3.7.4　QC 旧七工具

1. 鱼骨图

鱼骨图，又名石川图，由日本管理大师石川馨先生提出，指的是一种发现问题根本原因的分析方法，也称之为因果图。鱼骨图可用于质量管理。鱼骨图的分析步骤如下：

(1) 通过 6M，即人力(Manpower)、机械(Machinery)、材料(Materials)、方法(Methods)、环境(Mother-nature)、测量(Measurement)罗列大骨。其中，人力包括技能存在问题或者人员失误；机器设备包括设备存在问题或工具存在问题；方法包括工作方法或者流程存在问题；材料包括输入材料或者信息存在问题；测量包括测量方法存在问题；环境包括工作环境或者政策存在问题。通过人、机、料、法、环、测不同维度进行分析，可以全面思考导致问题发生的原因，根据项目实际情况，进行定制化，选择适合的维度分析导致问题发生的大骨。鱼骨图也可用于根本原因缺陷分析法，此时大骨头可以包括：开发阶段相关如需求或架构或测试等；人员相关如技能或人为失误等；项目相关如管理压力或时间压力等；评审相关等。

(2) 针对大骨分析产生的原因，通过问为什么来得到中骨，中骨是阐明事实的，由中骨进一步问为什么得到小骨，小骨围绕为什么会那样来写，小骨需要分析到可直接给出措施的程度。例如小骨是新人多培训不足而导致的中骨规范不熟悉，所以规范性下降。

(3) 选定可能的原因，排除不可能原因。

鱼骨图完成后，识别主要原因，制定措施和落地，并进行效果确认，最后进行标准化和总结。

2. 检查表

查检表，又名调查表、检查表，是用来收集数据或信息而设计的一种表格或图表。通常用来收集资料如问题和缺陷等，统计整理，以便进行进一步分析。调查表分为两类，一是用于记录数据使用的调查表，二是检查或点检使用的调查表。可以用于现场问题点的分析改善，用于日常管理或生活上注意事项的查检，用于现场各种生产条件的确保如温度、湿度、隔距等的定期查检，用于制品、零件的缺点、不良的查检，用于保全工作的点检以确保保全工作的完善，用于现场工作的进度查检等。

3. 分层法

分层法，又称分类法、分组法、层别法，通过将数据资料按其共同特征或特征加以归类，抽丝剥茧，整理汇总，找出思索分析的方向。分层法关键在于问题类别的区分，分层要符合互斥原则，它是散布图、因果图、柏拉图、直方图等方法的基础。可以从 4M1E1S 考虑，即 Man 人员、Method 方法、设备 Machine、Material 材料、Environment 环境、System 系统等。可根据实际情况，来定制化分类数据。

4. 排列图

Pareto 是一位意大利经济学家，他发现 80% 的金额被 20% 的人拥有，后来这一法则用于其他事物的调查也有同样的情况，故称为 80/20 法则。美国质量大师朱兰最早应用排列图到品管上，品管圈的创始人石川馨博士将之应用到品管圈活动，称其为 QC 七大工具之一。

排列图，又名柏拉图、帕累托，是为了对发生频次从高到低的项目进行排列而采用的简单图示技术。它是一种条形图，条的长度代表事物发生的频率或成本，通过排列图可直观看出哪些是重要的，抓住关键的少数，帮助认识需要关注和解决的问题，识别可能被忽略的方面。一般而言，前三项的影响度之和几乎占了所有的七八成。通过改善前和改善后柏拉图并列对比，可以看出改善效果。例如绩效管理 PBC 目标制定时，目标需要选择关键的少数，例如不超过 5 个。例如鱼骨图分析原因后，需要结合 Pareto 获取关键的根因优先给出解决方案。

5. 直方图

直方图，即在某条件下，搜集很多数据，调查数据中心值及差异情形。它可用于了解过程全貌，或总体的分布形态，正态分布的总体应为左右对称；可分析数据的规律性，特别是中心值的分布情况；可用于调查变异或偏差的原因。

6. 控制图

控制图，又称管理图，是对过程质量特性进行测定、记录、评估，从而监察过程是否处于控制状态的一种用统计方法设计的图。它可用于监视过程是否成稳定状态。例如提单规范性和用例规范性度量要求 90%～100% 之间。例如效率度量要求各模块达成效率基线，就可用控制图，判断过程正常或异常，从而进行改善。

7. 散布图

散布图将两种非确定关系的变量，成对的标记在直角坐标系中，以观察数据间的相互关系。它用来分析两组数据之间是否相关及相关程度。

3.7.5　QC 新七工具

1. 系统图

系统图，又称树图，是把要实现的目的、需要采取的措施或手段，系统地展开分析，绘制成图，明确问题点重点，寻找最佳手段或措施的一种方法。通过树图显示问题的整个结构，可识别解决问题或执行解决方案需采取的行动，系统的寻求实现目标的手段。它可用于制定质量保证计划，对质量保证活动过程进行展开。

2. 关联图

关联图，又称关系图，是一种用箭头连接来表示事物之间的原因与结果、目标与手段等复杂逻辑关系，并从此逻辑关系中找到主要因素和解决问题方法的图示方法，是找出其彼此间因果关系来阐明问题所在的方法。它可以帮助理清复杂因素之间的关系。

3. 亲和图

亲和图是一种把收集到的大量数据、资料、事实、意见、构思等信息，按其之间相互亲和性归类整理，作出统合的图形，以明确解决问题的方法。它可作为创造性的思考方法，可以突破现状，创新思考，得到独特灵感创新。

一般步骤包括：确定主题；收集相关信息资料；信息材料卡片化；整理汇总卡片；对于内容相似或相近的卡片对应制作标签卡；制图；分析卡片之间相互关系。

4. 矩阵图

矩阵图是以矩阵形式分析的一种图表工具，通过多角度存在的问题和变量关系，思考使其逐步明确问题的方法工具。

5. 箭线图

箭线图，又称矢线图，是对工作计划标示出必要作业顺序关系的图示，可以合理制定进度计划。策划和时间安排的简单的关键路径方法，用来表示最适宜的时间表或关键路径。

6. 矩阵数据分析法

矩阵数据分析法，又称因果矩阵，是多变量转化少变量数据分析，寻找影响主要过程输出变量的方法，是可以采用专家对影响变量的重要程序打分的方法。它可以确定关键变量。

7. 过程决策程序图（PDPC）

过程决策程序图（Process Decision Program Chart，PDPC）是在制订计划或设计方案的时候，对可能出现的障碍和结果进行预测，并制定相应的应变措施以保持计划灵活性的图。它可以确定可能出错的所有事项，是提出有助于使事态向理想方向发展的解决问题的方法。

3.7.6　事后回顾（AAR）

AAR（After Action Review）称为行动后学习机制，又称行动后反思或事后回顾，是一种团队对话的流程，可作为培养团队习惯的一种日常活动，通过引导，从刚完成的一项任务、事件或者活动中获取经验教训，帮助个人和团队获得及时的反馈，识别经验教训并立即应用和分享这些经验教训。AAR 最早是美国陆军所采用的一种知识管理方法，由于这种方法可以短、平、快的面向新鲜的过去学习，并且能够马上响应到下一次的行动中，所以被越来越多的企业先后引入，并且形成了有组织、有认证、有流程的知识管理方法。

AAR 聚焦某个例行周期（例如每周或每月）活动或某个具体交付任务。一般在项目阶段点或某项特定工作结束后进行 AAR，例如出现漏测或版本未及时交付时进行 AAR。召开 AAR 会议，需要注意几点：对事不对人；学习而不是评价，不能出现批评和指责；它是为了团队提升而进行的对话，所有对话的内容不用设防卫的心理；团队学习和受益的过程，每个人都是平等的，所有观点都是经讨论而得出的。

事后回顾 AAR 分为三个阶段，即准备阶段、执行阶段、跟进阶段。每个阶段都有对应的关键原则与方法。

（1）准备阶段，做好 5W1H。Why 确定为什么召开事后回顾会议，Who 确定参与对象，What 确定主题内容，When 确定会议时间，Where 确定会议地点，How Long 确定持续时间。完成了上述内容也就清晰了事后回顾的基础范围，参与人员才可以有步骤地实现目标。

（2）执行阶段，回答四个问题。执行阶段，需要专门的引导人员，也就是熟练掌握事后回顾方法的知识人员。通过轮流发言、小组讨论、头脑风暴的方式，针对一个个事件点回答四个问题：问题一是原先的期望结果是什么；问题二是实际产生的结果是什么；问题三是为什么会产生差异，能学到什么；问题四是下次再发生，将怎么办。基于当前事件，可以拆分出多个点，每一个点都回答上面的四个问题，最终产生出本次事后回顾会议的知识与经验点。

（3）跟进阶段，完成两个闭环。执行阶段通过会议的方式分析出所有的关键点之后，还需要针对每个点梳理出对应的改进计划与经验分享。输出会议纪要（见表 3 - 7）给参会成员或者分享给其他团队。

表 3 - 7　AAR 会议纪要

原来期望是什么	实际发生什么？	差异原因是什么？	下次如何改进？	负责人	计划完成时间	经验分享给谁？	状态

3.7.7　项目回顾会议

项目完成后，无论成功与否，都要进行项目回顾会议，目的是分享好的经验、发现和总结经验教训与待改进项，促进团队不断进步。会议主题围绕三个问题，一是本次有哪些做得好，二是哪些方面可以做得更好，三是下次准备在哪些方面改进。团队全员参加，畅所欲言，头脑风暴发现问题，共同分析根因，共同讨论改进优先级，将精力放在最需要的地方。会议结论要跟踪至闭环。

通过分析软件开发项目过程活动和特征的成功与否，获得对项目深刻的认识，从中吸取经验教训并改进过程，从而有助于未来项目的计划和执行。项目回顾会议属于事后学习，可以在项目的里程碑或发布结束时进行，对于周期长的项目，中期可以进行项目回顾会议。

第 4 章　自动化测试必备理论

4.1　自动化测试知识

4.1.1　软件测试自动化概述

测试自动化是指由计算机系统自动完成的测试任务都已经由计算机系统或软件工具、程序来承担并自动执行了，是用工具代替或辅助人工完成软件测试活动的过程，泛指所有能用工具辅助进行的有关测试活动。全自动测试是指在自动测试过程中，根本不需要人工干预，由程序自动完成测试的全过程。半自动测试是指在自动测试过程中，需要手动输入测试用例或选择测试路径，再由自动测试程序按照人工指定的要求完成自动测试。

软件测试自动化带来的好处包括：缩短软件开发测试周期、测试效率提高、节省人力资源、降低测试成本、增强测试的稳定性和可靠性、软件测试工具使测试工作相对比较容易且能产生更高质量的结果，以及执行一些手工测试困难或不可能进行的测试等。适合做自动化的项目如下：

（1）任务需求明确，不会频繁变动。如果软件需求变动频繁，那么脚本维护就需要根据需求做相应的调整，维护成本高，这样则自动化就失去了意义和价值。所以可以先针对已经稳定的产品或者功能做自动化测试，变动较大的部分除非手工测试很难完成，如频繁操作等，否则先手工进行测试。

（2）软件维护周期长，进度压力不太大。因为自动化的设计开发调试等都需要时间来完成，如果项目是一次性的，周期很短，或者项目很紧，没有时间做自动化的话，那么就没有必要进行自动化测试了。而比较频繁的回归测试，软件界面稳定，变动小，就可以考虑自动化测试。

（3）自动化测试脚本可重复使用。项目之间是否存在差异性，所选择的技术工具是否适应这种差异，需要开发适应这种差异的自动化测试框架、工具。

（4）每日构建后的测试验证，持续集成。可以借助工具 Jenkins 或者自己编写框架，若SVN 或者 Git 的代码变动，则会自动化触发编译、打包、分发到待测机子上测试、发送邮件等。

（5）对于多平台运行相同测试用例、组合遍历测试或大量重复工作的情况，也比较适合自动化测试。

对不稳定软件的测试、开发周期很短的软件、一次性的软件等都不适合测试自动化。

目前测试自动化普遍存在的问题有：不正确的观念或不现实的期望；缺乏具有良好素质、经验的测试人才；测试工具本身的问题影响测试的质量；没有进行有效的、充分的培训；没有考虑到公司的实际情况，盲目引入测试工具；没有形成一个良好的使用测试工具的环境；其他如技术问题或组织问题等。

4.1.2　测试金字塔(Test Pyramid)

测试金字塔是由敏捷软件开发大师 Mike Cohn 在其 2009 年著作《Succeeding with Agile》中提出的，最早提出来的时候是一个三层的金字塔，从下而上，分别对应单元测试（Unit）、集成测试(Integra tion API)以及系统测试(UI)。后来 Lisa Cripin 在《agile testing》这本书中，又给这个金字塔加了一个手工测试的帽子，随着敏捷软件开发测试的不断推进，帽子部分随后转变成了探索式测试(Exploratory)，如图 4-1 所示。这种下宽上窄的三角形结构，代表着各层自动化的投入分配应该是底层的单元测试最多，集成/接口测试居中，UI 层最少。它的好处包括：单元测试的成本要远低于用户界面测试；上层的系统界面经常变化，造成自动化测试脚本的维护工作量很大；UI 自动化本身就比较脆弱且运行耗时；缺陷越早发现成本越低，对系统整体 UI 层，问题定位上会经常花费很多时间；UI 层需要准备数据以及各种识别等相关操作，花费时间比较长，执行速度相对比较慢，反馈周期长。

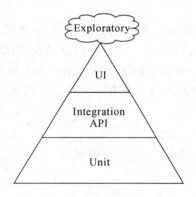

图 4-1　测试金字塔

自动化金字塔被提出之后，几乎被奉为圣旨，甚至还一度出现配合敏捷开发转型，大规模裁撤独立测试部门，将人员打散合入各个 Scrum 团队的风潮。但在现实中，真正能长期通过 TDD 等实践开展单元测试，构建稳定的自动化金字塔的团队是少之又少。

在 Google 测试之道中提到，Google 将产品测试的类型划分如下：

小型测试，即为了验证代码单元的功能，一般与运行环境隔离，任何人任何地方都可运行，无依赖，如针对一个独立的类或一组相关函数的单元测试。常用到 Mock 技术，可以提供更加全面的底层代码覆盖率，这也是其他类型的测试无法做到的。单元测试可获得最高的投资回报率与最快的速度反馈，短时间内就可以运行结束，执行频率更加频繁，并能很快发现问题。如果自动化检测到开发人员修改了代码，则会立即启动测试。

中型测试，即验证两个或多个模块应用之间的交互，主要用于验证模块之间的交互，即集成测试。和小型测试相比，中型测试有更大的范畴且运行所需要的时间也更久，需要在执行频率上加以控制，不会像小型测试那么频繁的运行。

大型测试，即在较高层次上运行，确认系统作为一个整体如何工作，涉及应用系统的一个或者所有子系统，从前端界面到后端数据储存。该测试可能会依赖外部资源，如数据库、文件系统、网络服务等。UI 层是从用户的角度出发，更能反映真实的业务需求，更接近业务。

小型测试、中型测试和大型测试，分别对应的比例是 70%、20% 和 10%，大体对应于测试金字塔的单元、集成和 UI。如果项目是面向用户的，拥有较高的集成度，或者用户接口比较复杂，单元测试无法从全局观的角度了解模块之间的交互，也无法通过方法组合帮助用户完成业务目标，而系统测试站在用户角度，更接近业务，应该投入更多的中型和大型测试。如果是基础平台或者面向数据的项目如大数据、系统内核等，则最好有大量的小型测试，中型和大型测试的数量要求会少很多。小型、中型、大型测试的自动化技术可能是不同的，以 Web 自动化为例，可以选择 Selenium 进行 UI 自动化，用 Cucumber 进行 API（service）测试，用 Junit 进行单元测试。

对于能自动化的场景，不需要人类的智慧和直觉来判断，根据 TEmb 可在不同测试阶段开发自动程序脚本来实现自动化测试。但是，很多公司的实际情况往往与测试金字塔不同，处于倒置的状态，即蛋筒冰激凌模式。

4.1.3 蛋筒冰激凌模式

Alister Scott 在 2012 年提出了蛋筒冰激凌（Ice Cream Cone）这一反模式。从图 4-2 所示的蛋筒冰激凌图形上看，这其实是一个倒置的自动化测试金字塔。这个模式下，整个组织的自动化测试主要针对用户界面，而对于单元测试和集成测试的用例数量或者投资要少许多。更为可怕的是，这个冰激凌筒上面有一大坨手工用例。

图 4-2 蛋筒冰激凌

这一模式中庞大的手工用例数量，反映了工程团队对于自动化测试投资的不足。许多开始投资自动化测试的团队，为了能尽快产出效果，获得收益，就采取了一些短平快的方式，从最容易上手的用户界面 UI 开始，使用自动化测试工具在用户界面上操控应用程序。这些工具一般都提供录制和回放功能，即使没有程序设计经验，也可以轻松完成自动化。但是，这种方法很快就陷入了困境，主要问题包括：基于 UI 的测试非常脆弱，会存在不确定性问题，破坏测试的可信性；基于 UI 的测试运行缓慢，增加了构建时间；通常这些测试很难以傻瓜式模式运行，维护成本高；等等。因此，金字塔理论认为，相对于传统的基于 UI 的测试，应采用更多的自动化单元测试。实际中，在传统的商用软件供应商或者某些新兴的 SAAS 服务提供商的系统中，可能大都通过操作用户界面来完成其业务的测试和评测产品的质量的，因此其自动化测试的投资重点和目标，往往逐步提高现有手工测试用例的自动化覆盖率，由此会导致对于底层的自动化测试的关注不够。

4.2 自动化测试工具知识

4.2.1 测试工具分类

测试工具包括直接用于测试执行的工具，还包括测试管理工具(如测试用例管理工具、缺陷管理工具、需求管理工具、配置管理工具等)、测试设计工具(如建模工具、数据组合工具、测试数据准备工具)，以及其他对测试有帮助的工具(如覆盖率工具、安全工具、静态分析工具、监控工具等)。

这里，先介绍下目前常用的测试执行工具的实现原理，可以帮助有效地解决一些在自动化测试过程中碰到的实际问题，具体将会在后面的相应章节进行展开。

4.2.2 单元、接口测试工具的实现原理

单元测试框架可以进行单元、接口/集成测试，这些自动化工具直接访问被测试的应用程序的代码，对其中的类和函数进行调用，输入各种测试数据，检查检查点的返回值，通过比较实际值与预期值是否一致来判断测试是否通过。对于检查点来说，除了通过函数的返回值、参数的返回值来验证结果外，还需要针对各种具体场景，进行预期结果的检查。例如与其他经过验证的工具读取出来的值是否一致作为结果判断的依据，例如借助 Python 来读取实际图片数据与预期图片进行对比检查等。

单元测试框架如 Junit(Java)、Nunit(C♯)、Google Test 等，此部分在第 6 章单元测试框架中具体介绍，也包括脚本驱动测试，例如 TCL 语言、Expect 语言。

单元测试的白盒测试方法参考 6.1 节，接口测试方法参考 6.2 节。此外，还包括代码分析，它类似于高级编译系统，针对不同语言构造分析工具，定义类、对象、函数、变量和常量等各个方面的规则，通过代码扫描和解析，找出不符合代码规范的地方，从而给出错误信息和警告信息，也可以根据某种质量模型评价代码的质量，生成系统的调用关系图，评估代码的复杂度等。

4.2.3 UI 测试工具的实现原理

UI 自动测试是指用一个程序自动地控制另外一个程序，模拟用户的操作进行测试。通常自动化测试包括三个步骤，即测试源侦测、用户行为模拟、测试目标检查。

1. 测试源侦测

测试源侦测是定位测试目标元素的过程。以 Windows 的 UI 自动化为例，测试程序首先可以通过 FindWindowEx 和 EnumWindow 遍历窗口和子窗口，找到测试元素如某个按钮。

2. 用户行为模拟

用户行为模拟指模拟用户的输入，如鼠标、键盘和触摸笔的操作，以 Windows 的 UI 自动化为例，对于用户行为模拟，可以直接通过 SendKey API 来完成，当然也可以发送 WM_CHAR 或者 WM_KEYDOWN 通知等。

3. 测试目标检查

测试目标检查指获取测试元素的属性，比如读取窗口标题、Listbox 的子元素、Checkbox的状态等，以便进行测试检查。以 Windows 的 UI 自动化为例，可以通过 Windows Message 或者 API 检查测试目标，如通过 WM_GETTEXT 或者 GetWindowText 读取窗口标题、通过 GetWindowRect 读取按钮坐标位置等。

大部分自动化功能测试工具如 QTP、Testcomplete、Robot 等，尤其是商业的测试工具，都是基于 UI 对象识别技术来设计的。基于 UI 层面的测试需要与各种界面元素打交道，而且不同的编程语言和开发工具开发的应用程序在界面的表现、事件的响应上都略有不同，因此，设计基于 UI 层的自动化功能测试工具会更为复杂些。Windows 的 UI 自动化开发技术可参考第 9 章，Android UI 自动化与 Windows 类似，具体介绍见第 8 章。

4.2.4 Web UI 测试工具的实现原理

Web UI 自动化测试工具是基于浏览器和 DOM(Document Object Model)文档对象模型的功能自动化测试工具。如 Selenium、Watir 等，可以访问 Web 浏览器，操作浏览器和 Web 页面控件，模拟用户输入如点击等操作，实现 Web 自动化测试。这些工具的原理都一样，通过调用 HTML DOM 操作 Web 测试对象，通过识别 DOM 对象、模拟用户控制操作浏览器中的页面元素，达到模拟用户控制浏览导航、页面元素的操作等效果，并且通过获取 DOM 对象的属性，获得 Web 页面元素的各种属性，通过这些属性可判断测试步骤的结果是否正确。DOM 定义了 HTML 的标准对象集合，是 HTML 文档的编程接口，与浏览器、平台、语言无关，它定义了标准的访问和操作 HTML 对象的方式，使得其他程序或软件可以访问页面的标准组件。DOM 以层次结构组织节点、内容等相关信息，从而将 Web 页面转换为基于树或基于对象的多层次集合。

DOM 识别工具推荐 Firebug，可以用于 HTML 查看和编辑、JavaScript 控制台、CSS / Script /DOM 查看器、网络状况监视器及测试，可从各个不同的角度剖析 Web 页面内部的细节层面。打开 Firefox 工具下的 Firebug 后，在浏览器载入任何页面时，Firebug 都可以生成 DOM 树，点击 HTML 标签，鼠标只要停在某个对象上，浏览器页面上相应的对象就会被标识出来。点击某个对象属性的参数，Firebug 还可以编辑 HTML。如果点击 DOM 标签，可以更详细地了解页面的 DOM 结构及其元素。也可以使用其他小工具，如 IE 浏览器插件 IE Developer Toolbar，来查看所有对象的 DOM 属性。Firebug 的具体使用见 10.3 节部分。

4.2.5 性能测试工具的实现原理

性能测试工具的实现原理，即在客户端通过多线程或多进程模拟虚拟用户访问，对服务器端施加压力，然后在过程中监控和收集性能数据。

目前的自动化性能测试基本都采用"录制-回放"的技术。首先，由手工操作完成一遍需要测试的流程，同时由计算机记录客户端和服务器端之间交互的通信信息，这些信息通常是一些协议和数据，并形成特定的脚本。如果对脚本函数实现细节很了解，则可手动编写脚本。其次，在系统的统一管理下同时生成多个虚拟用户，并运行该脚本，监控硬件和软件平台的性能，提供分析报告或相关资料，这样，就可以通过几台机器模拟出成百上千的用户对应用系统进行负载能力的测试。例如，Loadrunner 就是一种预测系统行为和性能的负载测试工具，它是基于议协的工具，根据测试的系统需求，选择合理的议协来录制，并进行脚本的完善，如加入事务、集合点、参数化数据等，也可用手动方式编写脚本，然后虚拟并发器进行回放。

4.3　自动化测试脚本技术

脚本是一组测试工具执行的指令集合，也是计算机程序的一种形式。脚本可以通过录制产生，然后再做修改，这样可以减少脚本编程的工作量；也可以直接用脚本语言编写脚本。

4.3.1　线性脚本技术与启发

线性脚本是最简单的脚本，如同流水账那样描述测试过程，一般通过工具录制自动产生，每个脚本相互独立，且没有其他依赖和调用，这是最早期自动化测试的一种形式，单纯的模拟用户完整的操作场景。

线性脚本的优点：不需要更深入的工作或计划；可以加快自动化进程；可以跟踪实际执行操作；测试用户可以不是编程人员；可以提供良好的演示效果。

线性脚本的缺点：线性脚本修改代价大，维护成本高；捆绑在脚本中，不便于修改测试数据和步骤；脚本不能共享和重用，容易受软件变化的影响；脚本很容易与被测试软件发生冲突，引起整个测试失败。

启发和思考：目前很多工具都有提供自动化录制的功能，录制的脚本大都是线性脚本。这些直接录制的脚本，可以用于说明和复现步骤复杂的缺陷，或者做简单演示培训等。但是线性脚本结构不清晰，有很多重复脚本，很难维护，所以线性脚本不能真正应用于实际项目的自动化测试中。

4.3.2　结构化脚本技术与启发

结构化脚本是对线性脚本的加工和优化，类似于结构化程序设计，结构化脚本中包含有控制脚本执行的指令,这些指令包括控制结构和调用结构。控制结构包括顺序、循环和分支,和结构化程序设计中的概念相同。调用结构是在一个脚本中调用另外的脚本，当子脚本执行完成后再继续运行父脚本。

结构化脚本的优点：

(1) 健壮性更好，对一些容易导致测试失败的特殊情况和测试中出现的异常情况可以进行相应的处理。

(2) 可以像函数一样作为模块被其他脚本调用或使用。

(3) 具有很好的可重用性、灵活性，代码易于维护，可以更好地支持自动化测试。

结构化脚本的缺点：脚本较复杂，且测试用例、数据捆绑在脚本中，测试修改和定制非常复杂困难。

启发与思考：了解了结构化脚本的概念，以后撰写程序时，尽可能地对一些容易导致测试失败的特殊情况和测试中出现的异常情况进行相应的处理，从而使得脚本的健壮性更好。而且，测试人员常反馈要求开发人员做好健壮性、易用性，但是自己开发测试程序时却往往会忽略这点。其实，要求开发人员遵守的代码规范，对于测试人员写自动化程序也同样适用，应该尽量多多思考。

4.3.3　共享脚本技术与启发

共享脚本意味着脚本可以被多个测试脚本使用，使用共享脚本可以节省脚本的生成时间和减少重复工作量，当重复任务发生变化时，只需修改一个脚本或几个共享的脚本即可。此脚本开发思路是产生一个执行某种任务的脚本，而不同的测试要重复这个任务，当要执行这个任务时只要在适当的地方调用这个脚本便可以了。

共享脚本的优点：

（1）共享脚本使得实现类似的测试花费的开销较少。

（2）共享脚本的维护开销低于线性和结构化脚本。

（3）共享脚本中删除明显的重复代码，这样代码更加简洁易懂。

（4）可以在共享脚本中增加更智能的功能，如等待一定时间再次运行某个功能。

共享脚本的缺点：

（1）需要跟踪更多的脚本、文档、名字以及存储，给配置管理带来一定的困难，如果管理不好，很难找出适合的脚本。

（2）对于每个测试用例仍需一个特定的测试脚本，因此维护成本比较高。

（3）共享脚本通常是针对测试软件的某一部分的，而不能实现真正意义上的共享。

启发与思考：了解了共享脚本的概念，这点比较好理解，无论是开发语言学习的时候还是自动化工具讲解的时候，经常提到这点，结合代码优化，封装公共部分，减少代码冗余，提高开发效率，简化维护的复杂性。例如登录、退出等经常用到的脚本，可以分别封装成公共函数，需要的时候调用函数接口即可，从而消除代码重复，提供脚本的可维护性。例如测试建模时，可以使用 aw 接口封装不同的函数接口，供不同的模型的调用。

4.3.4　数据驱动脚本技术与启发

数据驱动脚本可以进一步提高脚本编写的效率，降低脚本维护的工作量，目前大多数测试工具对其都有支持。测试过程中，存在需要修改测试数据的情况，例如第一次登录的用户是小李，而下次要测试小于的用户名登录，虽然步骤都相同，但是用到的数据不同。数据驱动脚本是当前广泛应用的自动化测试脚本技术，将测试输入数据存储在数据文件里，而不是继续放在脚本本身里面，脚本里只存放控制信息，执行测试时，从文件中而不是从脚本中读取数据输入，从而使得同一个脚本可以执行不同的测试，实现了数据与脚本的分离。使用数据驱动脚本，同一个脚本可以针对不同的输入数据来进行测试，从而提高了脚本的使用效率和可维护性。数据驱动其实对应于各种工具中的参数化，因为输入数据的不同从而引起输出结果的不同。可以在脚本中引入变量的方式进行参数化，也可以通过定义数组字典的方式进行参数化，还可以通过读取文件（CSV、XML、Excel、txt 等文件）的方式进行参数化。此外，可以把公共检查点及预期结果也放在数据文件中。

数据驱动脚本的优点：

（1）在程序开发的同时就可以同步建立测试脚本。

（2）当功能变动时只需要修改业务功能的部分脚本。

（3）利用模型化设计，避免重复的脚本，减少建立和维护的成本。

（4）输入、输出和脚本的分离利于维护。

（5）测试人员增加新测试不必掌握工具脚本语言的技术。

（6）在测试的过程中收集测试结果，简化手工结果分析。

（7）以后类似的测试无额外或很小的维护开销。

启发与思考：很多测试人员写自动化程序脚本的时候，测试数据经常和当前项目绑定，例如相关信息直接在测试程序里面写死，那么当其他类似项目想使用，或者后续想修改和维护时，都会很麻烦。了解了数据驱动脚本的概念后，在设计自动化代码时，可将数据存放在外部数据文档中，利于维护和使用，可以不看代码，修改相应的配置文件即可；可方便进行数据组合，例如可根据不同风险策略确定测试数据组合方式；也有利于后续的新增与扩展，例如新增了某个参数功能，修改相应的配置文件即可；而且更灵活更通用，例如其他部门其他人修改相应的配置文件即可直接使用。业界许多工具包括 Loadrunner、QTP、JMeter、GTest 等都支持参数化，自己撰写脚本也要注意，例如单元测试框架、Selenium 的 Web UI 开发等，都可以考虑数据参数化。

4.3.5 关键字驱动脚本技术与启发

关键字驱动测试方法可以大大减少测试脚本的维护工作量，即使应用程序发生很大的改变，也只是需要简单的更新和维护即可。实现关键字驱动测试主要依赖自动化框架，通过自动化框架，仅仅需要测试人员开发表格和关键字，框架通过解释表格数据和关键字来执行测试脚本，驱动被测试的应用程序。前面四种脚本是说明性方法的脚本，只有关键字驱动脚本是描述性方法，因而更容易理解。

关键字驱动脚本封装了各种基本的操作，每个操作由相应的函数实现，而在开发脚本时，不需要关心这些基础函数，直接使用已定义好的关键字，脚本编写的效率会大大提高，脚本也更易于维护。而且，关键字驱动脚本构成简单，脚本开发按关键字来处理，可以看做是业务逻辑的文字描述，测试人员都能开发脚本。

关键字驱动脚本的优点：

（1）在关键字驱动脚本中，脚本是随软件的规模而不是测试用例的数量而变化的，只需要替换基本的应用支持脚本，可以不用增加脚本的数量实现更多的测试。

（2）可以极大地减少脚本维护的开销，加速自动化测试的实现。

（3）使得自动化测试用例可以与平台和工具无关，当测试工具发生改变时，只需重新实现支持脚本，而不需对测试用例进行改变。

（4）对测试人员的编码能力没有非常高的要求，可以非常容易的根据支持脚本实现自己的测试用例。

（5）使得测试的数据、逻辑和脚本三者脱离，这样便于测试的修改和实施。

关键字驱动脚本的缺点：必须在一个固定的测试体系和支撑脚本相辅助的前提下才能较好的开发和应用；关键字驱动脚本对支撑脚本的要求非常高，支撑脚本必须严谨，周密和灵活，且可调试性和可维护性高。

启发与思考：了解了关键字的概念，会发现 Selenium、QTP 等也是基于此理念实现的。例如 QTP 封装了底层的代码，提供给用户独立的图形界面，以填表格的方式免除代码细节，降低脚本的编写。同样的，Selenium IDE 也可以看做是关键字驱动的自动化工具。在开发自动化架构时，也可以多多考虑。这里介绍了几种自动化测试脚本技术，它们并不是后者淘汰前者的关系，而是应该结合项目需求为出发点，综合运用上述几种来进行自动化测试。

4.3.6 自动化成熟度等级

自动化成熟度分为 5 个等级，分别介绍如下。

级别 1：录制和回放。这是使用自动化测试的最低的级别，同时这并不是自动化测试最有用的使用方式。录制是将用户的每一步操作都记录下来，所有的记录转换为一种脚本语言所描述的过程。回放是将脚本语言所描述的过程转换为屏幕上的操作，以模拟用户的操作，然后对比被测系统的输出与预期结果，从而减轻工作量。

级别 2：录制、编辑和回放。首先，使用自动化的测试工具录制待测功能；其次，可将测试脚本中的任何写死的测试数据，比如名字、账号等，从测试脚本的代码中完全删除，并转换成为变量，最后进行回放。

级别 3：编程和回放。面对多个构建版本，有效使用测试自动化的一个级别。

级别 4：数据驱动的测试。对于自动化测试来说这是一个专业的测试级别，拥有一个强大的测试框架，它可根据被测试系统的变化快速创建一个测试脚本的测试功能库。

级别 5：使用动作词的测试自动化。这是自动化测试的最高级别，主要的思想是将测试用例从测试工具中分离出来，即 4.3.5 小节提到的关键字方式。

4.3.7 自动化脚本衡量标准与提升法

自动化脚本设计的衡量标准包括以下七个方面：

（1）可维护性。可维护性是指软件被修改的能力，包括纠错、改进、新技术或功能变化的适应能力。软件会变更或升级，防止变更或升级造成自动化测试的维护工作量过大是很重要的，否则整个测试自动化工作将可能被全面否决，甚至束之高阁。提升方法有：良好的编码风格，良好的设计结构，应易读易理解和易维护、降低复杂度等。

（2）高效性。代码性能高效是指尽可能少地占用系统资源，包括内存和执行时间。提升方法有：将不变条件的计算移到循环体外，避免或者移除过多的锁；减少代码内嵌，从而减少方法调度的开销；利用并行和多线程来防止串行操作；添加缓存来加快数据访问；防止漫长的重复计算，创建资源库减少对象的开销等。

（3）可靠性。可靠性是指软件在给定的时间间隔和环境下，按设计要求成功运行的概率。提升方法有：使用安全的函数和数据结构，使用静态检查工具分析代码并清除所有警告，编译时打开所有警告开关并清除所有警告，检查所有输入和返回值以及所有运算，避免内存越界和内存泄漏。

（4）兼容性。兼容性是指是否允许测试用例为不同的测试目标以不同的方式组合。提升方法有：全部运行支持机制，独立运行支持机制，灵活和周密设计的功能，执行单个任务且可以重复执行和重用等。

（5）可用性。可用性是指定制或更改测试用例是否容易，掌握和理解其使用方法是否容易。提升方法有：完善齐备的注释，健全的文档有助于复用和将来的维护等。

（6）健壮性。健壮性是指是否可以处理意外情况，而无需退出或终止测试，并尽可能给出正确有用的信息。提升方法有：出现异常时的环境恢复，很多时候只是针对正常运行结束时进行环境恢复，但是对于出现异常情况时没有进行环境恢复的，会导致影响到后面的自动化脚本的运行。

（7）可移植性。可移植性是指在不同平台上运行测试的能力。提升方法有：使用标准库函数，尽可能使所写的程序适用于更多的编译环境，把不可移植的代码分离出来等。

在设计自动化测试脚本时，应根据软件的特性综合考虑这七个方面，有针对性地提高关注的衡量标准以符合实际需要的自动化测试。

4.4 自动错误预防(AEP)机制

戴明提倡质量改进应分析错误根源，消除错误原因，通过改进引入缺陷的产品线过程来预防缺陷。软件工业中，质量改进方式是很困难、耗时、昂贵的，而近年来随着开源、商业工具的普及，可以通过自动化方式进行质量改进。AEP(Automated Error Prevention)是质量管理原则的实践，是预防错误的理论基础，下面介绍的改进方法是 AEP 的核心：

（1）识别错误；

（2）找出错误的原因；

（3）定位过程中产生错误的地方；

（4）修改实践来确保相同的错误不再出现；

（5）监控这个过程。

AEP 如何应用于软件生命周期中？软件生命周期是由几个阶段组成的，对每个阶段有不同的错误预防实践来阻止错误，当其中一个出现错误时，分析错误，不仅仅修改错误，而且通过自动化来预防相同的错误再次发生。每个错误都产生一个反馈环，反馈不同阶段的改进和错误预防，例如代码标准的缺陷，可通过定制化代码标准扫描工具进行自动化预防。AEP 可把代码扫描工具、单元测试、集成测试、性能测试、安全测试、监测等集成到软件开发周期中，进行自动化测试。

可以与缺陷管理系统相结合，根据 AEP 的测试脚本的运行结果，与缺陷跟踪系统结合，来管理自动化修改缺陷状态。例如如果发现缺陷关闭后，在某个版本重复出现，则连接到缺陷数据库，把该缺陷的状态由 Closed 改为 Reopen。例如如果是修改过的，缺陷状态为 Fixed，则根据测试脚本的执行结果，把 Fixed 状态对应改为 Verified 或者 Reopen 状态。

第 5 章　一键式测试自动化框架

5.1　一键式测试自动化概述

5.1.1　Python 概述

本章介绍的自动化测试框架的脚本语言主要采用 Python，在开始之前，先简单介绍一下 Python。Python 是一种面向对象、解释型计算机程序设计语言，其语法简洁清晰，健壮性好，继承了传统编译语言的强大性和通用性，具有丰富和强大的库。此外，它的可移植性好，已经被移植到了很多平台，如 Linux、Windows、FreeBSD、Macintosh、Solaris、OS/2、Amiga、AROS、AS/400、BeOS、OS/390、z/OS、Palm OS、QNX、VMS、Psion、Acom Rics OS、VxWorks、PlayStation、Sharp Zaurus、Windows CE、PocketPC、Symbian 以及 Google 基于 Linux 开发的 Android 平台。Python 容易上手，文档资料很多，易学易读易维护，目前已经有越来越多的人开始使用它，测试人员可以借助它实现很多自动化脚本，配置人员也可以使用它自动化配置多台机器、网络等。

5.1.2　手工测试流程

在介绍自动化测试前，先简要说明下手工测试流程。一般情况下，手工测试的整个过程包括几个步骤，分别是：

（1）从 SVN、FTP 服务器下载源码、工具等到本地路径或者指定位置，并进行 MD5 校验；

（2）进行编译（如 Windows 一般用 VS 进行编译，Linux 用 GCC 或者其他交叉编译工具进行编译）；

（3）编译完成后进行打包（如 Windows 下制作安装包，Linux 下制作 tar 包）；

（4）使用 U 盘等存储介质把测试程序、工具等资源 Copy 到待测设备，并进行相关配置；

（5）手工执行测试，例如手工敲命令行进行测试、手工点击 UI 界面进行测试、手工修改 API 接口参数测试、手工并发等性能测试等；

（6）执行过程中，还需要上传结果到测试用例管理库，如 Testlink；

（7）测试完成后，再用 U 盘等存储介质把图片、log 等拷贝到自己的机子上。

可以看出，上述手工操作不仅效率低且易出错，具体弊端如下：

（1）下载源码程序效率低。例如，不同的平台需要不同的工具；经常需要手动输入不同的地址和用户名密码；MD5 的校验需要人为操作，易出错。

（2）新旧版本间的源码比较和源码及测试程序的打包比较繁琐。例如，在不同的平台需要不同的工具；很多步骤都需要参考 manual 或者 wiki 等完成。

（3）将程序等传输到待测设备端并进行各项配置，人工操作效率低。例如，需要借助第三方硬件设备如 U 盘等存储介质；需要将代码等拷贝到待测设备；手动配置测试环境。

（4）执行测试，人工操作繁琐而复杂，效率低易出错。例如，需要参考 manual 或 wiki 等进行操作；需要熟悉测试平台如 Linux、Android 等的开发和产品；在执行过程中手动的敲入和点击，效率低；人为对比测试结果与预期结果需要极大耐心且易出错；手动需要执行很多测试用例；同一个时间点人工测试只能测试一台设备。

（5）上传测试结果到 Testlink 并将日志传送给开发机，人工操作效率低。例如，需要借助 U 盘等存储介质对测试结果/日志/截图等进行拷贝；手动关联测试用例结果比较耗时，且手动测试过程无法进行详细记录便于追踪。

5.1.3 一键式测试流程自动化

前面提及的手工测试有很多弊端，那么所有这些能不能做成以自动化的方式进行呢？答案是肯定的，并且有很多现有的工具可以借用如 Jenkins 等，当然也可以自己写代码简单实现此部分。本节将介绍如何通过自己写代码来实现此部分功能，考虑到跨平台使用等因素，采用 Python 语言，需要补充说明的是本章节所有 Python 代码实例都是基于 Python 2.7.3 版本进行的，不同版本的 Python 会有细微差别，但是基本思路都是一样的。这里介绍的一键式自动化测试流程框架也可以用于测试 Windows、Linux X86/Risc、WinCE、QNX 等，实现跨平台测试。

这里的自动化测试解决方案，在实施自动测试之前，只需修改配置文件中的相关配置信息，然后在 HOST 端（即开发机端）执行一个脚本，即可开始一系列的自动化操作，直至完成所有测试项，无需测试人员手工参与。

自动化操作覆盖了上一节提到的手工测试流程的各个环节，主要包括 SVN/FTP 上传和下载、MD5 校验、新旧版本的源码比较、自动编译、打包、自动化发送待测程序工具到 DUT 待测设备端、部署测试环境、自动化执行测试、发送测试结果到 Testlink、发送 Email 给相关人员、中间的截图/Log 日志也会自动回传到 Host 端等。其中当前版本和之前版本的代码对比的差异会自动发送给相关人员，便于根据改动影响范围进行测试策略的制定。图 5-1 给出了一键式自动化测试的详细流程图供参考。

5.1.4 环境准备

首先，确认开发环境和待测试环境。这里提到的自动化测试框架可以运行在 Windows、Linux X86/Risc、WinCE 和 QNX 系统平台，具体情况如表 5-1 所示。

表 5-1 一键式自动化环境说明

	操作系统	服务需求	软件环境需求
开发机	Linux/ Windows（自动框架脚本运行的开发机）	FTP，Telnet，SVN	Python/Expect
测试机	Windows、Linux X86/Rics，WinCE，QNX	FTP，Telnet	Python

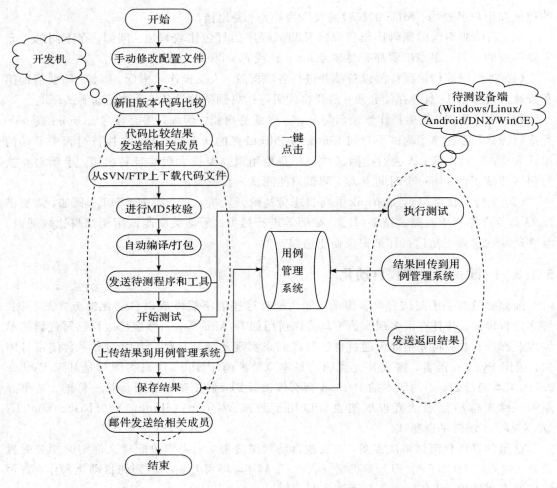

图 5-1　一键式自动化流程图

5.2　配置文件及其读取介绍

　　这里介绍下自动化框架.ini 的配置文件 config.ini，其配置了运行脚本过程中所需要的

信息，如 SVN 地址、SVN 用户名和密码、FTP 地址、FTP 用户名和密码等。针对不同的项目，只需修改配置文件中的相应信息，然后执行对应的脚本即可。如图 5-2 所示是配置文件的部分截图。

　　配置文件配置好之后，会有对应的读取配置文件信息的 Python 脚本，如命名为 public.py，其作用是从 config.ini 配置文件中获取所需信息，后面的代码可以调用，其主要代码示例如下：

```
import os,sys,ConfigParser
import shutil
```

```
[FTP]
ftpAdd = ***      #测试FTP地址
username = ***    #用户名
password = ***    #账号密码
[SVN]
url = ***         #测试SVN地址
username = ***    #用户名
password = ***    #账号密码
;which revision to download,if 0,download newest
revision = 0
preRevision = 3671    #假如上个SVN版本号为3671
newRevision = 3672    #SVN新版本号为3672
[LOCAL]
localPath = ../Downloads
[MD5CHECKPATH]
MD5checkPath = ../Downloads
```

图 5-2　config.ini 配置文件

```
def ParseConfigGet(config,sectionName,name):
    "

    Parse configure file to known some necessary info.
        input:
            sectionName    :section name
            name          :variable name in the section
        return:value of the variable
    "

    try:
        valReturn = config.get(sectionName, name)
        return valReturn
    except ConfigParser.NoOptionError:
        print ("%s is not found under section %s in config.ini."%(name,sectionName))
        sys.exit()


def ParseConfig():
    "

    Parse configure file to known some necessary info.
    Returns:
    None
    "

    global ftpAdd
    global ftpIP
    global ftpUsername
    global ftpPassword
    global ftpPath
    global svnUrl
    global svnUsername
    global svnPassword
    global svnRevision
    global svnPreVersion
    global svnNewVersion
    global md5CheckPath


    config = ConfigParser.ConfigParser()
    try:
        configFile = open("../config.ini", "r")
    except IOError:
        print "config.ini is not found"
        sys.exit()
    config.readfp(configFile)
    configFile.close()
```

```
# FTP
# The IP,name,password of release area
ftpAdd＝ParseConfigGet(config,"FTP"，"ftpAdd")
ftpIP＝ftpAdd. split('/')[2]
ftpPath＝ftpAdd[(6＋len(ftpIP)):len(ftpAdd)]
ftpUsername＝ParseConfigGet(config,"FTP"，"username")
ftpPassword＝ParseConfigGet(config,"FTP"，"password")


# SVN
svnUrl＝ParseConfigGet(config,"SVN"，"url")
svnUsername＝ParseConfigGet(config,"SVN"，"username")
svnPassword＝ParseConfigGet(config,"SVN"，"password")
svnRevision＝ParseConfigGet(config,"SVN"，"revision")
svnPreVersion＝ParseConfigGet(config,"SVN"，"preRevision")
svnNewVersion＝ParseConfigGet(config,"SVN"，"newRevision")


# LOCAL
...
md5CheckPath＝ParseConfigGet(config,"MD5CHECKPATH"，"MD5checkPath")
```

5.3   自动化下载源码和 MD5 校验

通常在软件开发过程中 SVN 作为代码管理工具常被广泛应用，当开发人员提交测试时也会将源码的 SVN 地址和 version 号告诉测试人员，测试人员需要从 SVN 服务器下载待测试的标的物进行测试；此外，有时为了方便，开发人员会将待测试的标的物放在一个 FTP 服务器上让测试人员去获取。而且测试人员的测试工具和代码的管理也常会用到 SVN 或 FTP 服务器，需要首先从 SVN 或 FTP 服务器下载要测试的代码和工具等。

测试人员手动从 SVN/FTP 下载待测标的物或测试程序/工具一般需要安装 SVN/FTP 工具，输入用户名密码等进行下载，完成后为确保下载的正确性会进行 MD5 校验，这一过程很繁琐，那么用自动化脚本如何实现呢？下面将分别进行介绍并给出实例。

5.3.1   SVN 自动化下载程式

SVN 是 Subversion 的简称，是一个开放源代码的版本控制系统，开发代码以及测试自动化代码/脚本可以在此进行配置管理。测试前，首先需要下载所需要的代码，并进行 MD5 校验。下面给出从 SVN 下载源码的 Python 脚本，即 svnDownload. py：

```
#! /usr/bin/python
# —————————————————————————————————————
# Function   :get files from SVN
# —————————————————————————————————————
```

```python
import sys
import ConfigParser
import os
import urllib2
import string
import tarfile
sys.path.append("..")
import public
import shutil


def changeWorkPath():
    '''
    Get the current path, and set the current path to work path
    '''
    global BASE_PATH
    # get the path of the upload and download codes
    BASE_PATH=os.path.dirname(__file__)
    # print(BASE_PATH)
    os.chdir(BASE_PATH)


def getInfo():
    '''
    Get config informations
    '''
    global url
    global user
    global passwd
    global fileList
    global downloadPath
    global revision

    public.ParseConfig()
    # svn download url
    url=public.svnUrl
    url = url.rstrip("/")
    url = "%s/"%url

    # username
    user=public.svnUsername
    # password
    passwd=public.svnPassword
    # revision
```

```
        revision=public. svnRevision
        print url
        string=url. split('/')
        print string[len(string)-2]
        downloadPath=public. svnLocalPath+"/R"+revision
        if not os. path. exists(downloadPath):
            os. makedirs(downloadPath)
        print downloadPath


    def downloadFirst():
        '''
        Download files from SVN
        '''
        if revision=='0':
            command=r"svn export %s %s --username %s --password %s --force"%(url,
downloadPath,user,passwd)
        else:
            command=r"svn export %s %s --username %s --password %s --revision %s --
force"%(url,downloadPath,user,passwd,revision)
        ret=os. system(command)
        if ret == 0:
            print "Success to download from SVN! "
        else:
            print "Failed to download from SVN! "


    changeWorkPath()
    getInfo()
    downloadFirst()
```

5.3.2 FTP 自动化下载待测标的物

FTP 文件传输协议是 File Transfer Protocol 的简称，用户可通过客户机程序向（从）远程主机上传（下载）文件如待测标的物、自动化程序、工具等。

下面示例给出了从 FTP 服务器下载源码的脚本 ftpDownload. py，它的执行过程中会先调用之前提到的 public. py 获取配置文件中的 FTP 服务器相关信息。ftpPublic. py 是 FTP 所有操作封装的集合，ftpDownload. py 是 FTP 的其中一个下载功能，它将调用 ftpPublic. py 中的函数如下载文件的函数，具体代码分别如下：

① 代码 ftpDownload. py 节选如下：

```
#-*-coding:utf-8-*-
'''

#----------------------------------------
# Function   : Download files from FTP server.
```

```
# ———————————————————————————————————————
"""
import sys
sys. path. append("..")
import public
import shutil
import ftplib
import socket
from ftpPublic import ftpPublic
public. ParseConfig()
IPADDR=public. ftpIP
Username=public. ftpUsername
Password=public. ftpPassword
port   =   21
SourcePath_Ftp = public. ftpPath
LocalPath = public. ftpLocalPath
print "ftpIP: ", IPADDR
print "ftpPath: ", SourcePath_Ftp
print "localPath: ", LocalPath
f = ftpPublic(IPADDR, Username, Password, port)
f. login()
f. download_files(LocalPath, SourcePath_Ftp)
f. logout()
print "exit"
```

② ftpPublic. py 脚本节选如下：

```
#-*-coding:utf-8-*-
"""

# ———————————————————————————————————————
# Function   : Function defined to download files from FTP server.
# ———————————————————————————————————————
"""
import os
import sys
sys. path. append("..")
import public
import shutil
from ftplib import FTP
import socket
import string
import time
import datetime
class ftpPublic:
```

```python
def __init__(self, hostaddr, username, password, port=21):
    self.hostaddr = hostaddr
    self.username = username
    self.password = password
    self.port = port
    self.ftp = FTP()
    self.file_list = []
    self.LatestVersion = ''
    self.devkit = ''
    self.files = []
def __del__(self):
    self.ftp.close()
def login(self):
    ftp = self.ftp
    try:
        timeout = 300
        socket.setdefaulttimeout(timeout)
        ftp.set_pasv(True)
        print "start to connect:", self.hostaddr
        ftp.connect(self.hostaddr, self.port)
        print "success connect:", self.hostaddr
        ftp.login(self.username, self.password)
        print ftp.getwelcome()
    except Exception:
        print "connect failed!"
def logout(self):
    self.ftp.close()
def download_file(self, localfile, remotefile):
    try:
        file_handler = open(localfile, 'wb')
    except:
        print "can not creat:", localfile
    try:
        self.ftp.retrbinary('RETR %s'%(remotefile), file_handler.write)
        file_handler.close()
    except:
        print 'can not download file from ftp:', remotefile
def download_files(self, localdir='./', remotedir='./'):
    try:
        self.ftp.cwd(remotedir)
    except:
        print('The %s  does not exist,please check and continue...' % remotedir)
```

```python
            return
        path＝os.getcwd()
        if not os.path.isdir(localdir)：
            os.makedirs(localdir)
        #print('Change direction to %s' %self.ftp.pwd())
        self.file_list = []
        self.ftp.dir(self.get_file_list)
        remotenames = self.file_list
        for item in remotenames：
            filetype = item[0]
            filename = item[1]
            if len(filename.split(' '))>0：
                filename＝filename.split(' ')[len(filename.split(' '))－1]
            local = os.path.join(localdir，filename)
            if filetype == 'd'：
                if (filename !＝ '.') and (filename !＝'..')：
                    self.download_files(local，filename)
            elif filetype == '-'：
                local = os.path.join(localdir，filename)
                self.download_file(local，filename)
        self.ftp.cwd('..')
        print"Download Complete."
    def get_fileslist(self，remotedir＝'./')：
        try：
            self.ftp.cwd(remotedir)
        except：
            print('The %s　does not exist，please continue …' %remotedir)
            return
        self.file_list = []
        self.ftp.dir(self.get_file_list)
        remotenames = self.file_list
        for item in remotenames：
            filetype = item[0]
            filename = item[1]
            if filetype == 'd'：
                self.get_fileslist(filename)
            elif filetype == '-'：
            if len(filename.split(' '))>3 ：
                filename＝filename.split(' ')[len(filename.split(' '))－1]
            self.files.append(filename)
        self.ftp.cwd('..')
    def upload_file(self，localfile，remotefile)：
```

```python
        if not os. path. isfile(localfile):
            return
        try:
            file_handler = open(localfile, 'rb')
        except:
            print ('open %s failed. ' % localfile)
        try:
            print localfile
            if localfile. split('-')[len(localfile. split('-'))-2]=='devkit':
                temp=self. ftp. pwd()
                self. ftp. cwd('..')
                self. ftp. storbinary('STOR %s' % remotefile, file_handler)
                file_handler. close()
                self. ftp. cwd(temp)
            else:
                self. ftp. storbinary('STOR %s' % remotefile, file_handler)
                file_handler. close()
            print('Upload %s finished' % localfile)
        except:
            print ('Upload %s failed' % localfile)
    def remote_dir(self, remotedir = './'):
        print remotedir
        self. ftp. cwd(remotedir)
        try:
            self. ftp. cwd(public. ReleaseVersion)
            print public. ReleaseVersion, "already exists. "
        except : # ftplib. error_perm:
            try:
                self. ftp. mkd(public. ReleaseVersion)
                print public. ReleaseVersion, "has been created. "
            except : # ftplib. error_perm:
                print 'You have no authority to make dir'
    def upload_files(self, localdir='./', remotedir = './'):
        if not os. path. isdir(localdir):
            return
        localnames = os. listdir(localdir)
        self. ftp. cwd(remotedir)
        for item in localnames:
            src = os. path. join(localdir, item)
            if os. path. isdir(src):
                try:
                    self. ftp. mkd(item)
```

```
        except：
                print('%s already exists' %item)
            self.upload_files(src，item)
        else：
                self.upload_file(src，item)
    self.ftp.cwd('..')


def getLatestVersion(self,remotedir='./')：
    print"getLatestVersion..."
    try：
        self.ftp.cwd(remotedir)
    except：
        print('The %s  does not exist ,please continue...' %remotedir)
        return
    version=[]
    n=0
    self.file_list = []
    self.ftp.dir(self.get_file_list)
    remotenames = self.file_list
    for item in remotenames：
        filetype = item[0]
        filename = item[1]
        if filetype=='d' and filename.split()[len(filename.split())-1][0]
==='V'：
                version.append(filename.split()[len(filename.split())-1])
                n=n+1
    theLatestVersion=version[0]
    if n>0：
        for i in range(1,n)：
            if cmp(version[i],theLatestVersion)==1：
                theLatestVersion=version[i]
    print theLatestVersion
    self.LatestVersion=theLatestVersion


def downloadLatestDevkit(self, localdir='./', remotedir='./')：
    print"Downloading the latest devkit..."
    try：
        self.ftp.cwd(remotedir)
    except：
        print('The %s  does not exist ,please continue...' %remotedir)
        return
```

```
path=os. getcwd()
if not os. path. isdir(localdir):
        os. makedirs(localdir)
os. chdir(localdir)
lists=[]
times=[]
fileofdevkit=[]
self. ftp. dir(lists. append)
n=0
for line in lists:
        filename=line. split()[len(line. split())-1]
        if filename. split('-')[len(filename. split('-'))-2]=='devkit' and
filename. split('.')[len(filename. split('.'))-1]=='bz2':
                n=n+1
                fileofdevkit. append(filename)
                date_str = ' '. join(line. split()[5:8])
                if len(line. split()[len(line. split())-2])==5:
                        timenow  = time. localtime()
                        d=time. strptime(date_str, '%b %d %H:%M')
                        t= datetime. datetime(timenow. tm_year, d. tm_mon,
d. tm_mday, d. tm_hour, d. tm_min)
                            times. append(t)
                if len(line. split()[len(line. split())-2])==4:
                        d=time. strptime(date_str, '%b %d %Y')
                        t=datetime. datetime(d. tm_year, d. tm_mon, d. tm_mday)
                        times. append(t)
if n>0:
    now=times[0]
    latest=0
    for i in range(1,n):
        if times[i] > now:
            latest=i
    LatestDevkitName=fileofdevkit[latest]

    try:
        file_handler = open(LatestDevkitName, 'wb')
    except:
        print "can not creat:",LatestDevkitName
    try:
        self. ftp. retrbinary('RETR %s'%(LatestDevkitName), file_handler. write)
        file_handler. close()
        print LatestDevkitName,"finished. "
```

```
                except：
                    print ′can not download file from ftp：′,LatestDevkitName
                LatestDevkitNameMd5＝LatestDevkitName＋".md5"
                try：
                    file_handler ＝ open(LatestDevkitNameMd5,′wb′)
                except：
                    print "can not creat：",LatestDevkitNameMd5
                try：
                    self.ftp.retrbinary(′RETR ％s′％(LatestDevkitNameMd5),
        file_handler.write)
                    file_handler.close()
                    print LatestDevkitNameMd5,"finished."
                except：
                    print ′can not download file from ftp：′,LatestDevkitNameMd5
            os.chdir(path)
        def get_file_list(self,line)：
            ret_arr ＝ []
            file_arr ＝ self.get_filename(line)
            if file_arr[1] not in [′.′,′..′]：
                self.file_list.append(file_arr)
        def get_filename(self,line)：
            pos ＝ line.rfind(′:′)
            while(line[pos] != ′ ′)：
                pos ＋＝ 1
            while(line[pos] ＝＝ ′ ′)：
                pos ＋＝ 1
            file_arr ＝ [line[0],line[pos:]]
            return file_arr
```

5.3.3　MD5 自动化校验

一般会提供 MD5，用于查看上传下载的是否完整。MD5 即 MD5 Message-Digest Algorithm(消息摘要算法第五版)，是计算机安全领域广泛使用的一种散列函数，用于确保信息传输完整一致。

MD5 算法具有以下特点：

(1) 压缩性。任意长度的数据，算出的 MD5 值长度都是固定的。

(2) 容易计算。从原数据计算出 MD5 值很容易。

(3) 抗修改性。对原数据进行任何改动，哪怕只修改 1 个字节，所得到的 MD5 值都有很大区别。

(4) 强抗碰撞。已知原数据和其 MD5 值，想找到一个具有相同 MD5 值的数据(即伪造数据)是非常困难的。

MD5 的作用是让大容量信息在用数字签名软件签署私人密钥前被"压缩"成一种保密

的格式，即把一个任意长度的字节串变换成一定长的十六进制数字串。除了 MD5 以外，其中比较有名的还有 sha – 1、Ripemd 以及 Haval 等。

下面脚本给出了 MD5 校验的自动化代码实例，它将自动化校验在 config. ini 中配置指定路径下的文件。

脚本 getMD5. py 代码如下：

```
# encoding＝utf-8
...
# ——————————————————————————————
# Function  ：Check md5 for prodect ready to be released
# ——————————————————————————————
...
import io,string
import sys
# hashlib:md5, sha1, sha224, sha256, sha384, sha512
from hashlib import md5
import os
import shutil
import sqlite3
import ConfigParser
sys. path. append("..")
import public
def calMD5(str):
    m = md5()
    m. update(str)
    return m. hexdigest()
def calMD5ForBigFile(file):
    '''
    generate md5 of file
        intput:
            file: big file for generating md5
        Return：md5
    '''
    m = md5()
    try:
        f = open(file, 'rb')
    except IOError:
        print file," is not found"
    buffer = 8192      # why is 8192 | 8192 is fast than 2048
    while 1:
        chunk = f. read(buffer)
        if not chunk : break
```

```
        m. update(chunk)
    f. close()
    return m. hexdigest()


def calMD5ForFile(file):
    '''
    generate md5 of file
        intput:
            file: file for generating md5
        Return: md5
    '''
    statinfo = os. stat(file)
    if int(statinfo. st_size)/(1024 * 1024) >= 1000 :
        # print "File size > 1000, move to big file..."
        returncalMD5ForBigFile(file)
    m = md5()
    try:
        f = open(file, 'rb')
    except IOError:
        print file," is not found"
    m. update(f. read())
    f. close()
    return m. hexdigest()


def calMD5ForFolder(dir):
    '''
    Check md5 of files in dir
        intput:
            dir: dir for checking md5
        Return: Pass or Fail
    '''
    global md5gen
    md5gen="
    md5fileList=[]
    fileListToCheck=[]
    b= []
    md5GenList=[]
    public. ParseConfig()
    fd=open('MD5logFile. txt','a')
    # Get all md5 file and the corresponding file under check.
    for root, subdirs, files in os. walk(dir):
        # print "Root = ", root, "dirs = ", subdirs, "files = ", files
```

```
            sStr = ". md5"
            for f in files：
                res＝f. find(sStr)
                if res ＞ 0：
                    filefullpath＝os. path. join(root，f)
                    md5fileList. append(filefullpath)
                    filefullpath＝filefullpath[0：len(filefullpath)－4]
                    fileListToCheck. append(filefullpath)
    ＃Generate the md5 code
    for item in fileListToCheck：
        md5gen＝calMD5ForFile(item)
        md5GenList. append(md5gen)
    d＝dict(zip(md5fileList，md5GenList))
    d1＝dict(zip(md5fileList,fileListToCheck))
    ＃Read the contend in md5 file and compare with the md5 generated.
    for item in md5fileList：
        print item
        fd. write(d1[item] ＋'\n')
        try：
            fdmd5＝open(item,"r")
        except IOError：
            print item," is not found"
            fd. write(item ＋" is not found"＋'\n')
        try：
            line＝fdmd5. read()
            b＝line. split('    ')
            print b[0]
            print d[item]
            fd. write("The md5 file show ： " ＋ b[0] ＋ '\n')
            fd. write("The md5 generated ： " ＋ d[item] ＋ '\n')
            ＃print 'd[％s]＝％s'％(item,d[item])
            if b[0] ＝＝ d[item]：
                print "Pass"
                fd. write("－＞ Pass"＋"\n\n")
            else：
                print "Fail"
                fd. write("－＞ Fail"＋"\n\n")
        finally：
            fdmd5. close()
    fd. close()
    logfilePath＝os. path. abspath(os. path. join(os. path. dirname('_file_'),os. path.
pardir))
        if not os. path. isdir(". . /log/")：
```

```
                    os. makedirs("../log/")
                logfilePath＝logfilePath＋"/log"
                print "logfilePath＝",logfilePath
                shutil. move('MD5logFile. txt',logfilePath)


        def deleteLogfile():
                logfileName＝"MD5logFile. txt"
                cwd＝os. getcwd()
                if not os. path. isdir("../log/"):
                        logfilePath＝os. path. abspath(os. path. join(os. path. dirname('_file_'),os.
        path. pardir))
                else:
                        logfilePath＝os. path. abspath(os. path. join(os. path. dirname('_file_'),os.
        path. pardir))＋"/log"
                os. chdir(logfilePath)
                if os. path. exists(r'MD5logFile. txt'):
                        ＃print "Delete the old logfile. "
                        os. remove(logfileName)
                os. chdir(cwd)


    if __name__ ＝＝ "__main__":
            public. ParseConfig()
            ＃delete logfile which is the result of checking MD5 last time
            deleteLogfile()
            ＃The local path for thedownload from release area of FTP
            localPath＝public. md5CheckPath
            print "MD5 check path is ： ",localPath
            dir＝localPath
            calMD5ForFolder(dir)
```

5.3.4　自动化脚本调用执行

1. SVN 自动化下载脚本调用步骤

步骤 1：修改配置文件 config. ini 中的 SVN 地址 URL、用户名 username、登录密码 password，并确认下载后的本地路径 localPath，如图 5－2 所示的 config. ini 配置文件对应的[SVN]与[LOCAL]部分。

步骤 2：直接调用 svnDownload. py 的脚本，步骤 1 中配置的 SVN 地址的文件将会自动下载到指定路径，并保留 SVN 上原有的路径关系。

2. FTP 自动化下载脚本调用步骤

步骤 1：修改配置文件 config. ini 中的 FTP 服务器地址 ftpAdd、登录用户名 username 和密码 password，以及下载到本地的路径 localPath，如图 5－2 所示的 config. ini 配置文件对应的[FTP]与[LOCAL]部分。

步骤 2：直接执行 ftpDownload. py，步骤 1 配置的 FTP 服务器地址的文件会自动下载到本地指定路径，并保留 FTP 上原有的路径关系。

3. MD5 校验调用步骤

步骤 1：修改配置文件中用于进行 MD5 校验的文件地址，如图 5 - 2 所示的 config. ini 配置文件对应的[MD5CHECKPATH]部分。

步骤 2：运行 getMD5. py 可自动产生本地文件的 MD5 码，并存放于. /log/MD5logFile. txt 文件中用于进行校验。

5.4　自动化编译和打包

5.4.1　Windows 下的自动化编译

环境需求：Windows 下安装 Python 所需的开发环境，并安装 VS2008 或 VS2010 或 VS2012。

下面将介绍 Windows 下实现自动化编译所需要的几个脚本，分别是配置文件（命名为 CompileConfig. ini）、读取配置文件 ParseIni. py 和自动编译文件 auto_compile. py。

（1）配置文件 CompileConfig. ini 如图 5 - 3 所示。

```
[TESTCODE_INFO]
vs2008_path = F:\Program Files\Microsoft Visual Studio 9.0\Common7\IDE
vs2012_path = D:\Program Files\Microsoft Visual Studio 11\Common7\IDE
localSourcePath = download
```

图 5 - 3　CompileConfig. ini 文件

（2）读取配置文件的脚本 ParseIni. py 如下：

```
import os,sys,ConfigParser
import shutil
def ParseConfigGet(config,sectionName,name):
    '''
    Parse configure file to known some necessary info.
      input:
          sectionName   :section name
          name          :variable name in the section
      return:value of the variable
    '''
    try:
        valReturn = config. get(sectionName, name)
        return valReturn
    except ConfigParser. NoOptionError:
        print ("%s is not found under section %s in autoreleaseconfig. ini. "%(name,
sectionName))
        sys. exit()
```

```
def ParseConfig():
    '''
    Parse configure file to known some necessary info.
    Returns:
    None
    '''
    global localSourcePath
    global vs2008_path
    global vs2012_path
    config = ConfigParser. ConfigParser()
    try:
        configFile = open("CompileConfig. ini", "r")
    except IOError:
        print "CompileConfig. ini is not found"
        sys. exit()
    config. readfp(configFile)
    configFile. close()
    # auto compile
    vs2008_path=ParseConfigGet(config,"TESTCODE_INFO","vs2008_path")
    vs2012_path=ParseConfigGet(config,"TESTCODE_INFO","vs2012_path")
    localSourcePath=ParseConfigGet(config,"TESTCODE_INFO","localSourcePath")
```

（3）自动编译文件 auto_compile. py 脚本如下：

```
# ----------------------------------------
# Function   : auto compile on windows
# ----------------------------------------
import sys
import ConfigParser
import os
import urllib2
import string
sys. path. append("..")
import ParseIni
import shutil
import glob
import subprocess

def changeWorkPath():
    '''compilepath
    Get the current path , and set the current path to work path
    '''
    global BASE_PATH
    # get the path of the upload and download codes
    BASE_PATH=os. path. dirname(__file__)
```

```
    # print（BASE_PATH）
    os. chdir(BASE_PATH)


def autoCompile()：
    '''
    auto compile the testcode
    '''
    # step1：update header ,dll,lib
    # step2：start compile
    global compiler_dict_vs2008
    global compiler_dict_vs2012
    global compilepath
    parentpath＝os. path. dirname(os. getcwd())
    ParseIni. ParseConfig()
    compilepath＝ParseIni. localSourcePath
    print ParseIni. localSourcePath
    compiler_dict_vs2008＝ParseIni. vs2008_path ＋ os. sep ＋ 'devenv. com'
    items ＝ os. listdir(parentpath＋"//"＋compilepath)
    newlist ＝ []
    for names in items：
        if names. endswith('. sln')：
            newlist. append(names)
    solutionname＝newlist[0]
    cmd ＝'\"'＋compiler_dict_vs2008 ＋ '\" ' ＋ parentpath＋'/'＋compilepath ＋ os.
sep ＋ solutionname ＋ ' /Rebuild "Release|win32"'
    ps ＝ subprocess. Popen(cmd)
    ps. wait()
changeWorkPath()
autoCompile()
```

5.4.2　Windows 下自动化编译的调用步骤

（1）修改 5.4.1 小节配置文件 CompileConfig. ini 中需要完成编译工具命令所在路径和本地源文件的路径。

（2）调用 auto_compile. py 自动完成编译。

5.4.3　Linux 下的自动化编译打包

Linux 下的脚本撰写完后，需要设置权限，可通过命令 chmod 改变要执行文件的权限，X86 下编译打包比较容易，调用 GCC 命令，在 Risc 下，需要先指定编译器，再进行编译。例如，Risc 下编译 testXXX 测试工具时，需要修改 makefile 文件中之前的编译器为 arm-arago-linux-gnueabi-gcc，可以使用 sed 命令将 makefile 文件中之前编译器替换为所需的编译器即可。最后用命令 tar 将其打包为. tar。

下面给出自动化编译的示例：

```
＃！/bin/sh
comOldTool= "arm-arago-linux-gnueabi-gcc"
comTool= "arm-linux-gnueabihf-gcc"
cdtestXXX
cd src/current/
sed -i "s/ $ comOldTool/ $ comTool/g" makefile
make linux-arm
sleep5
cd ../../../
tar -cvftestXXX. tar testXXX
sleep5
```

其中关键性的语句是"sed -i "s/ $ comOldTool/ $ comTool/g" makefile"即把 makefile 文件中旧的编译工具 comOldTool 替换为新的编译工具 comTool，然后调用 make 命令直接进行编译，最后用 tar 命令将其打包。

5.5   自动化分发测试工具

5.5.1   自动化传输文件到 DUT 端

有时需要上传开发机的源程序、工具、资料等到待测设备端 DUT，待测设备端可以是 Linux(X86/Risc)、WinCE、Windows 系统等。需要待测设备端 DUT 安装 Telnet/FTP Server，开发机端安装 Telnet/FTP Client。

这里，开发机为 Windows/Linux 系统，开发机端撰写脚本，参数包括：传入待测机器设备的 IP、用户名、密码、待传文件名称以及执行的 log 日志名称。下面给出 FTP 传输文件的具体实现代码，命名为 prepareProgram. exp：

```
＃！/usr/bin/expect
    set OBJ_IP [lindex $ argv 0]
    set LOGIN [lindex $ argv 1]
    set PASS [lindex $ argv 2]
    set filename [lindex $ argv 3]
    set LOG [lindex $ argv 4]
    spawn ftp $ OBJ_IP
    set timeout 5
    set done 1
    while { $ done } {
        expect {
        "Name * :" {
            send " $ LOGIN\n"
        }
        "Password:" {
            send " $ PASS\n"
```

```
        }
        "Login successful" {
            set done 0
            puts stderr "log：$LOG\n"
            set fd [open $LOG a]
            puts $fd "Start to transfer file"
            close $fd
        }
        timeout {
            set fd [open $LOG a]
            puts $fd "Start to transfer file fail，login timeout"
            close $fd
            set done 0
        }
    }
}
send "\n"
send "put $filename\n"
sleep 5
expect {
        "*Transfer complete" {
                set fd [open $LOG a]
                puts $fd "Test Pregram file $filename transfer ok"
                close $fd
        }
        timeout {
            set fd [open $LOG a]
            puts $fd "Test program file $filename transfer fail"
            close $fd
        }
    }
}
send "quit\n"
```

5.5.2　自动化脚本调用步骤

需要上传工具、资料、程序等到待测设备时，只需要写一个 shell 脚本调用上面的脚本，传入参数即可。例如传入 testXXX. tar 到指定设备机器中，编写一个简单的 test. sh 脚本来调用 prepareProgram. exp，内容如下：

```
#! /bin/sh
OBJ_IP="192.168.1.1"
ADV_ROOT="root"
ADV_ROOT_PASSWD="pwofROOT"
log=logName
. / prepareProgram. exp $OBJ_IP $ADV_ROOT $ADV_ROOT_PASSWD testXXX. tar
$log
```

5.6　自动化执行测试

5.6.1　远程调用自动化

这里介绍如何远程调用测试程序，这里只是简单的介绍，后面章节会针对不同平台分别详细展开。

开发机可以为 Windows/Linux 系统，开发机端撰写 Expect 脚本，这里以 Linux 为例。假设需要远程调用测试机/root 目录下的 test. sh 脚本，下面 Expect 脚本的参数包括：传入待测机器设备的 IP、用户名、密码，具体实现的部分代码如下：

```
# ! /usr/bin/expect
proc do_exec_cmd { result } {
        set timeout 5
        send "\n"
        expect "＃"
        send "cd /root\n"
        send "chmod 777test. sh\n"
        expect "＃"
        send ". /test. sh＞＞ ＄result\n"
        sleep5
           ...
}
set IPADDR  ［lindex ＄argv 0］
set LOGIN   ［lindex ＄argv 1］
set PASS    ［lindex ＄argv 2］
set RESULT ［lindex ＄argv 3］
set res p
source telnet. exp
do_exec_cmd   ＄RESULT
```

其中调用到的 telnet. exp 是完成自动化登录到待测设备端，具体参考 7.2.3 节。

5.6.2　自动化执行测试

类似 5.5.2 节，可以编写 shell 脚本自动化调用 Expect 脚本，具体不再赘述。

5.7　自动化上传测试结果到 Testlink

5.7.1　Testlink API 介绍

这里实现了 Testlink 的 API 接口，脚本命名为 TestLinkAPI. py，具体示例如下：

```
"""
TestLink API Client
```

A small module for using TestLink API.
"""

```python
#! /usr/bin/python
import xmlrpclib
class TestlinkAPIClient：
    def __init__(self，devKey，url)：
    """Use devKey and XML RPC server url to connect"""
        self. server = xmlrpclib. ServerProxy(url)
        self. devKey = devKey

    def ping(self)：
    """Check if the server is alive. """
    return self. server. tl. sayHello()

    def doesUserExist(self，user)：
    """Check if the user exists. """
    args = {"devKey"：self. devKey, "user"：user}
        return self. server. tl. doesUserExist(args)

    def getProjects(self)：
    """Get all Projects' info. """
    args = {"devKey"：self. devKey}
        return self. server. tl. getProjects(args)

    def getTestPlan(self，tpName，tpjName)：
    """Get TestPlan info by TestPlan name and TestProject name. """
    args = {"devKey"：self. devKey, "testplanname"：tpjName,
        "testprojectname"：tpjName}
        return self. server. tl. getTestPlanByName(args)

    def getTestCase(self，tcExId)：
    """Get TestCase's detailed contents by TestCase external ID. """
    args = {"devKey"：self. devKey, "testcaseexternalid"：tcExId}
        return self. server. tl. getTestCase(args)

    def getTestCaseIDByName(self, name, path="")：
    """Get only TestCase's ID by name. """
    args = {"devKey"：self. devKey, "testcasename"：name,
    "testcasepathname"：path}
    return self. server. tl. getTestCaseIDByName(args)

    def reportTCResult(self,tcId，tpId，buildName，status)：
    """Report result to TestLink.
```

```
        status -- Could be "p"(pass) or "f"(fail).
        """
        args = {"devKey":self.devKey, "testcaseid":tcId, "testplanid":tpId,
        "buildname":buildName, "status":status}
    return self.server.tl.reportTCResult(args)
```

5.7.2　上传测试结果到 Testlink 的实现代码

既然 Testlink API 的接口已经有了，那么如何将测试结果上传到 Testlink 对应的用例里面呢？下面将继续介绍如何实现，实现脚本命名为 uploadTestlink.py。

uploadTestlink.py 源码如下：

```
# ----------------------------------------
# Function    : Associated results with testlink
# ----------------------------------------
import sys
import getopt
import TestLinkAPI
# -*- coding：utf-8 -*-
# Replace with your devKey and server URL
devKey = "bd552c4fabf04ca711d571383226f04f"
url = "http://169.22.3.4/testlink/lib/api/xmlrpc.php"
try：
    options,args = getopt.getopt(sys.argv[1:],"ht:r:",["help","tc=","res="])
except getopt.GetoptError：
    sys.exit()
for name,value in options：
    if name in ("-h","--help")：
        usage()
    if name in ("-t","--tc")：
        tcname=value；
    if name in ("-r","--res")：
        result=value；
client = TestLinkAPI.TestlinkAPIClient(devKey, url)
print "# Demo：Ping the server #"
res = client.ping()
if (res == "Hello! ")：
    print "XML RPC Server is alive. "
print "# Demo：Get all projects #"
prjList = client.getProjects()
print "# Demo：Get TestPlan #"
# Project name：projectA
# Test plan name : planA
# Testbuilt name：cycle1
```

```
tp = client. getTestPlan("projectA ", " planA ")
print tp
tpId = tp[0]. get("id");
print "Test Plan Name：%s" % tp[0]. get("name")
print "Test Plan ID：%s" % tpId
print "Test Project ID：%s" % tp[0]. get("testproject_id")
print " # Demo：Get TestCaseID by Name # "
tc = client. getTestCaseIDByName(tcname)
print tc
tcId = tc[0]. get("id")
print "TestCaseID：%s" % tcId
print " # Demo：Report result to TestLink # "
res = client. reportTCResult(tcId, tpId, "cycle1", result)
print "Report to TestLink：%s" %res[0]. get("message")
```

5.7.3　实现自动化上传结果到 Testlink

一切就绪，接下来介绍一下具体的操作步骤。这里提到的自动化上传测试结果的脚本已经在多个平台验证实践过，包括 Windows、Linux(X86/Risc)、WinCE、QNX、Android 这些平台，在对应平台上需要安装有 Python 环境。

具体实现的操作步骤如下：

（1）获取将要上传的用例管理系统 Testlink 中对应个人账户的 API access key，如下：

① 登录现有的 Testlink 网站。

② 点击 "My Setting"，找到 Personall API access key 参数值。

③ 修改 "uploadTestlink. py" 的 devKey 相关信息，为对应的 key 值，如图 5－3 所示。

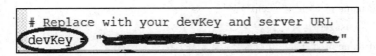

图 5－3　uploadTestlink. py 文件的 devKey 参数值

（2）修改对应的 "Test Project"、"Test Plan"、"Test Build"。

（3）调用 uploadTestlink. py 自动上传测试结果到 Testlink 中。例如可以使用 AutoIT 脚本去调用 uploadTestlink. py，如图 5－4 所示。

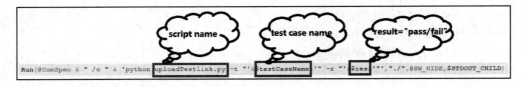

图 5－4　AutoIT 脚本调用 uploadTestlink. py

需要说明的是：

① 测试用例的名字必须是英文的，例如 "make install" 等。

② 如果出现 ssl. SSLError：[SSL：CERTIFICATE_VERIFY_FAILED] certificate verify failed (_ssl. c:590)，则可以修改 TestLinkAPI. py 脚本为

```
def __init__(self, devKey, url):
"""Use devKey and XML RPC server url to connect"""
    self. server = xmlrpclib. ServerProxy(url)
```

首先加载 ssl，然后添加参数即可，代码如下：

```
import ssl  ＃加载 ssl
def __init__(self, devKey, url):
"""Use devKey and XML RPC server url to connect"""
    self. server = xmlrpclib. ServerProxy(url, verbose＝False,use_datetime＝True,
context＝ssl. _create_unverified_context())
```

5.8　自动化对比不同版本的源码并发送邮件

5.8.1　自动化对比源码

在回归测试时，通过对比 SVN 中新版本代码和旧版本代码的差异，帮助我们更好地制定测试策略。下面是 compareRevisions. py 脚本的示例。

```
# —————————————————————————————————
# Function  : Compare the differences between preRevision and newRevision
# —————————————————————————————————
import string
import os
import sys
sys. path. append("..")
import public

def diffSvnRevision(url,user,passwd,revision1,revision2,log):
    '''
    Compare the differences between preRevision and newRevision
    '''
    command＝r"svn diff %s -r %s:%s  --username %s--password %s"%(url,revi-
sion1,revision2,user,passwd)
    print 'command＝',command
    # print os. system(command)
    resultFile＝open(log,"w")
    result＝os. popen(command). read()
    # print result
    resultFile. writelines(result)
    resultFile. close()

if __name__ == "__main__":
```

```
public. ParseConfig()
# delete logfile which is the result of checking MD5 last time
# deleteLogfile()
# Get SVN informations
url=public. svnUrl；
username=public. svnUsername；
passwrod=public. svnPassword；
preVersion=public. svnPreVersion；
newVersion=public. svnNewVersion；
if not os. path. isdir(".. /log/")：
        os. makedirs(".. /log/")
logfile=".. /log/diffResult-"+url. split('/')[len(url. split('/'))−2]+"-"+url.
split('/')[len(url. split('/'))−1]+"-"+preVersion+"vs"+newVersion+". txt"
print 'url=',url
print 'username=',username
print 'passwrod=',passwrod
print 'preVersion=',preVersion
print 'newVersion=',newVersion
diffSvnRevision(url,username,passwrod,preVersion,newVersion,logfile)
```

上述代码通过对比 config. ini 文件中配置位于 URL 中的的新版本 newRevision 和旧版本 preRevision 对应代码的差异，将其存于 logfile 文件中，发送对应 logfile 文件邮件给相关测试人员。

5.8.2　自动化对比源码调用步骤

步骤 1：修改 5.2 小节的配置文件 config. ini 的[SVN]部分的相关信息。

步骤 2：调用"compareRevisions. py"。

5.8.3　自动化发送邮件

发送邮件脚本 sendMail. py 代码如下：

```
#！ /usr/bin/python
# ————————————————————————————————
# Function ：send mail
# ————————————————————————————————
import string
import os
import sys
from email. Header import Header
from email. MIMEText import MIMEText
from email. MIMEMultipart import MIMEMultipart
from email. MIMEBase import MIMEBase
import smtplib, datetime
```

```python
    def sendMail(mail_Header, to, mailUser, mailUserPasswd, mail_from = "", mail_cc_list
= "", mail_bcc = "", message = "", attach = ""):
        '''
        send mail
        '''
        msg = MIMEMultipart()
        msg_text = MIMEText(message)
        # set the mail head
        msg['to'] = to
        if mail_from! = "":
            msg['from'] = mail_from
        else:
            msg['from'] = mailUser + "@163.com"
        msg['subject'] = Header(mail_Header)
        if mail_cc_list! = "":
            msg['Cc'] = ",".join(mail_cc_list)
        else:
            msg['Cc'] = to
        if mail_bcc! = "":
            msg['Bcc'] = mail_bcc
        else:
            msg['Bcc'] = to

        if attach! = "":
            # read the attachment
            contype = 'application/octet-stream'
            maintype, subtype = contype.split('/', 1)
            data = open(attach, 'r')
            file_msg = MIMEBase(maintype, subtype)
            file_msg.set_payload(data.read())
            data.close()
            # Set the attachment head
            basename = os.path.basename(attach)
            file_msg.add_header('Content-Disposition', 'attachment', filename =
basename)
            msg.attach(msg_text)
            msg.attach(file_msg)
        server = smtplib.SMTP('smtp.163.com')
        server.login(mailUser, mailUserPasswd)
        # mail.smtp.port = 465
        # mail.smtp.starttls.enable = true
        # mail.smtp.password = "sdcpzgopwgmqbfjj"
        error = server.sendmail(msg['from'], [msg['to'], msg['Cc'], msg['Bcc']], msg.as
```

_string()
                        server. close
                print error

5.8.4　自动化发送邮件调用步骤

将 log 文件邮件发送给指定的账号，可以参考下面的步骤。

步骤 1：编写一个 test. py 脚本，将 sendMail. py 输入(import)到 test. py 中，如图 5-5 所示。

图 5-5　test. py 脚本输入(import)sendMail. py

步骤 2：在 test. py 中调用 sendMail API 来发送邮件即可，其中，sendMail 接口参数定义如下：

sendMail (mail_Header,————————————————— 邮件主题，非空
to,———————————————————————— 收件人，非空
mailUser,—————————————————————发件人账号，非空
mailUserPasswd,————————————————发件人账号的密码，非空
mail_from,————————————————发件人邮箱地址，例如 xxx@163. com
mail_cc_list,—————————————————发送邮件 CC 人员
mail_bcc,————————————————————————邮件 Bcc 列表
message,—————————————————————————邮件正文内容
attach,———————————————————————————邮件附件
)

5.9　自动化框架

5.9.1　框架总调用

前面几节分别对一键式自动化流程的各个环节涉及的脚本进行了介绍，下面简单介绍一下如何将所有功能进行组合。

Windows 平台可以撰写 batch script 批处理脚本，Linux 端可以撰写 shell 脚本，将各个脚本依次调用就可以实现整个一键式自动化框架。

下面以 Windows 为例，用批处理调用之前小节中实现的 FTP 下载脚本/SVN 下载脚本、MD5 校验脚本、SVN 的待测程序的不同版本的代码对比脚本等，如图 5-6 所示。如果

取消某个脚本，则将前面注释掉（REM）即可。

```
cd .\FTPDownloadTool
ftpDownload.py

cd ..\SVNDownload
svnDownload.py

cd ..\compareCodeVersionOfSVN
compareRevisions.py

cd ..\Md5CheckTool
getMD5.writeInDB.py

cd ..
pause
```

图 5-6　批处理总调用

5.9.2　精准测试技术

开发人员进行敏捷开发过程中，新功能开发、代码优化或者修改时，对于影响范围开发给的建议往往过于宽泛，开发人员与测试人员交流不充分，出现忘记说明某些需求或者改动范围，导致漏测，而且面向用户的产品变化快，手工测试和自动化测试不足以应对所有功能全部覆盖测试，测试范围与策略制定时，常常担心有漏测，那么有没有什么方法可以精准指导测试，减少冗余，从而更精准的测试呢？答案当然是有的。精准测试是介于黑盒测试和白盒测试之间的一种测试模型。相对于普通测试，精准测试在传统测试过程中，通过技术手段对被测程序进行 360 度全景测试，将测试过程可视化、数字化和标准化。

精准测试主要是对测试过程的精确分析指导，以科学的分析数据为前提，判断测试过程中的测试程度，度量测试行为。

可以通过对项目产品建立代码与用例的关联，开发代码提交后，通过词法分析器、编译器来确定代码的差异化报告，对于改动到的代码，自动化智能筛选对应的测试用例，包括自动化测试用例和手工测试用例，更精准的制定测试范围策略，更合理的安排人力投入。可以输出频繁修改的代码，缺陷集中的代码，根据 Pareto 的 80～20 原则（80%问题发生在20%的代码中），需要重点测试，可以结合建模工具，自动化设定测试策略，例如组合分析模型，对于风险小的无变化的需求进行 BC、EC 覆盖，对于有风险的部分进行二元组合测试，对于高风险的采用多元测试，如三元、正交分析进行组合测试。

测试过程中，借助覆盖率分析工具，实时监看代码覆盖率，监看测试过程覆盖情况。通过实时输出程序运行的数据指标图、代码控制流程图和函数调用图，实现测试用例和代码的记录与双向追溯。开发人员基于这些信息可以方便地进行缺陷定位及修改，帮助理解代码实现逻辑。测试人员通过可视化图形有针对性地来优化和补充测试用例。如果一直没有覆盖到代码部分，则需要测试人员关注，查看是否需要设计用例来进行覆盖，对产品的质量进行全方位的把控与度量。通过代码覆盖率可以反向检查需求覆盖率，判断用例是否充分完整。Java 语言的话，这里推荐 JaCoCo 覆盖率工具，具体用法可在网上查阅。很多第三方工具对 JaCoCo 提供了集成，如 Jenkins。通过 JaCoCo 的报告可以指定代码的执行情况，帮助分析评估结果。

5.10 性 能 监 测

Windows/Linux 下，经常需要监测待测标的物的资源占用情况，例如 CPU 占用率、内存占有率等。

5.10.1 Psutil 介绍

Psutil 是一个跨平台库（http://code. google. com/p/psutil/），它可以获取并保存系统性能信息包括 CPU、内存、磁盘、网络、进程运行的时间、系统开机的时间，以及指定进程的相关信息，如 CPU、内存、IO 等信息，可以完整描述当前系统的运行状态和质量。Psutil 主要用于系统监控，分析和限制系统资源及进程的管理。它实现了同等命令行工具提供的功能，如 ps、top、lsof、netstat、ifconfig、Who、df、kill、free、nice、ionice、iostat、iotop、uptime、pidof、tty、taskset、pmap 等，目前支持 32 位和 64 位的 Linux、Windows、OS X、FreeBSD 和 Sun Solaris 等操作系统，支持从 2.4 到 3.4 的 Python 版本。获取操作系统信息一般采用编写 shell 来实现，如获取当前物理内存总大小及已使用大小，shell 命令如下：

（1）物理内存 total 值：free – m | grepMem | awk '{print $2}'。

（2）物理内存 used 值：free – m | grepMem | awk '{print $3}'。

相比较而言，使用 Psutil 库实现则更加简单明了。Psutil 大小单位一般都采用字节，如下：

>>> import psutil

>>>mem = psutil. virtual_memory()

>>>mem. total,mem. used

(506277888L, 500367360L)

具体安装方法如下：

（1）Windows 的安装方法：

从网站 https://pypi. python. org/pypi/psutil/♯downloads 下载与 Python 环境相匹配的版本进行安装即可。

（2）UNIX 使用 pip 安装方法：

```
$ wget https://bootstrap. pypa. io/get-pip. py
$ python get-pip. py
... then run：
$ pip install psutil
```

（3）Linux 的安装方法：

gcc is required and so the python headers. They can easily be installed by using the distro package manager. For example：

on Debian and Ubuntu：$ sudo apt-get install gcc python-dev

on Redhat and CentOS：$ sudo yum install gcc python-devel

Once done，you can build/install psutil with：$ python setup. py install on LinuxRisc：如 opkg install python-distutils

举简单例子如下：

```
import logging
import psutil
import os
log_filename＝"logging. txt"
log_format＝′［％(asctime)s］  ％(message)s′
logging. basicConfig (format＝log_format,datafmt＝′％Y-％m-％d ％H:％M:％S ％p′,
level＝logging. DEBUG,filename＝log_filename,filemode＝′w′)
logging. debug(′log:′)
p1＝psutil. Process(os. getpid())
print (′mem′＋(str)(psutil. virtual_memory))
print (′percentmem′＋(str)(psutil. virtual_memory(). percent)＋′％′)
print (′cpu′＋(str)(psutil. cpu_percent(0))＋′％′)
print ("cpupid"＋(str)(p1. cpu_percent(None))＋"％")
print (p1. memory_percent)
print "percent：％. 2f％％" ％ (p1. memory_percent())
```

5.10.2 Psutil 的实例展示

撰写脚本，分别在 Windows 与 Linux 下运行，具体讲解如下。

（1）配置 autoConfig. ini 文件如下，pName 为待检测的进程名，interval 设置间隔多久读取系统以及指定进程性能信息等，time 为监测的时间。

```
［INFO］
;Set interval for minitoring
interval ＝ 3
time ＝ 30
pName＝notepad. exe;notepad＋＋. exe
```

（2）获取配置文件信息。

public. py 脚本如下，主要是实现读取 autoConfig. ini 文件的内容：

```
#-＊- coding:utf-8 -＊-
import sys,ConfigParser
reload(sys)
sys. setdefaultencoding(′utf-8′)
def ParseConfigGet(config,sectionName,name):
    ‴
    Parse configure file to known some necessary info.
      input:
      sectionName  :section name
         name          :variable name in the section
      return:value of the variable
    ‴
    try:
```

```
                valReturn = config. get(sectionName，name)
                return valReturn
            except ConfigParser. NoOptionError：
                print ("%s is not found under section %s in autoreleaseconfig. ini. "%(name，
sectionName))
                sys. exit()
        def ParseConfig()：
            '''
            Parse configure file to known some necessary info.
            Returns：
            None
            '''
            global interval
            global t
            global pName
            config = ConfigParser. ConfigParser()
        try:
                configFile = open("autoConfig. ini"，"r")
        except IOError：
                print "autoConfig. ini is not found"
                sys. exit()
            config. readfp(configFile)
            configFile. close()
            # Get info
            interval = ParseConfigGet(config,"INFO"，"interval")
            t = ParseConfigGet(config,"INFO"，"time")
            pName = ParseConfigGet(config,"INFO"，"pName")
```

（3）监控系统和指定进行信息脚本。

MonitorInfo. py 脚本如下，会按照 ini 配置文件设置的间隔时间，监控系统和指定进程的相关信息，并保存在 log 文件中。

```
        import logging
        import psutil，datetime
        import os
        import datetime
        from datetime import *
        import time
        from time import sleep
        import sys
        import public
        # function of Get CPU State
        def getCPUstate(logfile,interval)：
            '''
            Get cpu information if needed
```

```
    intput：
        logfile                     ：cpu information will be saved in logfile

    Return：cpu informations saved in logfile
    """
    # cputime＝psutil. cpu_times()
    # print ＞＞ logfile,cputime
    # cpucountlogical＝psutil. cpu_count()
    # cputimedetail＝psutil. cpu_times_percent(int(interval)，percpu＝True)
    # print ＞＞ logfile,cputimedetail
    cputimedetail＝psutil. cpu_times(percpu＝True)
    print ＞＞ logfile,'CPUTimeDetails：',cputimedetail
    return (" CPU：" ＋ str(psutil. cpu_percent()) ＋ "%")
# function of Get Memory
def getMemorystate(logfile)：
    """

    Get memory information if needed
    intput：
        logfile：memory information will be saved in logfile


    Return：memory informations saved in logfile
    """
    percentmem＝(str)(psutil. virtual_memory(). percent)＋'%'
    print ＞＞ logfile,'percentMem：',percentmem
    # memory info
    # swapMem＝psutil. swap_memory()
    # print ＞＞ logfile,'swapMem',swapMem
    phymem ＝ psutil. virtual_memory()
    buffers ＝ getattr(psutil，'phymem_buffers'，lambda：0)()
    cached ＝ getattr(psutil，'cached_phymem'，lambda：0)()
    used ＝ phymem. total- (phymem. free ＋ buffers ＋ cached)
    line ＝ " Memory：%5s%% %6s/%s" % (
        phymem. percent，
        str(int(used / 1024 / 1024)) ＋ "M"，
        str(int(phymem. total / 1024 / 1024)) ＋ "M"
    )
    return line


def bytes2human(n)：
    """

    ＞＞＞ bytes2human(10000)
    '9.8 K'
    ＞＞＞ bytes2human(100001221)
```

```
        '95.4 M'
    """
    symbols = ('K', 'M', 'G', 'T', 'P', 'E', 'Z', 'Y')
    prefix = {}
    for i, s in enumerate(symbols):
        prefix[s] = 1 << (i+1) * 10
    for s in reversed(symbols):
        if n >= prefix[s]:
            value = float(n) / prefix[s]
            return '%.2f %s' % (value, s)
    return '%.2f B' % (n)


def CreateAndGetPath(logdir,date):
    """
    Generete dbPathName
        intput:
            logdir:the logdir is in the currentPath+logdir folder
    """
    currPath=os.getcwd()
    PathName=currPath+"\\"+logdir
    logPathName=PathName+"\\"+date
    if not(os.path.isdir(PathName)):
        os.makedirs(PathName)
    return logPathName


def GetProcessInfo(logfile,pid):
    """
    Get cpu and memory information of process under test if needed
    intput:
        logfile: cpu and memory information of process under test will be saved in logfile
    Return: cpu and memory information of process under test saved in logfile
    """
    ids=str(pid).split(",")
    print 'pidcounts',len(ids)-1
    j=1
    while(j<len(ids)):
        p=psutil.Process(int(ids[j]))
        # process status
        # status=p.status()
        # print >> logfile,'status:',status
        # cpuAffinity=p.cpu_affinity()
        # print >> logfile,'ProcessCPUAffinity:',cpuAffinity
        cpu=p.cpu_percent()
```

```
        # print >> logfile,'ProcessPercentCPU:',cpu
        memoryPercent＝p. memory_percent()
        print >> logfile," * "+'ProcessID:',ids[j],time. asctime()+" | "+" CPU: " +
str(cpu) + "%"  +" | "+" Mem: " +str(memoryPercent)+ "%"+" * "
        cpuTimes＝p. cpu_times()
        print >> logfile,'ProcessCPUTimes:',cpuTimes


        # rss/vss info
        memoryInfo＝p. memory_info()
        print >> logfile,'ProcessMemoryInfo:',memoryInfo
        # ioCounters＝p. io_counters()
        # print >> logfile,'ProcessIOCounters:',ioCounters
        # connections＝p. connections()
        # print >> logfile,'connections:',connections
        numThreads＝p. num_threads()
        print >> logfile,'ProcessNumThreads:',numThreads
        createTime＝p. create_time()
        print >> logfile,'ProcessCreateTime:',createTime
        j＝j+1


def GetdiskInfo(logfile):
    '''

    Get disk information if needed
    intput:
        logfile: disk information will be saved in logfile


    Return: disk informations saved in logfile
    '''

    # disk info
    # diskPart＝psutil. disk_partitions()
    # print >> logfile,'diskPart:',diskPart
    diskUsag＝psutil. disk_usage('/')
    print >> logfile,'diskUsag:',diskUsag
    diskCouns＝psutil. disk_io_counters()
    print >> logfile,'diskCouns:',diskCouns
    diskCoun＝psutil. disk_io_counters(perdisk＝True)
    print >> logfile,'diskCoun:',diskCoun


def GetnetInfo(logfile,interval):
    '''

    Get net information if needed
    intput:
        logfile: net information will be saved in logfile
```

```python
    Return：net informations saved in logfile
    """
    # net info
    tot_before = psutil.net_io_counters()
    pnic_before = psutil.net_io_counters(pernic=True)
    # sleep some time
    sleep(int(interval))
    tot_after = psutil.net_io_counters()
    pnic_after = psutil.net_io_counters(pernic=True)
    netinfo=str(tot_before)+','+str(pnic_before)+','+str(tot_after)+','+str(pnic_after)
    return netinfo


def GetbootTimeInfo(logfile)：
    """
    Get bootTime information if needed
    intput：
        logfile：bootTime information will be saved in logfile

    Return：bootTime informations saved in logfile
    """
    # other info
    # users=psutil.users()
    # print 'users',users
    bootTime=datetime.fromtimestamp(psutil.boot_time()).strftime("%Y-%m-%d%H:%M:%S")
    print >> logfile,'OSBootTime：',bootTime


def GetotherInfo(logfile)：
    """
    Get other cpu information if needed
    intput：
        logfile                  ：other cpu information will be saved in logfile

    Return：other cpu informations saved in logfile
    """
    cpucountlogical=psutil.cpu_count()
    print >> logfile,'cpu counts logical：',cpucountlogical
    cpucountphy=psutil.cpu_count(logical=False)
    print >> logfile,'cpu counts physical：',cpucountphy


def poll(logfile,interval)：
```

```
    """Retrieve raw stats within an interval."""
    # net info
    tot_before = psutil. net_io_counters()
    pnic_before = psutil. net_io_counters(pernic=True)
    # sleep some time
    time. sleep(int(interval))
    tot_after = psutil. net_io_counters()
    pnic_after = psutil. net_io_counters(pernic=True)
    # get cpu state
    cpu_state = getCPUstate(logfile,interval)
    # get memory
    memory_state = getMemorystate(logfile)
    print >> logfile," * "+time. asctime()+" | "+cpu_state+" | "+memory_state
+" * "
    # print >> logfile," * "+time. asctime()+" | "+str(tot_before)+" | "+str(tot
_after)+" | "+str(pnic_before)+" | "+str(pnic_after)+" * "
    return (tot_before, tot_after, pnic_before, pnic_after,cpu_state,memory_state)


def refreshNetInfo(tot_before, tot_after, pnic_before, pnic_after,cpu_state,memory_
state):
    os. system("cls")
    """Print stats on screen. """
    # print current time # cpu state # memory
    print(time. asctime()+" | "+cpu_state+" | "+memory_state)
    print >> logfile,time. asctime()+" total bytes:"+"sent:"+bytes2human(tot_
after. bytes_sent)+'    '+"received"+bytes2human(tot_after. bytes_recv)
    print >> logfile,"total packets:"+"sent:"+str(tot_after. packets_sent)+'    '
+"received"+str(tot_after. packets_recv)
    # per-network interface details: let's sort network interfaces so
    # that the ones which generated more traffic are shown first
    print("")
    nic_names = pnic_after. keys()
    # nic_names. sort(key=lambda x: sum(pnic_after[x]), reverse=True)
    name=nic_names[0]
    stats_before = pnic_before[name]
    stats_after = pnic_after[name]
    templ = "%-15s %15s %15s"
    print >> logfile,time. asctime()+'    ', name,"TOTAL", "PER-SEC"
    print >> logfile,"bytes-sent:"+bytes2human(stats_after. bytes_sent)+'    '+
bytes2human(stats_after. bytes_sent-stats_before. bytes_sent) + '/s'
    print >> logfile,"bytes-recv:"+bytes2human(stats_after. bytes_recv)+'    '+
bytes2human(stats_after. bytes_recv-stats_before. bytes_recv) + '/s'
    print >> logfile,"pkts-sent:"+str(stats_after. packets_sent)+'    '+str(stats_
```

```
                after. packets_sent-stats_before. packets_sent)
            print >> logfile,"pkts-recv:"+str(stats_after. packets_recv)+'          '+str(stats_
        after. packets_recv-stats_before. packets_recv)


    if __name__ == '__main__':
        global logPathName
        public. ParseConfig()
        intervalTime = public. interval
        print intervalTime
        t = public. t
        pName = public. pName
        times=int(t)//int(intervalTime)
        print times
        date = datetime. today()
        date=''. join(str(date). split('-'))
        date=''. join(str(date). split(':'))
        date=''. join(str(date). split(' '))
        date=str(date). split('. ')[0]
        print date
        d=date
        logPathName=CreateAndGetPath('log'+d,'logInfo')
        logfile=open(logPathName+date+'. txt','a')
        pidUT=''
        pids=psutil. pids()
        print pids
        pnames=str(pName). split(";")
        print 'processNames:',len(pnames)-1
        c=0
        while(c<len(pnames)):
            print pnames[c]
            for pid in pids:
                p=psutil. Process(pid)
                # print p. name(),pid
                if(pnames[c] == p. name()):
                    print >> logfile,'processNameIDs:',pnames[c],pid
                    pidUT=pidUT+','+str(pid)
                    # print 'processIDs:',pidUT
                    print ('exe:'+(str)(p. exe()))
                    # print ('cwd:'+(str)(p. cwd()))
            # sleep(int(intervalTime))
            c=c+1
        GetbootTimeInfo(logfile)
        GetotherInfo(logfile)
```

```
GetbootTimeInfo(logfile)
i=0
try:
    while(i<=times):
        date = datetime. today()
        date=''. join(str(date). split('-'))
        date=''. join(str(date). split(':'))
        date=''. join(str(date). split(' '))
        date=str(date). split('.')[0]
        logPathName=CreateAndGetPath('log'+d,date)
        logfile=open(logPathName+'. txt','a')
        args = poll(logfile,intervalTime)
        refreshNetInfo( * args)
        GetProcessInfo(logfile,pidUT)
        # disk info
        GetdiskInfo(logfile)
        i=i+1
        logfile. close()
except (KeyboardInterrupt,SystemExit):
    logfile. close()
pass
```

5.11 自动化画图

在文档撰写或者汇报总结的时候都知道"字不如图表",那么测试结果如果能用图表展示则更加清楚明了,而当测试出一大堆数据后,再手动画图的话也非常的耗时和精力,这里介绍几种自动化绘图的方法和工具。

5.11.1 基于 Excel 的自动化画图

XlsxWriter 库是处理 Excel XLSX files 有关的 Python 库,首先获取安装,地址为 http://xlsxwriter. readthedocs. org/。可以通过源码安装,如图 5-7 所示。

```
$ git clone https://github.com/jmcnamara/XlsxWriter.git

$ cd XlsxWriter

$ sudo python setup.py install
```

图 5-7 XlsxWriter 源码安装

也可以直接下载 XlsxWriter,解压,进入相应文件夹,如 XlsxWriter-0. 7. 3,执行命令 python setup. py install 即可。

示例代码如下:

```
# coding:utf-8
```

```python
import xlsxwriter
workbook = xlsxwriter. Workbook('chart. xlsx')
bold = workbook. add_format({'bold':True})
worksheet = workbook. add_worksheet()
headings = ['Number', 'Batch 1', 'Batch 2']
data1 = [8, 16, 32, 64, 128, 256]
worksheet. write_column('A1', data1)
data = [
    [2, 3, 4, 5, 6, 7],
    [10, 40, 50, 20, 10, 50],
]
worksheet. write_column('B1', data[0])
worksheet. write_column('C1', data[1])
# Create a new chart object.
chart = workbook. add_chart({'type': 'line'})
# Add a series to the chart.
chart. set_x_axis({
    'name': 'Month',
    'name_font': {
        'name': 'Courier New',
        'color': '#92D050'
    },
    'num_font': {
    'name': 'Arial',
        'color': '#00B0F0',
    },
})


chart. set_y_axis({
    'name': 'Units',
    'name_font': {
        'name': 'Century',
        'color': 'red'
    },
    'num_font': {
        'bold': True,
        'italic': True,
        'underline': True,
        'color': '#7030A0',
    },
})


chart. add_series({
```

```
        'categories': '＝Sheet1! $A $1: $A $6',
        'values': '＝Sheet1! $C $1: $C $6',
        'fill':  {'none': True},
        'border': {'color': '#FF9900'},
        'trendline': {'type': 'polynomial','order':3},
        'data_labels': {'value': True},
        'marker': {
            'type': 'square',
            'size': 8,
            'border': {'color': 'black'},
            'fill':  {'color': 'red'},
        },
    })
    worksheet. insert_chart('C1', chart)
    workbook. close()
```

运行脚本后，打开 chart. xlsx 即可，如图 5-8 所示。

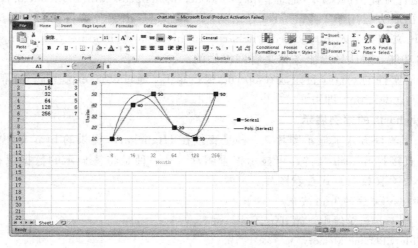

图 5-8　打开 chart. xlsx 图

根据项目需要，上述脚本可以写成公共的脚本，数据保存于外部文件，读取外部文件，并在 Excel 中显示图形。这里就不举例了。

5.11.2　基于 Highcharts 的自动化画图

1. Highcharts 概述

在开始介绍 Highcharts 之前，先来了解两个概念，JSON 和 JQuery。

JSON(JavaScript Object Notation)是一种轻量级的数据交换格式，易于阅读和编写，以及机器解析和生成。它是基于 JavaScript Programming Language、Standard ECMA-262 3rd Edition-December 1999 的一个子集。JSON 建构于两种结构，"名称/值"对的集合(A collection of name/value pairs)和值的有序列表(An ordered list of values)，这都是常见的数据结构，大部分现代计算机语言都以某种形式支持它们。这使得一种数据格式在同样基于这些结构的编程语言之间交换成为可能。官方说明参见：http://json.org/。Python 操作 JSON 的标准 API 库参考 http://docs.python.org/library/json.html。

JQuery 是最流行的 JavaScript 库。它是轻量级的兼容多浏览器的 javaScript 库，核心理念是"write less,do more"，即写得更少、做得更多。JQuery 是免费、开源的，使用 MIT 许可协议。它的语法设计可以使开发者更加便捷，如操作文档对象、选择 DOM 元素、制作动画效果、事件处理、使用 Ajax 以及其他功能。此外，JQuery 提供 API 让开发者编写插件。它的下载路径为：http://jquery.com/download/。

介绍完 JSON 和 JQuery，接下来介绍下 Highcharts。Highcharts 是一个用纯 JavaScript 编写的图表库，开源免费，轻量简单，支持所有主流浏览器和移动平台如 Android/iOS 等、支持多种设备如手持设备和平板、支持多维图表、支持在任意方向的标签旋转等，可以精确到毫秒，可变焦，鼠标移动到图表的某一点上会有提示信息。网页输出图表，图表生成后可以动态修改，表格可导出为 PDF/ PNG/ JPG / SVG 格式。

（1）安装 Highcharts 可以使用以下两种方式：

① 访问 http://www.highcharts.com/download/下载 Highcharts 包。

② 使用官方提供的 CDN 地址：http://code.highcharts.com/highcharts.js。

（2）导出服务器用于 Highcharts 导出功能，即通过导出服务器将图表导出为常见图片格式或 PDF 文档。引入 http://cdn.hcharts.cn/highcharts/modules/exporting.js 即可实现图表导出功能，默认导出服务器是官网提供的。

将下载的文件的 export 目录放在 apache 根目录下，通过设置 exporting.url 值为 http://{IP}/export/index.php 即可。

2. Highcharts 的案例展示

一般采用两种方式来显示图片，一种是直接在 Highcharts 提供的 htm 文件中，写入相应的数据，直接打开 htm 文件即可显示查看图片。另一种是将待显示的数据保存为 csv 格式，通过自动读取数据方式查看图片。

1）读取 csv 文件的 line 实例

数据保存于 csv 文件中，如 data.csv，如下：

```
Title,CPU and Memory
Categories,Apples,Pears,Oranges,Bananas
John,8,4,6,5
Jane,3,4,2,3
Joe,86,76,79,77
Janet,3,16,13,15
```

其中，Categories 为 x 坐标，John、Jane、Joe 、Janet 为 y 坐标的显示，Title 显示的是标题。

index.htm 的代码如下：

```
<! DOCTYPE HTML>
<html>
    <head>
        <meta http-equiv="Content-Type" content="text/html; charset=utf-8">
        <title>Charts</title>
```

```
        <script src=". /jquery. min. js"></script>
        <style type="text/css">
${demo. css}
        </style>
        <script src=". /highcharts. js"></script>
        <script src=". /exporting. js"></script>
        <script type="text/javascript">
var options = {
    chart: {
        renderTo: 'container',
        type: 'line'
    },
    title: {
        text: []
    },
    xAxis: {
        categories: []
    },
    yAxis: {
            title: {
                text: []
            },
            plotLines: [{
                value: 0,
                width: 1,
                color: '#808080'
            }]
        },
plotOptions: {
        line: {
                dataLabels: {
                    enabled: true,
                    color: '#808080'
                },
                enableMouseTracking: true
            }
        },
tooltip: {
            valueSuffix: '%'
        },
legend: {
            layout: 'vertical',
            align: 'right',
```

```
                    verticalAlign: 'middle',
                    borderWidth: 0
            },
        series: []
    };
    $.get('data.csv', function(data) {
        // Split the lines
        var lines = data.split('\n');

        // Iterate over the lines and add categories or series
        $.each(lines, function(lineNo, line) {
            var items = line.split(',');
            // header line containes categories
            if (lineNo == 0) {
                $.each(items, function(itemNo,item) {
                    if (itemNo > 0) {
                    options.title.text.push(item);options.yAxis.title.text.push(item);}
                });
            }
            else if (lineNo == 1) {
                $.each(items, function(itemNo, item) {
                    if (itemNo > 0) options.xAxis.categories.push(item);
                });
            }
            // the rest of the lines contain data with their name in the first position
            else {
                var series = {
                    data: []
                };
                $.each(items, function(itemNo, item) {
                    if (itemNo == 0) {
                        series.name = item;
                    } else {
                        series.data.push(parseFloat(item));
                    }
                });
                options.series.push(series);
                }
        });
        // Create the chart
        var chart = new Highcharts.Chart(options);
    });
        </script>
```

```
    </head>
    <body>
        <div id="container" style="width：100％；height：400px"></div>
    </body>
</html>
```

代码完成后，下面介绍通过浏览器打开查看结果。

（1）Windows 端，打开 cmd，进入 htm 和 data 的路径下，如 cd /d H：\tools\Highcharts-4.1.8\Highcharts-4.1.8，运行 python-m SimpleHTTPServer，在浏览器中，输入 http：//127.0.0.1：8000/examples/column-basic/查看结果图片。

（2）Linux 端，直接拷贝 htm 和 data，以及所依赖的 exporting.js、highcharts.jsjquery.min.js 文件到某路径，并进入此路径，运行 python-m SimpleHTTPServer，在浏览器中，输入 http：//127.0.0.1：8000 即可查看结果图片。

此外，在其他没有服务器的机子里，想查看结果图片，可以通过浏览器直接输入运行 python-m SimpleHTTPServer 的机子的 IP 即可。通过浏览器打开，如 http：//169.21.3.103：8000/examples/column-basic/index.htm，结果如图 5-9 所示。

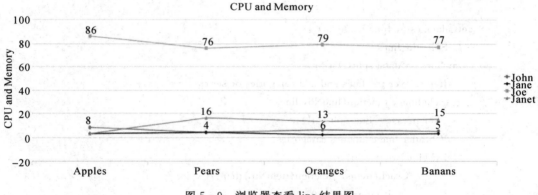

图 5-9　浏览器查看 line 结果图

2）读取 csv 文件的 column 实例

数据如上的例子，保存于 data.csv 保持不变，indexColumn.htm 的代码改为

```
<! DOCTYPE HTML>
<html>
    <head>
        <meta http-equiv="Content-Type" content="text/html; charset=utf-8">
        <title>Column Chart</title>
        <script src=". /jquery. min. js"></script>
        <style type="text/css">
$｛demo. css｝
        </style>
        <script src=". /highcharts. js"></script>
        <script src=". /exporting. js"></script>
        <script type="text/javascript">
```

```
var options = {
    chart: {
        renderTo: 'container',
        defaultSeriesType: 'column'
    },
    title: {
        text: []
    },
    xAxis: {
        categories: []
    },
    yAxis: {
        title: {
            text: []
        }
    },
    series: []
};
$.get('data.csv', function(data) {
    // Split the lines
    var lines = data.split('\n');
    // Iterate over the lines and add categories or series
    $.each(lines, function(lineNo, line) {
        var items = line.split(',');
        // header line containes categories
        if (lineNo == 0) {
            $.each(items, function(itemNo, item) {
                if (itemNo > 0) {
                options.title.text.push(item);options.yAxis.title.text.push(item);}
            });
        }
        else if (lineNo == 1) {
            $.each(items, function(itemNo, item) {
                if (itemNo > 0) options.xAxis.categories.push(item);
            });
        }
        // the rest of the lines contain data with their name in the first position
        else {
            var series = {
                data: []
            };
            $.each(items, function(itemNo, item) {
                if (itemNo == 0) {
```

```
                series. name = item;
            } else {
                series. data. push(parseFloat(item));
            }
        });
            options. series. push(series);
        }
    });
    // Create the chart
    var chart = new Highcharts. Chart(options);
});
            </script>
        </head>
        <body>

    <div id="container" style="width：100％；height：400px"></div>
        </body>
    </html>
```

代码完成后，下面介绍通过浏览器打开查看结果。

（1）Windows 端，打开 cmd，进入 htm 和 data 的路径，如 cd /d H:\tools\Highcharts-4. 1. 8\Highcharts-4. 1. 8，运行 python-m SimpleHTTPServer，在浏览器中，输入 http://127. 0. 0. 1:8000/examples/column-basic/indexColumn. htm 即可查看结果图片。

（2）Linux 端，直接拷贝 indexColumn. htm 和 data，以及所依赖的 exporting. js、highcharts. js、jquery. min. js 文件到某路径，并进入此路径，运行 python -m SimpleHTTPServer，在浏览器中输入 http://127. 0. 0. 1:8000/indexColumn. htm 即可查看结果图片。

此外，在其他没有服务器的机子里，想查看结果图片，可以通过浏览器直接输入运行 python-m SimpleHTTPServer 的机子的 IP 即可，通过浏览器打开，如：http://169. 21. 3. 103:8000/examples/column-basic/indexColumn. htm，结果如图 5－10 所示。

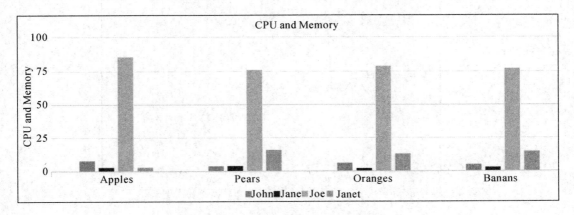

图 5－10　浏览器查看 column 结果图

5.11.3　基于 Gnuplot 的自动化画图

1. Gnuplot 概述

Gnuplot 是一个命令行的交互式绘图工具，用户通过输入命令，可以设置或修改绘图环境，并以图形描述数据或函数，从而借由图形做更进一步的分析。可以把数据资料和数学函数转换为容易观察的平面或立体的图形，支持二维和三维图形。它有两种工作方式，交互式方式和批处理方式，可以读入外部的数据结果，在屏幕上显示图形，并可以选择和修改图形的画法，表现出数据的特性。

2. 安装方法

Linux 下，终端输入命令 $ sudo apt -get install gnuplot，系统自动获取包信息、处理依赖关系，完成安装。安装完毕后，在终端运行命令 $ gnuplot 进入 Gnuplot 系统出现"gnuplot＞是"提示符，所有 Gnuplot 命令在此输入。

Windows 下，在 sourceforge 搜索 Gnuplot，下载 zip 压缩包，解压并进入到本地目录，在这个目录的下查找 bin 目录，bin 目录下有一个名为 wgnuplot.exe 的文件，双击该文件，就出现了 GUI 界面的 gnuplot。

3. 使用方法

在提示符下输入：gnuplot＞ plot ［－3.14:3.14］sin(x)，就可以看到结果。如果不需要上面的图例，则可以运行：gnuplot＞ unset key。如果要还原：gnuplot＞ set key default，再运行上面的绘图命令就可以实现没有图例或者恢复图例的效果了。

4. 结合实时性工具 cyclictest 结果的实例展示

运行命令 cyclictest -n -p 99 -h 500 -q，测试 3 小时后，可根据 cyclictest 的对应 log 文件，画出实时性曲线图。Linux 图形化界面下，打开 Terminal，运行 Gnuplot。输入 plot XXX with lines，其中，XXX 为数据的文件名。例如：Gnuplot＞ plot "/tmp/log" with lines，即可生成如图 5－11 所示的图片。

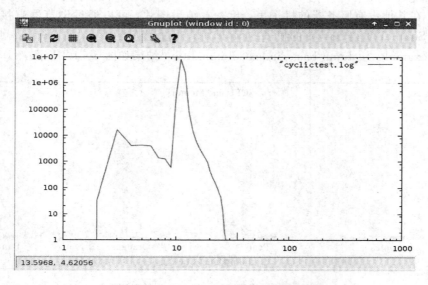

图 5－11　Gnuplot 生成的实时性曲线图

若需要两个图做对比，plot "xxxx" with lines，"yyyy" with lines，其中，xxxx 和 yyyy 为数据的文件名，set output "test. png" 可以设置保存的图片名称，如图 5 - 12 所示。

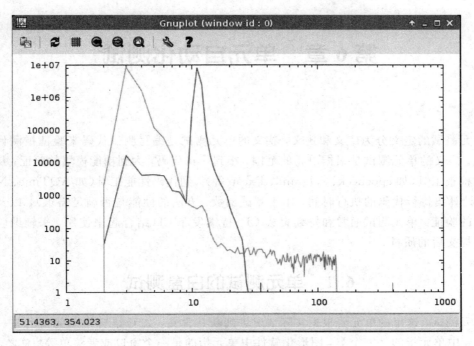

图 5 - 12　两张图的比较图

可以通过先用"set term post eps color solid enh "指定彩色的 eps 格式，再用 set output "mycyclictestlog. eps" 指定保存的文件名。

如果想保存成 PNG 格式的图片，则可以使用 set terminal png truecolor，再用 set output "test. png" 来保存彩色的 PNG 格式图片。

第 6 章 单元自动化测试

单元测试的定义分为广义和狭义，狭义的单元测试是编写测试代码来验证被测代码的正确性。广义的单元测试是根据单元的范围，小到一行代码，大到功能模块的验证，从代码规范性检查工具（如 cppcheck、valgrand、Fxcap 等），到代码性能工具（如 AQTime、NTime 等，可计算出每行代码的执行时间，用于测试函数、方法的性能是否满足需求），以及安全性工具的验证。单元测试通常和持续集成 CI、持续发布 CD 结合起来使用，来辅助验证每次代码提交后的质量。

6.1 单元测试的白盒测试

单元测试，这里的单元要根据实际情况去判断其含义，如 C 语言中单元指的是一个函数，Java 中单元指的是一个类，图形化软件中单元指的是一个窗口或者菜单等。总之，单元就是人为规定的最小的被测功能模块。针对各个单元进行测试，可以参考本节的单元测试的白盒测试。

前面提过，白盒测试主要是检查程序的内部结构、逻辑、循环和路径的。常用的白盒测试设计中，逻辑覆盖可以分为语句覆盖、判断覆盖、条件覆盖、判断-条件覆盖、条件组合覆盖和路径覆盖等。可以结合风险分析，确定测试策略，选择不同的覆盖方式，例如风险低的部分选择语句覆盖，风险高的部分选择路径覆盖。

1. 语句覆盖

语句覆盖是使得程序中每个可执行的语句至少被执行一次。语句覆盖是逻辑覆盖最简单的一种，语句覆盖的不足是程序的逻辑运算问题，例如把"＝＝"错写成了"！＝"，是不能通过语句覆盖发现错误的，所以语句覆盖是最弱的逻辑覆盖。例如下面的情况只需要覆盖一个例子即可：

```
If  a ＝＝b  then
    Do something
```

2. 判定覆盖

判定覆盖，即分支覆盖，是使程序中的每个判断，至少取值为真的分支和取值为假分支各执行一次，即判断的真假值都会被满足。例如：

```
if  a ＆＆ b  then
    Do something
else
    Do something_else
```

使用判定覆盖测试，至少取值为真的分支和取值为假的分支各执行一次。测试两种情况：a 为 True、b 为 True 以及 a 为 False、b 为 True；而没有测试的两种情况：a 为 True、b 为 False 以及 a 为 False、b 为 False。

判断分支的缺点是，当复杂的条件用于控制分支时，判定覆盖就显得不足。对于复合条件，两个或者两个以上的条件项的组合可能会导致一个特定的分支被执行，判定覆盖会在其中一个组合中被测试到。因此判断覆盖虽然比语句覆盖的完整性高，但是却不如条件覆盖。

3. 条件覆盖

条件覆盖是使得程序中每个判断的每个条件的可能取值都至少执行一次。由于考虑每个判定条件的真和假，因此条件覆盖要比分支覆盖要强。例如：

if　(a>1) && (b==0)　then x = x/a

if　(a=2) || (x >1)　then x = x+1

第一个判断：条件 a>1 取 True(T1)和 False(F1)，条件 b=0 取 True(T2)和 False(F2)。

第二个判断：条件 a=2 取 True(T3)和 False(F3)，条件 x>1 取 True(T4)和 False(F4)。

根据这 8 个条件取值，设计测试用例如：F1、T2、F3、T4 以及 T1、F2、T3、F4，执行的都是 x = x+1。虽然满足了条件覆盖，即覆盖了所有的条件取值，但是不满足判定覆盖。

4. 判定条件覆盖

判定条件覆盖也叫分支条件覆盖，是使得判断中每个条件的所有可能值(为真为假)至少出现一次，同时每个判断本身的判定结果(为真为假)也至少出现一次。以条件覆盖的例子，重新设计测试用例：T1、T2、T3、T4 以及 F1、F2、F3、F4。从表面上看，测试了所有条件的取值，但是实际上并非如此，而是某些条件掩盖了另一些条件。例如对于条件表达式 if (a>1) && (b==0)，如果(a>1)的测试结果为 False，则立即确定表达式结果为 False，往往就不再测试(b==0)的取值了，因此条件(b==0)没有被检查，同样，对于条件表达式 if　(a=2) || (x >1) 来说，如果(a=2)测试结果为 True，则立即确定表达式结果为 True，而条件(x >1)就没有被检查。

因此，采用判断-条件覆盖，逻辑表达式的错误也不一定能被测试出来。

5. 条件组合覆盖

条件组合覆盖是使得每个判断的所有可能的条件取值组合被至少执行一次。对于每个判断，要求所有可能的条件取值的组合都必须取到。以条件覆盖的例子为例，每个判断各有两个条件的话，就有 4 个条件取值的组合，即 T1、T2、T3、T4，T1、F2、T3、F4，F1、T2、F3、T4 以及 F1、F2、F3、F4。

可以发现，没有覆盖 T1、T2、F3、F4 这条路径，所以测试还是不完全的。

6. 路径覆盖

路径覆盖要求覆盖程序中所有可能的路径，设计下面的 4 个测试用例，覆盖全部 4 条路径，即 T1、T2、T3、T4，T1、T2、F3、F4，F1、F2、T3、T4 以及 F1、F2、F3、F4。路径缺陷的不足之处在于，没有全部覆盖判断的条件取值的组合。

可以采用条件组合覆盖和路径覆盖两种设计方法设计测试用例，并进行优化。如采用 8 个测试用例，可满足条件覆盖例子中所有的逻辑覆盖测试：T1、T2、T3、T4，T1、T2、F3、F4，F1、F2、T3、T4，F1、F2、F3、F4，T1、T2、T3、T4，T1、F2、T3、F4，F1、T2、F3、T4 以及 F1、F2、F3、F4。

6.2　接口测试设计技术

1. 基于场景的接口 API 测试法

API 测试是集成测试的一部分，本节介绍基于场景的 API 场景测试或组件测试，测试前列出所有被测的 API 接口，根据上下文，代码结构的快速扫描，简单得出代码和业务需求之间的映射。对于核心代码深入浅出，跳出代码以测试用户的角度思考。参考 3.4 节测试设计和建模部分（包括流程类、参数和数据类、状态类、组合类等），进行基本功能分析。分析各个场景的步骤包括四步：一是确定基本功能分析的意义和价值；二是确定基本功能；三是合并基本功能；四是结合上面章节提到的 IBO 模型（包括预期条件、输入、内部信息、预期结果、测试因子）等分析测试点，从而再结合等价类边界值来生成测试用例。也要考虑 API 运行的过程与结果受参数外的因素影响，包括环境影响的因素。

对于基本功能的 API 接口部分，需要关注参数取值以及参数之间的组合。其中，参数取值分为两类，一类是数值型的参数，一般考虑等价类边界值，例如参数亮度是 1~255，需要考虑边界值 0、1、256、255。考虑健壮性测试，需要在边界值的离点、上点和内点取值基础上，再补充取值。如果离点在边界外，可补充一个边界内的取值，如果离点在边界内，则补充一个边界外的取值。对于区间的两个点，健壮性取值个数为 6+1。另一类参数取值是离散的，一个个的，例如假定 Audio 的两个参数录音源和输入设备，如录音源包括摄像机录音、电话录音、普通录音三种方式，则作为测试因子 1 考虑，如输入设备有主 MIC、副 MIC 两种方式，作为测试因子 2 考虑，即测试因子 2(测试因子 1)为 8 种情况，可以考虑结合工具 PICT 来生成测试点。参数组合可以考虑 EC、BC、AC、OA 等组合方式，BC+OA 可能是合适的用例生成组合。如果参数之间有时序关系，则采用因果图判定表等方式。如果一个 API 在多个基本功能中都有，那么只要保证该 API 在其中一个用例有被测试到即可。

EC：参数与参数取值在用例中至少出现一次。例如 P1 取值为 1、3、5，P2 取值为 2、4、6，P3 取值为 7、8，如表 6-1 所示。

表 6-1　EC 案例分析

	V1	V1	V3
P1	1	3	5
P2	2	4	6
P3	7	8	

EC 取值为 1，2，7；3，4，8；5，6，X。

BC：确定一个基本测试用例，如最简单/最小/第一个/最可能的值，以基本用例为基础，更改一个参数的取值创建新用例。例如，基本用例的取值为 1、4、7；以基本用例为基础，更改一个参数的取值创建新用例，所以其他值为 1、2、7，1、6、7，1、4、8，3、4、7，5、4、7。

此方法在非法参数测试中比较常用，以基本用例为基础，修改接口函数的一个参数为非法值，得到新用例。继续以基本用例为基础，修改接口函数的另一个参数为非法值，得到新用例。如果接口函数的参数都取非法值，则无法判断接口函数是否对各个参数的非法值都做了判断处理。而且不同的参数取值为非法值，接口函数的返回值可能不同，即每次只改变 API 的一个参数，其余参数不变。

OA：正交变换，可以借助工具如 PICT 进行获取可取的值组合。

AC：全部组合，可以在程序中，对于各个参数的可取值进行全部遍历。

对于基本功能没有涉及的独立的 API 部分，一般只需要关注参数取值，以及参数取值之间的组合，也要关注非法参数测试。

通过 HTSM 和项目上下文，获取目标和信息，通过 MFQ 找出相应的单功能 M、交互功能 F、质量属性 Q，同时识别风险 Risk、疑问 Issue、数据 Data。通过 M 单功能的梳理，可以避免功能需求的遗漏，保证功能模块覆盖；功能交互可以进一步覆盖功能需求；通过质量属性，可以保证产品质量属性、测试类型的覆盖。可以通过 PPDCS 进行测试建模。通过功能点和质量属性，可以快速产出 ACC 模型，可以使用电子表格记录能力矩阵，并分析计算各个条目的风险。例如矩阵表格中，列是对应的基本功能列表，行对应的是质量属性。根据每个基本功能列表，罗列参考第 1 章提到的适合于产品的质量属性，并用颜色标记风险等级。通过适合的质量属性，可以得出需要关注的测试类型，如非法参数测试、异常测试、并发测试、性能测试、压力测试、故障注入测试、可靠性测试等，后面将分别进行介绍。

2. 接口的非法参数测试法

对于 API 的每个参数的非法取值，预期返回值可能都不相同，需要确定各个参数的返回值是否清晰的说明错误原因，如返回非法 Handle、长度太小等，帮助用户定位具体错误原因。每次只改变某个 API 的一个参数取值，其他参数保持合法值不变。另外，即使各个参数的返回值都是一样的，例如都返回非法参数，也需要判断是否针对各个参数都有做非法取值的判断，不过这里还是建议能尽可能地告知具体错误信息，方便用户定位问题。

API 对于错误参数的处理，需要被过滤掉或者输入检查等，如果出现错误参数的情况，健壮的 API 也能知道如何正确处理，即使每一个参数都正确，API 也要考虑哪些输入参数的组合不能处理，错误的参数或者参数组合没有被过滤掉，可能会导致软件失效或者引起安全隐患。

3. 接口的异常测试法

异常测试例如改变基本功能用例的各个操作的先后顺序。例如用例操作包括：打开—设置属性—写数据—关闭，可以改变先后执行顺序。例如没有打开就进行设置属性操作或者写数据操作，看健壮性如何，是否有相关清晰的提示信息；或者关闭后进行设置属性操作或者写数据操作，看看资源是否在关闭操作中被释放。可以参与代码审查，早期发现此类缺陷，可以关注代码规范、返回值、保护、参数判断等，而且手册中，建议添加 Precondition，如"Precondition：This API must be called after Open."之类的说明。

通过故障注入测试，可以模拟函数运行中所遇到的各种内部、外部异常情况，如内存申请失败、数据通过网络发送失败、读写数据失败、读写文件失败等，注入的故障应该是现实中存在的，有一定的理论支持。分析 API 特点，在某些条件下可能出现的异常情况，需要特别关注。

4. 接口的性能测试法

性能测试验证被测对象是否实现了其承诺或者宣传的指标，包括函数调用的时间、场景处理的时间、单个功能资源占有率不能高于多少、多线程资源占有率不能高于多少、最高参数下运行功能的待机时间是否满足需求等。这里需要考虑参数样本点，每次变化一个参数样本，确定性能下降是否合理，包括检测系统资源（如 CPU、内存、磁盘、网络、电池）、启动时间、响应时间、流畅度等。是否符合要求、进行比较和优化等。需要关注单功能运行与功能交互运行的情况，并可以结合一定负载压力进行测试，如在内存剩余 2G 左右下进行测试。

性能测试也需要关注测试因子，测试因子可以从几个角度进行思考，包括应用层角度，例如对不同用户群的习惯进行分析；包括业务层角度，从业务类型及影响业务的主要因素进行分析；包括传输层角度，从影响报文、数据传输的主要因素进行分析。此外，如果是操作界面，则界面的操作类就可以作为测试因子；如果是函数，则函数参数可以作为测试因子。

5. 接口的并发测试法

并发测试需要关注使用全局变量的函数部分，以及相互之间有顺序、互斥等关系的操作，例如增加和删除操作等。可以创建两个以上的优先级不同的任务，每个任务以循环方式进行操作，设置不同的优先级，可以被抢占，提供了并发条件。常见的错误例如资源读写与更新没有加锁，加锁范围太小会出错而加锁范围太大会影响性能；例如资源的获取与访问之间有时间间隔；例如使用了线程不安全的函数等；例如同时读写一个资源如寄存器、变量、文件、同一缓冲区等，一旦出现竞争条件就很容易出错。

6. 接口的压力测试法

压力测试，包括常量负载以及长时间进行耐力测试，例如常在预期负载峰值的 70% 下进行测试；包括各功能的反复执行，反复执行反复输入数据的强迫症测试；包括超过最大能力（突发和持续），注意可恢复测试、弹性测试。常见的关注点有网络流量、数据包流量、事件个数、中断个数、温度、系统资源如内存、文件、硬盘等。

7. 接口的可靠性测试法

可靠性测试是指在一定业务压力下，长时间运行是否稳定可靠。可以在系统资源特别低的情况下，找出因资源不足或资源争用而导致的错误。如果内存或磁盘空间不足，可能会出现一些因其导致的缺陷，这样更容易发现系统是否稳定以及性能方面是否容易扩展，例如施加使 CPU 资源保持 70%～100% 使用率的压力下，连续对系统加压运行 24 小时、3×24 小时、7×24 小时，根据结果分析系统是否稳定。

8. 接口的其他测试法

根据适合于产品的质量属性、风险等级等，得出需要关注的测试类型。此外，需要关注对开发者、维护者都重要的不可见特性，可移植性（如兼容性测试、安装卸载测试）、可维护性等，使得产品易于更改和验证，并易于移植到新的平台上，从而可以间接地满足客户的需求。可移植性见第 1 章，API 接口中也需要考虑，举例如表 6-2 和表 6-3 所示。

表 6-2 可移植性

质量子属性	描　　述
适应性	无需采用额外的活动或手段就可适应不同指定环境的能力，例如不同的系统版本、硬件兼容性
可安装性	软件产品在指定环境中被安装的能力
共存性	在公共环境中同与其分享公共资源的其他独立软件共存的能力，例如同芯片的共存性、频繁中断、I/O、资源的共存
易替换性	在同样的环境下，替代另一个相同用途的指定软件产品的能力。例如新旧版本共存
可移植性的依从性	遵循可移植性相关的标准或约定的能力，例如满足 Android 的 CTS、VTS 要求

表 6-3 可维护性

质量子属性	描　　述
可分析性	软件产品诊断软件中的缺陷或失效原因或识别待修改部分的能力，例如异常提示的捕捉和记录
可修改性	软件产品能够被修改的能力，修改新功能或缺陷升级测试
稳定性	软件不会因为修改而造成意外结果的能力，包括回归策略，不会因为修改引入新问题
可测试性	软件产品已修改的部分能够被确认修复的能力，例如改动可被验证确定覆盖预期
可维护性的依从性	软件产品遵循与维护性相关的标准或约定的能力

可分析性，例如在异常情况下给出相关信息，帮助定位复现并解决这个问题。可修改性，例如可以很快地在原有代码基础上，扩展实现一个新需求的功能。稳定性测试包括各功能常用参数下长时间运行、失效的概率，以及反复异常操作。可测试性关注软件的修改是否正确，是否符合预期，所有的改动是可以被验证的，不仅可以帮助开发和测试快速准确确认修改结果，也能帮助研发和用户之间建立良好的信任合作关系。

9. 单元接口自动化框架

单元自动化测试指对软件中的最小可测试单元进行测试。不同语言的单元测试需要借助不同的单元测试框架，如 C++ 的 Gtest、C# 的 Nunit、Java 的 Junit 和 TestNG、Python 的 Unittest、Delphi 的 Dunit 等，目前基本上主流语言都有其相应的单元测试框架。广义的单元测试根据单元的范围，小到一行代码，大到功能模块的验证，从代码规范性检查到代码性能和安全性的验证，都可以加入持续集成中持续运行，建立一个代码的自动监测机制以及错误预防机制，并结合代码覆盖率统计工具，如 Numega 公司的 TrueCoverage、Rational 软件的 PureCoverage、TeleLogic 公司的 Logiscope 等，进行覆盖率统计和度量优化。

一般而言，单元测试框架可以支持丰富的断言集、用户定义的断言、setUp 初始化和

tearDown 清理工作、用例和用例集的组织与执行、丰富的日志、death 测试、致命与非致命的失败、类型参数化测试、测试报告等。

单元测试框架除了用于单元测试、接口测试外，还会和其他自动化结合使用。后面章节中介绍的 Web UI 的自动化工具 Selenium 还有 Android App 测试的 Appium 等，根据所选的语言，可以选择对应的单元测试框架。

6.3　Python 的 Unittest 框架

6.3.1　Unittest 概述与案例

Python 语言有几个单元测试框架如 Doctest、Unittest(即 PyUnit)、Pytest、Nose 等，这里以 Python 的单元测试框架 Unittest 为例进行详细介绍。在使用 Selenium 或者Appium 时，如果选用 Python 语言，则可以选择单元测试框架 Unittest，它提供丰富的断言方法，可方便用例的组织和执行，同时也提供丰富的日志。

Unittest 提供了全局的 main()方法，使用 TestLoader 类来搜索包含在该模块中以 Test 命名开头的方法，并自动执行它们。setUp 方法用于测试用例执行前的初始化工作，tearDown 与 setUp 对应，完成用例执行后的善后工作，为后续测试还原干净的环境。

（1）TestCase：TestCase 实例对应的是一个测试用例。用例是一个完整的测试流程，包括测试前准备环境的搭建 setUp，测试过程步骤与预期结果判断，以及测试完成后环境的还原 tearDown。一个用例就是一个完整的测试单元，通过运行测试单元，对某个功能进行验证。

（2）TestSuite：一个功能验证通常会包括多个用例，把多个用例集合在一起，即测试套 TestSuite。TestSuite 用来组装单个测试用例，可以通过 addTest 加载 TestCase 到 TestSuite 中，从而返回一个 TestSuite 实例。TestSuite 也可以嵌套 TestSuite。

（3）TestLoader：用来加载 TestCase 到 TestSuite 中，其中有几个 loadTestsFrom__() 方法，查找和创建 TestCase 的实例，然后添加到 TestSuite 中，再返回一个 TestSuite 实例。

（4）TestRunner：通过 TestRunner 类提供的 run 方法来执行 TestSuite 与 TestCase。TestRunner 可以使用图形界面、文本界面或者返回特殊的值来表示测试执行的结果。

（5）TestFixture：对一个用例环境的搭建和销毁。通过 TestCase 的 setUp 和 tearDown 方法来实现。每一个测试用例的 setUp 与 tearDown 方法不用单独写，避免造成很多的冗余代码。此外，Unittest 还提供了更大范围的 Fixtures，例如对于测试类和模块的 Fixtures。

断言是指执行用例时，需要通过判断实际结果与预期结果是否一致，来决定测试用例是否执行通过。在 Unittest 单元测试框架中，TestCase 类提供了下面的一些方法来进行结果的判断，并报告出错情况。

（1）assertEqual(first，second，msg＝None)，判断 first 和 second 的值是否相等，如果不相等则测试失败，msg 用于定义失败后所抛出的异常信息。如 assertEqual（5,6,msg ＝"Actual value isn't equal to expected value"），如果第一个参数和第二个参数不相等，则输出 msg 中定义的提示信息。

（2）assertNotEqual（first，second，msg＝None），测试 first 和 second 是否不相等，如果相等，则测试失败。

（3）assertTrue（expr，msg＝None）与 assertFalse（expr，msg＝None），测试 expr 为 True 或为 False。

以下为 Python 2.7 版新增的断言方法：

（1）assertIs（first，second，msg＝None）与 assertIsNot（first，second，msg＝None），测试的第一个参数 first 和第二个参数 second 是或不是同一个对象。

（2）assertIsNone（expr，msg＝None）与 assertIsNotNone（expr，msg＝None），断言表达式 expr 是或不是 None 对象。

（3）assertIn（first，second，msg＝None）与 assertNotIn（first，second，msg＝None），测试第一个参数 first 是或不是在第二个参数 second 中，即第二个参数 second 是否包含第一个参数 first。

（4）assertIsInstance（obj，cls，msg＝None）与 assertNotIsInstance（obj，cls，msg＝None），断言 obj 是或不是 cls 的一个实例。

这里介绍的是一些比较常用的断言方法，更多检查比较的方法可参考 Python 的官方文档网址 http://docs.python.org/2.7/library/unittest.html 和源代码。

官网的例子代码如下：

```
import unittest
class TestStringMethods(unittest.TestCase):
    def test_upper(self):
        self.assertEqual('foo'.upper(), 'FOO')
    def test_isupper(self):
        self.assertTrue('FOO'.isupper())
        self.assertFalse('Foo'.isupper())
    def test_split(self):
        s = 'hello world'
        self.assertEqual(s.split(), ['hello', 'world'])
        # check that s.split fails when the separator is not a string
        with self.assertRaises(TypeError):
            s.split(2)
if __name__ == '__main__':
    unittest.main()
```

Sublime Text 工具打开以上脚本文件，按 Ctrl＋B 键运行，结果如图 6-1 所示。

```
...
----------------------------------------------------------------------
Ran 3 tests in 0.000s

OK
[Finished in 0.1s]
```

图 6-1　运行结果图

除了 unittest.main()外，还有更好的控制方式，例如 unittest.main()改为下面的两句：

```
suite = unittest.TestLoader().loadTestsFromTestCase(TestStringMethods)
```

```
unittest. TextTestRunner(verbosity=2). run(suite)
```
运行后，输出结果如图 6－2 所示。

```
test_isupper (__main__.TestStringMethods) ... ok
test_split (__main__.TestStringMethods) ... ok
test_upper (__main__.TestStringMethods) ... ok

----------------------------------------------------------------------
Ran 3 tests in 0.001s

OK
[Finished in 0.1s]
```

图 6－2　运行结果图

6.3.2　管理测试用例与案例

单元测试框架有提供方法来扩展和组织管理用例，在 6.3.1 节官网提供的例子的基础上做如下修改，范例 1：

```python
import unittest
class TestUpper(unittest. TestCase):
    def setUp(self):
        print("Test upper of string start")
    def test_upper(self):
        print("test_upper is called")
        self. assertEqual('foo'. upper(), 'FOO')
    def test_isupper(self):
        print("test_isupper is called")
        self. assertTrue('FOO'. isupper())
        self. assertFalse('Foo'. isupper())
    def tearDown(self):
        print("Test upper of string end")
class TestSplit(unittest. TestCase):
    def setUp(self):
        print("Test Split of string start")
    def test_split(self):
        s = 'hello world'
        self. assertEqual(s. split(), ['hello', 'world'])
        # check that s. split fails when the separator is not a string
        with self. assertRaises(TypeError):
            s. split(2)
    def tearDown(self):
        print("Test Split ofstring end")
if __name__ == '__main__':
    unittest. main()
```

Unittest 默认是根据 ASCII 码的顺序加载用例的，数字和字母的顺序为 0～9、A～Z、

a～z。

Sublime Text 工具打开此例的.py 脚本，按 Ctrl＋B 键运行上例，提示如下：

```
Test Split of string start.
Test Split of string end
..
_____
Ran 3 tests in 0.000s
OK
Test upper of string start
test_isupper is called
Test upper of string end
Test upper of string start
test_upper is called
Test upper of string end
[Finished in 0.4s]
```

如果想按照用例从上到下的顺序执行，就不能使用默认的 main()方法了，而需要通过 TestSuite 类的 addTest()方法按照一定的顺序来加载。对范例 1 进行如下修改，范例 2：

if __name__ ＝＝ '__main__':的 unittest.main() 为如下代码：

```
suite＝unittest.TestSuite()
suite.addTest(TestUpper("test_isupper"))
suite.addTest(TestUpper("test_upper"))
suite.addTest(TestSplit("test_split"))
runner ＝ unittest.TextTestRunner()
runner.run(suite)
```

TestSuite 的 addTest()方法把不同测试类中的测试方法组装到测试套件，按 Ctrl＋B 键运行修改过的脚本，执行结果如下：

```
Test upper of string start.
test_isupper is called
Test upper of string end
Test upper of string start
test_upper is called
Test upper of string end
. Test Split of string start
Test Split of string end
.
_____
Ran 3 tests in 0.000s
OK
[Finished in 0.4s]
```

如果存在公共的 setUp 与 tearDown 方法，需要作用于每个测试用例的起始和结束，并且每个类中的 setUp 与 tearDown 方法所需要完成的事情相同，就可以封装一个测试类，如 class MyTest(unittest.TestCase)。以范例 2 为例，范例 3 如下：

```python
import unittest
class MyTest(unittest.TestCase):
    def setUp(self):
        print("Test case start")
    def tearDown(self):
        print("Test case end")


class TestUpper(MyTest):
    def test_upper(self):
        print("test_upper is called")
        self.assertEqual('foo'.upper(), 'FOO')
    def test_isupper(self):
        print("test_isupper is called")
        self.assertTrue('FOO'.isupper())
        self.assertFalse('Foo'.isupper())


class TestSplit(MyTest):
    def test_split(self):
        s = 'hello world'
        self.assertEqual(s.split(), ['hello', 'world'])
        # check that s.split fails when the separator is not a string
        with self.assertRaises(TypeError):
            s.split(2)
if __name__ == '__main__':
    unittest.main()
```

按 Ctrl+B 键运行修改过的脚本，执行结果如下：

```
Test case start
Test case end
Test case start
test_isupper is called
Test case end
Test case start
test_upper is called
Test case end
.
------------------------------------------------

Ran 3 tests in 0.001s
OK
[Finished in 0.1s]
```

上节介绍过 TestFixture，通过 TestCase 的 setUp 和 tearDown 方法来实现。除此之外，Unittest 还提供了更大范围的 Fixtures，例如对于测试类和模块的 Fixtures，范例 4：

```python
import unittest
```

```python
def setUpModule():
    print("test module start")
def tearDownModule():
    print("test module stop")


class TestUpper(unittest.TestCase):
    @classmethod
    def setUpClass(cls):
        print("test class start")
    @classmethod
    def tearDownClass(cls):
        print("test classend")

    def setUp(self):
        print("Test upper of string start")
    def tearDown(self):
        print("Test upper of string end")

    def test_upper(self):
        print("test_upper is called")
        self.assertEqual('foo'.upper(), 'FOO')

    def test_isupper(self):
        print("test_isupper is called")
        self.assertTrue('FOO'.isupper())
        self.assertFalse('Foo'.isupper())


class TestSplit(unittest.TestCase):
    def setUp(self):
        print("Test Split of string start")

    def test_split(self):
        s = 'hello world'
        self.assertEqual(s.split(), ['hello', 'world'])
        # check that s.split fails when the separator is not a string
        with self.assertRaises(TypeError):
            s.split(2)

    def tearDown(self):
        print("TestSplit of string end")


if __name__ == '__main__':
    unittest.main()
```

按 Ctrl＋B 键运行修改过的脚本，执行结果如下：

```
test module start
Test Split of string start
Test Split of string end
test class start
Test upper of string start
test_isupper is called
Test upper of string end
Test upper of string start
test_upper is called
Test upper of string end
test classend
test module stop
..
————————————————————————————————
Ran 3 tests in 0.000s
OK
[Finished in 0.1s]
```

说明如下：setUpModule()与 tearDownModule()在整个模块的开始和结束时调用。setUpClass()与 tearDownClass()在测试类的开始和结束时调用，需要通过@classmethod进行修饰，并且参数为 cls。setUp()与 tearDown()在测试用例的开始和结束时调用。

6.3.3　discover 方法与案例

如果项目文件夹里的测试文件很多，挨个执行这些测试文件会很麻烦，TestLoader 类的 discover()方法提供了灵活的方式，不用手动的一个个加减用例，可以根据设定的标准加载用例，并将用例返回给测试套件。

1. 直接从命令行调用

通过命令行传入 discover 后，框架会自动在当前目录搜索要测试的用例并执行，基本使用如下：

```
cd project_directory
python -m unittest discover
```

其中，discover 的参数有 4 个(-v -s -p -t)。

-v，-verbose：输出信息的详细级别。

-s，-start-directory directory：开始搜索目录（默认为当前目录）。

-p，-pattern pattern：匹配的文件名（默认为 test＊.py）。

-t，-top-level-directory directory：搜索的顶层目录（默认为 start directory）。

-s 和 -t 与路径有关，如果提前 cd 进入到项目路径的话，则这两个参数可以忽略。-p是-pattern的缩写，可用于匹配某一类文件名。例如 python -m unittest discover -p "Android＊.py"。

2. 使用脚本调用的方式

一般不需要单独创建 TestLoader 类的实例，Unittest 提供了可共享的 defaultTestLoader 类，使用其子类和方法来创建实例，其中就包含 discover()方法。

```
import unittest
scrpitDir='./TestPrograms'
discover=unittest.defaultTestLoader.discover(scrpitDir,pattern='test*.py')
runner = unittest.TextTestRunner()
runner.run(discover)
```

discover()方法会自动化在测试路径 scrpitDir 下，匹配查找符合 test*.py'的测试用例文件，并将查找到的测试用例组装到测试套件中，因此可以直接通过 run()方法执行 discover，从而简化测试用例的查找和执行。

如果想让 Unittest 框架查找到 TestPrograms 子目录的测试文件，如下面的目录结构：

```
./TestPrograms/
test_all.py
test_a/
    test_bb/
        test_ccc.py
    test_dd.py
test_e/
    test_ff.py
```

则只需要在每个子目录放一个名为__init__.py 的空文件即可。

6.3.4　跳过测试法与案例

测试用例运行时，有些用例可能不想执行，需要直接跳过某些用例，或者当用例符合某个条件时跳过测试，又或者直接将用例设置为失败。Unittest 提供了以下一些方法如 unitest.skip 装饰器来实现这些功能。

（1）unittest.skip(reason)：无条件跳过装饰的测试，说明跳过测试的原因。

（2）unittest.skipIf(condition,reason)：如果条件为真，跳过装饰的测试，说明跳过测试的原因。

（3）unittest.skipUnless(condition,reason)：除非条件为真，否则跳过装饰的测试，说明跳过测试的原因。

（4）unittest.expectFailure()：无论执行结果成功与否，统一标记为失败。

修改组织管理测试用例小节的范例 3 的例子，修改如下：

```
import unittest
class MyTest(unittest.TestCase):
    def setUp(self):
        print("Test case start")
    def tearDown(self):
        print("Test case end")


class TestUpper(MyTest):
```

```
        @unittest. skipUnless(5>2,"Execute if true")
        def test_upper(self):
            print("test_upper is called")
            self. assertEqual('foo'. upper(), 'FOO')
        @unittest. skipIf(5>2,"Skip if true")
        def test_isupper(self):
            print("test_isupper is called")
            self. assertTrue('FOO'. isupper())
            self. assertFalse('Foo'. isupper())


    class TestSplit(MyTest):
        def test_split(self):
            s = 'hello world'
            self. assertEqual(s. split(), ['hello', 'world'])
            # check that s. split fails when the separator is not a string
            with self. assertRaises(TypeError):
                s. split(2)


    if __name__ == '__main__':
    unittest. main()
```

按 Ctrl+B 键运行修改过的脚本，执行结果如下：

```
Test case start
Test case end
. Test case stars.
_____

Ran 3 tests in 0. 000s
OK (skipped=1)
t
test_upper is called
Test case end
[Finished in 0. 1s]
```

6.3.5 HTMLTestRunner 生成测试报告与案例说明

HTMLTestRunner 是 Python 标准库 Unittest 单元测试框架的一个扩展，用于生成 HTML 的测试报告。下载地址：http://tungwaiyip. info/software/HTMLTestRunner. html。

Windows 下：下载 HTMLTestRunner. py 文件后，把 HTMLTestRunner 文件放到 C:\Python27\Lib 的目录下即可。

Linux 下：打开终端，输入 Python 命令进入 Python 交互模式，通过 sys. path 查看本机 Python 的安装路径，以 root 身份把 HTMLTestRunner. py 文件复制到/usr/lib/python2. 7/site-packages/即可，如图 6-3 所示。

```
[root@localhost burnin]# python
Python 2.7.3 (default, Apr 30 2012, 21:18:10)
[GCC 4.7.0 20120416 (Red Hat 4.7.0-2)] on linux2
Type "help", "copyright", "credits" or "license" for more information.
>>> import sys
>>> sys.path
['', '/usr/lib/python27.zip', '/usr/lib/python2.7', '/usr/lib/python2.7/plat-linux2', '/usr/lib/python2.7/lib-tk', '/usr/lib/python2
.7/lib-old', '/usr/lib/python2.7/lib-dynload', '/usr/lib/python2.7/site-packages', '/usr/lib/python2.7/site-packages/PIL', '/usr/lib
/python2.7/site-packages/gst-0.10', '/usr/lib/python2.7/site-packages/gtk-2.0', '/usr/lib/python2.7/site-packages/setuptools-0.6c11-
py2.7.egg-info']
```

图 6-3　Linux 下查看 Python 安装路径

Python 有两种注释，一种是 comment（普通的注释），一种是 doc string（用于函数、类等的描述）。如果在脚本的类或者方法的下面，使用三引号或者双引号添加 doc string 类型的注释，则通过 help 方法就可以查看类或者方法的这种注释了。而且 HTMLTestRunner 可以读取 doc string 类型的注释，所以通过给类或者方法添加 doc string 类型的注释，即可使测试报告的易读性更好。代码举例节选如下：

```
import HTMLTestRunner
…
if __name__ == '__main__':
    suite = unittest.TestLoader().loadTestsFromTestCase(calculatorAndroidTests)
    #log name endded by date
    date = datetime.datetime.today()
    date=''.join(str(date).split('-'))
    date=''.join(str(date).split(' '))
    date=''.join(str(date).split(':'))
    logdir=makedir(date)
    filename = logdir+ "/calculatorTest.html"
    print (filename)
    fp = open(filename, 'wb')
    runner = HTMLTestRunner.HTMLTestRunner(
            stream=fp,
            title='TestReport',
            description='Calculator test Report'
            )
    runner.run(suite)
    fp.close()
```

6.3.6　HTMLTestRunner 集成测试报告与案例说明

上面的 HTMLTestRunner 是针对单个测试文件生成测试报告的，而实际工作中，是希望能集成到总脚本，作用于整个项目的。关键脚本节选和说明如下：

```
import unittest
import HTMLTestRunner
#make log dir
def makedir(DeviceName):
    date = datetime.datetime.today()
    date=''.join(str(date).split('-'))
    date=''.join(str(date).split(' '))
    date=''.join(str(date).split(':'))
    date=date.split('.')[0]
    localdir=''./Log/"+DeviceName+date
```

```
            print localdir
            public. LOGDIR=localdir
            if not os. path. isdir(localdir):
                    os. makedirs(localdir)
            return localdir
        allTestNames = [Android_DisplayTester. DispalyTesterTests,
                        android_caculator1. calculatorAndroidTests]
        testunit = unittest. TestSuite()
        # make log dir
        logdir=makedir(DeviceName)
        for test in allTestNames:
                testunit. addTest(unittest. makeSuite(test))
        filename = logdir+'/'+DeviceName+'AndroidOSTest. html'
        fp = open(filename,'wb')
        runner = HTMLTestRunner. HTMLTestRunner(
            stream=fp,
            title='TestReport',
            description='Android OS Test TestReport'
        )
        runner. run(testunit)
        fp. close()
```

其中，allTestNames 为某个目录下希望测试的用例脚本集，即：

```
        for test in allTestNames:
        testunit. addTest(unittest. makeSuite(test))
```

遍历用例脚本集，分别进行 addTest 添加。

结合 discover 函数来进行用例的组织和管理，修改此脚本如下：

```
        filename = './log '+'/'+DeviceName+'AndroidOSTest. html'
        fp = open(filename,'wb')
        scrpitDir='. \\AndroidAutoTest\\TestPrograms\\'
        discover=unittest. defaultTestLoader. discover(scrpitDir,pattern='Android * . py')
        runner = HTMLTestRunner. HTMLTestRunner(
            stream=fp,
            title='TestReport',
            description='Android OS Test TestReport'
        )
        runner. run(discover)
        fp. close()
```

其中，allTestNames 与 testunit 注释掉，添加 discover 及其指定要执行的脚本的路径 scrpitDir，runner. run(testunit)改为 runner. run(discover)。

6.4　跨平台 C++ Googletest 框架

6.4.1　Googletest 概述

Gtest(Googletest 的缩写)是 Google 提供的开源跨平台 C++测试框架，它可以帮助组织和管理测试程序，使其更易维护，从而可以将更多的精力放在如何写好测试程序上。具体好处说明如下：

（1）该测试框架是可移植、可重用的。Google C++ 测试框架运行在不同的操作系统上，提供丰富的断言、参数化测试、死亡测试、事件机制、运行参数等。

（2）编写测试用例变的非常简单，可以将测试人员从一些环境维护的工作中解放出来，集中精力于测试内容。

（3）提供强大丰富的断言的宏，用于对各种不同的检查点进行检查。

（4）当测试失败时，提供尽可能多的、关于问题的信息，以及多种的错误信息输出形式。

（5）提供丰富的命令行参数，可对用例进行一系列的设置，如过滤、执行次数、输出形式。

（6）比较快速，可以重用多个测试的共享资源，一次性完成设置、解除设置。

编译时的注意事项：

（1）Windows 编译 Gtest 库的 VS 版本要和测试工程的 VS 版本一致，否则会出现编译错误。此外，工程属性的 Runtime Library 要和测试工程的设置一致。

（2）Static void SetupTestCase(void)与 static void tearDowntestCase(void)是在整个测试集开始和结束时执行的。

Gtest 中，断言的宏分为两类：ASSERT 系列和 EXPECT 系列。

（1）ASSERT_ * 系列的断言，当检查点失败时，退出当前所在测试函数，但不结束整个测试。

（2）EXPECT_ * 系列的断言，当检查点失败时，不终止所在测试函数，继续往下执行。

6.4.2 参数化介绍

首先，添加一个类，继承 testing::TestWithParam<T>，其中，T 是需要参数化的参数类型，数据类型可自定义，如 string 型的参数：

```
class SampleTest：public::testing::TestWithParam<string>
{
};
```

其次，使用一个新的宏 TEST_P，其中，P 可以理解为 parameterized。在 TEST_P 宏里，使用 GetParam()获取当前的参数的具体值。

```
TEST_P(SampleTest,testParams)
{
    int n =  GetParam();
    printf("Parameter is：",n);
}
```

最后，使用 INSTANTIATE_TEST_CASE_P 宏来告诉 Gtest 要测试的参数范围，如：
INSTANTIATE_ TEST_ CASE_P(testReturn，SampleTest，testing::Values(6，4，25，18))；

其中，第一个参数是测试案例的前缀，可以任意取。第二个参数是测试案例的名称，需要和之前定义的参数化的类的名称相同，如：SampleTest。第三个参数可理解为参数生成器，使用 test::Values 表示使用括号内的参数。Google 提供了一系列的参数生成的函数，如表 6-4 所示。

表 6-4 参数生成的系列函数

Range(begin,end[,step])	范围在 begin~end 之间，步长为 step，不包括 end
Values(v1, v2, …, vN)	v1、v2 到 vN 的值
ValuesIn(container) and ValuesIn(begin, end)	从一个 C 类型的数组或是 STL 容器或是迭代器中取值
Bool()	取 false 和 true 两个值
Combine(g1, g2, …, gN)	将"g1, g2, …, gN"进行排列组合，"g1, g2, …, gN"本身是一个参数生成器，每次分别从"g1, g2, …, gN"中各取出一个值，组合成一个元组(Tuple)作为一个参数。此功能只在提供了<tr1/tuple>头的系统中有效。Gtest 会自动去判断是否支持 tr/tuple，如果系统确实支持，而 Gtest 判断错误的话，则可以重新定义宏 GTEST_HAS_TR1_TUPLE=1

针对不同类型的数据，可以使用模板方式进行参数化测试。Gtest 具体详细使用，推荐在网上搜索和学习玩转 Google 开源 C++单元测试框架 Google Test 系列文章。

6.4.3　Android 中的 Gtest 测试框架

Gtest 是一款非常不错的单元测试工具，易于构建单元测试用例。在 Android 开源项目的源码中有 Gtest 的编译和使用，下面以 8.0.0 V4 代码为例进行说明，源码参考链接为 http://androidxref.com/8.0.0_r4/xref。

Gtest 位于源码的 external/googletest/路径下（见图 6-4），包含了 googletest、googlemock 两部分源码文件夹，其中 googlemock 为 Google 推出的白盒测试工具，可以提供打桩功能，这里不做详细介绍。可以看到在目录下提供了 Android.mk 和 Android.bp，这两个文件为 Android 编译系统的定义文件，定义了当前目录下源码文件如何去参与 Android 编译的说明。

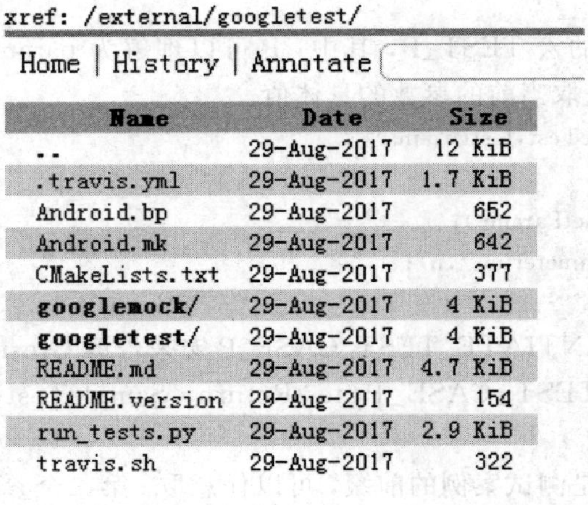

```
xref: /external/googletest/
Home | History | Annotate

Name            Date           Size
..              29-Aug-2017    12 KiB
.travis.yml     29-Aug-2017    1.7 KiB
Android.bp      29-Aug-2017    652
Android.mk      29-Aug-2017    642
CMakeLists.txt  29-Aug-2017    377
googlemock/     29-Aug-2017    4 KiB
googletest/     29-Aug-2017    4 KiB
README.md       29-Aug-2017    4.7 KiB
README.version  29-Aug-2017    154
run_tests.py    29-Aug-2017    2.9 KiB
travis.sh       29-Aug-2017    322
```

图 6-4　Android 8.0.0 源码中的 Gtest 源码和相应的编译配置文件

1. mk 和 bp 文件

在 Android 最新的源码中，编译系统发生了变化，用 Android. bp 文件替换了 Android. mk 文件。首先从 Soong 说起，Soong 是 Android 中对基于 GNU make 的编译系统的替代物，编译文件"Android. mk"被替换为"Android. bp"。bp 文件的目的就是一切从简，格式类似于 JSON，像 mk 文件的条件控制语句等这些复杂的东西都由 go 语言来处理，Android编译系统在 go 语言兴起后，Google 已经开始使用 go 语言重构自己的编译系统，当前 mk 和 bp 文件同时存在，mk 文件会被忽略。Android. mk 工具可把 mk 文件转换为 bp 文件，但一些复杂用法和自定义规则需手动转换。

2. Gtest 的编译

接下来分别介绍 googletest 的 Android. mk 和 Android. bp 文件。

（1）Android. mk 文件，源码路径为 external/googletest/googletest/Android. mk。

＃1 获取当前路径

```
LOCAL_PATH := $(call my-dir)
```

＃2 自定义了一个 gest -unit -test 函数，用于方便编译 Gtest 用例代码时调用

```
        define gtest - unit - test
        $(eval include  $(CLEAR_VARS)) \
        $(eval LOCAL_MODULE := \
        $(1) $(if  $(findstring _ndk, $(4)), $(4)) $(if  $(5),_ $(5))) \
        $(eval LOCAL_CPP_EXTENSION := . cc) \
        $(eval LOCAL_SRC_FILES := test/ $(strip  $(1)). cc  $(2)) \
        $(eval LOCAL_C_INCLUDES :=  $(LOCAL_PATH)/include) \
        $(eval LOCAL_CPP_FEATURES := rtti) \
        $(eval LOCAL_CFLAGS := -Wno-unnamed-type-template-args) \
```

＃3 模块链接时需要使用的静态库

```
        $(eval LOCAL_STATIC_LIBRARIES := \
        $(if  $(3), $(3)  $(4) $(if  $(5),_ $(5))) libgtest  $(4) $(if  $(5),_ $(5))) \
        $(if  $(findstring _ndk, $(4)), $(eval LOCAL_LDLIBS := -ldl)) \
        $(if  $(findstring _ndk, $(4)), $(eval LOCAL_SDK_VERSION := 9)) \
        $(if  $(findstring _ndk, $(4)), $(eval LOCAL_NDK_STL_VARIANT :=  $(5)_stat-
ic)) \
        $(if  $(findstring _host, $(4)),\
        $( eval  LOCAL _ MODULE _ PATH  :=  $ ( TARGET _ OUT _ DATA _ NATIVE _
TESTS))) \
        $(eval  $(if  $(findstring _host, $(4)), \
        include  $(BUILD_HOST_EXECUTABLE), \
```

＃4 定义为可执行文件

```
include  $(BUILD_EXECUTABLE)))
Endef
```

＃5 自定义了一个 gtest-test-suite 函数，用于方便编译 Gtest 用例代码时调用

```
define gtest-test-suite
$(if  $(findstring _ndk, $(1)), \
```

```
$(eval $(call gtest-unit-test, \
gtest-death-test_test,,libgtest_main, $(1), $(2)))) \
```
＃此处省略
Endef
＃6 通过 NDK_ROOT 宏控制在编译 ndk 时是否进行一些共享库的编译
ifdef NDK_ROOT
＃7 声明一个预编译库的模块：静态库
include $(CLEAR_VARS)
＃8 共享库模块 libgtest
LOCAL_MODULE ：= libgtest
＃9 将要编译打包到模块 libgtest 中的 C/C＋＋源码文件
LOCAL_SRC_FILES ：= src/gtest-all. cc
＃10 头文件的搜索路径
LOCAL_C_INCLUDES ：= $(LOCAL_PATH)/src $(LOCAL_PATH)/include
＃11 成果物是需要导出的头文件路径，便于其他模块引用此静态库时使用
LOCAL_EXPORT_C_INCLUDE_DIRS ：= $(LOCAL_PATH)/include
＃12 编译 C＋＋时使用的参数
LOCAL_CPP_FEATURES ：= rtti
＃13 表示编译成静态库
include $(BUILD_STATIC_LIBRARY)

说明如下：

＃1：定义了 LOCAL_PATH 变量，下面的一些函数和变量依赖于它，需要注意，LOCAL_PATH 必须放到所有 include $(CLEAR_VARS)之前定义。my-dir 由编译系统提供，返回 Android. mk 当前所在的路径，包含 Android. mk 文件的目录。

＃2：自定义了 gtest-unit-test 函数，此函数用于定义 Gtest 测试源码模块的编译，便于在之后的 gtest-test-suite 函数中使用。

＃3：定义了编译模块时需要使用的静态库，在 gtest-unit-test 用于编译 Gest 本身的测试用例，此处的静态库为 Gtest 本身提供的静态库，除了静态库本身还提供动态库。静态库与动态库分为包含 main 入口和不含 main 入口的 4 种库文件：googletest_main_shared，libgtest(即 googletest_static)、libgtest_main(即 libgoogletest_main)、googletest_shared。本例用的是 libgest 静态库，main 入口指的是 Gtest 默认提供的 main 函数，那么编译测试用例可执行文件时只需要按照 Gtest 的要求提供测试用例源码即可，不包含 main 入口的库是为了方便自定义的 Gtest 初始化等操作，提供扩展功能，方便灵活。

＃4：BUILD_EXECUTABLE 指明此模块需要编译为可执行文件。

＃5：自定义 gtest-test-suite 函数，用于调用测试套。

＃6：逻辑判断宏开关，NDK_ROOT 定义时才会进行共享库的编译。

＃7：声明预编译库，首先需要读取 CLEAR_VARS 变量，是编译系统提供的，指向一个 GNU Makefile 脚本，清除一些 LOCAL_XXX 变量，如 LOCAL_MODULE、LOCAL_SRC_FILES、LOCAL_STATIC_LIBRARIES 等，LOCAL_PATH 除外，避免相互影响，

这是因为所有的编译控制文件是在同一个 GNU Make 执行环境解析的，因此所有变量都是全局的。

♯13：此处为一个 Gtest 不包含 main 入口的静态库的编译定义，如 BUILD_STATIC_LIBRARY，BUILD_SHARED_LIBRARY、BUILD_EXECUTABLE 由编译系统本身提供，mk 文件去调用即可。

关于 Gtest 源码中包含的 test 目录中，有 Google 本身提供的用于测试 googletest 自身的测试用例，读者可以自行学习，此处不再介绍。

（2）Android.bp 文件，源码路径为 external/googletest/googletest/Android.bp。

接下来介绍同步提供的 bp 文件是如何定义 googletest 的编译的。对比 mk 文件中的 ♯7～♯13，bp 文件定义节选如下：

♯1 定义参数子集 libgtest_defaults，编译后面调用

```
cc_defaults {
    name: "libgtest_defaults",
    export_include_dirs: ["include"],
}
...
```

♯2 定义静态库编译

cc_library_static { ♯3 等同于 mk 中的 BUILD_STATIC_LIBRARY

　　name: "libgtest_ndk_stlport"，♯4 等同于 mk 中的 LOCAL_MODULE，定义静态库模块名

　　defaults: ["libgtest_defaults"]，♯5 使用参数子集 libgtest_defaults

　　sdk_version: "9"，

stl: "stlport_static"，♯6 引用静态库 stl stlport_static

srcs: ["src/gtest-all.cc"]，♯7 等同于 mk 中的 LOCAL_SRC_FILES，src 模块编译需要源文件

}

其中，♯1 的 cc_defaults 默认模块可以描述在多个模块中被重复的相同属性，name 为模块名，export_include_dirs 等同于 mk 中的 LOCAL_EXPORT_C_INCLUDE_DIRS。

6.4.4　Android Gtest 案例

mk 文件可以参考上节的 Android.mk 文件去编写，这里以 bp 文件为例进行编写。

1. libchrome 的实际应用

以 libchrome(http://androidxref.com/8.0.0_r4/xref/external/libchrome/) 为例进行说明。

在 Android 中进行动态库 libchrome 的测试时使用 Android.bp 文件定义了 libchrome_test 可执行文件，其中有 Gtest 测试用例源码、被测试动态库（libchrome）、使用非 main 入口 libgest 静态库的引用等示例。

先介绍一下 libchrome 的 bp 文件，其路径为/external/libchrome/Android.bp。

// Host and target unit tests. Run (from repo root) with:

```
# 1 编译出成果物的路径和执行方法
// . /out/host/<arch>/nativetest/libchrome_test/libchrome_test
// or
// adb shell /data/nativetest/libchrome_test/libchrome_test
// =====================================
# 2 cc_test 表示声明编译为 test 可执行文件
    cc_test {
        name: "libchrome_test",
        host_supported: true,
        defaults: ["libchrome-test-defaults"],
# 3 需要编译的测试用例源码
        srcs: [
            "base/at_exit_unittest. cc",
            ...
# 4 main 函数所在文件
            "testrunner. cc",
            # gtest maian 文件
        ],


    cflags: ["-DUNIT_TEST"],
# 5 引入需要测试的库
        shared_libs: [
            "libchrome",
            "libevent",
    ],
# 6 引入需要的 libgtest 非 main 静态库和 libgmock 库
        static_libs: [
            "libgmock",
            "libgtest",
    ],
# 7 其他平台差异的参数或者源文件
        target: {
        android: {
            srcs: [
            "crypto/secure_hash_unittest. cc",
                "crypto/sha2_unittest. cc",
            ],
            shared_libs: [
                "libchrome-crypto",
            ],
            cflags: ["-DDONT_EMBED_BUILD_METADATA"],
        },
```

```
        ...
    },
}
```

下面对这个 bp 文件进行说明：

♯3 ♯4：srcs 所有需要编译的测试用例源码和 main 函数源码文件，前面讲过，自定义的 main 函数需要初始化 Gtest，那么来看一下 main 函数入口代码，源码路径是 external/libchrome/testrunner.cc，如下：

♯include ＜gtest/gtest.h＞   ♯引入 gtest 头文件，因为 gtest 库文件编译是将 include 文件导出，所以此处这么写在编译时是可以引用到的，这些是编译系统去控制的。

```
#include "base/at_exit.h"
#include "base/command_line.h"
int main(int argc, char * * argv) { # 可执行文件 main 函数入口
base::AtExitManager at_exit_manager;
base::CommandLine::Init(argc, argv); # 自定义动作初始化
::testing::InitGoogleTest(&argc, argv); #gtest 初始化，不可缺少
return RUN_ALL_TESTS(); #运行所有测试用例，不可缺少
}
```

Gtest 测试用例源码在 Android 中和其他平台基本一致，此处以 libchrome 动态库中的 base64url.h 对外提供的接口函数和其对应的测试用例为例进行说明。被测源码路径为 external/libchrome/base/base64url.h，测试用例源码路径为 external/libchrome/base/base64_unittest.cc。代码节选如下：

```
#include "base/base64.h"
#include "testing/gtest/include/gtest/gtest.h"
namespace base {
TEST(Base64Test, Basic) { #1 测试用例 1
const std::string kText = "hello world";
const std::string kBase64Text = "aGVsbG8gd29ybGQ=";
std::string encoded;
std::string decoded;
bool ok;
Base64Encode(kText, &encoded);
EXPECT_EQ(kBase64Text, encoded);
ok = Base64Decode(encoded, &decoded);
EXPECT_TRUE(ok); #True 断言
EXPECT_EQ(kText, decoded); # 相等断言
}
} // namespace base
```

♯1 TEST_F 宏，参数有两个测试套名和测试用例名，用例完成了对 Base64Decode 功能函数的验证，返回时使用 EXPECT_TRUE 断言，加密结果使用 EXPECT_EQ 断言做验证。

2. Android Gtest 测试工程 demo

1）下载安卓源码

操作系统是 Ubuntu 16.04，首先需要确保已经安装 git，可以通过 git 命令确认。如果没有安装则可以通过 apt-get 命令安装 git，并设置用户名和邮箱如下：

```
sudo apt-get install git
git config-global user. email "akuq@test. com"
git config-global user. name "akuzq"
```

repo 为 Google 的 Android 源码下载工具，首先安装 repo，并修改 repo 中的下载源为清华大学下载源。

```
mkdir ~/bin
PATH=~/bin: $PATH
git clone https://gerrit-google. tuna. tsinghua. edu. cn/git-repo~/temp
cp~/temp/repo ~/bin/
chmod a+x ~/bin/repo
```

编辑~/bin/repo，将 REPO_URL 一行替换成下面的代码：

```
REPO_URL = 'https://gerrit-google. tuna. tsinghua. edu. cn/git-repo'
```

同步代码，这里以 android-8.0.0_r34 为例进行下载。

```
mkdir ~/android
cd ~/android
repo init -u https://aosp. tuna. tsinghua. edu. cn/platform/manifest   android-8.0.0_r34
repo sync -j4
```

2）构建编译环境

源码下载完成后可以设置编译环境，在这里不推荐使用虚拟机进行编译，安卓较新版本编译对机器有一定要求，尽量使用 64 位操作系统，Android 6.0 至 AOSP master 要求 Ubuntu 14.04 及以上，AOSP 的 Android 要求 OpenJDK 8 及以上，具体可以参考 Android 说明。下面是 Ubuntu16.04 中的编译 Android 源码的软件依赖，可以通过以下命令安装依赖：

```
sudo apt-get install libx11-dev:i386 libreadline6-dev:i386 libgl1-mesa-dev g++ -multilib
sudo apt-get install -y git flex bison gperf build-essential libncurses5 -dev:i386
sudo apt-get install tofrodos python-markdown libxml2-utils xsltproc zlib1g-dev:i386
sudo apt-get install dpkg-dev libsdl1. 2-dev libesd0-dev
sudo apt-get install git-core gnupg flex bison gperf build-essential
sudo apt-get install zip curl zlib1g-dev gcc-multilib g++-multilib
sudo apt-get install libc6-dev-i386
sudo apt-get install lib32ncurses5-dev x11proto-core-dev libx11-dev
sudo apt-get install libgl1-mesa-dev libxml2-utils xsltproc unzip m4
sudo apt-get install lib32z-dev cache
```

3）Gtest 的 demo

这里使用最简单的一个 Gtest 用例，来说明在 Android 源码中是如何加入 Gtest 用例以及编译文件的编写的。

（1）创建工作目录，Linux 系统下，运行如下命令。

输入命令 cd ～/android：进入 Android 目录。

输入命令 mkdir demo_gtest：创建 demo_gtest 目录。

输入命令 mkdir src 创建代码目录。

输入命令 cd src：进入 src 目录。

（2）编译测试 demo：使用命令 gedit demo.cpp。代码如下：

```
//引入 gtest 头文件
#include <gtest/gtest.h>
//被测函数
int Foo(int a, int b)
{
    return a+b;
}
//测试用例
TEST(FooTest, IntAdd)
{
    EXPECT_EQ(9, Foo(4, 5));
}
```

这是一个最简单的测试用例，其中被测代码和测试用例位于同一个 cpp 文件中，读者可以根据实际业务进行编写测试用例，应用相应实际业务代码的头文件即可。

（3）编写 Android.bp 文件：这里使用 bp 文件去定义编译测试源码，代码如下：

```
cc_test {
    name: "demo_gtest",
    srcs: [
        "demo.cpp",
    ],
    static_libs: [
        "libgtest_main",
    ],
}
```

其中 cc_test 表示编译类型为 test 可执行文件，name 为生成文件名，static_libs 中 libgtest_main 表示带 main 函数的静态库，不需要 main 函数实现。

（4）引用新加入的路径：修改上层 Android.bp 文件中的 optional_subdirs、新加的 demo_gtest 目录，是为了让编译系统能够搜索到我们添加的 Andriod.bp 文件。

```
optional_subdirs = [
    ...
    "demo_gtest/*/*",
]
```

（5）编译运行 demo_gtest 的示例步骤如下：

```
//首先初始化编译环境
cd ～/android
source build/envsetup.sh
//设置交叉编译目标
```

```
lunch aosp_x86-eng
```

编译目标格式说明：编译目标的格式为 BUILD-BUILDTYPE。比如上面的 aosp_arm-eng 的 BUILD 是 aosp_arm，BUILDTYPE 是 eng。这里用的是原生的 Genymotion 模拟器，只支持 X86 架构，所以编译 X86 架构文件。而手机一般为 arm arm64 架构，读者根据实际目标去设置即可。

```
//运行编译命令
cd ~/android/demo_gtest/src
mm -j4
```

出现以下内容为编译成功：

```
#### make completed successfully (11:11（mm:ss))####
```

4）运行测试用例

编译生成的结果默认会生成到 out 路径下：

```
cd out/target/product/generic_x86/obj/NATIVE_TESTS/demo_gtest_intermediates/
demo_gtest
```

运行时需要 push 文件 demo_gtest 到手机中，具体做法如下：

```
adb push demo_gtest/data/demo
adb shell
cd/data/demo
chmod+x demo_gtest
./demo_gtest
```

执行结果如下：

```
Running main() from gtest_main.cc
[==========] Running 1 test from 1 test case.
[----------] Global test environment set-up.
[----------] 1 test from FooTest
[ RUN      ] FooTest. IntAdd
[       OK ] FooTest. IntAdd (0 ms)
[----------] 1 test from FooTest (0 ms total)
[----------] Global test environment tear-down
[==========] 1 test from 1 test case ran. (0 ms total)
[PASSED   ] 1 test.
```

6.4.5　GCOV 与 LCOV 代码覆盖率测试

GCOV 是一个测试代码覆盖率的工具，不需要独立安装，配合 GCC 共同实现对 C/C++ 文件的语句覆盖和分支覆盖测试，结合程序概要分析工具如 gprof 工作，可以估计程序中哪一段代码最耗时。

使用 GCOV 可以统计代码的一些基本性能，例如每一行代码的执行频率，实际上执行了哪些代码，每一段代码的执行时间，开发人员可以根据统计结果优化代码，测试人员可以根据统计结果对测试用例进行补充完善。

LCOV 是 Linux Test Project 维护的开放源代码工具，是 GCOV 图形化的前端工具。LCOV 能将 GCOV 的执行结果转换为易于阅读的 HTML 格式的覆盖率报告。此外，

LCOV 不支持直接生成增量代码的覆盖率，如何获取新增代码的覆盖率信息呢？首先，将最新代码与基线对比，可以通过 Linux 下的 diff 命令比较文本文件的差异并生成文件差异列表；接着，可以借助 addlcov 工具对新增的代码形成覆盖率数据；最后，通过 genhtml 工具生成 HTML 格式的覆盖率报告。

6.4.6 GCOV 和 LCOV 的使用方法与案例

基本的使用方法分为如下 5 个阶段，以一个简单例子 test.c 为例进行说明：

```
#include <stdio.h>
int main(void)
{
    int i,total;
    total=0;
    for(i=0;i<10;i++)
        total+=i;
    if(total!=45)
        printf("Failure\n");
    else
        printf("Success\n");
    return 0;
}
```

（1）GCC 编译：产生插装后的目标文件 test、GCOV 结点文件 test.gcno。

```
#gcc -fprofile-arcs -ftest-coverage -o test test.c
# ls
test    test.c    test.gcno
```

其中，参数 fprofile-arcs 和 ftest-coverage 可告知 GCC 编译器，在目标文件 test 插装跟踪代码；生成供 GCOV 使用的 test.gcno [gcov node 文件]。因此，这里生成的目标文件比正常编译的文件大。

（2）运行目标文件：收集运行覆盖信息 test.gcda。

```
# ./test
Success
# ls
test test.c test.gcno test.gcda
```

（3）GCOV 产生报告信息：test.c.gcov。

```
#gcov   test.c
File'test.c'
Lines executed:87.50% of 8
test.c: creating 'test.c.gcov'
#ls
test test.c test.c.gcov test.gcda test.gcno
```

GCOV 根据上面的文件生成了 test.c.gcov，代码覆盖信息看起来不直观，具体内容如图 6-5 所示。

```
[root@localhost gcov]# cat test.c.gcov
        -:    0:Source:test.c
        -:    0:Graph:test.gcno
        -:    0:Data:test.gcda
        -:    0:Runs:1
        -:    0:Programs:1
        -:    1:#include <stdio.h>
        -:    2:
        1:    3:int main(void)
        -:    4:{
        -:    5:    int i,total;
        1:    6:    total=0;
       11:    7:    for(i=0;i<10;i++)
       10:    8:        total+=i;
        1:    9:    if(total!=45)
   #####:   10:        printf("Failure\n");
        -:   11:    else
        1:   12:        printf("Success\n");
        1:   13:    return 0;
        -:   14:}
```

图 6-5　代码覆盖信息图

（4）lcov：格式化 test. c. gcov，输出到 test. info 文件。

　　♯lcov -d. -t 'test' -o 'test. info' -b. -c

其中，-d. ：参数 d 指路径，"." 指当前路径。

-t　"name"：指目标文件，这里如 test。

-o　"filename"：输出格式化后的信息文件名。

（5）genhtml：根据信息文件（.info）产生 HTML 文档，输出到一个文件夹中。

　　♯genhtml -o result test. info

其中，-o　directory：参数 o（output）后面跟路径名称，在当前目录下创建指定目录，如这里的 result，使用浏览器打开如图 6-6 所示的 HTML 代码覆盖报告图。

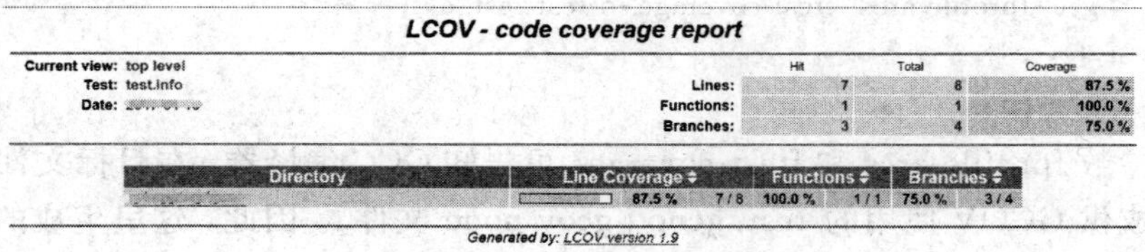

图 6-6　HTML 代码覆盖报告图

进一步点击展开，出现如图 6-7 所示的展开细节图。

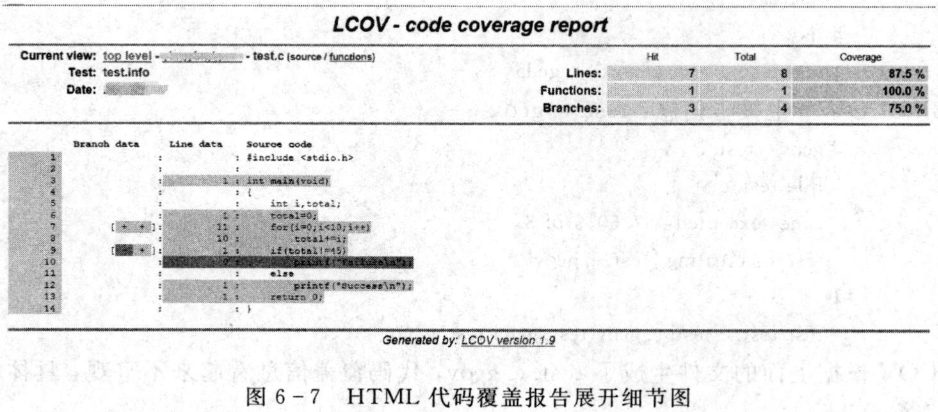

图 6-7　HTML 代码覆盖报告展开细节图

6.5　其他语言的单元测试框架

6.5.1　Java 的单元测试框架与案例介绍

1. Junit 单元测试框架

Junit 是一个 Java 语言的单元测试框架，它由 Kent Beck 和 Erich Gamma 建立，逐渐成为 Xunit 家族中最为成功的一个，多数 Java 的开发环境都已经集成了 Junit 作为单元测试的工具。

Junit 安装很简单，下载 zip 包并解压即可。例如，解压后 Junit.jar 包路径是 JUNIT_HOME，然后将 Junit.jar 包的路径（JUNIT_HOME）添加到系统的 CLASSPATH 环境变量中。对于 IDE 环境，将需要用到的 Junit 包引入到 lib 中即可。代码用例如下：

```
import org.junit.*;
public class test {
    private StringBuffer verificationErrors = new StringBuffer();
    @Before
    public void setUp() throws Exception {
        System.out.println("Start to test");
    }
    @Test
    public void testBaidu() throws Exception {

        try {
        Assert.assertEquals("3", (1+2));
        } catch (Error e) {
            verificationErrors.append(e.toString());
        }
    }
    @After
    public void tearDown() throws Exception {
    System.out.println("Start to test");
    }
}
```

Junit 显示测试进度，如果测试成功，条形是绿色的，测试失败则会变成红色。它同时提供了断言测试预期结果，如 Assert.assertEquals("3", (1+2));和其他单元测试框架一样，TestCase 类提供了 setup 方法和 teardown 方法，setup 方法的内容在测试 testXxxx 用例方法之前默认运行，进行初始化的共享，而 teardown 方法的内容在每个 testXxxx 方法结束以后默认执行，进行清理工作，消除了各个测试代码之间可能产生的相互影响，可以参考第 10 章 Selenium 部分的 Junit 部分。可以使用 Junit Report 来生成测试报告，Junit Report 可用来以 XML 文档的形式输出测试结果，通过 XSL 样式表转化成 HTML。

2. TestNG 单元测试框架

TestNG 是一个基于 Java 的开源自动化测试框架，在 Junit 和 Nunit 基础上，引入了新的功能，功能更强大，使用更方便，可用来解决大部分测试需求，涵盖单元测试和集成测试两种方式。可以使用 testing.xml 文件、ant 或命令行等多种方式运行 TestNG。可以在 testng.xml 内部定义新的组，并可以在属性中增加其他信息，例如是否平行运行测试、使用多少线程、是否运行 Junit 等。TestNG 详细资料可参考官方文档。

TestNG 会产生一个 HTML 的测试报告，而 ReportNG 是一个 TestNG 测试框架的插件，它是一个简单的彩色编码的测试报告视图，可以替代默认的 TestNG HTML 测试报告。

6.5.2 C♯ 的单元测试框架 Nunit

Nunit 是一个基于 C♯ 的免费开源的自动化测试框架，下载地址：http://www.nunit.org/。测试程序使用了 Nunit.Framework，因此在测试代码中应该加入 nunit.framework.dll 引用。Nunit 通过 NUnit.Framework.Assert 类提供丰富的断言。

如果使用 Nunit，推荐采用 Gallio testlink adapter，可以直接用 Gallio 实现自动化上传测试结果到用例管理工具 Testlink。

第 7 章 Linux 测试

7.1 Linux OS 测试类型

Linux 系统测试一般包括服务类的测试、命令测试、驱动测试等。根据产品特性、项目背景，选择适合的质量属性，对应的测试类型如压力测试、性能测试、兼容性测试、稳定性测试、功能测试、功能交互、安装卸载测试、容错测试、UIUE 测试等。这里举例说明下压力测试、性能测试、稳定性测试、兼容性测试。

7.1.1 Linux OS 压力测试与案例

第 1 章介绍了压力测试，本节介绍 Linux OS 的压力测试点。这里只是举例，读者可以根据产品特性，继续增减测试点。具体的压力测试案例见表 7-1 至表 7-6。

表 7-1 频繁重启(网络)测试

压力内容	频繁启动系统 1000 次测试，重启方式例如有以下三种： (1) Reboot 方式； (2) 通过购买相应的设备进行断电重启； (3) Watchdog 方式重启
检查点	(1) 图形界面正常启动； (2) 网络、存储设备等正常； (3) 查看规定时间内启动； (4) 服务等正常启动
测试方法	开发自动化测试工具，模拟启动系统的行为，自动生成 log 日志(包括次数，成功/错误的信息，详细出错点等)。 例如，发现 eth0 网络端口重启概率性出现问题，需要确认发生概率，出问题时，网络灯是否正常？确认网络型号？设备静态 IP 还是动态 IP？网络服务是否启动等，需要提供有相关信息帮助定位问题
通过标准	三种方式持续频繁重启 1000 次都通过测试检查点

表 7-2 NetWork 频繁插拔

压力内容	网线频繁插拔例如： (1) 同一网口的频繁插拔网线； (2) 同一网口的局域网和公司网之间频繁切换插拔； (3) 不同网口，包括同型号与不同型号网口间频繁切换插拔测试

续表

检查点	(1) 系统是否出现死机等异常； (2) 网口灯是否一直正常亮； (3) 网络是否正常
测试方法	手动插拔网线操作
通过标准	频繁操作如 500 次，通过测试检测点

表 7－3　存储设备压力测试

压力内容	存储设备频繁测试： (1) 频繁热插拔 USB 鼠标、键盘、U 盘以及结合 Hub 频繁测试； (2) 频繁进行 mount 挂载/umount 卸载的操作
检查点	(1) 频繁热插拔鼠标键盘后依然能够正常使用； (2) 频繁挂载卸载都正常； (3) 频繁拷贝文件正常； (4) 速度测试(不同 OS 版本之间以及硬件等之间的对比)。例如相同厂家的 U 盘，USB 3.0 速率大于 USB 2.0
测试方法	(1) 频繁热插拔； (2) 开发自动化测试脚本频繁进行 mount/umount 操作和拷贝，以及速度测试
通过标准	频繁操作如 1000 次，通过测试检测点

表 7－4　CPU/Memery

压力内容	(1) CPU 压力测试； (2) Memory 压力测试
检查点	工具运行 Pass(不同 OS 版本之间以及硬件等之间的对比)
测试方法	(1) 借助 Sysbench/Dhrystone 工具测试； (2) 通过脚本进行 Memtester 测试
通过标准	频繁操作如 200 次，通过测试检测点

表 7－5　频繁 Start/Stop 服务

压力内容	系统服务、网络等频繁开/关测试
检查点	(1) FTP/Telnet/SSH/HTTP/TFTP 等服务等频繁开启关闭，均正常开启和关闭； (2) PPP ON/Off 频繁操作测试； (3) 插上网线后频繁 up/down 网口； (4) 频繁动态/静态转换
测试方法	开发相应的自动化测试工具，进行自动化测试
通过标准	运行如 100 次，通过测试检查点

表 7-6　其他频繁操作

压力内容	频繁点击、校验触摸屏
检查点	频繁操作都正常使用
测试方法	开发工具进行 GUI 频繁操作
通过标准	频繁操作过程中都通过测试检测点

压力测试出现的缺陷举例如下。

缺陷 1：频繁断电重启测试后不能进入系统。

缺陷 2：Reboot 重启 1000 次会出现网口灯不亮，或者 Netplug 服务没有起来的情况。

缺陷 3：Watchdog 方式重启 431 次时系统挂机 crash。

缺陷 4：LAN1 接上网线，拔掉网线后，网口不亮，dmesg 显示 eth0 is not ready。

缺陷 5：多次插拔网线的问题，有时出现指示灯不亮的情况。

缺陷 6：频繁插拔 U 盘，出现死机。

缺陷 7：系统长时间运行，导致内存使用率增加，出现内存泄漏。

缺陷 8：动态 IP 下，企业网与家用网等不同局域网之间频繁切换出错。

缺陷 9：频繁点击 GUI 出错。

缺陷 10：多进程和线程访问时，有时连续收到相同的两个帧。

缺陷 11：调用函数接口遍历参数，频繁设置屏幕亮度，返回值正确，但出现白屏。

缺陷 12：频繁进行加载和卸载的驱动测试的自动化测试，如发现在 XX 驱动中，执行模块卸载没有销毁相关设备结点，导致第二次执行 insmod XX. ko 出现错误。

7.1.2　Linux OS 稳定性测试与案例

稳定性测试是在一段时间内，长时间大容量地运行某种业务，对应的是质量属性的成熟性。可以在系统资源特别低的情况下观察软件系统运行的情况，目的是找出因资源不足或资源争用而导致的错误。可对系统施加负荷，使系统依赖的资源占用率保持在一个事先约定的水平，进行测试。例如，在 CPU 和内存占有率为 100% 的情况下进行测试。具体的稳定性测试案例见表 7-7 至表 7-9。

表 7-7　结合资源不足的测试

压力内容	低资源的测试： （1）查看产品依赖的资源，占用依赖的资源（如系统 CPU、内存等），在系统低资源下进行测试； （2）各个驱动，外围硬件等同时加压测试
检查点	（1）系统低资源下＋单个驱动的测试； （2）驱动的多线程多进程争抢资源下的测试； （3）系统低资源＋全部驱动，外围硬件＋低资源下的 Burnin 测试
测试方法	开发自动化测试程序脚本工具，进行测试
通过标准	运行如 7 天，无异常

表 7 − 8　视频音频稳定性测试

压力内容	(1) 长时间播放视频音频； (2) 高负载下播放音视频
检查点	音视频播放正常，不会出现花屏，或者重启，CPU 内存 OK
测试方法	(1) 支持的解析度的视频（AVI、MP4、MOV），使用 aplay 一直循环播放进行测试； (2) 系统加压，播放音视频； (3) 使用 GpuTest 进行 GPU 压力测试
通过标准	运行如 3 天，通过测试检测点

表 7 − 9　NetWork 稳定性测试

压力内容	网络长时间的稳定性测试： (1) 不同网络封包的测试； (2) 大数据量下的长时间测试； (3) TCP/UDP 下 Server/Client 单线程、多线程长时间测试
检查点	长时间下的丢包率
测试方法	(1) 开发测试脚本测试不同封包和大数据的长时间测试； (2) 使用 Iperf 测试工具
通过标准	测试如 3 天以上，通过测试检查点

7.1.3　Linux OS 性能测试与案例

性能测试包括开机时间、实时性、存储设备的 I/O 性能、结合驱动接口的性能等测试。

1. 开机时间测试与工具介绍

开机时间测试也是 OS 测试常见的性能测试，可以借助工具实现，帮助确认不同版本的时间优化，协助帮助开发定位问题。常用的开机时间测试工具分别介绍如下。

(1) 开机时间测试工具 bootchart，安装使用简单，可以在多种系统下使用，图形化结果一目了然。在 /boot/grub2/ grub 脚本中，添加 init＝/sbin/bootchartd，重启系统，这样系统登录后在 /var/log 下就有 bootchart.png 图片记录的开机时间了。也可以开机后通过运行命令来生成分析结果图：bootchart -o 目录名 -f 文件格式。例如，32 位图形的实时系统，使用 16G 的 CF 卡启动，系统启动时间为 22.03 s，可以参考结果图进行调优，使系统启动时间更优。记录器 logger 将尝试通过查找特定进程来检测引导过程的结束。例如，在运行 runlevel 5（多用户图形模式）时，它将检测 gdmgreeter、kdm_greet 等。

(2) 开机时间测试工具 systemd-analyze（见图 7 − 1），用于分析启动时的服务消耗时间，可以图形化显示服务开启消耗时间，默认显示启动时内核和用户空间的消耗时间。通过 systemd-analyze blame 命令可查看详细的每个服务消耗的启动时间。systemd-analyze plot 打印一个 svg 格式的服务消耗时间表，通过浏览器可以以图形的方式展示，非常直观。

```
[root@localhost ~]# systemd-analyze
Startup finished in 1.271s (kernel) + 874ms (initrd) + 3.612s (userspace) = 5.75
8s
```

图 7 - 1　systemd-analyze 运行图

首先，安装 systemd-analyze：＃yum install system-analyze。

其次，system-analyze 安装包下载安装成功后，输入命令：＃systemd-analyze。

最后，输入命令＃systemd-analyze blame 即可，运行图如图 7 - 2 所示。

```
[root@localhost ~]# systemd-analyze blame
    1.398s lightdm.service
    1.276s systemd-udev-settle.service
    1.188s bootchart-done.service
     609ms fedora-loadmodules.service
     455ms sys-kernel-debug.mount
     454ms dev-mqueue.mount
     454ms dev-hugepages.mount
     449ms fedora-readonly.service
     445ms tmp.mount
     440ms bootchart.service
     324ms systemd-remount-var.service
     312ms systemd-udevd.service
     309ms systemd-udev-trigger.service
     288ms sys-kernel-config.mount
     254ms systemd-vconsole-setup.service
     235ms systemd-sysctl.service
     140ms systemd-tmpfiles-setup.service
     115ms systemd-readahead-replay.service
      97ms systemd-readahead-collect.service
      95ms systemd-user-sessions.service
      95ms systemd-logind.service
      59ms NetworkManager.service
      53ms systemd-journal-flush.service
      38ms accounts-daemon.service
      36ms console-kit-daemon.service
      28ms systemd-remount-fs.service
      28ms sshd.service
      25ms udisks2.service
      22ms console-kit-log-system-start.service
      22ms alsa-restore.service
      22ms avahi-daemon.service
      18ms vsftpd.service
      17ms systemd-random-seed-load.service
      10ms polkit.service
       5ms xinetd.service

       5ms upower.service
       4ms systemd-readahead-done.service
       3ms systemd-update-utmp-runlevel.service
[root@localhost ~]#
```

图 7 - 2　systemd - analyze blame 运行图

（3）打印开机 log：通过 SecureCRT log 打印时间。

（4）秒表计时：包括未插网线、插上网线并设置静态 IP、插上网线并动态设置 IP 等情况下，可进行如下测试。

① 按下电源键，当进入系统选择界面（GRUB Boot Menu），按下回车键开始计时，到正常进入系统（提示输入用户名和密码对话框出现）时结束计时，总共用的秒数。

② 按下电源键听到"滴"声开始计时，到系统桌面显示结束计时时，总共用的秒数。

2. 实时性测试工具 Cyclictest 与案例

Cyclictest 是一个高精度的测试程序，是 rt-tests 下的一个使用最广泛的测试工具，一般主要用来测试使用内核的延迟，从而判断内核的实时性。

关于 Cyclictest 各个参数的具体含义建议查看 cyclictest --help 的信息，详细信息可以参考 https：//rt. wiki. kernel. org/index. php/Cyclictest，这里只介绍几个常用的。

-p PRIO --prio＝PRIO：最高优先级线程的优先级，使用时方法为 -p 90 / --prio＝90。

-m --mlockall：锁定当前和将来的内存分配。

-c CLOCK --clock＝CLOCK：选择时钟　cyclictest -c 1。其中：0 = CLOCK_MONO-TONIC（默认），1 = CLOCK_REALTIME。

-i INTV　--interval＝INTV：基本线程间隔，默认为 1000（单位为 μs）。

-l LOOPS --loops＝LOOPS：循环的个数，默认为 0（无穷个），与 -i 间隔数结合可大致算出整个测试的时间，如 -i 1000　-l 1000000，总的循环时间为 1000 * 1000000 ＝ 1000000000 μs ＝1000s，所以大致为 16 分钟多。

-n --nanosleep：使用 clock_nanosleep。

-h HISTNUM --histogram＝US：执行完成后在标准输出设备上画出延迟的直方图（很多线程有相同的权限），US 为最大的跟踪时间限制，结合 Gnuplot 可以画出测试的结果图。

-q　--quiet：使用 -q 参数运行时不打印信息，只在退出时打印概要内容，结合 -h HISTNUM 参数会在退出时打印 HISTNUM 行统计信息以及一个总的概要信息。

-f　--ftrace：ftrace 函数跟踪（通常与 -b 配套使用，通常使用 -b 即可，不使用 -f）。

-b USEC --breaktrace＝USEC：当延时大于 USEC 指定的值时，发送停止跟踪。USEC 单位为微秒（μs）。

下面是一个实例。

执行测试命令. /cyclictest -p 80 -t5 -n。

默认创建 5 个 SCHED_FIFO 策略的 realtime 线程，优先级为 80，运行周期是 1000、1500、2000、2500、3000 微秒，无干扰测试结果图如图 7 - 3 所示。

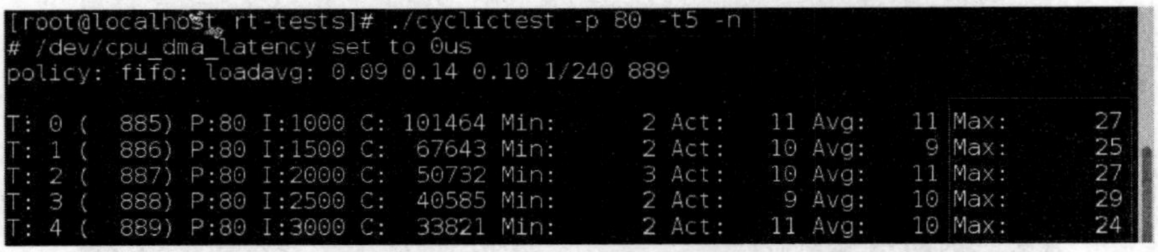

图 7 - 3　Cyclictest 运行图

由此可见，在该实时系统中，最小值为 2～3 微秒，平均值为 9～11 微秒，而最大值分布在 24～29 微秒之间。

其中，T：4 指序号为 4 的线程；P：80 指线程优先级为 80；C：33821 为计数器；线程的时间间隔每达到一次，计数器加 1；I：2000 指时间间隔为 2000 微秒（μs）；Min：为最小时延（us）；Act：为最近一次的时延（μs）；Avg：为平均时延（μs）；Max：为最大时延（μs）。

7.1.4　Linux OS 兼容性测试

（1）不同板卡设备的兼容性测试：例如支持设备的显卡兼容性都需要测试，如待测 Linux OS 支持 A 与 B 两种显卡，出现过将显卡类型 A 的驱动错误添加为 B 类型，导致图形化系统安装成功后，图形界面无法启动的问题。

（2）不同 Kernel 的兼容性测试：如 2.6.18 长期支持版本（Redhat5.x），2.6.32（Debian 6，Ubuntu10.04，Redhat6.x)等版本下的兼容性测试。

（3）不同容量不同厂家的 CF 卡的兼容性测试：CF 卡需要结合不同型号，如 SQFlash、CompactFlash；不同厂家，如 Kingston、Transcend、SanDisk；不同大小，如 1、2、4、6、8、16G 的不同情况的兼容性测试。

（4）不同应用程序的兼容性测试等。

兼容性缺陷的持续分析和积累，有助于提升兼容性测试策略的制定。

7.1.5　Linux API 测试

参考第 6 章进行 API 的接口单元测试，借助 Gtest 单元测试框架即可实现 API 的自动化测试。

7.1.6　Linux 的其他测试

安全测试，例如异常值输入法、模糊测试。故障输入法，例如业务环境的问题如网络故障，包括断网、网络切换、网络时断时续、存在丢包等情况；例如硬件环境、硬件资源出现不足时，软件的反应是否合理等。

7.2　命令行类的 CLI 自动化测试

7.2.1　CLI 自动化技术

CLI（Command-Line Interface，命令行界面）是指可在用户提示符下键入可执行指令的界面。Linux 下很多都是 CLI 的测试，其实也不光 Linux，对于 WinCE、Windows 也有提供 CLI 操作的方式，那么针对这些如何实现自动化呢？

shell 可以实现简单的控制流功能，如循环、判断等，UNIX 中比较常用，但是对于需要交互的场景一般需要人工来干预。在交互式软件如 Telnet、FTP、Passwd、fsck、SSH 等的自动化测试可以借助 Expect 来实现。

Expect 是一个用来实现自动交互功能的软件套件，它是基于 TCL 语言开发的，并广泛应用于交互式操作如 Telnet、FTP、Passwd、fsck、rlogin、tip、SSH 等。在需要对多台服务器执行相同操作的环境中，可以通过 Expect 实现自动化，大大提高工作效率。Autoexpect 工具操作简单，可以自动生成 Expect 脚本。DejaGnu 就是利用 Expect 写成的一组测试套件，对于远程目标的测试例如嵌入式开发，也是非常合适的。

7.2.2　shell 编程实现自动化案例

Linux 的 shell 种类众多，常见的有：Bourne Shell（/usr/bin/sh 或/bin/sh）、Bourne Again Shell（/bin/bash）、C Shell（/usr/bin/csh）、K Shell（/usr/bin/ksh）、Shell for Root（/sbin/sh）等。以 mkdir（创建目录）与 rmdir（删除目录）为例，进行自动化测试这两个命令。例如某个 Linux X86 系统下，用 shell 脚本撰写命令测试的脚本如下：

```
clear
Total=0
Pass=0
```

```
        Fail＝0
        ＃test command
        CMD＝(mkdir rmdir)
        function test_mkdir()
        {
                mkdir testfolder
                [ -d testfolder ];return $?
        }
        function test_rmdir()
        {
                rmdir testfolder
                if  [[ -d testfolder ]]
                then
                    return 1
                else
                    return 0
                fi
        }
        ＃main function
        for var in  ${CMD[ * ]}
        do
                Total＝${＃CMD[ * ]}
                `test_ $var`
                if [ $? ＝ 0 ]
                then
                        echo " ${var} pass"
                        Pass＝$((Pass＋1))
                else
                        echo " ${var} fail"
                        Fail＝$((Fail＋1))
                fi
        done
        echo "Total＝ $ Total,Pass＝ $ Pass,Fail＝ $ Fail"
```

保存脚本为 test. sh,修改权限为 chmod ＋x test. sh。其中,$? 表示最后命令的退出状态。0 表示没有错误,其他任何值表明有错误。使用@ 或 * 可以获取数组中的所有元素,如 CMD[*],获取数组长度的方法与获取字符串长度的方法相同,如 ${＃CMD[*]}。

运行脚本 test. sh,正常的话,结果显示如下:

```
    mkdir pass
    rmdir pass
    Total＝2,Pass＝2,Fail＝0
```

而此脚本如果在某 Linux Risc 上运行,则可能由于命令差别等提示错误,需要进一步微调,例如:

```
#！/bin/bash
clear
Total=0
Pass=0
Fail=0
# test command
CMD="mkdir rmdir"
test_mkdir()
{
        mkdir testfolder
        [ -d testfolder ];return $?
}
test_rmdir()
{
        rmdir testfolder
        if  [[ -d testfolder ]]
        then
            return 1
        else
            return 0
        fi
}
# main function
for var in $CMD
do
        Total=`expr $Total + 1`
done
for var in $CMD
do
        `test_ $var`
        if [ $? = 0 ]; then
                echo "$var pass"
                Pass=`expr $Pass + 1`
        else
                echo "$var fail"
                Fail=`expr $Fail + 1`
        fi
done
echo "Total= $Total,Pass= $Pass,Fail= $Fail"
```

　　保存脚本为 test2. sh，修改权限为 chmod 777 test2. sh，然后运行脚本 test2. sh。其中，expr 是一款表达式计算工具，使用它能完成表达式的求值操作。注意使用的是反引号"` ` `"，而不是单引号"`'`"。

　　对于需要交互的场合，需要借助 Expect 脚本来实现自动化，下面几小节将进行简单举例来介绍。

7.2.3　Telnet 自动化登录案例

通过下面 telnet. exp 脚本，输入参数（目标机的 IP、用户名和密码）自动登录到指定 IP 的目标机，此自动化方法的前提条件是目标机开启了 Telnet 服务，具体实现如下：

```
#！/usr/bin/expect
proc do_console_login { login pass log } {
    set timeout 5
    set done 1
    set timeout_case 0
    while { $ done} {
        expect {
            "login：" {
                send " $ login\n"
            }
            "Password：" {
                send " $ pass\n"
            }
            "# " {
                puts stderr "Login success...\n"
                set fd [open " $ log" a]
                puts  $ fd "telnet login as root successfully. "
                close  $ fd
                set done 0
            }
            " $ " {
                puts stderr "Login success...\n"
                set fd [open " $ log" a]
                puts  $ fd "telnet login as user  $ login successfully. "
                close  $ fd
                set done 0
            }
            timeout {
                switch -- $ timeout_case {
                    0 { send "\n" }
                    1 {
                        send_user "Send a return...\n"
                        send "\n"
                    }
                    2 {
                        puts stderr "Login time out...\n"
                        set fd [open " $ log" a]
```

```
                    puts ＄fd "telnet login as ＄login timeout and failed. "
                    close ＄fd
                    set done 0
                    exit 2
                }
            }
            incr timeout_case
        }
    }
}
}
if ｛＄argc＜4｝｛
    puts stderr "Usage：＄argv0 login passwaord logName\n"
    exit 1
}
set IPADDR  ［lindex ＄argv 0］
set LOGIN  ［lindex ＄argv 1］
set PASS  ［lindex ＄argv 2］
set LOG  ［lindex ＄argv 3］
spawn telnet ＄IPADDR
do_console_login ＄LOGIN ＄PASS ＄LOG
```

执行方法：. /telnet. exp 192. 168. 1. 10 root 123456 logName，通过执行该命令可以自动登录到 IP 为 192. 168. 1. 10 的目标机上，其中，用户名为 root、密码是 123456、logName 为 log 名称。

7. 2. 4　FTP 自动化登录与上传文件案例

通过下面 ftptest. exp 脚本，将待发送的文件通过 FTP 方式自动化发送到目标机上，需要指定目标机的 IP 和用户名，具体实现如下：

```
＃！/usr/bin/expect
set OBJ_IP［lindex ＄argv 0］
set LOGIN［lindex ＄argv 1］
set PASS［lindex ＄argv 2］
set filename［lindex ＄argv 3］
set LOG［lindex ＄argv 4］
spawn ftp ＄OBJ_IP
set timeout 5
set done 1
while ｛＄done｝｛
expect ｛
    "Name ＊：" ｛
        send " ＄LOGIN\n"
    ｝
```

```
                        "Password:" {
                                send " $ PASS\n"
                        }
                        "Login successful" {
                                set done 0
                                puts stderr "log: $LOG\n"
                                set fd [open $LOG a]
                                puts $fd "Start to transfer file"
                                close $fd
                        }
                        timeout {
                                set fd [ open $LOG a]
                                puts $fd "Start to transfer file fail,login timeout"
                                close $fd
                                set done 0
                        }
                }
        send "\n"
        send "put $filename\n"
        sleep 5
        expect {
                " * Transfer complete" {
                set fd [open $LOG a]
                puts $fd "Test Pregram file $filename transfer ok"
                close $fd
                }
                timeout {
                set fd [ open $LOG a ]
                puts $fd "Test program file $filename transfer fail"
                close $fd
                }
        }
        send "quit\n"
```

执行操作步骤:./ftptest. exp 192. 168. 1. 10 root 123456 srcFile logName，通过执行该
命令可以自动将待发送文件 srcFile 发送到 IP 为 192. 168. 1. 10 的目标机上，logName 为
log 名称。

7.2.5　SSH 自动化登录案例

通过下面的 ssh. exp 脚本可以输入参数(IP、用户名和密码)，通过 SSH 服务自动登录
到指定 IP 的目标机上，前提是目标机开启了 SSH 服务，具体实现如下:

```expect
#! /usr/bin/expect
      proc do_console_login { pass log } {
      set timeout 20
      set done 1
      set timeout_case 0
      while { $done} {
              expect {
                  "(yes/no)?" {
                  send "yes\n"
                  }
                  "password:" {
                  send " $pass\n"
                  }
                  " # " {
                          puts stderr "Login success...\n"
                          set fd [open " $log" a]
                          puts  $fd "ssh login as root successfully. "
                          close  $fd
                          set done 0
                  }
                  " $ " {
                          puts stderr "Login success...\n"
                          set fd [open " $log" a]
                          puts  $fd "ssh login as user successfully. "
                          close  $fd
                          set done 0
                  }
                  timeout {
                          switch -- $timeout_case {
                          0 { send "\n" }
                          1 {
                              send_user "Send a return...\n"
                              send "\n"
                          }
                          default {
                                  puts stderr "Login time out...\n"
                                  set fd [open " $log" a]
                                  puts  $fd "ssh login failed. "
                                  close  $fd
                                  set done 0
                                  exit 2
                          }
                      }
                  }
```

```
                        incr timeout_case
                    }
                }
            }
        }
        if { $argc<4} {
            puts stderr "Usage：$argv0 login passwaord logName\n"
            exit 1
        }
        set IPADDR    [lindex $argv 0]
        set LOGIN     [lindex $argv 1]
        set PASS      [lindex $argv 2]
        set LOG       [lindex $argv 3]
        spawn ssh $LOGIN@$IPADDR
        do_console_login $PASS $LOG
```

执行操作步骤：./ssh.exp 192.168.1.10 root 123456 logName，通过执行该命令可以自动登录到 IP 为 192.168.1.10 的目标机上，其中，用户名为 root、密码是 123456、logName 为 log 名称，执行结果会保存到 logName 的文件中。

7.3　Linux GUI 自动化 LDTP 测试

7.3.1　LDTP 自动化框架技术

LDTP(Linux Desktop Testing Project)是 Linux 下开源的桌面程序自动测试框架，它使用 Linux 的辅助功能库与被测应用程序交互，辅助功能是操作系统提供的为残疾人服务的功能。它可以测试的应用包括：LDTP 可以测试支持辅助功能的.Net / GNOME 应用程序和 Mozilla、Open Office、KDE 应用程序等，以及所有基于 Swing 构建 UI 的 Java 应用程序等。它支持的平台包括：OpenSuSE、OpenSolaris、Debian、Madriva、Ubuntu、Fedora、SLES、SLED、RHEL、CentOS、FreeBSD、NetBSD、Windows (XP SP3/Vista SP2/7 SP1/8)、Mac OS X (>=10.6)、Embedded Platform (Palm Source / Access Company)。它支持的语言包括：Python、Clojure、Java、Ruby、C♯、VB.Net、Power Shell、Perl。下面以 Ubuntu 系统为例进行介绍。

测试脚本(Test Scripts)使用 LDTP API 接口(LDTP Clients)与 LDTP Engine 引擎交互，LDTP Engine 使用 AT-SPI 库(AT-SPI Layer)与待测应用程序 Application Under Test (AUT)交互，如图 7-4 所示。

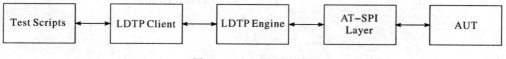

图 7-4　LDTP 原理图

大多数的 LDTP 命令包含两个参数，第一个参数是要操作的窗口，第二个是当前窗口要操作的对象。例如，click ($'$ ∗-gedit$'$，$'$btnNew$'$)，这个 click 单击操作会在一个包含 ∗-gedit(regexp)的窗口中进行，"∗"号是通配符，第二个参数是被操作对象的标识，即一个名为 New 的按钮 btn。

7.3.2　LDTP 的安装

选择要下载的安装包（见图 7 - 5），网址为 https://ldtp. freedesktop. org/wiki/Download/。

Download LDTP binary / source for Windows/Linux/Mac OSX (released version - 3.5.0/3.5.0/1.0.1 respectively)

Package	
SLES / SLED / openSUSE / Fedora / RHEL / CentOS / Mandriva	X86 / X86_64 RPM
Ubuntu / Debian Etch	X86 / X86_64 DEB
Debian unstable	Gentoo package
LDTP source	From GIT
Cobra - Windows LDTP source	Cobra - Win LDTP binary
PyATOM (Mac LDTP) source	PyATOM (Mac LDTP) binary

图 7 - 5　LDTP 安装包

这里下载的是 Ubuntu 对应版本的 LDTP：ldtp_3. 5. 0. orig. tar. gz，网址为 http://download. opensuse. org/repositories/home：/anagappan：/ldtp2：/deb/xUbuntu_15. 04/。

（1）安装下列包：

apt-get install python-pyatspi

apt-get install python-twisted-web

apt-get install python-wnck

apt-get install python-gnome

（2）解压文件夹，进入 LDTP 文件夹，进行编译和安装：

python setup. py build

python setup. py install

（3）进入 examples，运行 python gedit. py。

7.3.3　LDTP 具体使用案例说明

通过下面的方式而不是以"import ldtp"导入 LDTP 模块：

from ldtp import ∗

from ldtputils import ∗

原因在于，这样就能直接使用 LDTP 功能的名称来调用它们，不然就得调用 ldtp. <fuction name>。

示例 1：

from ldtp import ∗

selectmenuitem ($'$ ∗-gedit$'$，$'$mnuFile；mnuNew$'$)

示例 2：

import ldtp

ldtp. selectmenuitem ($'$ ∗-gedit$'$，$'$mnuFile；mnuNew$'$)

Launch application

Application to be tested can be launched using LDTP API launchapp.

nags@nags:～> python

Python 2.5 (r25:51908，Nov 25 2006，15:39:45)

[GCC 4.1.2 20061115 (prerelease) (SUSE Linux)] on linux2

Type "help"，"copyright"，"credits" or "license" for more information.

>>> from ldtp import *

>>> launchapp ('gedit')

其中，launchapp ('gedit')为运行被测程序，如'gedit'.

7.3.4 LDTP 获取应用程序信息

LDTP 可以使用 getapplist 获取正在运行的应用程序名称的所有信息，使用 getwin-dowlist 获取 window list，使用 getobjectlist API 获取窗口内所有控件的列表信息，使用 getobjectinfo 获取某控件信息，使用 getobjectproperty 获取对象属性。

以应用程序为例，具体步骤如下：

(1) 运行 Python：

root@localhost-desktop:/home/ldtp-3.5.0/examples# python

Python 2.7.10 (default，Oct 14 2015，16:09:02)

[GCC 5.2.1 20151010] on linux2

Type "help"，"copyright"，"credits" or "license" for more information.

(2) 导入 LDTP 模块：

>>> from ldtp import *

(3) 运行被测程序，如'gedit'.

(4) 调用 getobjectlist 函数，获得'*-gedit'的所有控制列表：

>>> getobjectlist ('*-gedit')

7.3.5 ldtpeditor 录制脚本

LDTP 自带的脚本录制工具 ldtpeditor 可以很方便地录制脚本，从录制的脚本很容易找到控件信息，有时候也需要配合 7.3.4 节介绍的方法获取控件信息。

使用步骤包括：第一、安装后，打开 ldtpeditor；第二、打开被测软件，点击 Start 按钮即可进行录制，在被测软件的所有操作都会被记录；第三、Start 按钮被点击后则变为停止按钮，点击停止按钮结束脚本录制；第四、回放和保存转换为其他格式。在录制前，需要首先注册被测软件到 ldtpeditor 中，只需要将软件标题中相对固定的名字添加到位置 Preferences/Edit App List 即可，如将 gedit 注册到 ldtpeditor 中即可监视 Gedit 的用户操作。

7.3.6 Gedit 案例讲解

进入 LDTP 的 example，调用其提供的 Python 脚本：$ python <script file name. py>。

首先，进入 LDTP 的 example 路径：

root@localhost-desktop:/home/ldtp-3.5.0/examples# ls

gcalctool. py　gedit. py　geditTest. py　Untitled Document 1

实例：Gedit 是 Linux 系统常用的文本编辑器，这里以 Gedit 为例，执行 python gedit. py，发现脚本有错误，txt_field = frm. getchild('txt1')，其中，txt1 是没有的。可以使用上节提到的 getobjectlist API 获取窗口的 object 信息，发现应用程序 Geidt 是没有 txt1 的，应该是 txt2，这里需要修改 example 的脚本。打开并保存 Gedit 的脚本如下：

```
import ldtp，ooldtp
from time import sleep
ldtp. launchapp('gedit')
ldtp. waittillguiexist(' * -gedit')
ldtp. getobjectlist(' * -gedit')
ldtp. settextvalue(' * -gedit','txt2','hello')
sleep(5)
if 1 == ldtp. verifysettext(' * -gedit','txt2', 'hello')：
    print"Pass"
else：
    print "Fail"
ldtp. selectmenuitem(' * -gedit','mnuSave')
ldtp. imagecapture(' * gedit', '/home/foo. png')
sleep(2)
ldtp. click(' * As','btnSave')
if 1 == ldtp. waittillguiexist('Question * ')：
    ldtp. click('Question * ','btnReplace')
else：
    print "Alert not exist"
sleep(15)
ldtp. selectmenuitem(' * -gedit','mnuQuit')
sleep(5)
ldtp. waittillguinotexist(' * -gedit')
```

其中，ldtp. verifysettext(' * -gedit','txt2', 'hello')可以判断 Text 文本的内容是否与预期一致，一致则返回 1，不一致则返回 0。修改"hello"为"hel0"，会发现返回为 0。

代码 ldtp. imagecapture(' * gedit', '/home/ gedit. png')，可以存图，帮助实现半自动化或者记录。

代码 ldtp. waittillguiexist('Question * ')存在则返回 1，否则返回 0，可以根据实际不同的情况，做不同的处理。

7.3.7　Firefox 案例讲解

Firefox 是 Linux 常用的浏览器。这里以 Firefox 浏览网页为例，代码如下：

```
import ldtp，ooldtp
from time import sleep
ldtp. launchapp('firefox')
ldtp. waittillguiexist(' * -Mozilla Firefox')
```

```
    sleep(1)
    ldtp. settextvalue('*Firefox','txtSearchorenteraddress','www. baidu. com')
    sleep(2)
    ldtp. generatekeyevent('<enter>')
    sleep(20)
    ldtp. generatekeyevent('advantech<enter>')
    sleep(15)
    ldtp. imagecapture('*Firefox', '/home/firefox. png')
    ldtp. settextvalue('*Firefox','txtSearchusingGoogle','www. baidu. com')
    if 1 == ldtp. verifysettext('*Firefox','txtSearchusingGoogle','www. baidu. com'):
        print "SearchusingGoogle Pass"
    else:
        print "SearchusingGoogle Fail"
    ldtp. closewindow('*Firefox')
```

ldtp. generatekeyevent 可以模拟键盘输入，同样可以使用上节提到的 getobjectlist API 获取窗口的 Firefox 的 object 信息，具体内容如下：

['autoSearchorenteraddress', 'ukn10', 'ukn5', 'ukn8', 'ukn14', 'ukn15', 'tbarMenuBar', 'ukn17', 'ukn18', 'btn1', 'txtSearchorenteraddress', 'btnLocation', 'mnuHelp', 'uknGoogle', 'mnuBack', 'mnu8', 'mnu6', 'mnu7', 'mnu4', 'mnu5', 'mnu2', 'mnu3', 'mnu0', 'mnu1', 'ukn3', 'mnuFile', 'frmUbuntuStartPage-MozillaFirefox', u'uknUbuntuhelp\203a', 'mnuView', 'btnBookmarks', 'scpnUbuntuStartPage', 'btnBookmarks1', 'ukn9', 'mnu18', 'tbarNavigationToolbar', u'lstUbuntuhelp\203a', 'ptl0', 'pnl0', 'pnl1', 'txtSearchusingGoogle', 'mbrApplication', 'statReadstartubuntucom', u'uknUbuntushop\203a', u'btnMoretools\2026', u'lstUbuntushop\203a', 'mnuEdit', 'lst0', 'mnuBookmarks1', 'ukn6', u'lstUbuntucommunity\203a', 'btnFirefox', 'ptabUbuntuStartPage', 'ukn1', 'mnuBookmarks', 'ukn16', u'uknUbuntucommunity\203a', 'mnuHistory', 'btnForward', 'btnSearch', 'autoSearchusingGoogle', 'ukn4', 'tbarBrowsertabs', 'btn0', 'uknSearch', 'uknUbuntuStartPage', 'mnuTools', 'btnLocation3', 'btnLocation2', 'btnLocation1', 'mnuSearchusingGoogle', 'ttip8', 'txt2', 'btnBack', 'mnuForward', 'ttip4', 'ttip5', 'ttip6', 'ttip7', 'ttip0', 'ttip1', 'ttip2', 'ttip3']

7.4 Linux GUI 自动化 X11::GUITest

7.4.1 X11::GUITest 的安装

X11::GUITest 通过模拟用户（如点击鼠标、发送键盘、查找窗口等）来操作应用程序。应用程序包括 X Windows 环境下运行的应用，以及基于 X11/Xlib 创建的应用（如 GTK+、Qt、Motif 等）。

在 Linux 下安装 Perl X11::GUITest 的操作步骤：

（1）下载 X11-GUITest，网址为 http://sourceforge. net/projects/x11guitest/。一般 Linux 系统下，都默认有 Perl，如果没有，则要下载 Perl，网址为 http://www.cpan. org。

（2）解压，命令为 tar zxvf X11-GUITest-0. 28. tar. gz，进入解压后的路径如图 7-6

所示。

```
[root@localhost qtAutoTest]# cd X11-GUITest-0.28
[root@localhost X11-GUITest-0.28]# ls
Changes    docs   GUITest.h    GUITest.xs   KeyUtil.h    MANIFEST   META.yml   recorder   ToDo
Common.h   eg     GUITest.pm   KeyUtil.c    Makefile.PL  META.json  README     t          typemap
```

图 7 - 6　进入解压后的 X11-GUITest-0.28 路径

（3）安装 X11::GUITest，使用以下命令：

① 执行 perl Makefile.PL，结果如图 7 - 7 所示。

```
[root@localhost X11-GUITest-0.28]# perl Makefile.PL
Checking if your kit is complete...
Looks good
Writing Makefile for X11::GUITest
```

图 7 - 7　执行 perl Makefile.PL 结果图

如果执行后会提示"can't locate Exutils/Makefile.pm in @INC…"，则说明没有安装 Perl 模块。这里先要安装 perl-devel、perl-CPAN。在 Fedora 下直接执行 yum 命令就可以成功安装，例如 yum -y install perl-devel。

② 执行 make 命令。如果编译出现错误，则需要根据错误提示安装依赖包。在 Fedara 系统下，按照提示，可能需要安装 libX11-devel、libXt-devel、libXtst-devel，例如，yum install libXt-devel / yum install libXtst-devel /。在 Ubuntu 系统下，按照提示，可能需要安装 apt-get install libx11-dev、apt-get install libxt-dev、apt-get install libxtst-dev。

③ 执行 make test。

④ 执行 make install。

7.4.2　X11：GUITest 案例讲解

安装完成后，可以使用 example 看下效果。

root@localhost-desktop:/home/X11-GUITest-0.28# cd eg

root@localhost-desktop:/home/X11-GUITest-0.28/eg# ls

extras　FindWindowLike.pl　templates　TextEditor_1.pl　WebBrowser_1.pl

例如，WebBrowser_1.pl 的脚本如下，perl WebBrowser_1.pl 可以实际运行脚本查看效果。

```
#！/usr/bin/perl
#————————————————————————————#
# X11::GUITest（$Id：WebBrowser_1.pl 206 2011-05-15 13:24:11Z ctrondlp $)
# Notes：Basic interaction with Mozilla（Web Browser）. Tested using
#          v1.2.1 of the application under the English language.
#————————————————————————————#
## Pragmas/Directives/Diagnostics ##
use strict;
use warnings;
## Imports（use [MODULE] qw/[IMPORTLIST]/;）##
use X11::GUITest qw/
```

```
        StartApp
        FindWindowLike
        WaitWindowClose
        WaitWindowViewable
        SendKeys
        SetEventSendDelay
/;
## Constants (sub [CONSTANT]() { [VALUE]; }) ##
## Variables (my [SIGIL][VARIABLE] = [INITIALVALUE];) ##
my $ MainWin = 0;
my $ AlertWin = 0;
my $ AboutWin = 0;
## Core ##
print " $ 0 : Script Start\n";
# Slow event sending down a little for when X server
# is busy with this and other bigger applications
SetEventSendDelay(20);
# Make sure Mozilla isn't already running
# even though we could find a way around
# other instances of it.
if (FindWindowLike('Mozilla Firefox')) {
    die('Mozilla Firefox window is already open! ');
}
# Start the application
StartApp('firefox');
# Wait at most 20 seconds for it to come up
( $ MainWin) = WaitWindowViewable('Mozilla Firefox', undef, 20) or die('Could not
find browser window! ');
# Selectweb address bar and go to a website
SendKeys('^(l)');
SendKeys("http://sourceforge. net/projects/x11guitest\n");
# Wait for website page to start coming up
sleep(5);
WaitWindowViewable('X11::GUITest') or die('Could not find website page! ');
# Give page time to finish loading, so we can interact with the shortcut keys
# again.   Hopefully we can find a better way in the future rather then hard waits.
sleep(15);
# Close main Mozilla window
SendKeys('^(w)');
WaitWindowClose( $ MainWin) or die('Could not close Mozilla window! ');
print " $ 0 : Script End (Success)\n";
## Subroutines ##
```

7.4.3 Recorder 安装与使用

X11::GUITest::record 是基于 Perl 实现的 X11 录制的扩展功能组件。官方说明如下：

This Perl package uses the X11 record extension to capture events（from X-server）and requests（from X-client）. Futher it is possible to capture mostly all client/server communtation（partially implemented）.

For a full description of the extension see the Record Extension Protocol Specification of the X Consortium Standard（Version 11，Release 6.4）.

特性如下：

— Recording mouse movements

— Recording key presses and key releases

— Getting information about created and closed windows

— Getting text from windows（if it is a Poly8 request）

安装 Recorder，需要以下步骤：

（1）cd recorder；

（2）./autogen.sh；

（3）./configure；

（4）make；

（5）make install；

（6）进入 src 目录下，执行 ./x11guirecord --help，如图 7-8 所示。

```
[root@localhost src]# ./x11guirecord --help
Usage: x11guirecord [OPTION...]
  -s, --script=STRING          Script file to create
  -w, --wait=INT               Seconds to wait before recording (default: 1)
  -d, --delaythreshold=INT     Event delay (ms) threshold to account for / record (default: 50)
  -e, --exitkey=STRING         Exit key to stop recording (default: "ESC")
  -n, --nodelay                Don't include user delays
  -g, --granularity=INT        Level of granularity, mouse move frequency, 1-10 (default: 10)

Help options:
  -?, --help                   Show this help message
  --usage                      Display brief usage message
```

图 7-8 ./x11guirecord 的帮助图

编译之前需要将一些依赖包提前安装好，在 Fedora 下根据提示可能需要安装 popt-devel、autoconf、automake、libtool，如 yum install popt-devel。对于详细的 API 函数，可以参考文档说明，里面有所支持的函数 API 的用法。

7.5 LTP 内核测试工具介绍

7.5.1 LTP 介绍

LTP(Linux Test Project)为开源社区提供一个测试套件，用来验证 Linux 系统的可靠性、健壮性和稳定性，该套件以"易用、可移植和易扩展"为设计原则，可以将自己开发的测试用例加入 LTP 测试套件中。LTP 测试套件是测试 Linux 内核和内核相关特性的工具的集合，该工具的目的是通过把测试自动化引入到 Linux 内核测试，提高 Linux 的内核质量。LTP 提供了验证 Linux 系统稳定性的标准，设计标准的压力场景，通过对 Linux 系统进行压力测试，对系统的功能、性能进行分析，并以此确定 Linux 系统的可靠性、健壮性和稳定性。

LTP 套件包含了超过 2000 个测试用例，涵盖了内核的大多数接口，如系统调用、内存、IPC、I/O、文件系统和网络。LTP 测试过的体系结构包括：i386、ia64、Power PC、Power PC 64、S/390x、MIPS、mipsel、cris、AMD Opteron 以及嵌入式体系结构。LTP 测试的过程主要分为两个阶段：第一阶段为初始测试，主要用于测试系统的可靠性，包括 LTP 测试套件在硬件和操作系统上 24 小时的成功运转；第二阶段为压力测试，主要验证产品在系统高使用率时的健壮性。通过压力测试来判断系统的稳定性和可靠性。压力测试是一种破坏性的测试，即系统在非正常的、超负荷的条件下的运行情况，用来评估在超越最大负载的情况下系统将如何运行，是系统在正常的情况下对某种负载强度的承受能力的考验。

LTP 是一项动态工程，LTP 源包命名方式一般为 ltp-yyyymmdd，官网地址为 http：/ltp.sourceforge.net/。测试开始时，LTP 首先会列出测试机器的系统信息，如图7－9所示。

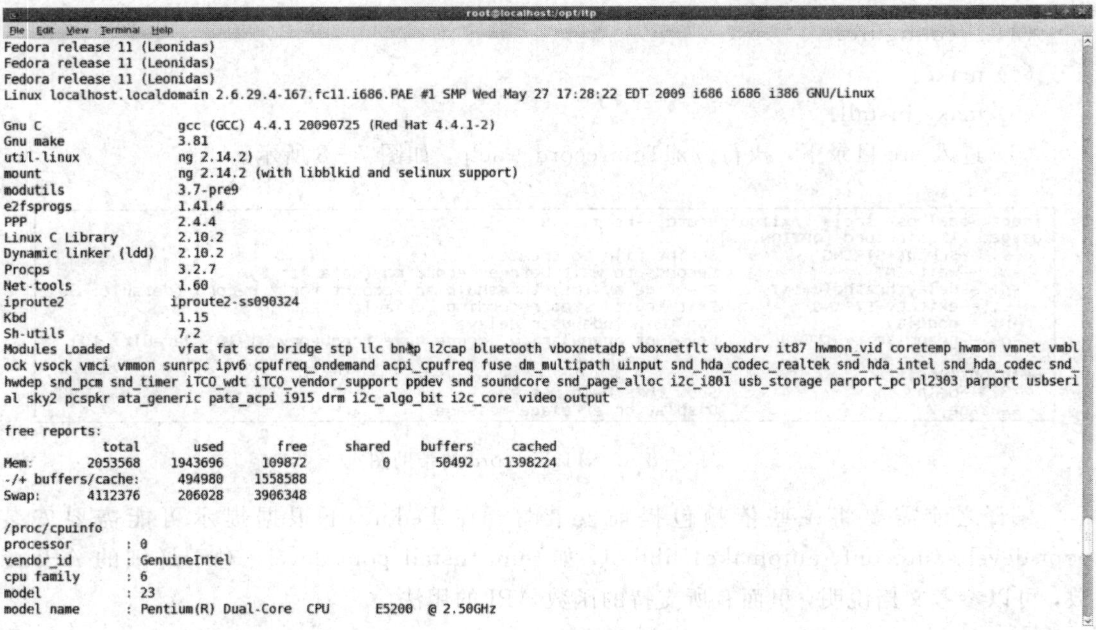

图 7－9　系统信息展示图

以测试内存为例，LTP 已经提供了很多测试程序来协助进行测试，比如测试内存有无坏点、测试系统内存有无被操作系统正确识别等，这都是嵌入式移植中需要注意的地方。此外，也可以针对不同的需求添加测试程序，进一步完善测试功能。

测试完成后，LTP 会生成一份报告，记录测试用例总个数、成功执行的用例个数、失败的个数等。但 LTP 本身生成的报告比较简单，假如用例执行失败，从报告中无法直接定位错误原因，可以修改 LTP 报告生成程序来解决此问题。

7.5.2 STAF 介绍

STAF(Sofware Test Automation Framework)是由 IBM 开发的开源、跨平台、支持多语言并且基于可重用的组件来构建的自动化测试框架，而这一系列的组件都是由可以处理调用、资源管理、监视等服务组成的，后面将会介绍这些概念。STAF 框架为自动化测试建立了基础，在高层解决方案提供一种可插拔的机制，支持多种平台与多种语言。STAF 采用点对点的实现机制，被用来减轻自动化测试的工作负担，加快自动化测试的进程。

可以通过 STAF 实现安装包的自动下载、自动分发、编译、部署和自动化测试。STAF 可以安装在 Windows 或者 Linux 系统下，在 STAF(STAX)自动部署更新包的过程中，STAX 可同时从 SVN 或 FTP 上下载最新的代码和安装脚本。STAF 下载完代码后，将代码拷贝到用于编译的服务器上。因为代码的编译有时需要特殊的环境，如需要 WAS(WebSphere Application Server)的环境，因此可以把 STAX 服务器和编译服务器分开。编译服务器编译好源码之后，将其分发到不同的待测服务器上，如不同的 Windows 测试系统，或者不同版本的 Linux 测试系统，部署服务器负责向应用程序服务器部署程序，而测试服务器则用来进行自动化测试。

以 Windows 下的驱动测试为例，例如驱动安装包需要手工点击安装和卸载，可以通过 InstallShield 实现静默安装和静默卸载或者结合 MSAA 或 UIA 等方式，实现安装包的自动安装，通过 STAF 调用安装包的自动化安装，并自动检查安装包是否正确安装。根据不同的设备调用不同的脚本配置文件，自动执行驱动测试。驱动相关功能都测试完成后，通过 STAF 调用安装包的自动卸载，最后自动检查安装包是否正确卸载。如果设置在晚上 12 点执行自动化测试，则测试完成后会自动生成测试报告，并通过邮件方式发给相关测试人员。

7.5.3 STAF 与 LTP 的集成

通过 STAF 与 LTP 的集成可更方便测试人员使用。如图 7-10 所示，STAF 提供了界面，方便选择待测试的 LTP 中的功能。在 STAF 端，对测试过程也可以进行实时监控。

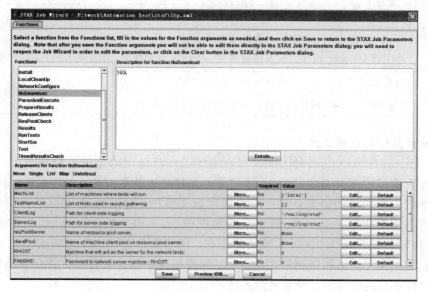

图 7-10 STAF 界面

7.6 Linux 常用系列工具

Linux 系统下有一些比较好用的小工具，可以用于 Linux OS、Android 系统中涉及 Linux 系统的部分，以及 Web 性能压力等的测试，来协助获取一些具体的性能指标值等相关信息，从而帮助分析性能情况，即哪里需要改进、竞争力如何，提供信息给相关人员等。

7.6.1 Linux CPU 性能分析系列工具

1. Linux CPU 性能分析系列工具介绍

Linux 下常用的 CPU 性能分析的系列工具如表 7 – 10 所示，其具体信息可以参考相应文档说明。

表 7 – 10　CPU 性能分析的系列工具

工具	描　　述
ps	进程状态命令
top	监控每个进程、线程 CPU 用量，以一定间隔刷新屏幕
perf	一整套剖析与跟踪工具。它基于事件采样原理，以性能事件为基础，支持针对处理器相关性能指标与操作系统相关性能指标的性能剖析，常用于性能瓶颈的查找与热点代码的定位
pidstat	用于监控全部或指定进程占用系统资源的情况，如 CPU、内存、设备 I/O、任务切换、线程等。用户可以通过指定统计的次数和时间来获得所需的统计信息
nmon	监控与分析工具
dstat	可以很方便地监控系统运行状况并用于基准测试和排除故障。dstat 可以实时地显示所有系统资源，将以列表的形式提供选项信息，可编写插件来收集想要的数据信息方便进行扩展
mpstat	多处理器统计信息工具，能报告每个 CPU 的统计信息
sysbench	一个模块化的、跨平台、多线程基准测试工具，主要包括：CPU 性能、磁盘 I/O 性能、调度程序性能、内存分配及传输速度、POSIX 线程性能、数据库性能（OLTP 基准测试）
uptime	获取系统平均负载，直接输入"uptime"即可
/proc/cpuinfo	获得处理器详细信息，包括时钟频率和特性标志位

2. nmon 监控与分析工具

nmon 是一种在 AIX 与各种 Linux 操作系统上广泛使用的监控与分析工具，相对于其他一些系统资源监控工具来说，nmon 所记录的信息是比较全面的，它可在系统运行过程中实时捕捉系统资源的使用情况，并且输出结果到文件中，可以通过 nmon_analyzer 工具产生数据文件与图形化结果。nmon 所记录的数据包含：CPU 占用率、内存使用情况、磁盘 I/O速度、传输和读写比率、文件系统的使用率、网络 I/O 速度、传输和读写比率、错误统计率与传输包的大小、消耗资源最多的进程、计算机详细信息和资源、页面空间和页面 I/O速度、用户自定义的磁盘组、网络文件系统等。

测试方法如：

    ./nmon -f -t -r test -s 30 -c 10

上面命令的含义说明如下：

-f：按标准格式输出文件名称，<hostname>_YYYYMMDD_HHMM.nmon。

-t：输出最耗资源的进程。

-s：每隔 n 秒抽样一次，这里为 30 秒。

-c：取出多少个抽样数量，这里为 10，即监控＝10×30/60＝5 分钟。

7.6.2 Linux 内存分析系列工具

1. 内存分析系列工具介绍

Linux 下常用的内存分析的系列工具如表 7-11 所示，其具体信息可以参考相应文档说明。

表 7-11 内存性能分析的系列工具

工具	描 述
Memtester	主要是捕获内存错误和一直处于很高或者很低的坏位，其测试项主要有随机值、异或比较、减法、乘法、除法、与或运算等。通过给定测试内存的大小和次数，可以对系统现有的内存进行上面项的测试
/proc/PID/status	可获得详细的内存情况，同时也包含了所有 CPU 活跃的信息，该文件中的所有值都是从系统启动开始累计到当前时刻的
vmstat	虚拟和物理存储器统计信息命令，用来获得有关进程、虚拟内存、页面交换空间及 CPU 活动等的信息
sar	系统活动报告器，可以用来观察当前活动以及配置保存和报告历史统计信息，反映历史统计信息
ps	进程状态命令
pmap	进程地址空间统计信息，可列出进程的内存映射、显示大小、权限以及映射的对象。显示一个或多个进程的内存状态，若需要 PID 或者运行进程的唯一进程 ID 来查看进程内存状态，可通过/proc 或者常规命令比如 top 或 ps 来获取
valgrind	用于内存调试、内存泄漏检测以及性能分析
top	监视进程存储器使用率

2. valgrind 内存工具

valgrind 是一款用于内存调试、内存泄漏检测以及性能分析的软件开发工具，它包括如下一些工具。

（1）memcheck：是 valgrind 应用最广泛的工具，一个重量级的内存检查器，能够发现开发中绝大多数内存错误使用情况，如使用未初始化的内存、使用已经释放了的内存、内存访问越界等。

（2）Callgrind：主要用来检查程序中函数调用过程中出现的问题。

（3）Cachegrind：主要用来检查程序中缓存使用出现的问题。

（4）Helgrind：主要用来检查多线程程序中出现的竞争问题。

（5）Massif：主要用来检查程序中堆栈使用时出现的问题。

（6）Extension：可以利用 core 提供的功能，自己编写特定的内存调试工具。

下载 valgrind-3.11.0.tar.bz2，下载网址：http://valgrind.org/。

解压 tar jxvf valgrind-3.11.0.tar.bz2，并依次运行以下命令：

（1）./configure；

（2）make 进行编译；

（3）make install 进行安装；

（4）valgrind ls -l 查看是否正确。

用法：valgrind［options］prog-and-args［options］，其常用选项适用于所有valgrind工具。

举例，下面程序中有数组下标越界问题以及没有释放内存的问题。

```
#include <stdlib.h>
void test(void)
{
    int * x = malloc(10 * sizeof(int));
    //Index is out of range and memory is not freed
    x[10] = 0;
}
int main(void)
{
    test();
    return 0;
}
```

使用 gcc -Wall test.c -g -o test 编译，生成 test 文件。

运行 valgrind --tool=memcheck --leak-check=full ./test 查看结果，可以通过 valgrind工具发现问题，会提示如下两处错误信息：

```
/home# valgrind --tool=memcheck --leak-check=full ./test
==4154== memcheck, a memory error detector
==4154== Copyright (C) 2002-2015, and GNU GPL'd, by Julian Seward et al.
==4154== Using Valgrind-3.11.0 and LibVEX; rerun with -h for copyright info
==4154== Command：./test
==4154== Invalid write of size 4
==4154==    at 0x8048427：test（test.c:6）
==4154==    by 0x8048445：main（test.c:10）
==4154==  Address 0x4208050 is 0 bytes after a block of size 40 alloc'd
==4154==    at 0x402D1AE：malloc（vg_replace_malloc.c:299）
==4154==    by 0x804841A：test（test.c:4）
==4154==    by 0x8048445：main（test.c:10）
==4154== HEAP SUMMARY：
==4154==    in use at exit：40 bytes in 1 blocks
```

```
==4154==       total heap usage：1 allocs，0 frees，40 bytes allocated
==4154== 40 bytes in 1 blocks are definitely lost in loss record 1 of 1
==4154==       at 0x402D1AE：malloc（vg_replace_malloc.c：299）
==4154==       by 0x804841A：test（test.c：4）
==4154==       by 0x8048445：main（test.c：10）
==4154== LEAK SUMMARY：
==4154==       definitely lost：40 bytes in 1 blocks
==4154==       indirectly lost：0 bytes in 0 blocks
==4154==        possibly lost：0 bytes in 0 blocks
==4154==       still reachable：0 bytes in 0 blocks
==4154==         suppressed：0 bytes in 0 blocks
==4154== For counts of detected and suppressed errors,rerun with：-v
==4154== ERROR SUMMARY：2 errors from 2 contexts（suppressed：0 from 0）
```

7.6.3　存储系统分析工具

1. 存储系统分析系列工具介绍

Linux 下常用的文件系统分析的系列工具如表 7 - 12 所示，其具体信息可以参考相应文档说明。

表 7 - 12　文件系统性能分析的系列工具

工具	描　　述
free	显示内存和交换区的统计信息
df	报告文件系统使用情况和容量统计信息
mount	显示文件系统挂载选项
vmstat	虚拟内存统计信息
iozone	文件系统基准测试工具，还包括 Bonnie、Bonnie＋＋、sysbench 等
slabtop	可打印有关内核 slab 缓存的信息
sar	多种统计信息，可以用来观察当前活动以及配置用于归档和报告历史统计的信息

2. iozone 文件系统读写性能测试

iozone 是一个文件系统的基准测试工具，可以全面测试不同操作系统中文件系统的读写性能。可以测试 read、write、re-read、re-write、read、backwards、read strided、fread、fwrite、random read、pread、mmap、aio_read、aio_write 等不同模式下的性能。针对不同厂商不同型号的存储设备进行性能测试，如 USB、USB2.0、USB3.0 等；不同型号大小 CF 卡测试，如 mini SD、PCI sata、IDE sata。sata 组成的 Raid、sata 盘性能如何，可以借助 iozone 进行测试。

1）iozone 安装方法

关于 iozone 的安装方法，下面简单介绍关键的几步，以 Linux 系统为例：

（1）下载 iozone 的安装包并解压，例如 iozone3_397；

（2）进入解压后的文件目录为 cd iozone3_397/src/current；

（3）执行 make install，产生需要的 iozone 文件。

2）iozone 文件相关参数

产生 iozone 文件后就可以运行该工具进行测试了，首先介绍其相关参数及其参数说明。

-a：使用全面自动模式，使用的块大小从 4KB 到 16MB。

-z：与-a 连用，测试所有的块，强制 iozone 在执行自动测试时包含小的块。

-R：生成 Excel 报告。iozone 将生成一个兼容 Excel 的标准输出报告。这个文件可以使用 Microsoft Excel 打开，可以创建一个文件系统性能的图表。注意，3D 图表是面向列的，画图时需要选择这项，因为 Excel 默认处理面向行的数据。

-b filename：iozone 输出结果时将创建一个兼容 Excel 的二进制格式的文件。

-i ♯：设置 I/O 测试模式，详细内容请查 man。如 $0 = $ write/Re-write，$1 = $ read/Reread，$2 = $ random-read/write，$3 = $ Read-backwards，…，$12 = $ preadv/Repreadv。

-n：设置测试时最小文件大小。

-g：设置测试时最大文件大小。

-s：设置测试时文件大小（**注意**：测试时，设置测试文件的大小一定要大过内存（推荐为实际内存大小的两倍），否则 Linux 会为读写的内容进行缓存，使数值非常不真实，且测试文件的大小不能超过磁盘存储空间）。

-f filename：指定测试文件的名字，完成后会自动删除，此文件指定要测试的那个硬盘。

-y：指定测试块的大小范围，表示测试最小块大小，需要和-a 同时使用。

-q：指定测试块的大小范围，表示测试最大块大小，需要和-a 同时使用。

3）实例

用实际例子来说明下 iozone 的使用方法。

例 1：如果要测试系统所在硬盘或者 CF 卡的文件读写性能，则可以执行命令：./iozone -az -s 8g -i 0 -i 1 -Rb ./iozone. xls。运行结束后，会在当前目录生成 iozone. xls 文件，内容即是测试结果，例如会看到如图 7 - 11 所示这样的结果。

图 7 - 11　./iozone -az -s 8g -i 0 -i 1 -Rb ./iozone. xls

结果说明：分别产生 writer/Re-writer/Reader/Re-Reader 四种类型的速度报告，其中以 writer report 为例说明，测试文件大小为 8GB，分别以 4/8/16/…/16384KB 的块大小进行文件操作，其中 4KB 进行 writer 的速度为 67454 KB/s。

例 2：执行./iozone -a -n 512m -g 4g -i 0 -i 1 -i 5 -Rb ./iozone.xls 进行全面测试，测试范围为 512 MB～4 GB。其中，-g(后面紧接最大值)和 -n(后面紧接最小值)，用来指定测试文件大小范围。测试 read、write 和 Strided read，生成 Excel 文件，如图 7-12 所示。

```
iozone test complete.
Excel output is below:

"Writer report"
        "4"  "8"  "16"  "32"  "64"  "128"  "256"  "512"  "1024"  "2048"  "4096"  "8192"  "16384"
"524288"   0  0  0  0  80086  86093  85591  88404  87536  86394  85286  85407  85063
"1048576"   0  0  0  0  75096  74827  74344  74716  73748  76112  75181  75724  74889
"2097152"   0  0  0  0  71663  70649  70991  69983  71091  71956  71672  72030  71370
"4194304"   0  0  0  0  69019  69904  69880  69403  70388  69672  68828  69960  70061

"Re-writer report"
        "4"  "8"  "16"  "32"  "64"  "128"  "256"  "512"  "1024"  "2048"  "4096"  "8192"  "16384"
"524288"   0  0  0  0  88860  87265  89346  89369  89461  89243  87426  86660  87482
"1048576"   0  0  0  0  76661  76101  76263  75037  75321  76902  76639  77438  76344
"2097152"   0  0  0  0  71403  71326  70863  71226  71336  72668  72177  71627  71689
"4194304"   0  0  0  0  69584  70161  70054  69666  70300  69907  69563  70023  70054

"Reader report"
        "4"  "8"  "16"  "32"  "64"  "128"  "256"  "512"  "1024"  "2048"  "4096"  "8192"  "16384"
"524288"   0  0  0  0  6286957  6173833  6087517  5885324  6144387  5163772  4685121  4710536  46752
20
"1048576"   0  0  0  0  6393324  6489715  6119930  6117711  6073423  5460679  4697416  4708174  4746
618
"2097152"   0  0  0  0  6479149  6404279  6239723  6189120  6242138  5528800  4664482  4692769  4718
788
"4194304"   0  0  0  0  85890  86391  86320  85885  86145  86234  85838  86190  86482

"Re-Reader report"
        "4"  "8"  "16"  "32"  "64"  "128"  "256"  "512"  "1024"  "2048"  "4096"  "8192"  "16384"
"524288"   0  0  0  0  6671424  6579262  6280922  6266061  6271990  5486367  4759414  4708008  47640
85
"1048576"   0  0  0  0  6866320  6441955  6199386  6286468  6087805  5422444  4746535  4763115  4699
459
"2097152"   0  0  0  0  6718367  6482475  6304965  6209936  6221915  5545073  4687985  4694766  4716
772
"4194304"   0  0  0  0  85617  86514  86291  85896  86222  86170  85883  86266  86511

"Stride read report"
        "4"  "8"  "16"  "32"  "64"  "128"  "256"  "512"  "1024"  "2048"  "4096"  "8192"  "16384"
"524288"   0  0  0  0  6528960  6523184  6216948  6230626  6246952  5458549  4749972  4777986  48038
13
"1048576"   0  0  0  0  6348580  6538727  6222376  6240634  6279537  5453780  4750381  4677300  4776
326
"2097152"   0  0  0  0  6556814  6489313  6275067  6291972  6309236  5530348  4876337  4806586  4850
588
"4194304"   0  0  0  0  101200  101441  101084  114162  129510  135992  137046  138648  134695
[root@localhost current]#
```

图 7-12　./iozone -a -n 512m -g 4g -i 0 -i 1 -i 5 -Rb ./iozone.xls

在 Excel 文件中的这段表，左侧一列是测试文件大小(KB)，最上边一行是记录大小，中间数据是测试的传输速度。测试文件大小为 512MB，以记录大小为 64KB 来进行传输，write 的传输速度为 86093 KB/s。

例 3：测试 USB 的读写性能，例如测试一个挂载在/mnt 目录下的 U 盘，执行命令：./iozone -az -s 7g -i 0 -i 1 -f/mnt -Rb ./iozone.xls，如图 7-13 所示。

同例 1 一样，当运行结束后，同样会产生类似的测试结果报告，读者可依据例 1 进行理解。其中执行过程唯一不同的是，执行命令中通过 -f 参数执行 U 盘的挂载路径，指定测试文件在挂载的 U 盘中。本次测试采用的 U 盘是 Cruzer Blade 8GB，ext4 格式。

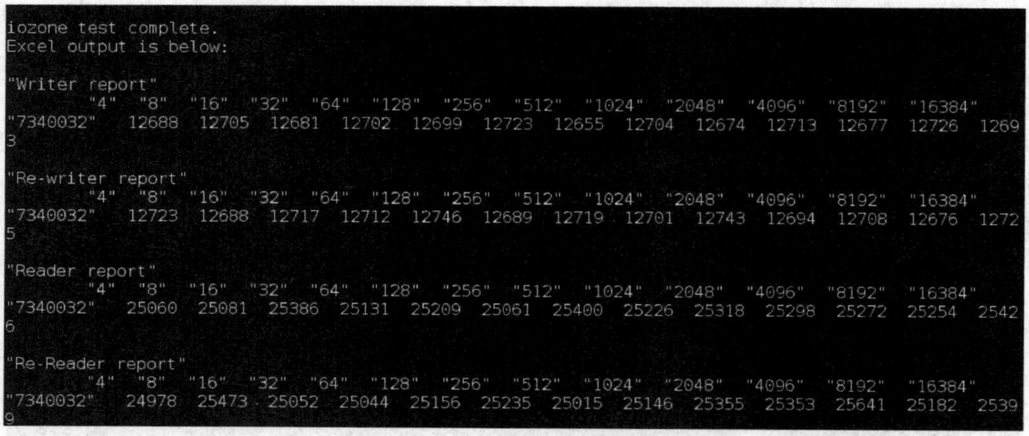

```
iozone test complete.
Excel output is below:

"Writer report"
        "4"    "8"   "16"   "32"   "64"  "128"  "256"  "512" "1024" "2048" "4096" "8192" "16384"
"7340032"  12688  12705  12681  12702  12699  12723  12655  12704  12674  12713  12677  12726  1269
3

"Re-writer report"
        "4"    "8"   "16"   "32"   "64"  "128"  "256"  "512" "1024" "2048" "4096" "8192" "16384"
"7340032"  12723  12688  12717  12712  12746  12689  12719  12701  12743  12694  12708  12676  1272
5

"Reader report"
        "4"    "8"   "16"   "32"   "64"  "128"  "256"  "512" "1024" "2048" "4096" "8192" "16384"
"7340032"  25060  25081  25386  25131  25209  25061  25400  25226  25318  25298  25272  25254  2542
6

"Re-Reader report"
        "4"    "8"   "16"   "32"   "64"  "128"  "256"  "512" "1024" "2048" "4096" "8192" "16384"
"7340032"  24978  25473  25052  25044  25156  25235  25015  25146  25355  25353  25641  25182  2539
9
```

图 7 - 13   ./iozone -az -s 7g -i 0 -i 1 -f/mnt -Rb ./iozone.xls

7.6.4　网络性能工具

1. 网络性能系列工具介绍

Linux 下常用的网络性能分析的系列工具如表 7 - 13 所示，其具体信息可以参考相应文档说明。

表 7 - 13　网络性能分析的系列工具

工具	描　　述
Iperf	Iperf 是一个网络性能测试工具。它可以测试 TCP 和 UDP 带宽质量，可以报告带宽，延迟抖动和数据包丢失。可以用来测试一些网络设备如路由器、防火墙、交换机等的性能
netstat	用于显示各种网络相关信息，如网络连接、路由表、接口状态、masquerade 连接、多播成员（Multicast Memberships）等
sar	系统活动报告工具
ifconfig	可以手动配置网络接口，也可以罗列所有接口的当前配置信息。可用于检查系统，网络以及路由设置有助于进行静态性能调优
ping	用于测试网络连通性
tcpdump	根据定义对网络上的数据包进行截获的包分析工具。它支持针对网络层、协议、主机、网络或端口的过滤，并提供 and、or、not 等逻辑语句来帮助去掉无用的信息
Wireshark	图形化网络数据包检查器
nicstat	可以输出网络接口吞吐量和使用率信息

2. Iperf 网络性能测试

Iperf 是一个网络性能测试工具。它可以测试 TCP 和 UDP 的带宽质量，可以报告带宽，延迟抖动和数据包丢失。Iperf 这一特性，可以用来测试一些网络设备如路由器，防火墙、交换机等的性能。

Iperf 的主要功能如下：

（1）TCP 方面：测量网络带宽，报告 MSS/MTU 值的大小和观测值，支持 TCP 窗口值通过套接字缓冲，当 P 线程或 Win32 线程可用时，支持多线程。客户端与服务端支持同时多重连接。

（2）UDP 方面：客户端可以创建指定带宽的 UDP 流，测量丢包，测量延迟，支持多播，当 P 线程可用时，支持多线程。客户端与服务端支持同时多重连接（不支持 Windows）。

1）Iperf 的使用方法

Iperf 主要用来测试网络的性能，可以进行 TCP 和 UDP 的测试。进行网络测试需要搭建一个测试环境，除了待测设备外，还需要一个对测的设备。其参数命令和说明如下。

-v：显示当前版本。

-c：客户端模式，后接服务器 IP。

-s：服务端模式，后接服务器 IP。

-p：接服务端监听的端口。

-i：设置带宽报告的时间间隔，单位为秒。

-t：设置测试的时长，单位为秒。

-b：设置 UDP 的发送带宽，单位 b/s。

-u：使用 UDP 方式而不是 TCP 方式。

-B：指定绑定到主机的多个地址中的一个。对于客户端来说，这个参数设置了出栈接口。对于服务器端来说，这个参数设置入栈接口。这个参数只用于具有多网络接口的主机。在 Iperf 的 UDP 模式下，此参数用于绑定和加入一个多播组。

为了排除网络其他环境的影响，这里使用一根网线将待测设备和对测设备直连。

2）实例

假设待测设备的 IP 为 192.168.1.1，对测设备的 IP 为 192.168.1.2。

例 1：测试待测设备网络的 UDP 性能，且待测设备作为 Client 端，单线程测试。

（1）在待测设备端执行：iperf -c 192.168.1.2 -i 5 -p 9999 -u -b 1000M -t 3600 -B 192.168.1.1。

（2）在对测设备端执行：iperf -s -i 5 -u -p 9999。

3600 秒之后 Client 端会执行结束，Client 端和 Server 端都会产生统计结果。Client 端结果如图 7-14 所示。

图 7-14　Client 端结果图

Server 端结果如图 7-15 所示。

```
[112] 3565.0-3570.0 sec    318 MBytes    533 Mbits/sec   0.024 ms  178633/405353 (44
[112] 3570.0-3575.0 sec    317 MBytes    533 Mbits/sec   0.020 ms  178953/405414 (44
[112] 3575.0-3580.0 sec    317 MBytes    532 Mbits/sec   0.020 ms  179060/405457 (44
[112] 3580.0-3585.0 sec    314 MBytes    527 Mbits/sec   0.024 ms  181140/405372 (45
[112] 3585.0-3590.0 sec    319 MBytes    535 Mbits/sec   0.028 ms  178006/405353 (44
[112] 3590.0-3595.0 sec    314 MBytes    528 Mbits/sec   0.017 ms  181078/405400 (45
%)
[112] 3595.0-3600.0 sec    315 MBytes    528 Mbits/sec   0.021 ms  181068/405411 (45
%)
[ ID] Interval        Transfer      Bandwidth       Jitter    Lost/Total Datagrams
[112]  0.0-3600.1 sec   128 GBytes    305 Mbits/sec  0.039 ms  213545065/306913123
(70%)
[112]  0.0-3600.1 sec   6 datagrams received out-of-order
recvfrom failed: Interrupted function call.
```

图 7-15　Server 端结果图

图 7-14 中最后一行的 0.0-3600.1sec 为最终统计结果，从 Client 和 Server 两端结果可以看到统计结果保持一致。分析图 7-14 可知，[3]表示 ID 号；发送 306913123 Datagrams；链路传输 UDP 速度：305 MB/s；总延时：0.039ms；丢包：21354071 个占 70%；总传输：128 GB。

例 2：测试待测设备网络的 TCP 性能，且待测设备作为 Client 端，多线程测试。

（1）在待测设备端执行：iperf -c 192.168.1.2 -i 5 -p 9999　-t 3600 -P 2。

（2）在对测设备端执行：iperf -s -i 5 -P 2。

3600 秒之后 Client 端会执行结束，Client 端和 Server 端都会产生统计结果，结果如图 7-16 所示。

```
[276] 3580.0-3585.0 sec    452 MBytes    758 Mbits/sec
[336] 3580.0-3585.0 sec   96.7 MBytes    162 Mbits/sec
[328] 3580.0-3585.0 sec   99.2 MBytes    166 Mbits/sec
[SUM] 3580.0-3585.0 sec    196 MBytes    329 Mbits/sec
[276] 3585.0-3590.0 sec    410 MBytes    687 Mbits/sec
[336] 3585.0-3590.0 sec   93.2 MBytes    156 Mbits/sec
[328] 3585.0-3590.0 sec   97.5 MBytes    163 Mbits/sec
[SUM] 3585.0-3590.0 sec    191 MBytes    320 Mbits/sec
[276] 3590.0-3595.0 sec    403 MBytes    676 Mbits/sec
[336] 3590.0-3595.0 sec   92.6 MBytes    155 Mbits/sec
[328] 3590.0-3595.0 sec   97.5 MBytes    164 Mbits/sec
[SUM] 3590.0-3595.0 sec    190 MBytes    319 Mbits/sec
[276] 3595.0-3600.0 sec    449 MBytes.   753 Mbits/sec
[336] 3595.0-3600.0 sec   95.8 MBytes    161 Mbits/sec
[328] 3595.0-3600.0 sec   98.9 MBytes    166 Mbits/sec
[SUM] 3595.0-3600.0 sec    195 MBytes    327 Mbits/sec
[ ID] Interval        Transfer      Bandwidth
[336]  0.0-3600.1 sec   67.0 GBytes    160 Mbits/sec
[328]  0.0-3600.3 sec   69.7 GBytes    166 Mbits/sec
[SUM]  0.0-3600.3 sec    137 GBytes    326 Mbits/sec
[276]  0.0-3600.3 sec    299 GBytes    713 Mbits/sec
```

图 7-16　Client 端和 Server 端结果显示

测试可知，ID[SUM]的带宽平均为 326Mb/s；总时间间隔里面转输的数据量为 137 GB。

　　具体可以根据自己的测试需求设计更多自己的测试用例，例如需要测试待测设备作为 Server 端的时候，可以将上述两个例子中分别在测试端和对测端的命令对调执行。

7.6.5　磁盘 I/O 分析系列工具介绍

　　Linux 下常用的磁盘 I/O 分析的系列工具如表 7-14 所示，其具体信息可以参考相应文档说明。

表 7-14　磁盘 I/O 性能分析的系列工具

工具	描　　述
iotop	用来监视磁盘 I/O 使用状况的 top 类工具，包括 PID、用户、I/O、进程等相关信息。Linux 下的 I/O 统计工具如 iostat、nmon 等大多数是只能统计到 per 设备的读写情况，如果想想知道每个进程是如何使用 I/O 的就比较麻烦，而使用 iotop 命令可以很方便的查看
iostat	主要用于监控系统设备的 I/O 负载情况，iostat 首次运行时显示自系统启动开始的各项统计信息，之后运行 iostat 将显示自上次运行该命令以后的统计信息。可以通过指定统计的次数和时间来获得所需的统计信息
blktrace	一个跟踪 I/O 请求的工具，Linux 系统发起的 I/O 请求都可以通过 blktrace 捕获并分析
pidstat	默认输出 CPU 的使用情况，也可以输出磁盘 I/O 统计信息
sar	磁盘历史统计信息

7.6.6　静态分析工具 cppcheck 与案例

　　cppcheck 是一个开放源码的静态代码检查工具，可用于分析 C/C++程序，不同于 C/C++编译器及其他分析工具，cppcheck 只检查编译器检查不出来的缺陷，不提供语法错误这类编译器能侦测到的问题。它执行的检查有数组的边界检查、内存泄漏检查、变量未初始化的检查、异常内存使用的检查、代码格式错误的检查等。

　　下载路径为 http://cppcheck. sourceforge. net/#download。这里以 Fedora 的 Linux 为例，运行命令下载：git clone git://github. com/danmar/cppcheck. git。下载到 Linux 系统后，当前路径中会出现 cppcheck 文件夹，运行命令 cd cppcheck。运行命令 make 进行编译，需要先安装 g++（如 yum install gcc-c++），如果没有 g++，则 make 可能会提示错误信息。完成后，运行命令 make install 进行安装。安装完成后，运行 cppcheck -v 查看是否安装成功。

　　新建 test. c 文件，撰写代码如下：

```
int main()
{
    char a[10];
    a[10]=1;
    return 0;
```

```
}
```

运行命令 cppcheck test.c，结果提示如下：

Checking test.c ...

[test.c:4]：(error) Array ′a[10]′ accessed at index 10，which is out of bounds.

cppcheck 常用的使用介绍如下：

（1）检查目录下所有的文件：cppcheck path。

（2）不检查目录或文件：可以只给出需要检查的路径，cppcheck src/a src/b，那么 src/a src/b 都会被检查。也可以使用 -i，忽略要检查的路径或者文件 cppcheck-i src/c src。

（3）添加头文件目录用 -I：cppcheck -I path。

（4）默认只输出错误的信息，可以通过设置参数，输出其他信息，例如：

```
# enable warning messages
cppcheck --enable＝warning file.c
# enable performance messages
cppcheck --enable＝performance file.c
# enable information messages
cppcheck --enable＝information file.c
# enable all messages
cppcheck --enable＝all
```

（5）将结果保存到文件 cppcheck file.c 2＞err.txt。

（6）多线程检查可以使用 -j 参数指定线程个数，例如指定 4 个线程来检查路径下的文件 cppcheck -j 4 path。

（7）XML 格式输出，cppcheck --xml file.c 或者 cppcheck --xml-version＝2 file.c。

例如 cppcheck --xml test.c，输入信息如下：

cppcheck：xml format version 1 is deprecated and will be removed in cppcheck 1.81. Use ′--xml-version＝2′.

```
<? xml version＝"1.0" encoding＝"UTF-8"? >
<results>
```

Checking test.c ...

```
    <error file＝"test.c" line＝"4" id＝"arrayIndexOutOfBounds" severity＝"error"
msg＝"Array &apos;a[10]&apos; accessed at index 10，which is out of bounds. "/>
</results>
```

例如 cppcheck --xml-version＝2 test.c，输入信息如下：

```
<? xml version＝"1.0" encoding＝"UTF-8"? >
<results version＝"2">
    <cppcheck version＝"1.77 dev"/>
    <errors>
```

Checking test.c ...

```
        <error id＝"arrayIndexOutOfBounds" severity＝"error" msg＝"Array &apos;
a[10]&apos; accessed at index 10，which is out of bounds. " verbose＝"Array &apos;a[10]
&apos; accessed at index 10，which is out of bounds. " cwe＝"119">
            <location file＝"test.c" line＝"4"/>
        </error>
```

```
</errors>
</results>
```

（8）过滤特定的错误，可选的格式如下：

```
[error id]:[filename]:[line]
[error id]:[filename2]
[error id]
```

其中，error id 可以通过上面提到的 --xml 来获取其 id，如上面的 cppcheck --xml test. c，id 为 arrayIndexOutOfBounds。

例如：cppcheck --suppress＝arrayIndexOutOfBounds：test. c，结果显示如下：

```
Checking test. c ...
```

（9）通过 cppcheck --inline-suppr test. c 可以过滤掉文件里"/＊cppcheck-suppress warningId ＊/"描述的警告。例如上面的 test. c，添加//cppcheck-suppress arrayIndex OutOfBounds，即：

```
int main()
{
char a[10];
//cppcheck-suppress arrayIndexOutOfBounds
a[10]＝1;
r return 0;
}
```

运行命令 cppcheck --inline-suppr test. c，结果如下：

```
Checking test. c ...
```

具体参考资料：http://cppcheck. sourceforge. net/manual. pdf。

7.6.7　性能测试工具 lmbench

lmbench 是个用于评价系统综合性能的多平台开源 benchmark，能够测试包括文档读写、内存操作、进程创建销毁开销、网络等性能。用于建立性能基准值和对比优化等，只需要简单编译就可获取结果。若对测试项目有更高需要，可对应修改源代码。使用工具 lmbench 的测试步骤如下：

```
$ tar -xf lmbench3. tar. gz
$ cd lmbench3
$ mkdir . /SCCS
$ touch . /SCCS/s. ChangeSet
$ make
$ make results
```

作业调度选 1，配置提示中的测试内存范围选项（如"MB ［default 1792］"时，对内存较大的应该避免选择太大值，否则测试时间会很长）可选择"1024"，是否 Mail results"选项可选择"否"，其余选项都选择缺省值即可。

7.6.8　GPU 测试工具

GPU(Graphic Processing Unit)图形处理器是相对于 CPU 的一个概念，由于在现代的计算机中图形的处理变得越来越重要,因此需要一个专门的图形的核心处理器。GPU 是显示卡的"大脑",它决定了该显卡的档次和大部分性能,同时也是 2D 显示卡和 3D 显示卡的区别依据。

可以使用 Linux 系统自带的命令 glxgears 来测试 GPU。glxgears 是一个测试 Linux 是否可以顺利运行 2D、3D 的测试软件。这个程序弹出一个窗口,里面有三个转动的齿轮,屏幕将显示出每五秒钟转动多少栅。窗户是可以缩放的,栅数多少极大程度上依赖于窗口的大小。如果显示卡够好,而且驱动程序也配合得很好,那齿轮就跑得快。

7.6.9 Screentest 测试工具

Screentest 是一个 CRT 和 LCD 显示器屏测试工具,可用于评估显示器的质量。

(1) Screentest 需要 intltool,编译和安装 intltool 的步骤如下:

```
wget ftp://ftp.gnome.org/pub/GNOME/sources/intltool/0.9/intltool-0.9.5.tar.gz
tar xf intltool-0.9.5.tar.gz
cd intltool-0.9.5
./configure
make
sudo make install
```

使用 yum 或其他编译器来进行安装,如 yum install intltool。

(2) 编译与运行 Screentest。

```
sh autogen.sh
./configure
make
./screentest 即可
```

7.6.10 浏览器测试系列工具

Android、Linux 系统发布的时候,需要考虑提供什么浏览器,有时候会问到提供的浏览器性能等如何?浏览器市场中的主流浏览器包括 IE、Firefox、Chrome、Opera 还有傲游,它们的版本号不断升级,对新标准的支持也不断提高,运行速度也更快,要在它们中进行选择是一件很困难的事情。Android、Linux 系统发布需要提供什么浏览器,也可参考下各个浏览器的综合情况,进行选取。一般选择浏览器,要看使用的是什么操作系统和计算机。例如想要运行 IE 10 浏览器,那么就必须使用 Windows 8 或者 Windows 7 计算机,而 Ubuntu 用户则最好使用 Firefox 浏览器,Opera 浏览器对于 Linux 用户来讲也很不错。

1. 浏览器速度测试

工具 1:Google V8 基准测试,通过 Google 官方的 JavaScript 脚本测试集,全面检测浏览器的 JavaScript 性能。此测试分数越高越好。

测试地址为 http://octane-benchmark.googlecode.com/svn/latest/index.html。

工具 2:GPU 加速测试,测试分值越高,表示浏览器硬件的加速性能越好。

测试地址为 http://ie.microsoft.com/testdrive/Performance/FishIETank/Default.html。

工具 3:WebGL Aquarium 3D 硬件加速测试,WebGL 是一个支持底层图形编程的 Web API。本地化游戏使用 OpenGL 或 Direct3D 实现的功能,基本上也可以使用 WebGL

来实现。测试中分数越高越好。

　　测试地址为 http：//webglsamples. googlecode. com/hg/aquarium/aquarium. html。

　　工具 4：SunSpider JavaScript Benchmark 测试，SunSpider 是 Mozilla 开发的 JavaScript 测试基准，是一款权威的专注于实际问题解决的测试软件。测试中得分越低越好。

　　测试地址为 http：//www. webkit. org/perf/sunspider-0. 9. 1/sunspider-0. 9. 1/driver. html。

2. 浏览器安全性测试

　　Browser Security Test，如 Chromium 版本 47.0.2526.73，综合评分比例是 15/100，具体测试参数如图 7 – 17 所示。

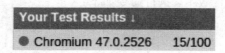

图 7 – 17　Browser Security Test 测试显示

3. 浏览器兼容性测试

　　工具 1：HTML5 相关测试，主要用来测试浏览器对 HTML5 的兼容性。此测试用于衡量浏览器对 HTML5 网络标准的支持情况，分数越高越好。测试地址为 http：// html5test. com/。

　　工具 2：Acid3 测试，Acid3 是一份网页浏览器及设计软件的标准相容性的测试网页，是一份网页浏览器及设计软件的标准兼容性的测试网页，于 2008 年 3 月 3 日正式发布。这是目前 Web 标准基准测试中最严格的一个，对 DOM 和 JavaScript 有着严格的约束。其测试焦点集中在 ECMAScript、DOM Level 3、Media Queries 和 data：URL。浏览器打开此测试网页后，页面会不断加载功能，直接给予分数，满分为 100 分。相比较以前的 Acid2 来说，新的网络规范测试标准 Acid3 在测试标准上更严格更全面，它测试一个浏览器的 DOM Script 能力及 CSS 渲染、SVG、Web 2.0 规范等。测试结果得分越大越好。测试地址为 http：//acid3. acidtests. org/。

　　工具 3：JS 测试。测试地址为 http：//www. webkit. org/perf/sunspider/sunspider. html。

4. 浏览器其他测试

　　工具 1：Peacekeeper 是浏览器中一款类似于 PCMark 的在线评测平台，测试领域包含 HTML5、CSS3、JavaScript、DOM 性能等，测试结果为打分制，得分越高代表浏览器的性能越好。测试地址为 http：//peacekeeper. futuremark. com/run. action。

　　工具 2：Fishbowl 测试（鱼缸测试）是另一款来自于微软测试中心的图形加速测试，相比前一条 FishIE、Fishbowl 的重点在于展示浏览器对于 HTML5 动画的支持，亮点是页面上的所有内容都能直接手工屏蔽，以便供测试者观察不同元素对于浏览器性能的影响。测试地址为 http：//ie. microsoft. com/testdrive/Performance/FishBowl/。

　　通过上述方法，读者可以在各个平台及不同版本的不同浏览器上进行测试，并综合对比分析得出最适合自己的浏览器。

7. 6. 11　Docker 环境搭建

Docker 是一个开源软件，它可以把一个 Linux 应用和它所依赖的一切，如配置文件，都封装到一个容器。然而，Docker 与虚拟机不同，它使用了沙箱机制，Docker 容器不运行操作系统，它共享主机上的操作系统。下面将在 Ubuntu 14.04 安装和使用 Docker。Docker 为运行在 Linux 上的操作系统级虚拟化平台增加了新层次的抽象和自动化，使得在同一个服务器上可以运行更多的应用程序。Docker 使用 Go 语言开发，并以 Apache 2.0 许可证协议发布。

要在 Ubuntu 14.04 x64 安装 Docker，需要确保 Ubuntu 的版本是 64 位，而且内核版本需大于 3.10 版。

（1）检查 Ubuntu 的内核版本，执行命令如下：

```
# uname -r
3.13.0-24-generic
```

（2）更新系统，确保软件包列表的有效性，执行如下命令：

```
# apt-get update
```

（3）如果 Ubuntu 的版本不满足，还需升级 Ubuntu，执行如下命令：

```
# apt-get -y upgrade
```

以上需求都满足，就可以开始安装 Docker 了。Docker 最早只支持 Ubuntu，后来有了 CentOS 和其他 RedHat 相关的发布包，安装很简单，执行命令如下：

```
apt-get -y install docker.io
```

创建软链接命令如下：

```
# ln -sf /usr/bin/docker.io /usr/local/bin/docker
# sed -i '$ a complete -F _docker docker' /etc/bash_completion.d/docker.io
```

要校验 Docker 服务的状态，执行以下命令，确保 Docker 服务是启动的：

```
# service docker.io status
docker.io start/running, process 14394
```

要把 Docker 以守护进程的方式运行，执行以下命令（注意需先关闭 Docker 服务）：

```
# docker -d &
```

把 Docker 安装为自启动服务，让它随服务器的启动而自动运行，执行如下命令：

```
# update-rc.d docker.io defaults
```

第 8 章　Android 测试

8.1　Android 技术

8.1.1　Android 架构

Android 是一种基于 Linux 自由及开放源代码的操作系统，主要使用于便携设备，如智能手机和平板电脑等。Android 操作系统最初由 Andy Rubin 开发，主要支持手机。2005 年由 Google 收购注资，并对其进行了修改，使其更适合在手机、平板电脑、相机、手表、机顶盒等触摸设备上运行。

Android 架构图如图 8-1 所示。

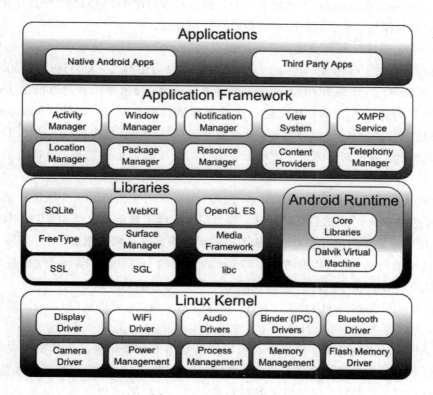

图 8-1　Android 架构图

应用层(Applications)：最上层的是用 Java 语言开发的应用程序，允许开发者无需修改底层代码，就对设备的功能进行扩展和提升。通常应用层分为两类，预装应用与用户安装的应用。预装应用包括 Google、原始设备制造商(OEM)或移动运营商提供的应用，例如日历、电子邮件、浏览器、联系人管理应用等，这些应用的程序包通常在/system/app 目录中。用户安装的应用，指用户自己安装的应用，可从 Google Play 商店等应用市场直接下载，也可使用 adb install/pm install 进行安装。这些用户安装的应用以及预安装应用的更新都会保存在/data/app 目录中。

框架层(Framework)：Framework 是基于 Java 开发的，它为开发者提供了大量用来访问 Android 设备的 API，例如管理 UI 元素、共享数据存储以及应用组件之间传递信息等。

内核层(Kernel)：在早期开始，Google 创建了 Linux 内核的一个 Android 分支，因为许多修改和添加已经不再与 Linux 内核主代码树相互兼容。该层由相机、声卡、WiFi、键盘等多种驱动程序构成。Android 的安全、内存管理、进程管理、网络协议栈、驱动模型等主要服务系统都依赖于 Linux。内核会在硬件和软件栈的剩余部分起到抽象层的作用。Linux 内核文档已经相当完备，但是 Linux 内核与 Android 使用的内核还是有许多差异的。

8.1.2　Android 各架构的自动化技术

应用层自动化：Google 提供的 UIAutomator、MonkeyRunner、Monkey、Instrumention，还有业界的 Appium、Robotium 等自动化工具，都是对应用层 UI 进行的 UI 自动化，通常是模拟鼠标键盘的操作，本章后面的小节会进行详细介绍。

Framework 层接口的自动化：Google 提供的 Instrumention 技术，Google 的 CTS 有使用 Instrumention 对 Framework 层的 Java 接口进行自动化测试。要对这层进行自动化，建议参考 CTS 源码，可使用 Instrumention 来实现自动化。覆盖率工具可以借助 Jococo 来进行代码覆盖率的统计和查看，从而进一步的指导进行精准测试。此外，Android 系统中，使用服务组件在后台长时间执行任务，针对服务组件 Android 也有提供 ServiceTestCase 来进行自动化测试，通过创建测试环境将服务组件与应用其他组件隔离，从而独立测试服务组件。

HAL 层的自动化：可以使用 Google 的 Gtest，编译生成 Android 能运行的可执行文件，来进行这层 C++/C 的自动化测试，覆盖率的统计工具也可以使用 LTP 里的 Grov 与 Lcov 进行代码覆盖率的统计和查看，从而进一步的指导进行精准测试。

Kernel 层的自动化：可以参考上一节 Linux 介绍的 LTP 进行 Kernel 层的自动化测试。此外，可以使用 Google 的 Gtest 进行这层 C++/C 的自动化测试。

对于 Android 架构的 HIDL 层、HAL 层等的驱动测试，可以使用 Google 提供的 Gtest 进行测试，具体参考 6.4 节，具体测试方法参考 6.1 和 6.2 节。

了解 Android 系统架构，可以针对每层借助常用的自动化测试工具实现自动化测试，后面会对这些自动化工具分别进行介绍。其中，对于 Android 的安全测试比较复杂，可以针对每层进行安全性测试，例如借助静态扫描工具、模糊测试和渗透测试等来进行，这里不做介绍。

8.1.3　Android 开发环境搭建

1. JDK 安装与环境变量配置

在测试之前需要准备开发环境，因为要用到 Java，所以需要安装 JDK(Java Development Kit)，它是 Sun Microsystems 针对 Java 开发的产品。自从 Java 推出以来，JDK 已经成为使用最广泛的 Java SDK。JDK 包括了 Java 运行环境、Java 工具和 Java 基础类库。这里，安装 JDK5 或 JDK6，安装完成后，设置环境变量，就可以在任意路径下执行 Javac/Java 等工具了。选中计算机并单击鼠标右键，在弹出的菜单中选择属性项，打开系统属性对话框，选择高级系统设置，单击环境变量按钮，在环境变量对话框中单击新建按钮，添加 JAVA_HOME，变量值为 JDK 的安装目录，如图 8-2 所示。

将 JAVA_HOME 下的 bin 文件添加到 Path：选择 Path 系统环境变量，单击编辑按钮，添加 %JAVA_HOME%\bin;，如图 8-3 所示。

图 8-2　JAVA_HOME 环境变量　　　　　　　图 8-3　path 环境变量

添加完环境变量后，可以打开 Windows 命令处理程序窗口，输入 java -version 验证环境变量是否添加成功。如果添加成功，则会显示安装的 Java 版本号，如图 8-4 所示。

```
C:\Users\yu.yan.ACN>java -version
java version "1.7.0_79"
Java(TM) SE Runtime Environment (build 1.7.0_79-b15)
Java HotSpot(TM) Client VM (build 24.79-b02, mixed mode, sharing)
```

图 8-4　Java 版本显示

2. Eclipse 安装

首先，Android 开发时会用到的整合开发环境 Eclipse 是一个多用途的开发工具平台，下载网址是 http://www.eclipse.org/downloads/。打开 Eclipse 文件夹，点击 Eclipse，第一次启动 Eclipse 时会弹出视窗设置预设的工作目录。一般使用 Eclipse 预设的工作目录即可。

3. Android SDK 安装与环境变量配置

Android SDK 是 Android 程序开发套件，它提供了开发 Android 应用程序所需的 API 库和构建、测试和调试 Android 应用程序所需的开发工具，下载地址是 http://developer. android. com/sdk/index. html。Google 提供了混合的下载包，包含了 Eclipse、ADT 和 Android SDK，如果已经下载了 Eclipse，则这里可以单独下载 SDK 安装程序。双击运行安装程序，安装完毕后，在安装目录下运行 SDK Manager. exe，在弹出的窗口中选中 Tools 文件，下载 Android SDK Tools、Android SDK Platform-tools 和 Android SDK Build-tools，选中需要的 Android SDK 版本，可根据需要选择是否下载源码或者样例代码，如选中整个版本文件夹，然后选中 Extras 文件夹，单击安装按钮 Install。

安装成功后，添加 ANDROID_HOME 环境变量，在计算机桌面选中计算机后单击鼠标右键，弹出的菜单中选择属性项，打开系统属性对话框，选择高级系统设置，单击环境变量按钮。在环境变量对话框中单击"新建"按钮，ANDROID_HOME 变量值为 Android SDK 的目录。将 ANDROID_HOME 的 Tools 和 platform-tools 添加到 path 中，添加方法与 JAVA_HOME的 bin 文件夹添加到 path 类似，添加如下的配置到 path：

%ANDROID_HOME%\tools;%ANDROID_HOME%\platform-tools;

4. ADT 插件的安装

ADT 是基于 Eclipse 的 Android 开发工具扩充套件(Android Development Tools plugin)，与安装其他 Eclipse 插件类似，可以在 Eclipse Help 菜单中选择 Install New Software 选项，然后输入插件地址进行下载。也可下载 ADT 安装包，单击"Archive"按钮，找到下载下来的安装包，按照提示安装即可。

这里，推荐网址 http://developer. android. com/design/index. html，可以学习Android 的设计和开发的知识，对于测试也是很有帮助的。

8.2 Monkey 自动化工具

8.2.1 Monkey 介绍

Monkey 是 Android 中的一个命令行工具，可运行在模拟器里或真实设备中，它属于轻量级的自动化工具，主要用于稳定性和一些简单随机的测试。它向系统发送伪随机的用户事件流，如按键输入、触摸屏输入、手势输入等，对正在开发的应用程序、手机整机进行稳定性、兼容性测试，验证待测应用程序是否会出现闪退或者崩溃等问题。Monkey 测试也可以用于性能测试，通过 Monkey 命令对应用程序进行压力测试时，可以同时进行性能监控（如内存、CPU、GPU、磁盘、网络、电池指标等）。如果 Monkey 测试过程中发现缺陷，则可以在缺陷管理系统中进行自动化提单。

目前有的 App 云测试平台有提供免费试用版，可以在某些设备型号某些系统版本上进行自动化测试，其所用的大都是 Monkey，向系统发送伪随机的用户事件流，模拟用户操作，对应用程序进行快速的压力测试。当然这些云平台也有提供基于其他自动化技术工具的测试，例如基于 Robotium 或基于 Appium 等，具体后面章节会进行介绍。

执行 adb shell monkey 或者 adb shell monkey -h，会显示 Usage 用法，如图 8-5 所示。

```
C:\Program Files\Appium>adb shell monkey
usage: monkey [-p ALLOWED_PACKAGE [-p ALLOWED_PACKAGE] ...]
              [-c MAIN_CATEGORY [-c MAIN_CATEGORY] ...]
              [--ignore-crashes] [--ignore-timeouts]
              [--ignore-security-exceptions]
              [--monitor-native-crashes] [--ignore-native-crashes]
              [--kill-process-after-error] [--hprof]
              [--pct-touch PERCENT] [--pct-motion PERCENT]
              [--pct-trackball PERCENT] [--pct-syskeys PERCENT]
              [--pct-nav PERCENT] [--pct-majornav PERCENT]
              [--pct-appswitch PERCENT] [--pct-flip PERCENT]
              [--pct-anyevent PERCENT] [--pct-pinchzoom PERCENT]
              [--pkg-blacklist-file PACKAGE_BLACKLIST_FILE]
              [--pkg-whitelist-file PACKAGE_WHITELIST_FILE]
              [--wait-dbg] [--dbg-no-events]
              [--setup scriptfile] [-f scriptfile [-f scriptfile] ...]
              [--port port]
              [-s SEED] [-v [-v] ...]
              [--throttle MILLISEC] [--randomize-throttle]
              [--profile-wait MILLISEC]
              [--device-sleep-time MILLISEC]
              [--randomize-script]
              [--script-log]
              [--bugreport]
              [--periodic-bugreport]
              COUNT
```

图 8-5　Monkey 用法

8.2.2　Monkey 语法与实际指令

Monkey 的基本语法为 monkey [options] <event-count>。其中，[options]操作包括的内容如图 8-5 提供的帮助信息所示。如果不指定 options，则 Monkey 将以无反馈模式启动，即不向控制台输出任何文本，并随机把事件任意发送到安装的任意应用。

adb shell monkey <event-count>中的<event-count>为随机发送事件数，如 500，就会随机发送 500 个随机事件。

1. adb shell monkey -v <event-count>

-v：打印出日志信息，目前最多支持三个-v。每个-v 增加反馈信息的级别。-v 越多日志信息就越详细。如 adb shell monkey -v -v -v 500。

一个-v：提供较少的信息，除启动提示、测试完成和最终结果外信息较少。

两个-v：提供比较详细的测试信息，如逐个发送到 Activity 的事件。

三个-v：提供更详细的安装信息，如测试中被选中或未被选中的 Activity。

2. adb shell monkey -f <scriptfile> <event-count>

-f：后接测试脚本名，指要运行指定的 Monkey 脚本。具体脚本撰写方法可在网上进行查阅，这里不做太多介绍。因为 Monkey 脚本的核心是准确获取坐标以提供点击，而且很难支持插件编写，也不支持录制和回放，所以不太建议用 Monkey 开发自动化脚本来运行，后面章节会介绍几个比较好用的自动化开发工具。

3. adb shell monkey -s <event-count>

-s：随机数生成器的 seed 值，如果用相同的 seed 值再次运行 Monkey，则会生成相同的事件序列，重复执行刚才的随机操作。

4. adb shell monkey --throttle ＜milliseconds＞

--throttle：后接时间，单位为 ms，指定事件之间的固定延迟，会在每个指令之间加上固定的间隔时间，默认为不延迟地执行各个指令。

5. adb shell monkey -p ＜ package-name ＞ ＜event-count＞

-p：后接一个或者多个 package-name 包名，随机事件运行的范围就会限制在指定的某个或几个包中。Monkey 一般会指明要测试的应用包的名字，以及随机生成的按键次数。例如，启动指定的应用程序包名，并向其发送 500 个伪随机事件，即：

$ adb shell monkey -p your. package. name -v 500

6. adb shell monkey -c ＜ main-activity ＞ ＜event-count＞

-c：后接一个或者多个类别名＜ main-activity ＞，只允许系统启动这些类别中某个类别列出的 Activity。如 adb shell monkey -c Intent. CATEGORY_LAUNCHER 500，运行 Intent. CATEGORY_LAUNCHER 类别的 Activity 并发送 500 个随机事件。

Monkey 也有提供一些 ignore 的参数，避免脚本在执行过程出现崩溃、异常、超时错误、安全权限错误、错误等故障时 Monkey 测试停止。如 adb shell monkey -p your. package. name --ignore-crashes 100，测试过程中，即使程序崩溃，Monkey 依然发送事件，遇错不停，直至事件数目达到 100 为止。这样可尽可能多的测试，增加发现缺陷的几率。

此外，Monkey 也有提供一些 --pct-｛＋事件类别｝｛＋事件类别百分比｝的参数，可以指定每种类别事件的数目百分比，包括调整触摸事件、动作事件、轨迹事件、基本导航事件、主要导航事件、系统按键事件、启动 Activity 以及其他类型事件的百分比，即在 Monkey 事件序列中，该类事件数目占总事件数目的百分比。例如 --pct-touch ｛＋百分比｝，调整触摸事件的百分比，触摸事件是一个 down-up 事件，它发生在屏幕上某个单一位置。

应用程序包名可以查看 data/data 文件夹下的应用程序包，如下：

C:\Documents and Settings\Administrator>adb shell

♯ ls data/data

这里会罗列所有的待测应用程序包，根据测试策略选择待测试的应用程序包。以 com. example. android. XX 作为测试对象为例：♯ monkey -p com. example. android. XX -v 500。通过 Monkey 测试能快速定位出有缺陷的程序包，如 com. example. android. XX 测试时，出现报错，就可以优先查看确认问题，一般情况下，Monkey 测试出来的问题，大多是可以在用户手动操作时出现的，所以 Monkey 测出的 Crash 问题应该加以重视。具体详细信息可参考官网 http://developer. android. com/tools/help/monkey. html。

8.3 MonkeyRunner 自动化工具

8.3.1 MonkeyRunner 介绍

MonkeyRunner 工具可以在外部控制 Android 设备和模拟器。通过 MonkeyRunner 可以写一个 Python 程序来安装 Android 应用程序或测试包，运行这个工具并向它发送模拟按键，它就可以截取用户界面并将截图存储于开发机上了。如果临时录制一些脚本而不考虑脚本移植性的话，可以用 MonkeyRunner。使用前，需要先配置 Python 环境。MonkeyRunner工具与上节介绍的 Monkey 工具并无关联。Monkey 工具可以生成用户或系统的伪随机事件流，而 MonkeyRunner 工具则是通过 API 定义的特定命令和事件来控制设备或模拟器。MonkeyRunner 工具为 Android 测试提供了以下特性。

（1）多设备控制：MonkeyRunner API 可以跨多个设备或模拟器实施测试套件。它可以连接所有的设备或者立刻启动全部模拟器，或者两者同时进行，依次连接到每一个，然后运行一个或多个测试。也可以用程序启动一个配置好的模拟器，运行一个或多个测试，然后关闭模拟器。

（2）功能测试：MonkeyRunner 对应用程序自动进行功能测试。只要提供按键或触摸事件的输入值，就可以观察到输出结果的截屏。

（3）回归测试：MonkeyRunner 可以运行某个应用，并将其结果截屏与已知的正确的结果截屏相比较，以此测试应用的稳定性。

（4）可扩展的自动化：由于 MonkeyRunner 是一个 API 工具包，可以基于 Python 模块和程序开发一整套系统，因此可以以此来控制 Android 设备。除了使用 MonkeyRunner API 之外，还可以使用标准的 Python - os 和 Subprocess 模块来调用 Android 其他工具如 adb，还可以向 MonkeyRunner 的 API 中添加自己的类。

MonkeyRunner 工具使用 Jython 语言，它允许 MonkeyRunner API 与 Android 框架轻松的进行交互。通过 Jython，可以使用 Python 语法来获取 API 中的常量、类以及方法。MonkeyRunner 的 API 主要分为三类，即 MonkeyRunner、MonkeyDevice、MonkeyImage，接下来将分别介绍。

8.3.2　MonkeyRunner API

MonkeyRunner 是一个为 MonkeyRunner 程序提供工具方法的类，它提供用于将 MonkeyRunner 连接至设备或模拟器的方法，以及用于创建 MonkeyRunner 程序的用户界面和显示内置帮助的方法。

最常用的方法是等待设备连接到 PC：MonkeyRunner. waitForConnection（float timeout, string deviceId）。其中，参数 timeout 是连接设备的超时时间，默认是始终等待。参数 deviceId 是设备或模拟器 ID 号，如果只有一个设备或模拟器，则可不带参数，直接连接该设备，如果有多个设备，则需要输入设备 ID 号，设备 ID 可以通过 adb devices 命令获取，其返回值是一个代表连接上了的设备或模拟器的 MonkeyDevice 对象，可通过它来操控设备，若连接失败，不会继续后续步骤。MonkeyRunner 的 API 说明，可参考网址 https://developer. android. com/tools/help/MonkeyRunner. html。

8.3.3　MonkeyDevice API

MonkeyDevice 表示一个设备或模拟器。这个类提供了安装和卸载程序包、发送广播、获取设备属性、启动活动、运行测试包、基本操作、发送键盘、触摸事件等方法。

（1）void installPackage(string path)：从宿主机的 APK 文件安装应用，如果应用已经安装，则会进行替代。path 是宿主 PC 中待安装应用 APK 的路径及应用 APK 文件名，如果 APK 与脚本在同一目录，则 APK 前加. /，如. /antutu - benchmark - v6beta. apk。

（2）void press(string name,dictionary type)：点击按键。name 表示要发送的按键名，具体名称参考 KeyEvent；type 是要发送的按键事件类型，包括 DOWN_AND_UP、DOWN、UP。

（3）void removePackage(string package)：从设备上卸载应用。需要注意，package 是包名，如 com. antutu. ABenchMark，而不是应用的文件名如 antutu – benchmark – v6beta. apk。包名的获取可以通过源码获取，也可以通过 ddms 等工具获取。以 ddms 为例，首先打开 ddms. bat，然后打开 Android 待测设备端的 App，即可获取到 App 的包名和 appActivity。

（4）void startActivity()：启动一个活动。

（5）void touch(integer x,integer y,string type)：发送触摸消息。type 是要发送的按键事件类型，包括 DOWN_AND_UP、DOWN、UP；x 与 y 对应要触摸的位置的 x，y 坐标。

（6）void type(string message)：输入字符串。

（7）void wake()：唤醒设备。首次连接会自动唤醒，主要用于长时间等待事件后的操作。

（8）void reboot(string into)：重启设备并进入不同的模式。其中，string into 支持三种重启选项，即 Bootloader、Recovery、None。其中，Bootloader 为重启设备后进入 Bootloader 环境；Recovery 为 Recovery 重启进入 Recovery 环境；None 为普通设备重启。

MonkeyDevice 参考网址为 https://developer. android. com/tools/help/Monkey-Device. html。

8.3.4　MonkeyImage API 与案例

MonkeyImage 表示一个截图对象。这个类提供了截图、将位图转换成各种格式、比较两个 MonkeyImage 对象以及写图像到文件等的方法。

（1）MonkeyImage takeSnapshot()：捕获设备的当前屏幕。

（2）writeToFile(string path,string format)：保存图像为图片文件。string format 为存储格式。

（3）getSubImage(tuple rect)：获取指定区域的图像，将左上角坐标(x,y)和截取图像的宽(w)、高(h)组合为一个 tuple 型变量传入即可获取该图像的子图像。

（4）sameAs (MonkeyImage other, float percent)：对比两张图片，并输出对比结果 True 或 False。float percent 为匹配百分比，范围为 0.0 到 1.0，默认为 1.0，即全部匹配。

（5）convertToBytes(string format)：将当前图像格式转换为需要的图像格式，默认为 PNG 格式。string format 为需要输出的图像格式，返回为图像二进制数据字符串。

示例 1：

```
from com. android. monkeyrunner importMonkeyRunner,MonkeyDevice,MonkeyImage
device = MonkeyRunner. waitForConnection()
＃Set x ,y,w,h,rect
x=0
y=57
w=715
h=1000
rect=(x,y,w,h)
```

```
        # Get picture
        Pic1 = device. takeSnapshot()
        pic2 = device. takeSnapshot()
        compile= pic1. sameAs(pic2,0.8)
        print compile
        # Convert picture2 to jpg
        picstr2= pic2. convertToBytes('jpg')
        # Get sub-picture
    subpic= pic1. getSubImage(rect)
        # Save picture
    pic1. writeToFile('. /shot. png','png')
        # Save sub-picture
    subpic. writeToFile('. /subshot. png','png')
```

其中，shot. png 为全屏图像，subshot. png 为截取的子图像。

最后说明，MonkeyRunner 的 API 比较多，查找网页比较麻烦，也可以通过 API 获取帮助文档"void help(string format)"生成 MonkeyRunner 的 API 参考，其中，format 可以为 Text 或 HTML，分别代表纯文本和 HTML 输出。

示例 2：

```
        from com. android. monkeyrunner import MonkeyRunner
        # Prepare monkeyrunner help reference
        txtformat='text'
        htmlformat='html'
        texthelp= MonkeyRunner. help(txtformat)
        htmlhelp = MonkeyRunner. help(htmlformat)
        # Generate   htmlhelp. txt
        mrhelp= open('htmlhelp. txt','w');
        mrhelp. write(texthelp);
        mrhelp. close();
        # Generate   htmlhelp. txt
        mrhelp= open('htmlhelp. html','w');
        mrhelp. write(htmlhelp);
        mrhelp. close();
```

8.3.5　MonkeyRunner 录制与回放

通过网络或者连线方式，adb connect 连接到测试设备上，在 cmd 上运行命令：Monkeyrunner monkey_recorder. py，即可打开录制的界面，进行的所有操作包括坐标位置、动作等，都会被自动录制下来，如图 8-6 所示。

点击图 8-6 左上角的"Wait"按钮，输入 3 后点击"确定"按钮。点击"Export Actions"按钮，将录制完成的脚本导出并保存到指定文件。打开保存的文件，可查看导出的命令对应为 WAIT|{'seconds':3.0,}。

在图 8-6 中点击"Press a Button"按钮，则会提供三种按键：菜单键 Menu、主页键

Home、搜索键 Search。例如选择 Menu，对应的动作有按键 Press、按下 Down 与抬起 Up。例如选择 Press，点击"Export Actions"按钮，将录制的脚本保存到指定文件。打开保存的文件，可查看导出的命令，如 PRESS|{'name':'MENU','type':'downAndUp',}，对应 MonkeyRunner 的 press()方法。

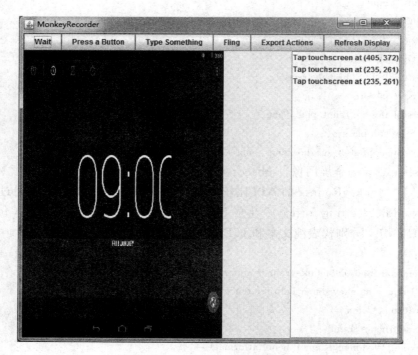

图 8 - 6　monkeyRecorder 录制界面

点击图 8 - 6 中的"Type Something"按钮，即可对输入框进行文本输入，输入如 test 后，点击"确定"按钮。点击"Export Actions"按钮，将录制的脚本保存到指定文件。打开保存的文件，可查看导出的命令为 TYPE|{'message':'test',}对应 MonkeyRunner 的 type()方法。

点击图 8 - 6 中的"Fling（拖曳功能）"按钮，可向东西南北四个方向拖曳，提供拖曳长度与步长。如向北拖拽长度为 100、步长为 10，对应 MonkeyRunner 的 drag()方法。录制脚本完成后，将录制的脚本导出为文件，如保存文件名为 11. py，运行命令 Monkeyrunner monkey_playback. py 11. py 即可进行回放。

8.3.6　快捷键与案例

通过坐标位置实现自动化，屏幕大小变化后，之前的脚本需要重新修改，这样会很麻烦，这里介绍一种快捷键的方式。GUI 自动化开发中，如果控件识别不到，又不想采取坐标位置的方式，则快捷键也是常用的解决方案。相应的按键对应的名称介绍如下。

Home 键：KEYCODE_HOME。

Back 键：KEYCODE_BACK。

Send 键：KEYCODE_CALL。

End 键：KEYCODE_ENDCALL。

上导航键：KEYCODE_DPAD_UP。

下导航键：KEYCODE_DPAD_DOWN。

左导航：KEYCODE_DPAD_LEFT。

右导航键：KEYCODE_DPAD_RIGHT。

OK 键：KEYCODE_DPAD_CENTER。

上音量键：KEYCODE_VOLUME_UP。

下音量键：KEYCODE_VOLUME_DOWN。

Power 键：KEYCODE_POWER。

Camera 键：KEYCODE_CAMERA。

Menu 键：KEYCODE_MENU。

具体使用方法举例：按下 Home 键为 device. press('KEYCODE_HOME','DOWN_AND_UP')；按下 Back 键为 device. press('KEYCODE_BACK','DOWN_AND_UP')。

8.3.7　MonkeyRunner 案例说明

下面以 Android 系统的 Power Manager 的 Reboot 测试为例，进行实例说明。Android 下的 Reboot 测试通过点击 Reboot 启动的 UI 按钮进行重启测试，这里给出两种实现方法：

（1）通过快捷键方式，实现自动化点击 Reboot 按钮，进行自动化重启，代码节选如下：

```
from com. android. monkeyrunner import MonkeyRunner, MonkeyDevice, MonkeyImage

device = MonkeyRunner. waitForConnection()

device. wake

device. startActivity(component='android. com. shutdown/. MainMenu')

MonkeyRunner. sleep(2)

device. press('KEYCODE_DPAD_DOWN','DOWN_AND_UP')

MonkeyRunner. sleep(1)

device. press('KEYCODE_DPAD_DOWN','DOWN_AND_UP')

MonkeyRunner. sleep(1)

device. press('KEYCODE_DPAD_CENTER','DOWN_AND_UP')
```

保存脚本为 rebootTest. py 文件，cmd 命令行下通过 monkeyrunner. bat rebootTest. py 即可运行。

（2）按照坐标位置方法实现。

可以通过 cmd 上运行命令 Monkeyrunner monkey_recorder. py 查看 Power Manager 的 Reboot 按钮所在的坐标位置，实现自动化，代码节选如下：

```
from com. android. monkeyrunner import MonkeyRunner, MonkeyDevice, MonkeyImage

device = MonkeyRunner. waitForConnection()

device. wake

device. startActivity(component='android. com. shutdown/. MainMenu')

MonkeyRunner. sleep(2)

device. touch(405,307,MonkeyDevice. DOWN_AND_UP)
```

8.3.8 EasyMonkeyDevice 介绍与案例

MonkeyRunner 提供了一个 MonkeyDevice 的扩展，称为 EasyMonkeyDevice。这个类可以获取像 MonkeyDevice. getText()的一些属性。EasyMonkeyDevice 是在 MonkeyDevice 和 HierarchyViewer 的基础上加了一层 Wrapper，把原来的通过接受坐标点或者 ViewNode 来操作控件的思想统一成通过控件 ID 来操作，其实最终它们都会转换成坐标点或 ViewNode进行操作。

可以用 hierarchyviewer. bat 或者 monitor. bat 查看和获取 ID，与 MonkeyRunner 同级目录，即 tools\hierarchyviewer. bat 或者 tools\monitor. bat，如图 8－7 所示。

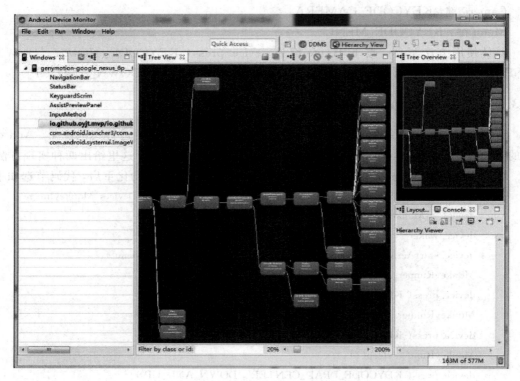

图 8－7 hierarchyviewer 查看控件信息

Python 代码节选如下：

```
from com. android. monkeyrunner import MonkeyRunner，MonkeyDevice，MonkeyImage
from com. android. monkeyrunner. easy import EasyMonkeyDevice，By
from com. android. chimpchat. hierarchyviewer import HierarchyViewer
from com. android. hierarchyviewerlib. models import ViewNode，Window
from java. awt import Point
# from com. android. hierarchyviewerlib. device import
# Connect to the target device
device ＝ MonkeyRunner. waitForConnection()
eDevice＝EasyMonkeyDevice(device)
device. startActivity( component ＝ " com. example. android. notepad/com. example. an-
```

```
droid. notepad. NotesList")
    # Step 1: try touching on the first note
    eDevice. touch(By. id('id/menu_add'),
                MonkeyDevice. DOWN_AND_UP)
    # Step 2: Get the window ID
    winId = 'com. example. android. notepad/\
        com. example. android. notepad. NoteEditor'
    # Need to sleep a while till ready
    MonkeyRunner. sleep(3)
    winId = eDevice. getFocusedWindowId()
    if(winId == winId):
        print "Edit Note WinId is:",\
            winId. encode('utf-8')
    else:
        print "Failed"
        exit(1)
    # Step3: is note EditText exist?
    noteId = 'id/note'
    if True == eDevice. exists(By. id(noteId)):
        print 'Note exist'
    else:
        print 'Note not found! '
        exit(2)
    # Step4: is note EditText visible?
    if True == eDevice. visible(By. id(noteId)):
        print 'Note is visible'
    else:
        print 'Note is invisible'
        exit(3)
    # Step 5: setText
    eDevice. type(By. id(noteId), 'New')
    # Step 6: getText
    text = eDevice. getText(By. id(noteId))
    if 'New' == text:
        print 'Note text Test is pass'
    else:
        print 'Note text:', text. encode('utf-8')
        exit(4)
    # Step 7: locate
    locate = eDevice. locate(By. id(noteId))
    print 'Location(x,y,w,h) is:', locate
```

保存代码为 notepadTest. py，并在 cmd 下运行 monkeyrunner. bat notepadTest. py
即可。

8.4　基于 Framework 的 Instrumentation 自动化工具

8.4.1　Junit 单元自动化框架介绍与案例

Instrumentation 和 UIAutomator、Robotium 等都是基于 Junit 的，所以这里先介绍下 Android 的 Junit 测试。

编写 Junit 测试用例，需要在 Eclipse 上右键单击待测试的工程，依次选择菜单项的 New/Junit Test Case，在弹出的 New Junit Test Case 对话框中选择 New Junit 3 Test 单选框，并在 Name 中输入新的 Junit 测试用例名称，单击"Finish"。

编写测试代码举例如下：

```
import junit. framework. TestCase;
public class ttt extends TestCase {
    public void testOpen() {
        assertEquals(3,3);
    }
}
```

测试用例所在的类必须继承于 TestCase 类，来告知 Junit Laucher 类型是一个测试用例类。每个测试用例函数的名字都必须以 Test 为前缀，没有参数，返回值必须是 void，并且声明为 public，这样 Junit Laucher 才能将测试用例函数与其他普通测试函数分开处理。测试过程中，测试用例通常不止一个，为了方便对测试用例进行管理，Junit 有提供一个测试集合(TestSuite)，可以帮助分类测试用例。每个 TestSuite 包含若干个 TestCase，每个 TestCase 包含若干个 TestMethod。

在 Eclipse 中单击"工程"，并依次选择 Run As/Junit Test 运行创建的测试代码。如果机器上已经安装了 Android 开发环境，则 Eclipse 可能会弹出对话框询问使用显示的 Junit 执行环境还是 Eclipse 自带的 Junit 执行测试用例，勾选 Use configuration specific setting 复选框，选择 Eclipse Junit Launcher。

实际测试过程中，一般需要几个步骤，即准备测试环境和预先设置、执行测试用例、验证测试结果、销毁测试环境等。测试前需要做一些准备工作，例如需要首先登录网站等，测试完成后做些清理恢复动作，例如注销测试用户、退出登录等，避免影响后续的测试。为了满足此需求，Junit 提供了测试用例级别的准备和结尾函数，也提供了测试集合级别的准备和结尾函数，名称都分别对应是 setUp 和 tearDown。

测试前需要的操作，例如登录等可以在 setUp 函数中实现，测试完后需要的注销操作可以在 tearDown 函数中进行。执行用例时，Junit 会保证在每个用例函数执行之前，都首先调用 setUp 函数，无论测试用例是否正常退出，都会调用 tearDown 函数。可以保证每个用例都是相互独立的，便于定位问题并利于以任意顺序运行单独的用例或者组合的用例。

setUp 和 tearDown 代码编写举例如下：

```
protected void setUp() throws Exception {
    System. out. println("Login");
```

```
        }
        protected void tearDown() throws Exception {
                System. out. println("Log Out");
        }
```

Android 测试中可以使用 Junit 中提供的 Assert 方法来验证测试结果。除此之外，Testing API 还提供了 MoreAsserts 和 ViewAsserts 类。其中，MoreAsserts 支持更多的比较方法包括 RegEx 正则比较等，ViewAsserts 可以用来校验 UI View。

8.4.2　Instrumentation 介绍

Instrumentation 是 Google 早期推出的单元测试框架和 UI 自动化测试框架，所以向后兼容性好，可用来测试安装在低版本的 Android 操作系统的 App。但相对而言，对测试人员的开发能力要求较高，需要对待测应用有一定的了解。由于 Android 系统的安全性限制，进程之间禁止相互访问，Instrumentation 只能用来测试单个 App，不能支持跨 App 交互，而且接口不是很人性化，脚本开发难度较高，开发效率较低，不太容易上手。Robotium 就是基于 Instrumentation 进行封装的。此外，Instrumentation 可以用于单元测试，CTS 中的单元接口测试是基于它进行开发的。

Android 的 Instrumentation 提供了一些"钩子"方法连接到 Android 操作系统中，可以独立控制 Android 组件 Activity、Service 等的生命周期，并可以控制 Android 如何调用一个应用。在通常情况下，Android 的 Activity、Service 等的生命周期是由 Android 操作系统来控制的，Android 控件运行的生命周期也是由操作系统决定的。一般而言，操作系统把一个应用的所有控件都运行在同一个进程里面，也可以允许一些特别的控件运行在不同的进程，例如 content Provider。通常情况下，无法将一个应用和另一个已经运行的应用在同一个进程中运行，而通过 Instrumentation API 可以把测试程序应用和被测试的应用运行到同一个进程中，从而在测试代码中可以直接调用被测试应用的方法和访问其成员。

Android 组件生命周期对应的回调函数包括 onCreate、onStart、onRestart、onResume、onPause、onStop、onDestroy，Activity 处于不同的状态调用不同的回调函数，但 Android API 没有提供直接调用这些回调函数的方法，可以通过使用 Instrumentation 控制 Android 组件的生命周期，例如 Activity 的生命周期开始于 onCreate 方法（由某个 Intent激活），接着是 onResume 方法，当用户启动另个应用时，onPause 方法会被调用，当该Activity中调用 Finish 方法，onDestroy 方法会被调用，通过调用这些回调函数，从而可以一步步的运行 Activity 或是 Service 的生命周期函数。

8.4.3　hierarchyviewer 捕获控件信息

测试过程中经常会遇到没有提供源码，此时，如何获取待测 App 的包名、控件 ID 等信息呢？Google 有提供几个工具，这里介绍下 hierarchyviewer 工具查看控件 ID 等信息。

首先，将手机设备连接到 PC。以 Caculator 为例，设备端打开 Caculator，PC 端打开 hierarchyviewer. bat，可以看到 Caculator 的包名以及 Activity 为 com.android.calculator2/com.andrord.calculator2.Calculator，如图 8-8 所示。

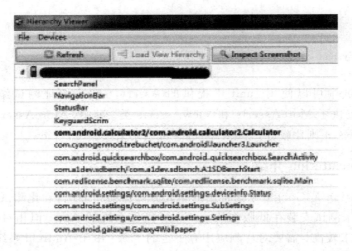

图 8-8　hierarchyviewer 查看信息

双击 com.android.calculator2/com.andrord.calculator2.Calculator 后，hierarchyviewer 跳转到 tree view 节点树菜单，如图 8-9 所示。

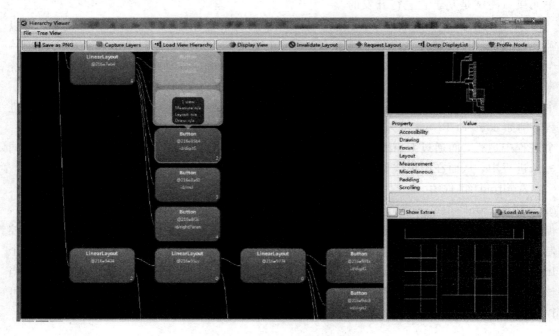

图 8-9　tree view 节点树信息

左侧为控件树，右侧上方是控件树缩略图，下方是整个布局，中间是控件属性详细信息。通过点击整个布局的某个控件查看相关信息。可以通过鼠标点击左侧空白处进行拖动查看，通过滚轮或选择左侧下方比例条进行显示比例的调节。

点击某个控件，如计算器的 6，可以看出左侧节点显示其控件 ID 为 id/digit6，上方显示其提示信息为 6。通过展开右侧控件的属性详情，可以看到其文本为 6，如图 8-10 所示。

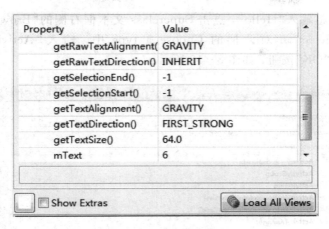

图 8-10　控件属性信息

8.4.4　创建 Instrumentation 自动化测试程序案例

（1）打开 Eclipse，新建测试工程。新建一个 Project，在 Android 下选择 Android Test Project 指明要创建一个 Android 自动化测试工程，点击"Next"按钮，在 Create Android Project 对话框中的 Project Name 文本框中输入测试项目名称，建议命名规范为待测应用名称加上 . test 后缀，如 com. android. test. cal. test，点击"Next"按钮，在 Select Test Target窗口中，在已经存在的 Android Project 中选择项目名称，点击"Finish"按钮。

（2）在 Eclipse 中展开刚创建的工程，右键单击 src 下的包，依次选择 New/Junit Test Case 添加测试代码文件，在弹出的 New Junit Test Case 对话框中，有两种单元测试类型 Junit3 与 Junit4，分别对应 Junit 不同版本测试用例的编写方式，这里选择 New Junit3 test，如图 8-11 所示。

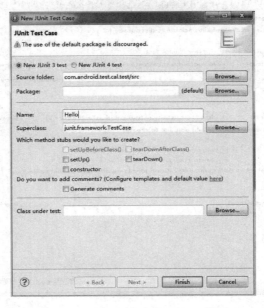

图 8-11　New Junit Test Case 界面

在 Name 文本框输入"Hello",点击 Superclass 文本框右侧的"Browse…"按钮,在弹出的 Superclass Selection 对话框的 Choose a type 中,输入"ActivityInstrumentation TestCase2",点击"OK"按钮,如图 8-12 所示。

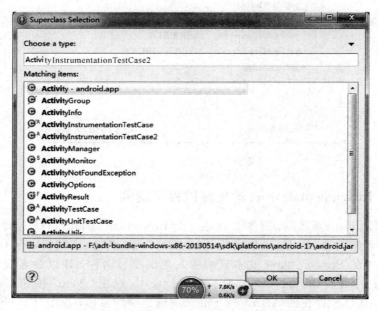

图 8-12   Superclass Selection 界面

此时点击图 8-13 中 Superclass 文本框右侧的"Browse…"按钮即可选择刚输入的 ActivityInstrarnentationTestCase2,最后点击"Finish"按钮。

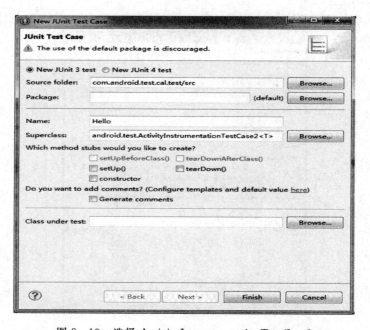

图 8-13   选择 ActivityInstrumentationTestCase2

这里新创建的测试用例源文件会出现一个编译错误，这是因为 ActivityInstrumentation-TestCase2 是一个泛型类，没有指明实例化泛型的类型参数，添加修改代码节选如下：

```
package com.android.test.cal.test;
import android.test.ActivityInstrumentationTestCase2;
import com.android.test.cal.MainActivity;
import com.android.test.cal.R;
import android.widget.Button;
public class hello extends ActivityInstrumentationTestCase2<MainActivity> {
    private MainActivity BActivity;
    private Button bOpen;

    public hello() {
        super(MainActivity.class);
    }
    protected void setUp() throws Exception {
        super.setUp();
        BActivity = getActivity();
        assertNotNull(BActivity);
    }
    protected void tearDown() throws Exception {
        super.tearDown();
    }
    public void testOpen() throws Exception {
        bOpen = (Button) BActivity.findViewById(R.id.button2);
        getActivity().runOnUiThread(new Runnable() {
            public void run() {
                bOpen.performClick();
                System.out.println(bOpen.getText());
                assertEquals(bOpen.getText(),"Open");
            }
        });
    }
}
```

其中，BActivity = getActivity();getActivity()调用后，待测活动会被启动。Activity-InstrumentationTestCase2 泛型类的参数类型是 MainActivity，指定了测试用例的待测活动，而且只有一个构造函数，需要一个待测活动类型才能创建测试用例，传递的活动类型需要和泛型类参数保持一致，如上代码的 super(MainActivity.class)。ActivityInstrumentation-TestCase2 原本用来测试单个活动，而测试中可能会创建其他活动界面，但这里只固定了一个活动 MainActivity，这会在功能中有很多限制。

对界面元素的操作必须要在 UI 线程中执行，对应上面的案例代码如下：

```
getActivity(). runOnUiThread(new Runnable() {
        public void run() {
        bOpen. performClick();
        System. out. println(bOpen. getText());
        assertEquals(bOpen. getText(),"Open");
    }
});
```

这里，assertEquals 为结果验证的断言，是自动化测试的验证点。

（3）在 Eclipse 中右键点击"工程"，依次点击 Run As/Android Junit Test 菜单项，执行用例。可以通过设备连接线连接待测设备，或者通过网络连接待测设备（adb connect IP，其中 IP 为待测设备的 IP）、模拟器等方式，即可运行用例，查看结果。

Instrumentation 基于源码进行自动化开发，故需要项目源码，而且脚本维护难度较高，最大的问题是不支持多应用交互，这是因为 Android 系统自身的安全性限制，禁止进程间相互访问，例如通过短信的号码去拨打电话，会从短信界面跳转到拨号界面，此时就不能同时控制短信和拨号两个应用了。下节要介绍的 UI Automator，则刚好弥补了这些不足。

8.5 基于 UI 的 UI Automator 测试工具

8.5.1 UI Automator 介绍

在 Android 4.1 发布时，包含了一种新的测试工具 UI Automator，需要 API Level 16 及以上的操作系统才能使用。UI Automator 用来做 UI 自动化测试，主要特点是支持跨进程的操作，可对应用外的控件进行操作，可测试跨 App 交互的场景，但是对 Webview 的支持不好。UI 测试通过点击每个控件元素看输出的结果是否符合预期，如登录界面中，分别输入正确和错误的用户名与密码，点击登陆按钮看是否能登录或者是否有错误提示等。Instrumentation 与 UI Automator 都是 Google 推出的原生 UI 自动化测试框架，还有基于其封装的 UI 自动化测试框架，例如有的公司就基于 UI Automator 进行了封装适合自己的框架，例如比较流行的 Robotium 与 Appium 也是基于其封装的，后面会分别详细介绍。

Android SDK 在 4.1 中提供了 UI Automator Viewer，即一个图形界面工具用来扫描和分析应用的 UI 控件，以及 UI Automator，即一个测试的 Java 库，包含了创建 UI 测试的各种 API 和执行自动化测试的引擎。要使用该工具，需要满足如下条件：

- Android SDK Tools, Revision 21 or higher
- Android SDK Platform, API 16 or higher

UI Automator 对外提供了 UI Automator TestCase、UiDevice、UiSelector、UiObject、UiCollection、UiScrollable 等类，下面的章节分别对其提供的 API 做具体介绍，这里先做简要说明。UI Automator TestCase 类继承自 Junit TestCase（Junit），对外提供 setUp、tearDown等，以便初始化用例、清除环境等。UiDevice 类主要包含了获取设备信息和模拟用户对设备的操作。UiSelector 类描述的是一种条件，一般配合 UiObject 类使用，可以得

到某个或某些符合条件的控件对象。UiObject 类可代表页面的任意元素，它的各种属性定位通常通过 UiSelector 类来完成。UiCollection 类一般与 UiSelector 类连用，如其构造函数也要求提供 UI selector：UiCollection（UiSelector selector），它的 API 较少，主要用以从 Uiselector 类筛选出的元素集中挑出所要的元素，即 getChildByDescription（）、getChildByInstance（）、getChildByText（），以及统计元素集的个数 getChildCount（）。UiScrollable 类用来表示可以滑动的界面元素，其继承关系为 UiObject→ UiCollection →UiScrollable。

8.5.2　UI Automator Viewer 获取 UI 元素信息

如果待测应用没有安装，则可以通过设备连接线连接待测设备，或者通过网络连接待测设备（adb connect IP，其中 IP 为待测设备的 IP），接着可通过 adb install 后加包名，安装待测应用到手机中。

开始编写测试代码之前，需要熟悉待测应用的 UI 元素。可以通过直接查看源代码的方式找到控件对应的 ID，也可以通过几个小工具来查看待测 APP 的信息，包括控件等，来帮助快速编写自动化代码。可以打开 Android SDK 的 sdk\tools 路径的 hierarchyviewer. bat 工具，查看捕获到的 UI 元素信息，但是 UI 的 Text 有时候可能会出现乱码，它的具体使用方法前面章节已经介绍，这里不重复介绍。

这里介绍的是通过 uiautomatorviewer. bat 工具来获取 native 和 hybrid apps 的界面截图并分析。首先打开 Android emulator 或者真实设备，如果是实体设备，则需要使能enable USB debugging 选项。设备端打开待测应用 App，如这里的 calculator。打开 UI Automator Viewer，点击 Device Screenshot 按钮，查看控件信息以及 Package 名称。如果当前电脑连接了多个设备，则会弹出 Select device 对话框，选择指定要分析的设备。

UI Automator Viewer 工具提供了一个便利的方式来查看 UI 布局结构，并且可以查看各个控件的相关属性。右侧界面下方显示了丰富的属性信息，如图 8 - 14 所示。

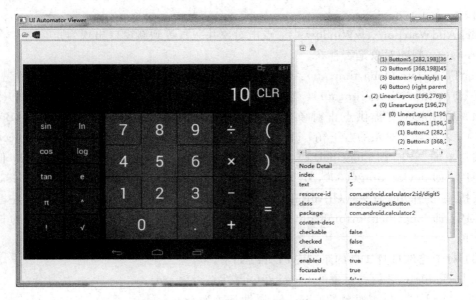

图 8 - 14　UI Automator Viewer 界面

点击右侧上方的黄三角按钮(Toggle NAF Nodes)来查看那些不能被 UI Automator 测试工具访问到的控件。这些控件只设置了有限的属性,从而导致 UI Automator 无法获取到这些控件。此时,可以要求开发人员为这些控件添加必要的属性,例如如果是 ImageView 或者 ImageButton,那么应添加 android:contentDescription 属性。

8.5.3　UI Automator UiObject API

(1) UiObject 的 dragTo (int destX, int destY, int steps)方法,拖拽对象到屏幕某个坐标位置,步长 steps 可设置,默认步长为 40。以外,UiObject 也有提供简便的 dragTo (UiObject destObj, int steps)方法,该方法拖拽对象到另一个对象位置上,默认步长为 40,这里引入了对象概念,而不是对应坐标位置,使得拖拽更精确。

(2) UiObject 提供了多点任意手势操作的 API, performMultiPointerGesture()实现多点触控手势,可定义任意手势:performMultiPointerGesture (PointerCoords... touches)。也有提供最常用的双点触控手势 API:performTwoPointerGesture (Point startPoint1, Point startPoint2, Point endPoint1, Point endPoint2, int steps),用来执行任意双点触控势,模拟双指手势。实际中常用的手势是缩放手势,即双指向外(如放大图片)或者双指向内(如缩小图片)。UiObject 也有提供对应的两个方法:pinchIn (int percent, int steps),双指向内收缩手势,即控件对角线上的两个点同时由边缘向中心点滑动,其中,percent 代表滑到对角线百分比的位置停止;steps 代表时间,每一步 5ms。pinchOut (int percent, int steps),双指向外扩张手势,即控件对角线上的两个点同时由中心点向边缘滑动。

(3) UiObject 提供控件操作的 API。

setText (String text):文本框对象中输入文本内容。

clearTextField():清除文本,主要针对编辑框对象。

click():点击对象。

clickAndWaitForNewWindow (long timeout):点击对象,等待新窗口出现,参数为等待超时时长。

clickAndWaitForNewWindow ():点击对象并一直等到新窗口出现为止。

exists():判断对象是否存在。

waitForExists (long timeout):等待对象出现,可设置时长。

waitForGone (long timeout):等待对象消失。

(4) UiObject 有提供点击对象右下角与左上角的精确点击的 API, 即 clickBottom-Right(),表示点击对象的右下角;clickTopLeft()表示点击对象的左上角。UiObject 有提供长按对象的 API,即 longClick (),而 MonkeyRunner 没有提供长按的对应方法,但可以改造使用,即 device. drag((650,573),(650,573),4,10),其中,拖拽持续时间为 4s,间接达到长按 4s 的作用。此外,UiAutomation 的 UiObject 有提供长按对象右下角和左上角的精确 API,即 longClickBottomRight ()为长按对象右下角;longClickTopLeft ()为长按对象左上角。

(5) 对于控件自身属性的系列 API 介绍如下。

isCheckable ():检查对象的 Checkable 属性是否为 true。

isChecked ():检查对象的 Checked 属性是否为 true。

isClickable()：检查对象的 Clickable 属性是否为 true。

isEnabled()：检查对象的 Enabled 属性是否为 true。

isFocusable()：检查对象的 Focusable 属性是否为 true。

isFocused()：检查对象的 Focused 属性是否为 true。

isLongClickable()：检查对象的 LongClickable 属性是否为 true。

isScrollable()：检查对象的 Scrollable 属性是否为 true。

isSelected()：检查对象的 Selected 属性是否为 true。

(6) UiObject 获取捕获的控件的对象属性的 API。

getPackageName()：获取控件对象的包名。

getClassName()：获取控件对象的类名，这里指的是获取当前控件的包名和类名。

getText()：获取控件对象的 Text。

getContentDescription()：获取控件对象的描述属性。

getBounds()：获取控件对象的坐标属性，即控件左上角和右下角坐标。

(7) 通过父类(上一级控件)获取该控件或者通过该控件获取其子类(下一级控件)及子类控件数(下一类控件数)的 API。

getChild(UiSelector selector)：通过该控件获取其子类(下一级控件)。

getChildCount()：获取下一级控件数，以便递归获取下级控件中目标控件对象。

getFromParent(UiSelector selector)：从控件的父类(上一级控件)获取该控件。

getVisibleBounds()：返回可见视图的范围。

8.5.4　UI Automator UiDevice API

(1) UIAutomator 的 UiDevice 提供按键 pressKeyCode(int keycode)。如：

pressBack()：发送 Back 键。

pressEnter()：发送 Enter 键。

pressHome()：发送 Home 键。

pressSearch()：发送 Search 键。

pressMenu()：发送 Menu 键。

pressRecentApps()：模拟短按最近应用程序按键。

pressDelete()：按下删除键，删除一格。

pressDPadRight()/pressDPadLeft()/pressDPadDown()/pressDPadUp()/pressDPad-Center()：发送轨迹球事件，对应模拟轨迹球向右、向左、向下、向上、居中。

(2) UI Automator 可通过 swipe()方法实现滑动操作，也可以通过其他方法实现。如：

swipeDown(int steps)：拖动对象向下滑动，步长可以设置。

swipeLeft(int steps)：拖动对象向左滑动，步长可以设置。

swipeRight(int steps)：拖动对象向右滑动，步长可以设置。

swipeUp(int steps)：拖动对象向上滑动，步长可以设置。

以上方法不仅使得滑屏操作变得非常精确，而且避免了拖拽滑屏可能导致的误拖拽。

(3) UiDevice 提供了获取和清除上一次输入的文本的 API，如下：

getLastTraversedText()：遍历历史的 UI 事件并自动获取上一次的输入文本。

clearLastTraversedText()：遍历历史的 UI 事件并自动清除上一次的输入文本。

（4）UiDevice 提供了等待当前应用程序处于空闲状态，就可以在适当时对操作进行反馈。

waitForIdle()/waitForIdle(long timeout)：等待当前应用程序处于空闲状态，如果有参数，则表示等待超时时长；如果没有参数，则表示持续等待直至空闲状态为止。也有提供等待窗口内容发生变化（即等待窗口内容更新事件的发生）的方法，如 waitForWindowUpdate(String packageName, long timeout)。

（5）UiDevice 提供 takescreenshot(File storePath)方法，来实现截屏并将图像存储到指定路径下，File 为手机端路径，而不是 PC 端路径。如果需要 PC 端查看，则可以通过 adb pull 将其拷贝至 PC 端即可。takescreenshot(File storePath, float scale, int quality)表示实现当前窗口截图为 PNG 图片，并可自定义缩放比例与图片质量。其中，Scale 为缩放比例，quality 为图片压缩质量，范围是 0～100。

（6）UiDevice 提供方法可以实现屏幕旋转，为了避免设备自身的传感器引起自动旋转而导致脚本的旋转失效，所以需要考虑禁用和重启传感器。一般而言，先禁用传感器后，模拟屏幕转到希望的方向，然后固定位置。

freezeRotation()：禁用传感器和冻结装置物理旋转在其当前旋转状态。

unFreezeRotation()：重启传感器，允许物理旋转。

setOrientationNatural()：禁用传感器、模拟屏幕转到其默认方向，并固定位置。

setOrientationRight()：禁用传感器、模拟设备向右转，并固定位置。

setOrientationLeft()：禁用传感器、模拟设备向左转，并固定位置。

最后检查确定当前屏幕是否在默认方向，方法如下：

isNaturalOrientation()：检查设置是否在默认方向。

（7）实际常需要保存当前窗口的布局结构，就可以对窗口变化进行对比和恢复等。UiDevice 也有提供 API。

dumpWindowHierarchy(String filename)：将当前窗口布局结构另存为文件。

setCompressedLayoutHeirarchy(boolean)：该方法启用或禁用布局层次压缩。

（8）UIAutomation 的 UiDevice 提供了锁屏、唤醒、检测屏幕是否唤醒的方法。

sleep()：该方法提供锁屏（休眠），如果设备处于睡眠状态，则无操作。如果当前屏幕不处于睡眠状态，那么就按 power 键让设备睡眠并返回 true。

wakeUp()：唤醒屏幕，如果屏幕是唤醒状态则没有任何作用。

isScreenOn()：检查屏幕是否为唤醒状态。

（9）UIAutomation 的 UiDevice 提供以下几个部分获取设备属性。

getProductName()：获取产品名。

getInstance()：获取设备对象，该方法获取 UiDevice 实例对象。

getDisplaySizeDp()：获取 dp 格式的显示大小。

getDisplayHeight()：获取显示高度，单位是像素。

getDisplayWidth()：获取显示宽度，单位是像素。

getDisplayRotation()：获取当前显示旋转，0°、90°、180°、270°分别为 0、1、2、3。

getCurrentPackageName()：获取当前应用的包名。

getCurrentActivityName()：获取当前应用的 Activity 名。

从主界面的顶端向下拉，就可以打开通知栏，但是手势操作很容易被误识别为只是简单的屏幕向下的手势，很多设备的普通向下手势匹配了其他开关，导致脚本容易出错。UI Automator 的 UiDevice 的 openNotification()可以直接打开通知栏。openQuickSettings()可以打开快速设置。

8.5.5　UI Automator UiSelector API

UiObject 获取控件对象属性后，可通过 UiSelector 按照一定的条件筛选界面上符合条件的控件，从而保证控件的唯一性，确保脚本的稳定性和可移植性。

（1）文本方面的方法介绍如下。

textContains(String text)：通过文本（字串包含）方式进行控件筛选。

textMatches(String regex)：通过文本（正则表达式）方式进行控件筛选。

textStartsWith(String text)：通过文本（开始字串匹配）方式进行控件筛选。

（2）描述方面的方法介绍如下。

description(String desc)：通过描述（字串匹配）方式进行控件筛选。

descriptionContains(String desc)：通过描述（字串包含）方式进行控件筛选。

descriptionMatches(String regex)：通过描述（正则表达式）方式进行控件筛选。

descriptionStartsWith(String desc)：通过描述（开始字串匹配）方式进行控件筛选。

除了字串和正则表达式，还可对控件的子控件和父控件进行匹配。

（3）类名方面的方法介绍如下。

className(String className)：通过类名（字串匹配）方式进行控件筛选。

classNameMatches (String regex)：通过类名（正则表达式）方式进行控件筛选。

fromParent(UiSelector selector)：通过父类方式进行控件筛选。

childSelector(UiSelector selector)：通过子类方式进行控件筛选。

（4）包名方面的方法介绍如下。

packageName(String name)：通过包名（字串匹配）方式进行控件筛选。

packageNameMatches(String regex)：通过包名（正则表达式）方式进行控件筛选。

（5）索性、实例方面的方法介绍如下。

index(int index)：通过索引方式进行控件筛选。

instance(intinstantce)：通过实例方式进行控件筛选。

（6）资源 ID 方面的方法介绍如下。

resourceId(String id)：通过控件 ID 方式进行控件筛选。

resourceIdMatches(String regex)：通过控件 ID（正则表达式）方式进行控件筛选。

（7）根据控件特殊属性辅助定位控件，具体内容介绍如下。

checked(boolean val)：通过可勾选属性方式进行控件筛选。

clickable(boolean val)：通过可点击属性方式进行控件筛选。

enabled(boolean val)enabled：通过启用属性方式进行控件筛选。

focusable(boolean val)：通过焦点属性方式进行控件筛选。

focused(boolean val)：通过当前焦点属性方式进行控件筛选。

longClickable(boolean val)：通过长按属性方式进行控件筛选。

scrollable(boolean val)：通过可滚动属性方式进行控件筛选。

selected(boolean val)：通过可选择属性方式进行控件筛选。

8.5.6 UI Automator UiCollection API

UiCollection 是 UiObject 的子类，返回 UiObject 对象。UiCollection 一般与 UiSelector 连用，先通过 UiSelector 进行控件筛选，满足 UiSelector 条件的所有控件组成了控件集合，通过 UiCollection 从控件集合中根据一定条件进行二次搜索，从而确定唯一满足条件的目标控件。

getChildCount(UiSelector childPattern)：获取符合条件的子控件数量。childPattern 参数选择条件，返回的是符合条件的子控件数。

getChildByDescription(UiSelector childPattern, String text)：通过描述定位符合条件的子元素。Text 参数从搜索出的元素中再次使用文本条件搜索元素。

getChildByText(UiSelector childPattern, String text)：通过文本进行控件定位。

getChildByInstance(UiSelector childPattern, int instance)：通过实例进行控件定位。instance 参数从搜索的子集中用实例搜索定位想要的元素。

8.5.7 UI Automator UiScrollable API

UiScrollable 类继承自 UiCollection 类，即 UiObject → UiCollection → UiScrollable，用来表示可以滑动的界面元素。

（1）向前与向后滚动 API。

scrollBackward(int steps)：自定义步长向后滚动。

scrollBackward()：向后滚动，默认步长为 55。

scrollForward(int steps)：自定义步长向前滚动。

scrollForward()：向前滚动，默认步长为 55。

（2）滚动到某个对象。

scrollIntoView(UiSelector selector)：滚动到目标元素所在位置，并尽量让其居于屏幕中央。

scrollIntoView(UiObject obj)：滚动到目标对象所在位置，并尽量让其居于屏幕中央。

scrollTextIntoView(String text)：滚动到文本对象所在位置，并尽量让其居于屏幕中央。直接定位到某个文本对象。

scrollDescriptionIntoView(String text)：滚动到描述对象所在位置，并尽量让其居于屏幕中央。

scrollToBeginning(int maxSwipes, int steps)：按照设定的最大滑动距离和滑动次数，滑动到开始位置。

scrollToBeginning(int maxSwipes)：按照设定的最大滑动距离，滑动到开始位置。

scrollToEnd(int maxSwipes, int steps)：按照设定的最大滑动距离和滑动次数，滑动到结束位置。

scrollToEnd(int maxSwipes)：按照设定的最大滑动距离，滑动到结束位置。

（3）快速滑动。

flingBackward()：以默认步长为 5 快速向后滑动。

filingForward()：以默认步长为 5 快速向前滑动。

flingToBeginning(int maxSwipes)：自定义滑动次数，以默认步长为 5 快速滚动到顶。
flingToEnd(int maxSwipes)：自定义滑动次数，以默认步长为 5 快速滚动到底。

（4）设置滚动方向。

setAsHorizontalList：设置滚动方向为横向滚动。

setAsVerticalList：设置滚动反向为纵向滚动。

（5）获取具备 UiSelector 的元素。

getChildByDescription(UiSelector childPattern，String text，boolean allowScrollSearch)：是否允许滚动查看，获取具备 UiSelector 条件的元素集合后再以文本描述条件查找对象。

getChildByDescription(UiSelector childPattern，String text)：默认滚动获取具备 UiSelector条件的元素集合后再以文本描述条件查找对象。

getChildByInstance(UiSelector childPattern，int instance)：获取具备 UiSelector 条件的子集，再从子集中按照实例筛选想要的元素。

getChildByText(UiSelector childPattern，String text，boolean allowScrollSearch)：是否允许滚动查看获取具备 UiSelector 条件的元素集合后再以文本条件查找对象。

getChildByText(UiSelector childPattern，String text)：默认滚动获取具备 UiSelector 条件的元素集合后再以文本条件查找对象。

（6）获取与设置最大滚动次数常量值。

getMaxSearchSwipes()：获取执行搜索滑动过程中的最大滑动次数。

setMaxSearchSwipes(int swipes)：设置最大可滑动次数。

（7）滑动区域的校准。

如果有的区域不支持滑动，例如最边缘开始滑动无响应，就需要对滑动区域进行校准，获取滑动盲区在整个屏幕的占比，然后对整个滑动区域进行调整。

getSwipeDeadZonePercentage()：获取滑动盲区在整个屏幕中所占的百分比。

setSwipeDeadZonePercentage(double swipeDeadZonePercentage)：设置滑动盲区在整个屏幕中所占的百分比。

8.5.8　UI Automator UiWatcher API

实际工作中，可以考虑各种异常情况，逐一写相应的监听器来处理各种异常情况，如处理来电、闹钟、短信等情况。当 UiObject 对象无法匹配 UiSelector 条件时，会触发当前所有已注册运行的监听器，避免测试中有类似意外弹出框导致终止运行。在超时未找到匹配项时，框架调用 checkForCondition()方法查找设备上的所有已注册的监听器进行处理中断问题，保证测试用例正常运行。

（1）监听器操作。

void registerWatcher(String name，UiWatcher watcher)：注册一个监听器，当指定步骤被打断时，就会处理中断异常。

void removeWatcher(String name)：移除注册的监听器。

void resetWatcherTriggers()：重置监听器。

void runWatchers()：强制运行所有的监听器。

（2）检查监听器。

boolean hasAnyWatcherTriggered()：检查是否有监听器触发过。

boolean hasWatcherTriggered(String watcherName)：检查某个特定的监听器是否触发过。

8.5.9 UI Automator TestCase

UI Automator TestCase 继承自 Junit，与 Instrumentation 一样，在 setUp 中写初始化的代码，在 tearDown 中写清理工作的代码。除了包括 setUp()、teardown()、getParams() 外，还包括 getUiDevice() 等方法，以便在测试用例中随时调用 UiDevice 相关方法。

8.6　基于 UI 的 Robotium 自动化工具

8.6.1　Robotium 介绍

8.4 节介绍的 Instrumentation 仪表盘是基于源码的，其调用测试控件的方式与源码调用的方式保持一致，所以不需要学习单独的 API。而 Robotium 是基于 Instrumentation 的二次封装，从而提供易用性与代码的可读性，所以它会提供 API。

Robotium 是一款开源的自动化测试框架，可以支持 native 和 hybrid 的自动化测试。它提供的 jar 封装了很多方法，调用这些方法可以方便地操作 App 的控件，例如点击、长按、滑动、赋值、查找和断言结果判断。在仪表盘 API 基础上提供更多的操作控件的函数，还通过反射等手段，通过调用系统隐藏的功能，实现仪表盘不能支持的功能。其不仅对 Activity 支持，而且对 Toast、Menu、Dialog 也支持。Robotium 有个比较大的局限性就是不支持跨进程的操作，可以使用 UIAutomator 解决此问题。此外，如果无法获取源码或待测应用有签名保护，重签名后待测应用无法启动，就不能用 Robotium 或者仪表盘技术。另外，_solo. 中封装了常用的一些方法，编写代码时可以参考，如图 8-15 所示。

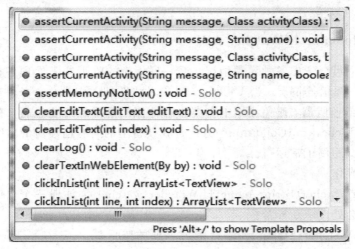

图 8-15　_solo. 封装的方法截图

Robotium API 可以通过官网查看：http://Robotium. googlecode. com/svn/doc/ index. html。

8.6.2　基于源码的 Robotium 自动化与案例

（1）Robotium 可以基于源码进行自动化测试，将待测源码 Import 导入 Eclipse。

（2）新建测试工程 Project，在 Android 下选择 Android Test Project，点击"Next"按钮。填写名称后点击"Next"按钮，在 Select Test Target 窗口中，在已经存在的 Android Project 中选择项目名称，点击"Finish"按钮。

（3）下载和添加 Robium jar，如 robotium‒solo‒5. 2. 1. jar，在新建好的测试项目中，新建 libs 文件夹，将下载下来的 jar 文件 robotium‒solo‒5. 2. 1. jar 放到该文件夹下，用鼠标右键单击该 jar，依次选择 Build Path/Add To Build Path 项。

（4）新建一个 Java 类。继承 ActivityInstrumentationTestCase2 部分代码节选如下：

```
import android. test. ActivityInstrumentationTestCase2;
import com. robotium. solo. Solo;
@SuppressWarnings("rawtypes")
public class Test extends ActivityInstrumentationTestCase2 {
    private static String
LAUNCHER_ACTIVITY_FULL_CLASSNAME= "com. antutu. ABenchMark. ABench-
MarkStart";
    private Solo _solo;
    @SuppressWarnings("unchecked")
    public Test () throws Exception {
        super(Class. forName(LAUNCHER_ACTIVITY_FULL_CLASSNAME));
    }
    protected void setUp() throws Exception {
    _solo = new Solo(getInstrumentation(),getActivity());
}
    protected void tearDown() throws Exception {
    _solo. finishOpenedActivities();
}
    public void testOpen() throws Exception {
        _solo. clickOnButton("Open");
        _solo. sleep(50);
    }
}
```

其中，一般不会实例化 ActivityInstrumentationTestCase2 泛型类，因为 robotium 一般用于集成测试，一个测试过程中会同时测试多个 Activity。Java 建议给泛型类指定一个类型实例，为了避免此编译警告，需要在测试类型加上@SuppressWarnings("rawtypes")。由于测试类型没有指定待测活动类型，因此在类型的构造函数里，采用反射机制通过应用主界面的类型名称获取其类型的构造测试用例，如下：

```
super(Class. forName(LAUNCHER_ACTIVITY_FULL_CLASSNAME));
```

测试准备 setUp 函数中，一般会调用 getInstrumentation 与 getActivity 函数，来获取当前测试的仪表盘对象和待测试应用启动的活动对象，并创建 robotium 的 solo 对象，solo 是 Robotium 对外提供的唯一的类。可通过 solo 对象进行所有操作，代码如下：

    _solo = new Solo(getInstrumentation(),getActivity());

测试结束 tearDown 函数中，会调用 rebotium API 关闭所有已经打开的活动，为后面其他用例恢复测试环境。

（5）在测试项目中，点击鼠标右键，在弹出的菜单中选择 Run As/Android Junit Test 即可运行。

最后，可以使用 Junit Reporter 来生成测试报告，Junit Reporter 用来以 XML 形式输出测试结果文档，通过 XSL 样式表转化成 HTML，具体使用可上网查看，这里就不介绍了。

下载地址：https://github.com/jsankey/android-junit-report。

8.6.3 基于 APK 的 Robotium 自动化与案例

上一小节介绍了有源码时的测试，这里介绍没有源码时基于 APK 的自动化测试。Robotium 是基于 Instrumentation 仪表盘的二次封装，基于仪表盘技术的测试与待测应用运行在同一个进程，其效率、准确性以及适应性方面都比较好。在基于 APK 的自动化测试过程中，需要确保被测试的应用 APK 与测试用例应用具有相同的签名，以便 Android 系统将其加载到同一个进程运行。

（1）需要将被测的 APK 的签名去掉，然后用 debug keystore 重新签名，Eclipse 也使用 debug keystore 为默认的 keystore 应用签名，这样可以保证被测应用和测试应用拥有同样的签名。Eclipse 默认的 debug keystore 可以在 Window/Preferences/Android/Build 中进行设置，如图 8 - 16 所示。

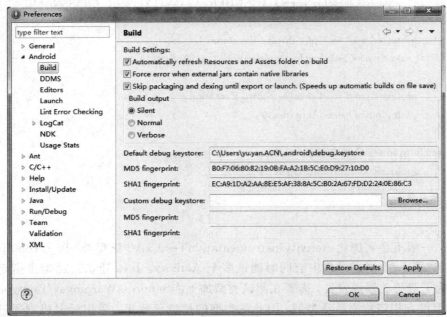

图 8 - 16 Preferences 界面

去掉 APK 签名，然后重新签名，可以通过 re-sign. jar 进行，下载地址为 http：//recorder. Robotium. com/downloads/re-sign. jar。双击 re-sign. jar，拖动 APK 到 APK 图标位置，例如拖动 antutu-benchmark-v6beta. apk 到 APK 图标位置，就会去掉该 APK 的签名，然后 debug keystore 为该 APK 重新签名，单击"保存"按钮，保存文件名为 antutu-benchmark-v6beta_debug. apk。出现签名成功的提示，并获得了被测的包名和 Main Activity，注意记住此处的包名和 Main Activity，后面编程时会用到。

图 8 - 17　签名成功提示信息

（2）与上节新建 Android 测试工程 Project 类似，Eclipse 中新建一个 Android Test Project，然后命名，与前面小节不同，在 Select Test Target 窗口中，选择 This Project，点击"Finish"按钮。在新建好的测试项目中，新建 libs 文件夹，将下载下来的 jar 文件 robotium-solo-5. 2. 1. jar 放到该文件夹下，Refresh 测试工程，用鼠标右键单击该 jar 文件，依次选择 Build Path→Add To Build Path 项。

（3）新建 pacage，新建测试类，代码节选如下：

```
import android. test. ActivityInstrumentationTestCase2；
import com. robotium. solo. Solo；
@SuppressWarnings("rawtypes")
public class AppTest extends ActivityInstrumentationTestCase2 {
    private static final String
LAUNCHER_ACTIVITY_FULL_CLASSNAME="com. antutu. ABenchMark. ABench-
MarkStart"；
    private static Class<? > launcherActivityClass；
    private Solo _solo；

    static{
        try{
            launcherActivityClass =
                Class. forName(LAUNCHER_ACTIVITY_FULL_CLASSNAME)；

        } catch(ClassNotFoundException e) {
        throw new RuntimeException(e)；
        }
    }
```

```
    public AppTest() {
        super (launcherActivityClass);
            // TODO Auto-generated constructor stub
    }

    protected void setUp() throws Exception {
        _solo = new Solo(getInstrumentation(),getActivity());
    }

    protected void tearDown() throws Exception {
        _solo. finishOpenedActivities();
    }
    public void testOpen() throws Exception {
        _solo. clickOnButton("Open");
        _solo. sleep(50);
    }
}
```

其中，LAUNCHER_ACTIVITY_FULL_CLASSNAME 是 APK 的 MainActivity 名称，如 com. antutu. ABenchMark. ABenchMarkStart。

（4）可以通过 adb install 把经过 re－sign. jar 签名的 APK 安装到设备上。

修改 AndroidMainfest. xml 中的 Instrumentation 的 targetPackage 的值为上面re-sign. ja 后保存的 package 名字，如 com. antutu. ABenchMark，同时修改 package 的值，如下：

```
    <? xml version="1. 0" encoding="utf-8"? >
    <manifest xmlns:android="http://schemas. android. com/apk/res/android"
        package="com. antutu. ABenchMark. test"
    <instrumentation
        android:name="android. test. InstrumentationTestRunner"
        android:targetPackage="com. antutu. ABenchMark" />
```

（5）在测试项目中，点击鼠标右键，在弹出的菜单中选择 Run As/Android Junit Test 即可运行。

8.6.4　UI 控件查看工具

可以通过几个小工具来查看待测 App 的信息，包括控件信息等，来帮助快速编写自动化代码，如 8.5.2 小节的 uiautomatorviewer. bat 小工具，如 8.4.3 小节的 hierarchyviewer 工具，如 8.7 节 Appium 部分介绍的小工具等。也可以通过直接查看源代码的方式找到控件对应的 ID 等信息。

8.6.5　Recorder 录制工具

Robotium 提供一个收费的录制回放工具，如果有兴趣也可以购买，具体安装和使用，网上都有资料，由于篇幅关系，这里不做介绍。

8.7 基于 UI 的 Appium 自动化工具

8.7.1 Appium 介绍

Appium 是一个开源的、跨平台的 UI 自动化测试框架，支持 iOS、Android 和 FirefoxOS 等多种移动平台，支持原生应用、移动网页应用和混合型应用，原生的应用是指用 Android/iOS 的原生编程语言编写的应用，移动网页应用是指网页应用，混合应用是指一种包裹 Webview 的应用，原生应用与网页内容交互性的应用。它支持真机和模拟测试，支持本地和云端部署。Appium 是一个 C/S 架构，核心是一个遵守 REST 设计风格的 Web 服务器，使用 Node.js 提供了一套 REST 的接口。Appium Server 接收客户端标准请求，接收客户端的连接和命令，解析请求内容，在手机设备上执行命令，接着通过 HTTP 的响应收集命令执行的结果。只要某种语言有 HTTP 客户端的 API，就可以通过这种语言写测试代码。Appium 支持 Selenium WebDriver 所支持的绑定编程语言，如 Java、Python、Ruby、C♯、JavaScript、PHP 等。

Appium 工作原理：首先，测试脚本发送请求到 Appium Server，Appium Server 接收标准请求，解析请求内容，并把请求转发给中间件 Bootstrap.jar。Bootstrap 监听对应端口并接收 Appium 的命令，通过调用 UiAutomator 工具来实现 App 的自动化操作，Bootstrap 将执行结果通过 HTTP 返回给 Appium Server，Appium Server 再将结果返回给测试脚本。其中，不同平台下分别介绍如下。

(1) iOS：通过 WebDriver 的 JSON Wire 协议来驱动 iOS 系统的 UIAutomation。

(2) Android 4.2+：通过 WebDriver 的 JSON Wire 协议来驱动 Google 的 UIAutomator。

(3) Android 2.3+：通过 WebDriver 的 JSON Wire 协议来驱动 Google 的 Instrumentation 等。

(4) FirefoxOS：通过 WebDriver 的 JSON Wire 协议来驱动 Gecko 的 Marionette。

此外，由于 UIAutomator 对 H5 的支持有限，因此 Appium 引入了 ChromeDriver 以及 SafariDriver 等来实现基于 H5 的自动化。

Appium 服务端能够部署本地和云端，在本地部署可以方便的进行本地测试开发，但对于持续集成的流程不太友好，在云端部署 Appium 可以改变这点。目前使用 Appium 搭建云测试的有 Sauce Labs 和国内的淘测试等。Appium 与 Selenium Server 类似，是基于 node.js 的 HTTP Server，可以识别 Client Libraries 的 HTTP 请求，并发送请求给相应的平台。Appium 扩展了 WebDriver Client Libraries，添加了额外的命令用于支持移动设备。如果之前熟悉 Selenium WebDriver 的话，那么 Appium 也会比较快上手。

8.7.2 Appium 安装

(1) Appium Server 可以通过两种方式下载使用，可以直接通过 npm 下载安装，也可以直接使用 GUI 界面的 Appium Server，下面分别进行介绍。

① 下载 Appium 版本 AppiumForWindows_1_4_16_1.zip，解压，默认安装 appium

-installer。通过开始→所有程序的 Appium 图形打开，或者进入 cmd 命令行，输入 "Appium"打开即可。检查 node 已经安装正确：进入 cmd，如图 8 - 18 所示。输入 node-v，可以看到版本号则表示成功，如图 8 - 19 所示。

```
C:\Program Files\Appium>node -v
v0.12.9
```

图 8 - 18   node 版本信息

```
C:\Program Files\Appium>node
> console.log("hell world");
hell world
undefined
>
```

图 8 - 19   node 命令信息

② 使用 node.js 下载安装，过程如下：

  npm install-g appium(进行安装)

  npm cache clean

  npm install appium-f to force install appium

（2）参考 8.1 节下载和安装 JDK 与 Android SDK，并设置环境变量。这里需要安装 JDK 以及 17 版本以上的 Android SDK。

（3）下载 Appium Client Libraries，网址为 http://appium.io/downloads.html。如果使用 Python 开发自动化脚本，则还需要安装 Python 安装包，在官网 https://www.python.org/downloads/下载安装，如 python - 2.7.11，双击可执行文件，选择添加进环境变量。本书中的案例都是在 Android 实体设备展开的，脚本选用的是 Python，版本是 2.7。在 C:\Python27\Scripts 路径中，默认有 pip.exe。安装 Appium-Python-Client，进入 cmd，输入：pip install Appium-Python-Client，安装完成，如图 8 - 20 所示。这里不用使用 sudo 来安装 Appium，避免遇到权限相关的问题。

```
Installing collected packages: selenium, Appium-Python-Client
  Running setup.py install for Appium-Python-Client
Successfully installed Appium-Python-Client-0.20 selenium-2.48.0
```

图 8 - 20   安装成功信息

8.7.3   Appium 的设置界面

Windows 端提供了 Appium GUI 的工具，界面如图 8 - 21 所示。

图 8-21　Appium 的界面

1. Android Settings

点击左上角的第一个按钮 Android Settings，主要包括 Application、Launch Device、Capabilities、Advanced。

（1）Application 包括以下内容。

① App Path：Android 待测应用程序的路径，可以通过 Choose Button 选择应用程序的路径或者编辑框中直接输入。

② Package：Android 应用程序的 Package，例如 com. android. calculator2。

③ Wait for Package：设置需要等待的应用程序的 package。

④ Launch Activity：Activity 名称，如. Calculator 、. MainActivity。

⑤ Wait for Activity：设置需要等待的 Activity。

⑥ Full Reset：通过卸载应用程序重启应用程序状态。

⑦ No Reset：防止设备重置。

⑧ Use Browser：启动指定 Android 浏览器（例如 Chrome）。

其余几个不太常用，这里不做介绍。

（2）Launch Device 包括以下内容。

① Launch AVD：待启动的 AVD 名称。

② Device Ready Timeout：设置用于等待设备的超时时间。

③ Arguments：额外的模拟器参数启动 AVD。

（3）Capabilities 包括以下内容。

① Platform Name：移动平台的名称，如 Android。

② Automation Name：下拉菜单选择自动化工具的名称，如 Appium 或 Selendroid。

③ Platform Version：希望测试的 Android 版本。

④ Device Name：移动设备使用的名称。

⑤ Language：设置 Android 设备的语言。

⑥ Locale：设置 Android 设备的 Locale。

（4）Advanced 包括以下内容。

① SDK Path：Android SDK 路径。

② Coverage Class：指定 instrumentation class。

③ Bootstrap Port：设置端口号与 Appium 沟通。

④ Selendroid Port：设置端口号与 Selendroid 沟通。

⑤ Chromedriver Port：设置 ChromeDriver 启动的端口。

2. General Settings

点击左上角第二个按钮 General Settings，主要包括 Server 和 Logging。

（1）Server 包括以下内容。

① Server Address：运行 Appium 服务器的系统的 IP 地址，默认本地主机 127.0.0.1 运行。

②Port：Appium 服务器与 WebDriver 沟通的端口（默认是 4723）。

③ Check For Updates：勾选后，Appium 将自动检查版本更新。

④ Pre-launch Application：Appium 开始监听 WebDriver 命令前启动设备端的应用程序。

⑤ Override Existing Session：将覆盖现有的 Appium 会话。

⑥ Use Remote Server：如果 Appium Server 在其他机器运行，则用于连接 Appium Inpector。

⑦ Selenium Grid Configuration File：Selenium Grid 配置文件路径。

（2）Logging 包括以下内容。

① Quiet Logging：不要使用详细日志输出。

② Use Colors：在控制台输出中使用颜色。

③ Show Timestamps：控制台输出将显示时间戳。

④ Log to File：日志输出存储到文件。

⑤ Log to WebHook：发送日志输出到 HTTP Listener。

3. Developer Settings

点击左上角第三个按钮 Developer Settings，出现如图 8-22 所示的界面。

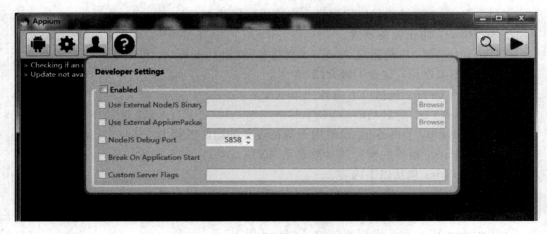

图 8-22　Developer Settings 界面

（1）Enabled：如果勾选此项，则将显示开发设置。

（2）Use External NodeJS Binary：Appium 将使用另个版本的 node.js，而不是应用本身提供的 node.js。

（3）Use External Appium Package：提供 Appium Package。

（4）NodeJS Debug Port：调试器运行的 node.js 调试端口。

（5）Break on Application Start：当 Application 运行时，Node.js debug 的服务器中断。

（6）Custom Server Flags：可以传递的服务器的 Flags。

4．About

点击左上角第四个按钮 About 即问好，显示 Appium 版本。

5．Launch/Stop Button

点击右上角的第二个按钮 Launch / Stop Button，即启动或停止 Appium 服务器。点击右下角的垃圾箱按钮，即清除控制台的日志。

6．Inspector Button

点击右上角的第一个按钮 Inspector Button，即启动 Appium Inspector。此部分将在8.7.4节介绍。

8.7.4 Appium Inspector 与案例说明

Appium 提供了一个查找元素的工具 Appium Inspector。首先在 Android Setting 中设置待测的 App，以 Caculator 为例，如图 8 - 23 所示。

图 8 - 23 Android Settings 界面

设置待测的浏览器。浏览器支持三种，即 Browser、Chrome、Chromium，如图 8 - 24 所示。

图 8 - 24　Android Settings 设置浏览器

　　启动 Appium Server。Appium Server 启动后，点击 Windows 端 Appium GUI 右上角的第一个按钮 Inspector Button 启动 Appium Inspector 即可，如图 8 - 25 所示。

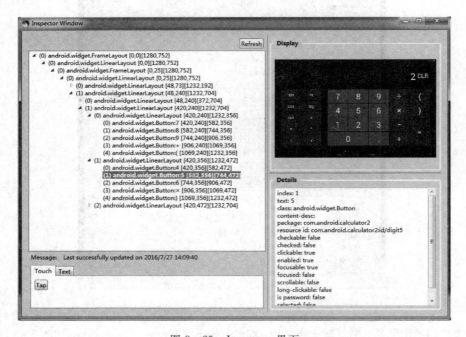

图 8 - 25　Inspector 界面

8.7.5　UI Automator Viewer 工具与案例说明

UI Automator Viewer 工具在 8.5.2 小节已经介绍过，它提供了一个便利的方式来查看 UI 布局结构。把鼠标放到 UI Automator Viewer 工具左边的截图中的控件上来查看该控件的属性，上方显示当前界面的布局结构，右侧界面下方显示了丰富的属性信息。这里以 Calculator 为例，介绍具体控件信息的获取与 Appium 的 Python 对应脚本的撰写。

以 Calculator 操作数字 5 为例，在 UI Automator Viewer 中点击数字 5，如图 8 - 26 所示，可以看到 resource - id 为 com. android. calculator2:id/digit5。

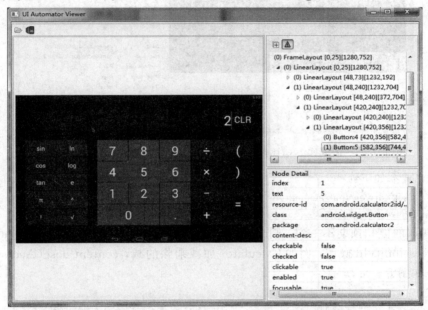

图 8 - 26　UI Automator Viewer 界面

以 resource - id 操作数字 5，Python 脚本如下：

　　self. driver. find_element_by_id("com. android. calculator2:id/digit5"). click()

以 Text 操作数字 5，Python 脚本如下：

　　self. driver. find_element_by_name('5'). click()

以 xPath 为例（但不推荐使用），建议测试人员在实施自动化测试前要做好沟通，规范开发人员，尽量对控件添加 resource-id/text 属性。其 Python 脚本如下：

　　self. driver. find_element_by_xpath("//android. widget. LinearLayout[1]/android. widget. FrameLayout[1]/android. widget. LinearLayout[1]/android. widget. LinearLayout[2]/android. widget. LinearLayout[2]/android. widget. LinearLayout[2]/android. widget. Button[2]"). click()

xPath 参考文章：http://www. w3school. com. cn/xpath/index. asp。

以 class 操作数字 5 是不行的，因为发现数字的 class 都是 android. widget. Button。

以 AccessibilityId 操作数字 5 也不行，因为 content-desc 为空。

Calculator 的显示的编辑框可以通过 class(className)操作，如图 8 - 27 所示。

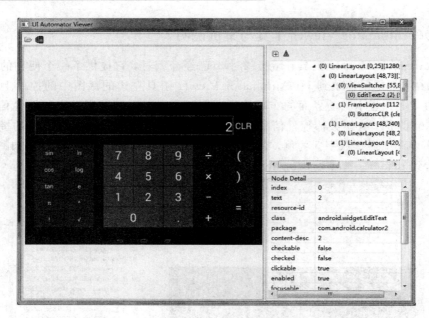

图 8 - 27　UI Automator Viewer 查看控件 2 信息

Python 脚本如下：

```
re＝self. driver. find_element_by_class_name("android. widget. EditText")
self. assertEqual('12', re. text)
```

如果获取的值和预期不一致，则会提示错误，如 AssertionError：'12' ！＝ u'2'。

以 AccessibilityId 操作，例如 Calculator 加减乘除的减，content-desc（AccessibilityId）
为 minus，如图 8 - 28 所示。

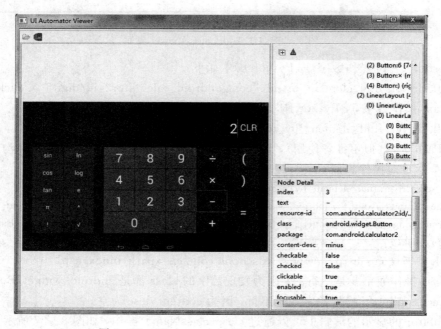

图 8 - 28　UI Automator Viewer 查看控件信息

以 AccessibilityId 操作，Python 脚本如下：

self. driver. find_element_by_accessibility_id('minus'). click()

以 resource-id 操作减，resource-id 为 com. android. calculator2：id/minus，Python 脚本如下：

self. driver. find_element_by_id("com. android. calculator2：id/minus"). click()

以 AndroidUIAutomator 操作减，content-desc（AccessibilityId）为 minus，改为 AndroidUIAutomator 方式操作，Python 脚本如下：

self. driver. find_element_by_android_uiautomator('new iSelector(). description ("minus")'). click()

以 Android UIAutomator 操作减，resource-id 为 com. android. calculator2：id/minus，改为 AndroidUIAutomator 方式的操作，Python 脚本如下：

self. driver. find_element_by_android_uiautomator('new iSelector(). resourceId("com. android. calculator2：id/minus")'). click()

其他控件查看的工具介绍如下。

（1）monitor. bat 工具：Android SDK 下提供的工具，打开 monitor. bat，如图 8 - 29 所示可以得到 App 的包名、AppActivity 以及控件的信息，如 ID 信息。当然 App 的包名、AppActivity 及控件的信息也可以通过源码获取。

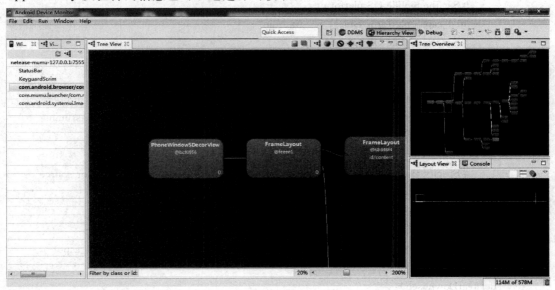

图 8 - 29　monitor 查看信息

（2）ddms. bat 工具：打开 ddms. bat，接着打开 Android 待测的 App，可以获取到 App 的包名和 appActivity，以及运行的时间，协助测试 App 的启动时间等性能指标。

（3）activity 查看工具：可在 adb shell 中运行 ls data/data 命令查看包名，运行 Logcat | busybox grep START 查看 Activity 应用名。

8.7.6　Appium 自动化案例说明

以 Python 为例进行演示。通过连接线将待测设备与开发机连接起来，或者使用网络方式连接待测设备 adb connect IP，IP 为待测设备端的 IP。

打开 Appium，点击右上角的 Lauch the Appium Node Server。以启动 Android 原生的计算器程序测试为例，Sublime Text 2 工具打开 Python 脚本，按 Ctrl＋B 键运行，即可发现 Android 设备端会打开 Calculator，进行加减乘除的运算，并判断结果是否正确。代码节选如下：

```python
import os
import unittest
from appium import webdriver
from time import sleep
import public


# Returns abs path relative to this file and not cwd
class calculatorAndroidTests(unittest. TestCase):
    def setUp(self):
        androidIP = "169.21.3.132"
        androidVer = 4.4
        desired_caps = {}
        # Set the mobile OS platform
        desired_caps['platformName'] = 'Android'
        # Set the mobile OS version
        desired_caps['platformVersion'] = androidVer
        # Define the type of mobile device or emulator to use
        desired_caps['deviceName'] = androidIP+':5555'
# Appium will wait for 100 seconds for a new command from the client before assuming
that the client quit. The default value is 60.
        desired_caps['newCommandTimeout'] = '100'
        # Specify the appPackage and appActivity which can be gotten from tools or source
code, , for example, com.android.calculator2
        desired_caps['appPackage'] = 'com.android.calculator2'
        desired_caps['appActivity'] = '.Calculator'
        self.driver = webdriver. Remote('http://localhost:4723/wd/hub', desired_caps)


    def tearDown(self):
        self.driver.quit()


    def test_calculator (self):
        # test_plus:
        self.driver.find_element_by_id("com.android.calculator2:id/digit9").click()
        self.driver.find_element_by_id("com.android.calculator2:id/plus").click()
        # Click by id
        # self.driver.find_element_by_id("com.android.calculator2:id/digit3").click()
        # Click by name
```

```
        self. driver. find_element_by_name('3'). click()
        self. driver. find_element_by_id("com. android. calculator2:id/equal"). click()
        re=self. driver. find_element_by_class_name("android. widget. EditText")
        self. assertEqual('12', re. text)
        # test_minus:
        self. driver. find_element_by_id("com. android. calculator2:id/digit9"). click()
        # Click by id
        # self. driver. find_element_by_id("com. android. calculator2:id/minus"). click()
        # Click by accessibility_id
        # self. driver. find_element_by_accessibility_id('minus'). click()
        # Click by android_uiautomator
        # self. driver. find_element_by_android_uiautomator('new UiSelector(). description
("minus")'). click()
        # Click by android_uiautomator
        self. driver. find_element_by_android_uiautomator('new UiSelector().
resourceId("com. android. calculator2:id/minus")'). click()
        # Click by id
        self. driver. find_element_by_id("com. android. calculator2:id/digit5"). click()
        # Click by xpath
        # self. driver. find_element_by_xpath("//android. widget. LinearLayout[1]/android.
widget. FrameLayout[1]/android. widget. LinearLayout[1]/android. widget. LinearLayout[2]/
android. widget. LinearLayout[2]/android. widget. LinearLayout[2]/android. widget. Button
[2]"). click()
        self. driver. find_element_by_id("com. android. calculator2:id/equal"). click()
        re=self. driver. find_element_by_class_name("android. widget. EditText")
        self. assertEqual('4', re. text)


        # test_sub:
        self. driver. find_element_by_id("com. android. calculator2:id/digit7"). click()
        self. driver. find_element_by_id("com. android. calculator2:id/mul"). click()
        self. driver. find_element_by_id("com. android. calculator2:id/digit2"). click()
        self. driver. find_element_by_id("com. android. calculator2:id/equal"). click()
        re=self. driver. find_element_by_class_name("android. widget. EditText")
        self. assertEqual('14', re. text)


        # test_div:
        self. driver. find_element_by_id("com. android. calculator2:id/digit8"). click()
        self. driver. find_element_by_id("com. android. calculator2:id/div"). click()
        self. driver. find_element_by_id("com. android. calculator2:id/digit4"). click()
        self. driver. find_element_by_id("com. android. calculator2:id/equal"). click()
        re=self. driver. find_element_by_class_name("android. widget. EditText")
        self. assertEqual('2', re. text)
```

```
if __name__ == '__main__':
res＝0
suite = unittest. TestLoader(). loadTestsFromTestCase(calculatorAndroidTests)
unittest. TextTestRunner(verbosity＝2). run(suite)
```

运行，会自动先执行 setUp，下来执行 test_calculator，最后执行 tearDown。self. assertEqual('2', re. text)就是使用 Unittest 提供的断言来进行判断的。

8.7.7　Pycharm 介绍

PyCharm 是一种功能强大的 Python IDE 开发软件，里面集成了 Pyunit 比较实用的辅助功能，它提供了可以帮助用户使用 Python 语言开发时提高其效率的工具，比如调试、语法高亮、Project 管理、代码跳转、智能提示、自动完成、单元测试、版本控制等，此外，该 IDE 提供了一些高级功能，以用于支持 Django 框架下的专业 Web 开发。PyCharm 的主要功能包括可视化的编程开发、控制用例执行、对测试结果进行可视化的展示、导出生成 HTML 的测试报告、可运行一个文件下所有的测试类、运行一个测试类的所有测试脚本、运行一个测试类的某个测试脚本等。

测试装置(Test Fixture)：由 setUp 函数做初始化工作，由 testDown 函数做销毁工作。

测试用例(Test Case)：对应 TestCase 类，或者里面更细化的测试脚本函数。

测试套件(Test Suite)：对应 TestSuite 类。

测试执行器(Test Runner)：对应 TextTestRunner 类。

修改上节脚本，test_calculator 拆分为四个 Test Case，即 test_plus、test_minus、test_sub 与 test_div，代码如下：

```
importos
import unittest
from appium import webdriver
from time import sleep
import public


# Returns abs path relative to this file and not cwd
class calculatorAndroidTests(unittest. TestCase):
    def setUp(self):
        androidIP = "169.21.3.132"
        androidVer = 4.4
        desired_caps = {}
        # Set the mobile OS platform
        desired_caps['platformName'] = 'Android'
        # Set the mobile OS version
    desired_caps['platformVersion'] = androidVer
        # Define the type of mobile device or emulator to use
        desired_caps['deviceName'] = androidIP+';5555'
        # Appium will wait for 100 seconds for a new command from the client before
assuming that the client quit. The default value is 60.
```

```
        desired_caps['newCommandTimeout'] = '100'
        # Specify the appPackage and appActivity which can be gotten from tools or
source code，，for example，com. android. calculator2
        desired_caps['appPackage'] = 'com. android. calculator2'
        desired_caps['appActivity'] = '. Calculator'
        self. driver = webdriver. Remote('http://localhost:4723/wd/hub',
desired_caps)

        def tearDown(self):
        self. driver. quit()

        def test_plus(self): self. driver. find_element_by_id("com. android.
calculator2:id/digit9"). click() self. driver. find_element_by_id("com. android. calculator2:id/
plus"). click()
        # Click by id
        # self. driver. find_element_by_id("com. android. calculator2:id/digit3"). click()
        # Click by name
        self. driver. find_element_by_name('3'). click() self. driver. find_element_
by_id("com. android. calculator2:id/equal"). click()
        re=self. driver. find_element_by_class_name("android. widget. EditText")
        self. assertEqual('12', re. text)

        def test_minus(self): self. driver. find_element_by_id("com. android. calculator2:id/
digit9"). click()
        # Click by id  # self. driver. find_element_by_id("com. android. calculator2:id/
minus"). click()
        # Click by accessibility_id
        # self. driver. find_element_by_accessibility_id('minus'). click()
        # Click by android_uiautomator
        # self. driver. find_element_by_android_uiautomator('new UiSelector().
description("minus")'). click()
        # Click by android_uiautomator
        self. driver. find_element_by_android_uiautomator('new UiSelector().
resourceId("com. android. calculator2:id/minus")'). click()
        # Click by id        self. driver. find_element_by_id("com. android.
calculator2:id/digit5"). click()
        # Click by xpath
        # self. driver. find_element_by_xpath("//android. widget. LinearLayout[1]/
android. widget. FrameLayout[1]/android. widget. LinearLayout[1]/android. widget.
LinearLayout[2]/android. widget. LinearLayout[2]/android. widget. LinearLayout[2]/
android. widget. Button[2]"). click()        self. driver. find_element_by_id("com. android.
calculator2:id/equal"). click()
        re=self. driver. find_element_by_class_name("android. widget. EditText")
```

```
                self. assertEqual('4', re. text)

        def test_sub(self)：
                self. driver. find_element_by_id("com. android. calculator2：id/digit7"). click()
                self. driver. find_element_by_id("com. android. calculator2：id/mul"). click()
                self. driver. find_element_by_id("com. android. calculator2：id/digit2"). click()
        self. driver. find_element_by_id("com. android. calculator2：id/equal"). click()
                re＝self. driver. find_element_by_class_name("android. widget. EditText")
                self. assertEqual('14', re. text)

        def test_div(self)：
                self. driver. find_element_by_id("com. android. calculator2：id/digit8"). click()
                self. driver. find_element_by_id("com. android. calculator2：id/div"). click()
                self. driver. find_element_by_id("com. android. calculator2：id/digit4"). click()
        self. driver. find_element_by_id("com. android. calculator2：id/equal"). click()
                re＝self. driver. find_element_by_class_name("android. widget. EditText")
                self. assertEqual('2', re. text)


    if _ _name_ _ ＝ ＝ '_ _main_ _'：
        suite ＝ unittest. TestLoader(). loadTestsFromTestCase(calculatorAndroidTests)
        unittest. TextTestRunner(verbosity＝2). run(suite)
```

使用单元测试框架中提到的 Pycharm 运行，执行顺序如下：

自动先执行 setUp，执行 test_div，执行 tearDown。

自动先执行 setUp，执行 test_minus，执行 tearDown。

自动先执行 setUp，执行 test_plus，执行 tearDown。

自动先执行 setUp，执行 test_sub，执行 tearDown。

Unittest 默认是根据 ASCII 码的顺序加载用例的，数字和字母的顺序为 0～9、A～Z、a～z。

保存测试 HTML 结果。Pycharm 基本可以满足日常的自动化开发和测试报告的工作。

8.7.8　HTMLTestRunner 生成测试报告案例 1

Pycharm 可以进行编写调试脚本，生成测试报告。但是为了便于持续集成，自动化用例集运行过程中，会自动生成一份测试报告，并发送给相关人员。可以使用 Unittest 的单元测试库扩展的 HTMLTestRunner. py，来生成 HTML 的自动化报告。

实例一：继续修改上节的 test_calculator 脚本，添加 HTMLTestRunner 生成测试报告部分，添加如下代码：

```
    import datetime
    import HTMLTestRunner
    ＃ make log dir
    def makedir(date)：
            localdir＝". /Log/"＋"calculatorTest"＋date
```

```
        print localdir
        if not os. path. isdir(localdir)：
            os. makedirs(localdir)
        return localdir
```

对于 main 部分，修改如下：

```
if _ _name_ _ == '_ _main_ _'：
    suite = unittest. TestLoader(). loadTestsFromTestCase(calculatorAndroidTests)
    #log name endded by date
    date = datetime. datetime. today()
    date=''. join(str(date). split('-'))
    date=''. join(str(date). split(' '))
    date=''. join(str(date). split(':'))
    logdir=makedir(date)
    filename = logdir+ "/calculatorTest. html"
    print (filename)
    fp = open(filename，'wb')
    runner = HTMLTestRunner. HTMLTestRunner(
                stream=fp,
        title='TestReport',
                description='Calculator test Report'
                )
    runner. run(suite)
    fp. close()
```

其余 class calculatorAndroidTests(unittest. TestCase)不变，title 指 HTML 的 title，描述会显示在测试报告的正文里，例如 Calculator Test Report。

date = datetime. datetime. today()获取当前时间，在 log 目录中，以时间命名，就可以更清晰的区分不同时间点产生的 log 目录。Import 导入 HTMLTestRunner 模块。log 目录是当前的. /Log/下，建立以当前运行时间为后缀的 calculatorTest 文件夹。当然也可以在 HTML 文件名加时间的后缀名作区分。open 方法以二进制 wb 写的模式打开指定目录的 calculatorTest. html 文件，如果没有，则会自动创建该文件。Stream 指定测试报告文件，title用来定义测试报告的标题，description 用来定义测试报告的副标题。HTMLTestRunner 的 run 方法用来运行测试套件中所组装的测试用例，最后通过 close 关闭测试报告文件。

运行完成后，在当前路径下会新建 log 文件夹，打开 calculatorTest. html 即可查看测试报告。

8.7.9 HTMLTestRunner 生成测试报告案例 2

实例二：以 DisplayTester. apk 为例，对安装和卸载分别写一个批处理脚本，即

```
adb install .. \Androidtools\DisplayTester. apk
adb uninstall com. gombosdev. displaytester
```

即可自动安装卸载。

这里以测试 DisplayTester 的 Standard View performance 与 SurfaceView performance

为例，实现自动化点击测试，最后自动生成性能值的截图，方便性能基准值查看。代码如下：

```
# coding＝utf-8
import os
import unittest
import HTMLTestRunner
from appium import webdriver
from time import sleep
import datetime
import public
# make log dir
def makedir(date)：
        localdir＝"./Log/"＋"DispalyTester"＋date
        print localdir
        if not os.path.isdir(localdir)：
             os.makedirs(localdir)
        return localdir

class DispalyTesterTests(unittest.TestCase)：
    # swipe to left
    def SwipeToLeft(self)：
        w = self.driver.get_window_size()['width']
        h = self.driver.get_window_size()['height']
        print "w："＋str(w)
        print "h："＋str(h)
        self.driver.swipe(int(w * 0.8)，int(h * 0.6)，int(w * 0.1)，int(h * 0.6))
        self.driver.swipe(int(w * 0.8)，int(h * 0.6)，int(w * 0.1)，int(h * 0.6))
        self.driver.swipe(int(w * 0.8)，int(h * 0.6)，int(w * 0.1)，int(h * 0.6))

    def setUp(self)：
        public.ParseConfig()
        androidIP = public.ANDROIDIP
        androidVer = public.ANDROIDVER
        print androidVer
        print androidIP
        desired_caps = {}
        desired_caps['platformName'] = 'Android'
        desired_caps['platformVersion'] = androidVer
        desired_caps['deviceName'] = androidIP＋'：5555'
        desired_caps['newCommandTimeout'] = '550'
        desired_caps['appPackage'] = 'com.gombosdev.displaytester'
        desired_caps['appActivity'] = '.StartActivity'
        self.driver = webdriver.Remote('http://localhost：4723/wd/hub'，desired_caps)
```

```
        def tearDown(self):
            self.driver.quit()

        def test_StandardPerformance(self):
            global logdir
            # swipe to left
            DispalyTesterTests.SwipeToLeft(self)
            self.driver.find_element_by_name('Standard View performance').click()
            self.driver.find_element_by_id("android:id/button1").click()
            sleep(100)
            self.driver.get_screenshot_as_file(logdir+"/DispalyTesterStandardResult.png")
            self.driver.press_keycode(4)

        def test_SurfaceViewPerformance(self):
            global logdir
            # swipe to left
            DispalyTesterTests.SwipeToLeft(self)
            self.driver.find_element_by_name('SurfaceView performance').click()
            sleep(3)
            self.driver.find_element_by_id("android:id/button1").click()
            sleep(100)
    self.driver.get_screenshot_as_file(logdir+"/DispalyTestSurfaceViewResult.png")
            self.driver.press_keycode(4)


if __name__ == '__main__':
    suite = unittest.TestLoader().loadTestsFromTestCase(DispalyTesterTests)
    # log name endded by date
    date = datetime.datetime.today()
    date=''.join(str(date).split('-'))
    date=''.join(str(date).split(' '))
    date=''.join(str(date).split(':'))
    logdir=makedir(date)
    filename = logdir+ "/DispalyTester.html"
    print (filename)
    fp = open(filename, 'wb')
    runner = HTMLTestRunner.HTMLTestRunner(
                stream=fp,
                title='TestReport',
                description='DispalyTester performance test'
                )
    runner.run(suite)
fp.close()
```

（1）SwipeToLeft 函数，实现从右往左的滑动。Appium 处理滑动的方法是 swipe(int start-x, int start-y, int end-x, int end-y, int during)，此方法共有 5 个参数，都是 int 型，依次是起始位置的(x, y)坐标和终点位子的(x, y)坐标以及滑动间隔时间，单位为毫秒。直接通过 hierarchyviewer 查找坐标的方式获取坐标位置的方式，会受到屏幕大小和分辨率的影响。为了让 Apppium 更好地兼容不同分辨率的设备，可以考虑在执行滑动前，先获取屏幕的分辨率，如下：

$$w = self.driver.get\_window\_size()['width']$$
$$h = self.driver.get\_window\_size()['height']$$

self.driver.swipe(int(w $*$ 0.8), int(h $*$ 0.6), int(w $*$ 0.1), int(h $*$ 0.6))：采取 Y 轴固定在屏幕 Y 轴的 0.6，X 轴的起始位置为屏幕 X 轴的 0.8，滑动终点为屏幕 X 轴的 0.1。

（2）self.driver.press_keycode(4)，查看 KEYCODE 列表，4 对应的是快捷键的返回键 KEYCODE_BACK。如 self.driver.press_keycode(20) 为向下按键；self.driver.press_keycode(23) 为确定键。

（3）和 WebDriver 的 API 接口一致，保存图片到 PC 开发机的 log 相应的目录下：

self.driver.get_screenshot_as_file(logdir $+$ "/DisplayTestSurfaceViewResult.png"

（4）可以设置 Timeout 时间，避免长时间等待时，Appium Server 退出。如：

$$desired\_caps['newCommandTimeout'] = '550'$$

（5）通过 hierarchyviewer.bat，如图 8 - 30 所示，查看 DisplayTester.apk 的包名和 appActivity 名称。

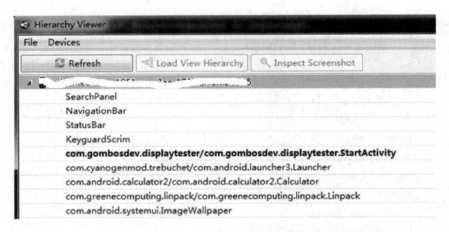

图 8 - 30　hierarchyviewer 示例图

DisplayTester.apk 的包名 com.gombosdev.displaytester，desired_caps['appPackage'] = 'com.gombosdev.displaytester'。

DisplayTester.apk 的 appActivity 名称是 com.gombosdev.displaytester.StartActivity'，但是需要注意这里传入的是：desired_caps['appActivity'] = '.StartActivity'。

HTMLTestRunner 的使用介绍参考上小节，如果脚本中，在类或者方法的下面，通过三引号或者双引号添加 doc string 类型的注释，则通过 help 方法就可以查看类或者方法的这种注释。而且 HTMLTestRunner 可以读取 doc string 类型的注释，所以通过给类或者方法添加 doc string 类型的注释，即可提高测试报告的易读性。

（6）设备信息在 config. ini 文件中：

[AndroidIP]

IP ＝ 169. 1. 3. 71

[AndroidVersion]

VERSION＝ 4. 4

config. ini 文件在脚本目录的上一级 AndroidConfig 文件夹下。

这里通过 pubic 脚本来获取 config. ini 的信息，脚本如下：

```
import sqlite3
import sys,ConfigParser
reload(sys)
sys. setdefaultencoding('utf-8')
ANDROIDIP = "
ANDROIDVER = "


def ParseConfigGet(config,sectionName,name):
    '''
    Parse configure file to known some necessary info.
        input：
            sectionName    ：section name
            name              ：variable name in the section
        return：value of the variable
    '''

    try：
        valReturn = config. get(sectionName, name)
        return valReturn
    except ConfigParser. NoOptionError：
        print ("%s is not found under section %s in autoreleaseconfig. ini. "%(name,
sectionName))
        sys. exit()


def ParseConfig()：
    '''
Parse configure file to known some necessary info.
Returns：
None
    '''
global ANDROIDIP
global ANDROIDVER
config = ConfigParser. ConfigParser()
try：
configFile = open("..\\AndroidConfig\\config. ini", "r")
except IOError：
print "config. ini is not found"
```

```
sys. exit()
config. readfp(configFile)
configFile. close()
# Get [AndroidIP]
ANDROIDIP = ParseConfigGet(config,"AndroidIP", "IP")
# Get [AndroidVersion]
ANDROIDVER = ParseConfigGet(config,"AndroidVersion", "VERSION")
```

8.7.10　Webview 控件识别

通过 hierarchyviewer. bat 和 uiautomatorviewer. bat 无法进行 Webview 控件的自动化。可以使用前面小节已经介绍过的 Appium Inspector 进行 Webview 的识别，这里以 3dMark. apk 为例进行介绍，在待测设备端安装 3dMark. apk。首先，进行设置，如图 8－31 所示。

启动 Appium Server。点击 Windows 端的 Appium GUI 右上角的第一个按钮 Inspector Button 启动 Appium Inspector，如图 8－32 所示点击"Refresh"按钮。由于 3DMark 启动加载比较慢，所以获得的可能不全，可以重新点击 Refresh 获取。

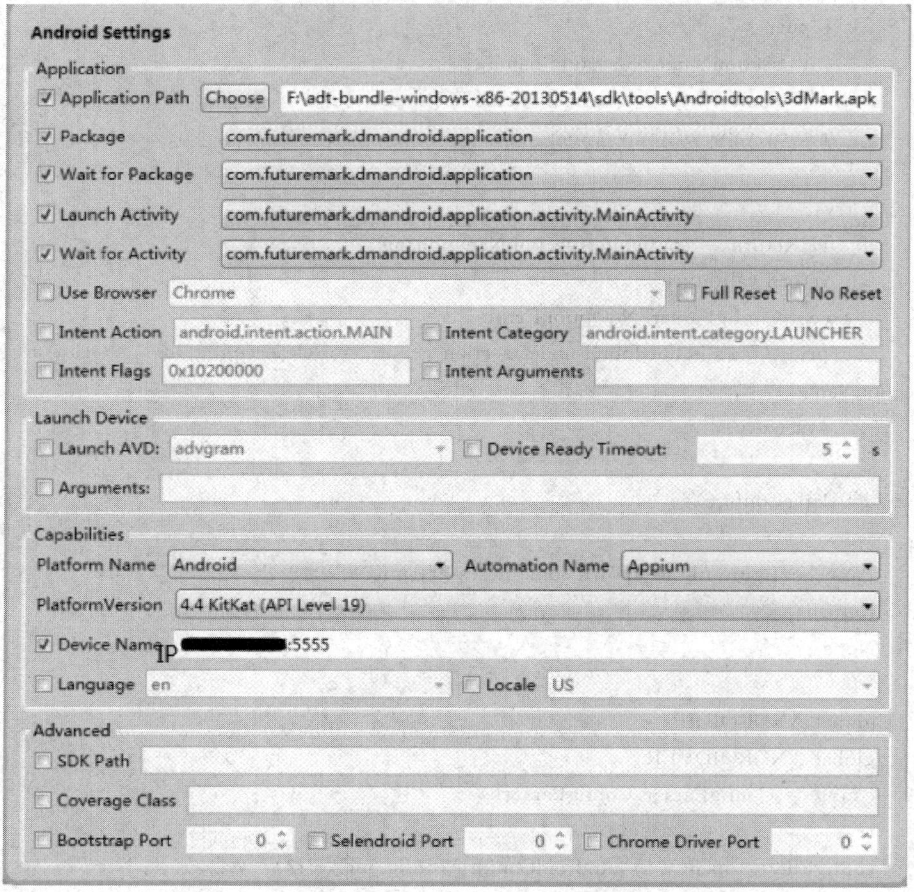

图 8－31　设置界面示例图

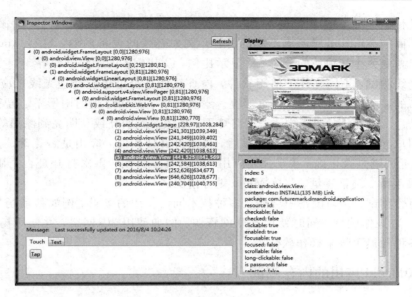

图 8 - 32　Inspector 界面示例图

content - desc：INSTALL(135 MB) Link，Python 脚本如下：

self. driver. find_element_by_accessibility_id("INSTALL(135 MB) Link"). click()

此外，可以通过 Chrome RemoteDebugging 远程调试，使用 Chrome DevTools 调试移动设备 Brower Page Tabs/Webviews，它支持调试站点的页面、调试 Android 原生 App 中的 Webview、实时将 Android 设备的屏幕图像同步显示到开发机器、通过端口转发与虚拟主机映射实现 Android 设备与开发服务器进行交互调试。

8.8　Android App 测试方法

测试专家 Jonathan Kohl 针对运行在移动设备的软件的特性，提出一些移动测试漫游方法，主要特点是选择一组用户的使用场景或者移动设备的特性，例如加速感应器、光线感应器、GPS、无线网络、触屏等，进行移动软件的测试。第 1 章介绍了一些通用的测试方法，第 2 章介绍了测试策略，这里主要介绍根据 Android 系统特性，以及本身待测 App 的特性，得到待测试标的物的测试策略和方法。实际项目中，根据具体的产品特性进一步分析，定制适合自己产品的测试方法。

8.8.1　Android 应用的硬件特性测试

（1）手势测试：需要关注很多规定好的手势，例如从屏幕顶部向下滑动，从屏幕底部向上滑动，从屏幕左侧向右滑动，从屏幕右侧向左滑动，两个手指分开和捏合，两个手指按住屏幕旋转，三、四、五个手指的操作，滑动，摇动设备，长按屏幕等。检查软件支持哪些手势、这些手势是否足够、支持的手势是否被正确实现、不支持的手势是否被妥当忽略等。需关注多点触摸测试，对于不支持多点触摸的应用 App，特别是游戏类的 App，也要进行多点触摸的测试。

（2）屏幕方向的测试：访问每个界面，特别是 Webview 的显示，旋转设备从而改变屏幕方向，进行横竖屏显示的测试，需要结合不同设备不同屏幕宽度和高度的测试。需要注意，不同厂商的 Android 设备有不同的特性，例如魅族的设备厂商，定制 Android 界面叫做 Flyme，需要关注其独特的分辨率、显示比例，及其更多的手势操作等。

（3）光线测试：不同光线下使用软件，检查软件是否可正确处理光线感应器发出的信号，并清晰的显示内容，例如日光灯照亮、漆黑环境、温和灯光的阴影下、温和的阳光下、强烈的日光下、树荫下、黑夜中、黑夜路灯下，从漆黑到明亮或从明亮到漆黑等多种场景。

（4）用户导航测试：点击 Home 键后，再次打开应用时，应用是否正确。各个界面中，点击 Back 返回键是否正确。手动关闭应用，是否真正关闭，再次打开是否正确。此外，还包括待机被唤醒、调整音量、菜单 Menu 键等情况。

（5）组合测试：移动设备中会涉及多种技术同时使用的场景。例如移动场景下的测试，如一边走一边操作软件，同时使用互联网资源。例如使用 3G 网络，并使用扬声器播放音乐，使用各种触摸手势来操作软件等。

8.8.2 Android 应用的内存测试

大部分 Android 设备的硬盘和内存容量不大，需要关注 APK 安装文件本身的大小，以及 App 安装后和后续运行过程中所占用的存储空间大小，避免 App 存储过多资源文件，导致设备存储空间过大的问题。可以使用 Android 自带的 App 占用数据空间的统计功能来查看 App 占用的存储大小。操作系统对 App 或者进程可以使用的内存大小有明确的限制。可以了解这些限制，对 App 的内存做测试，尽量减少不必要的内存消耗，关注是否存在内存泄露。

（1）通过 adb shell dumpsys meminfo 查看当前 Android 系统下运行的所有进程的内存使用情况，也可以通过 adb shell dumpsys meminfo AppPackageName 监看指定 App 的内存情况，如图 8－33 所示。

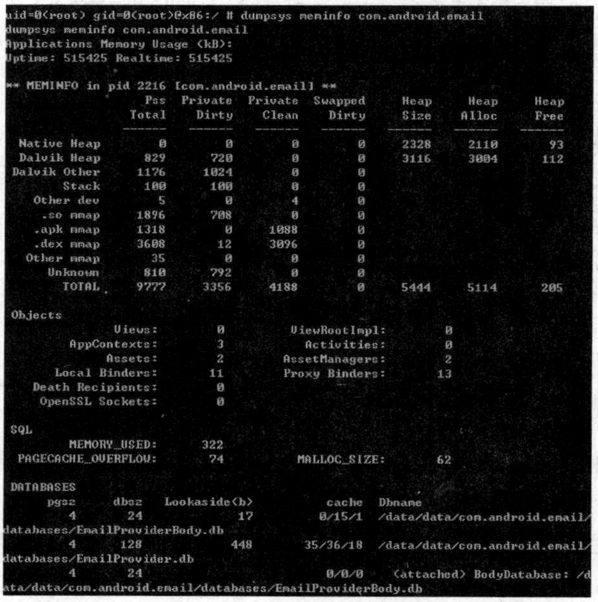

```
uid=0(root) gid=0(root)@x86:/ # dumpsys meminfo com.android.email
dumpsys meminfo com.android.email
Applications Memory Usage (kB):
Uptime: 515425 Realtime: 515425

** MEMINFO in pid 2216 [com.android.email] **
                   Pss  Private  Private  Swapped     Heap     Heap     Heap
                 Total    Dirty    Clean    Dirty     Size    Alloc     Free
                ------   ------   ------   ------   ------   ------   ------
  Native Heap        0        0        0        0     2328     2110       93
  Dalvik Heap      829      720        0        0     3116     3004      112
 Dalvik Other     1176     1024        0        0
        Stack      100      100        0        0
    Other dev        5        0        4        0
     .so mmap     1896      708        0        0
    .apk mmap     1318        0     1088        0
    .dex mmap     3608       12     3096        0
   Other mmap       35        0        0        0
      Unknown      810      792        0        0
        TOTAL     9777     3356     4188        0     5444     5114      205

 Objects
               Views:        0         ViewRootImpl:        0
         AppContexts:        3           Activities:        0
              Assets:        2        AssetManagers:        2
       Local Binders:       11        Proxy Binders:       13
    Death Recipients:        0
     OpenSSL Sockets:        0

 SQL
         MEMORY_USED:      322
  PAGECACHE_OVERFLOW:       74          MALLOC_SIZE:       62

 DATABASES
      pgsz     dbsz   Lookaside(b)          cache  Dbname
         4       24             17         0/15/1  /data/data/com.android.email/
databases/EmailProviderBody.db
         4      128            448       35/36/18  /data/data/com.android.email/
databases/EmailProvider.db
         4       24                         0/0/0    (attached) BodyDatabase: /d
ata/data/com.android.email/databases/EmailProviderBody.db
```

图 8－33　dumpsys meminfo 示例图

（2）可以通过 Setting 的 Apps 的 Running，查看当前设备所有运行 App 的内存使用情况。

（3）腾讯的开源调试工具 GT（随身调），是 App 的随身调测平台，它是直接运行在手机上的集成调测环境。可以使用 GT 对 App 进行快速的性能测试，包括 CPU、内存、流量、电量、帧率、流畅度等、开发日志的查看、Crash 日志查看、网络数据包的抓取、App 内部参数的调试、真机代码耗时统计等。如果 GT 提供的功能不能满足需求，则可使用 GT 提供的 API 自己开发 GT 插件，帮助解决更加复杂的 App 调试问题。

（4）此外，DDMS 也可以获取 CPU、内存、网络等信息，如图 8 - 34 所示。

这里，需要特别关注高内存占用下的测试，例如针对大量图片、长时间语音、大量视频等的 App，操作大数据的处理能力，一般需要结合频繁和长时间测试。一般来说，需要处理大数据量的操作需要启用单独进程处理，避免造成主进程的内存溢出或崩溃问题。

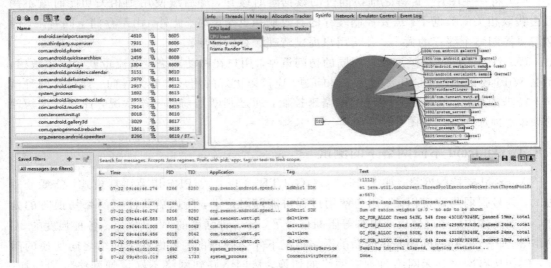

图 8 - 34 DDMS 示例图

8.8.3 Android 应用的流量测试

需要特别关注 App 安装和使用过程中消耗的流量，因为用户通常会为此买单。从用户使用的相关性角度来说，流量可分为两种，一种是用户操作直接导致的流量消耗，另一种是后台，即在用户没有直接使用情况下的流量消耗。可查看当前操作系统使用的总数据流量，包括移动数据网络和 WiFi 总流量，以及每个 App 在这段时间消耗的各类数据流量的总量。可以使用流量监控工具进行此部分测试，例如 LBE 安全大师等工具就具有流量统计和流量排行的功能。Android 系统一般会自带统计功能，例如直接读取两个文件的内容来测试流量：

    adb shell cat /proc/uid_stat/uid/tcp_rcv

    adb shell cat /proc/uid_stat/uid/tcp_snd

uid 是 Android App 在安装时分配的唯一编号，用于识别该 App。tcp_snd 文件中的数据表示发送的数据累计大小，以字节为单位，tcp_rcv 表示接收到的数据累计大小。

常见的流量节省方法主要包括：

（1）在尽量不影响功能和体验的情况下，通过压缩可以直接减少流量。压缩包含接口文本数据的压缩、js 文件的压缩以及图片的压缩，基于压缩算法，在 JPG、PNG 等文件格式的基础上进一步降低图片大小而图片质量不会明显下降。

（2）通过改变数据格式可以减少流量。在传输相同信息的情况下，采用更精简的文件格式是常用的减少流量的方法。比如采用 JSON 格式作为接口数据返回格式通常比 XML 格式要小。相比 JPG、PNG 格式，在同等尺寸和画质情况下，WebP 格式的文件大小有很大的优势，图片方面采用 WebP 格式也是节省流量的办法，特别是针对图片数据比较多的 App 而言。

（3）只获取必要的数据。遇到 App 一页内容很多且用户可能只会查看一部分时，从后台获取过多的数据也是浪费，所以可以用分屏加载或者懒加载的方式来减少流量消耗。

（4）将一些图片、js 等之前访问过的数据暂时缓存，等后续使用到相关功能时就不用再去获取相关的数据了，需要控制缓存的有效期和更新策略。此外，由于存储空间有限，通常需要控制整个缓存的大小，并给用户提供清理缓存的选项。

（5）针对不同网络类型设计不同的访问策略。用户在移动网络下的流量就会比较敏感，而在 WiFi 场景下，流量和带宽都不是问题，应该以更好的用户体验为导向。针对这两种情况下需求的差异，可以通过不同的策略来控制，通过判断当前的网络状况，控制数据访问的频率、预加载策略和图片的质量等。

8.8.4 Android 不同网络下的测试

Android 支持的网络，如 WiFi、3G/4G/LTE、EDGE/GPRS 以及飞行模式，需要分别测试。信号强弱与位置相关，用户使用过程可能随时走动，所以需要注意网络切换时的处理，例如高楼中、穿过隧道或电梯等阻断信号等，如各种强度的 WiFi 网络、各种强度的 3G 网络等。App 的一些问题是在复杂的网络情况下才会暴漏的。考虑各个网络之间切换的问题，例如从有网络到无网络再到有网络的切换，从网络好到网络不好再到网络好的切换。例如没有网络到连接至网络(3G/4G)所需要的时间；以及不同网络之间切换时 App 连接网络所需的时间。例如 4G 信号覆盖不好时，切换到 3G 或者无网络时测试，恢复网络后，验证 App 是否会执行网络断开前用户的操作。可采用在 App 的 log 文件中添加时间戳来计算时间，也可以通过关注使用 App 时的直观感受来验证 App 性能的用户体验。刷新当前页面或者页面之间的切换，来验证 APP 是否有出现问题甚至发生崩溃，需要特别关注使用 Webview 的 App，Webview 没有读完切换到另一个 Webview，可能导致 Webview 的持续加载，从而产生性能问题。

可以采用 Mock 技术来自动化模拟网络。通过 Mock 模拟真实网络环境从服务器端返回 response，而不用真的连接到真实网络或者处于特定状态，减少开发和测试过程中由于需要真实环境而对于网络、设备以及资源的投入。例如直接在代码中对 App 包进行标记，打上测试的标签，模拟网络环境并运行对应的 Mock 代码，延迟应答的 response，从而模拟低速网速下的网络环境。延迟时间可以为可变的，模拟不同网速的网络状态。模拟工具很多，例如 Moco 是一个可以轻松搭建测试服务器的框架程序库/工具。

这里介绍一种方法，首先，电脑上通过双网卡的方式自行搭建一个 WiFi 热点，让手机设备直接连接这个热点。其次，在 PC 上运行网络模拟工具，并打开代理软件，然后手机连接到同一个 WiFi 热点，并在 WiFi 设置里将代理指向对应的 PC。下面介绍 WiFi 热点搭建，网络模拟工具将在下节介绍。

（1）PC 端有无线网卡，并安装驱动。以管理员权限运行 cmd 命令提示符，运行命令启用并设定虚拟 WiFi 网卡：netsh wlan set hostednetwork mode＝allow ssid＝testwifi key＝12345678，如图 8-35 所示。

图 8-35　启用并设定虚拟 WiFi 网卡

参数说明：

mode：表示是否启用虚拟 WiFi 网卡，allow -启用网卡，disallow -禁用网卡。

ssid：无线网名称，最好用英文，如 wifitest。

key：无线网密码，八个以上字符，如 12345678。

开启成功后，网络连接中会多出一个网卡为“Microsoft Virtual WiFi Miniport Adapter”的无线连接，如这里的无线网络连接是 3。

（2）控制面板\网络和 Internet\网络连接。

设置 Internet 连接共享。在“网络连接”窗口中，右键已连接到 Internet 的网络连接，如图 8-36 中的无线网络连接，右键选择【属性】→【共享】，勾选【允许其他……连接(N)】并选择刚才设立的虚拟网卡，然后点击“确定”。

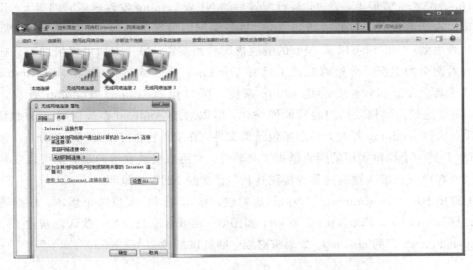

图 8-36　设置 Internet 连接共享

（3）开启无线网络，在命令提示符里输入：netsh wlan start hostednetwork，如图 8 - 37 所示。

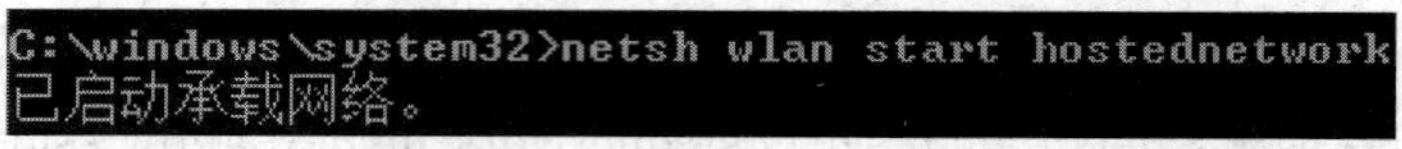

```
C:\windows\system32>netsh wlan start hostednetwork
已启动承载网络。
```

图 8 - 37　启动网络

netsh wlan stop hostednetwork 即可关闭该无线网；显示无线网络信息命令：netsh wlan show hostednetwork。

（4）主机设置完毕，手机等待测设备搜索到无线网络 wifitest，输入密码 12345678 即可。

8.8.5　Android 应用的弱网测试与网络模拟工具 NEWT

弱网的情形有两种方式，一种是使用网络损伤仪，一种是采用软件方式。硬件采购费用太贵，所以这里采用软件方式。在 Windows 下常用的几款网络状况模拟工具，一是 Network Delay Simulator，简称 netsim，用于模拟网络丢包、延迟、低带宽等多种网络异常情况；二是 Fiddler，模拟网速功能比较单一（Rules → Performance → Simulate Modem speed），选项较少，Fiddler 仅是减缓带宽并未引入包丢失。另一款比较好用的网络模拟工具是 Network-Emulator-Toolkit，下面进行介绍。以上只是对弱网络情况的简单模拟，实际情况可能更加多变和复杂。

模拟手机弱网络访问应用，步骤如下：

（1）新建 WiFi 热点、手机等设备，连接 WiFi 热点。

（2）新建 Network-Emulator-Toolkit（NEWT）实例，进行必要的配置，如丢包、带宽设置等。

（3）手机设备端操作，查看效果，例如正常的网络环境下 ping 其他 PC 没有丢包，延迟时间＜1ms。配置带宽很小，丢包，运行配置后的 NEWT，ping 发现延迟时间很大。设置工具后就可以在待测设备上打开被测的 App，进行弱网络情况下的测试。如果要验证弱网络的条件是否生效，一方面可以从 App 的响应情况看到差别，另一方面可以借助工具抓取网络包来查看网络的情况。常见的抓包工具有 Windows 下的 Wireshark 工具和 Linux 下的 tcpdump 工具。Android 本质也是 Linux 系统，所以也有对应的 tcpdump 版本。由于 tcpdump 需要比较高的权限访问底层的网络包，所以对于 Android 系统需要 root 权限。在 Android 上执行 tcpdump 抓包，导出抓包结果文件，在 PC 上进行 Wireshark 分析。

NEWT 是一个简单实用的网络模拟工具软件。它可以安装在客户端，也可以安装在服务端，只要客户端和服务器通过物理链路连接，且途经 NEWT 即可。

（1）解压 Network-Emulator-Toolkit 压缩包，有 32 位和 64 位两个版本，根据需要选择安装。打开 Network-Emulator-Toolkit，如图 8 - 38 所示，打开后，默认就新建了一个名为"VirtualChannel 1"的 channel。如果有必要，则可以新建多个 Channel。

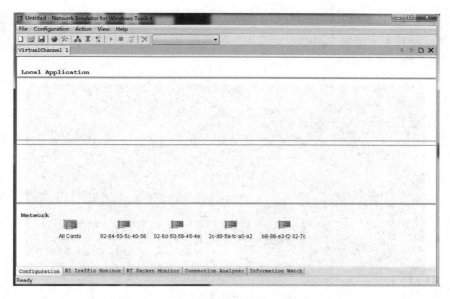

图 8 - 38　Network-Emulator-Toolkit 界面

（2）创建一个过滤器 Filter，可以在菜单中点击 configuration→new filter，也可以点击快捷按钮进行创建，如图 8 - 39 所示。

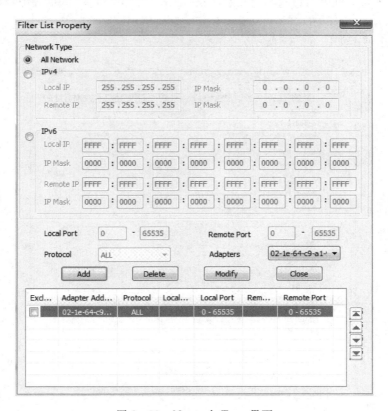

图 8 - 39　Network Type 界面

可以选择网卡适配器（Adapaters，这里为 Mac 地址），其中，Adapter 设置为新建虚拟 WiFi 的 Mac 地址，通过命令 ipconfig /all 查看新建 WiFi 的 Mac 地址，如图 8 - 40 所示的 02 - 1E - 64 - C9 - A1 - 99。

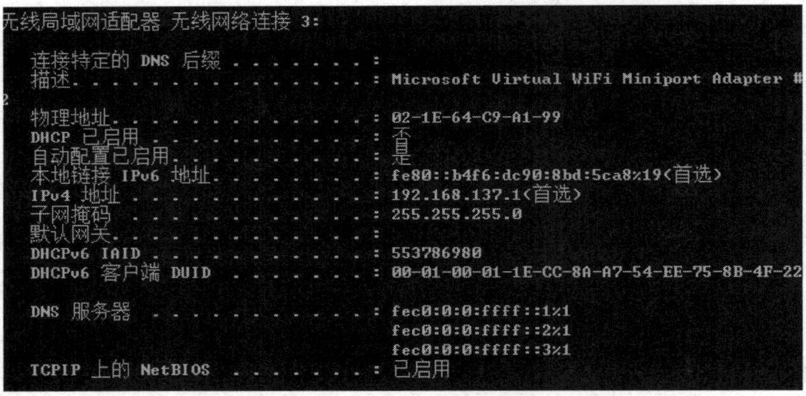

图 8 - 40 查看新建 WiFi 的 Mac 地址

选好过滤条件后，点击添加按钮添加过滤条件；选中已添加的记录，点击删除按钮，可删除记录；选中已添加的记录，重新修改过滤条件，点击修改按钮，可修改记录。

（3）新建连接，可以通过选择菜单栏 Configuration → New Link 或工具栏的快捷按钮实现。

① Loss 选项卡如图 8 - 41 所示。

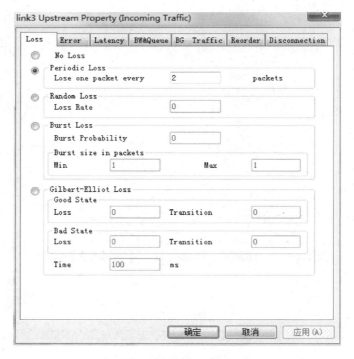

图 8 - 41 Loss 界面

No Loss：默认，不模拟丢包。

Periodic Loss：模拟周期性的丢包。按填写数量设为 x 个，每 x 个包就丢一个包。

Random Loss：模拟随机丢包，按给定丢包的概率随机丢包。

Burst Loss：模拟根据给定的可能性进行丢包。当发生一个丢包事件时，接着连续丢几个包，丢包数量在最大(Max)最小值(Min)之间。

Gilibert-Elliot Loss：模拟发生数据包丢失遵循 Gilbert-Elliot 模型，由两个状态组成，即好的状态和坏的状态。可分别为这两个状态指定数据包丢失率，同时可设置网络传输在这两种状态的概率。

② Error 选项卡如图 8 - 42 所示。

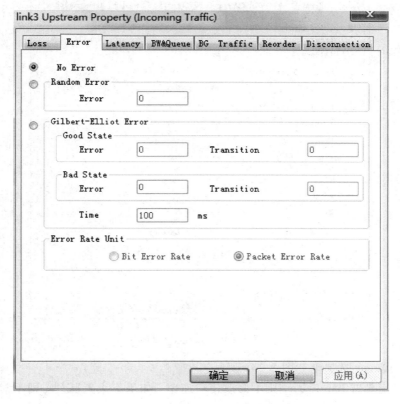

图 8 - 42　Error 界面

No Error：不模拟传输错误。

Random Error：根据给定的比例，模拟随机发生传输错误。

Gilbert-Elliot Error：发生传输错误遵循 Gilbert-Elliot Model 模型，由两个状态组成，即好的状态和坏的状态。可分别为这两个状态指定数据包丢失率，同时可设置网络传输在这两种状态的概率。

Error Rate Unit：其中，Bit Error Rate 为设置出错概率为每个字节出错的概率；Packet Error Rate 为设置出错概率为每个包出错的概率。

③ Latency 选项卡如图 8 - 43 所示。

延迟来自某应用发送的数据包被另一个应用程序接收到的时间。

Fixed delay：按给定值，延迟固定时间，单位为毫秒。

Uniform delay：按统一分布，延迟定量的时间，时间控制在最大最小值之间。

Normal delay：按正态分布，延迟定量的时间，Average 为平均值，Deviation 为偏差。

Linear delay：延迟定量的时间，在给定时间周期内，延迟时间从最小值线性增加到最大值，当达到最大值时，又从最小值开始。

Burst delay：根据给定概率，延迟定量的时间（Latency），丢包数在最大值和最小值之间。

图 8-43　Latency 界面

④ BW&Queue 选项卡如图 8-44 所示。

如果不指定带宽 bandwith，则不修改传输速率。如果不设置队列，则不对接到的包做任何队列操作。

DropType：Drop Front，必要时，丢弃位于队列头部的包。Drop Tail，必要时，丢弃位于队列尾部的包。Drop Random，必要时，根据统一分布，随机丢个包。

Queue Mode：设置队列大小的单位，以包为单位或者以字节为单位。

NormalQueue：所有接收到的包都被放入一个指定队列大小的先进先出队列。

RED（Randomly Early Detection）Queue：所有接收到的包都被放入一个 RED 队列。如果队列大小小于给定的最低阈值（Minimum Threshold），则队列为不拥挤的；如果队列大小大于给定最大阈值（Maximum Threshold），则队列为拥挤的，根据丢包规则，丢弃一些包。

图 8-44　BW&Queue 界面

⑤ BG Traffic 选项卡如图 8-45 所示。

图 8-45　BG Traffic 界面

Constant Bit Rate（CBR）traffic：根据给定的固定比例生成背景流。

Exponential traffic：根据指数 On/Off 时间分布生成背景流。

Pareto traffic：同上，排列图分布。

⑥ Recorder 选项卡如图 8－46 所示。

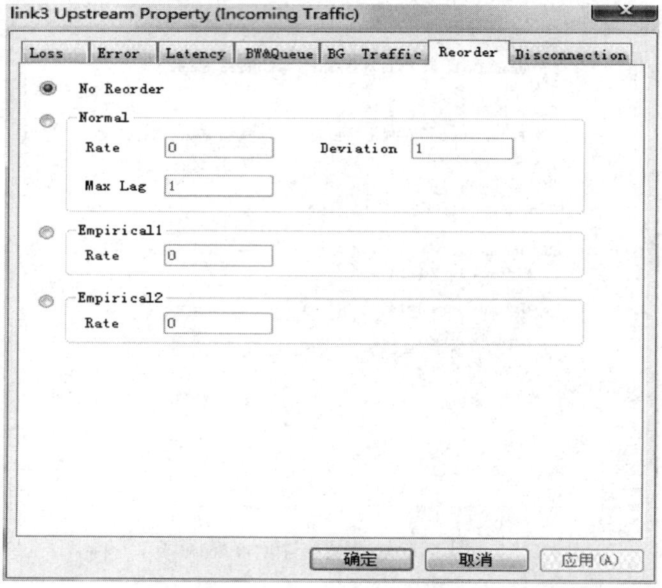

图 8－46　Recorder 界面

No Recoder：不模拟。

⑦ Disconnection 选项卡如图 8－47 所示。

图 8－47　Disconnection 界面

模拟周期性断开连接的行为。

Connection time：一段时间周期内，Link 保持连接状态的持续时间。

Disconnection time：一段时间周期内，Link 保持断开状态的持续时间。

Disconnection Rate：Link 发生断开连接的比率。

（4）连接方式，如图 8-48 所示。

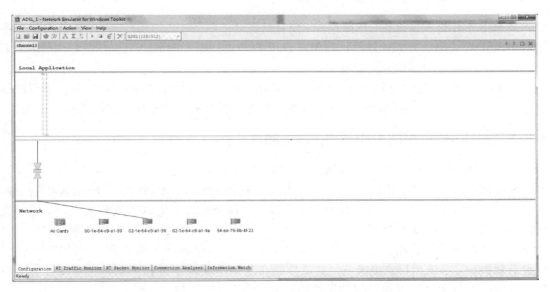

图 8-48 连接方式

Dialup56k：通过传输速率为 56 kb/s 的 modem 进行连接。

ADSL(128/512)：通过上行 128 kb/s，下行 512 kb/s 的 ADSL 连接。

GPRS：它是 GSM 移动电话用户可用的一种移动数据业务。

CDMA2000：3G 移动通信标准。

WCDMA：宽带码分多址，是一种 3G 蜂窝网络。

IEEE802.11b：无线局域网，带宽最高可达 11 Mb/s。

（5）点击开始按钮/停止按钮/保存文件［可选］，保存配置文件为 XML，方便后续导入。

8.8.6 Android 应用的多任务测试

Android 会同时运行多个程序并来回切换，需要关注 App 被其他应用切换到后台的情况，被切换后，返回的状态是否和切换前的一致，是否需要刷新。App 之间切换是否有相互影响，例如正在使用一个应用，如看视频音频，正在和服务器请求等，此时，突然来电或者用户按下快捷键启动相机等情况。使用 App 时候接听电话、来电、来电短信、闹钟、低电量警报，是否还能继续使用 App。切换的速度如何，是否会出现卡顿。关闭再次打开后的速度也需要考虑。

硬件切换测试如锁屏键、Home 键也会影响 App 的运行。例如正在运行 App 时，使用锁屏键关闭屏幕，此时 App 如何处理，是继续运行还是等待屏幕恢复后再运行；解锁后，

App 停留在当前页面还是返回主页面。例如 App 下载过程中自动/手动锁屏，解锁后 App 下载是否保留，重新打开下载资源文件中被关闭的 App 是否可以断点续传。另外，SD 卡被拔出的情况也要考虑，如果 App 会被安装在 SD 卡，数据也存在 SD 卡中，则需要关注测试过程中拔出 SD 卡的异常情况，是否允许 App 存储到 SD 卡也是需要被考虑的。

8.8.7　Android 应用的消息提示测试

如果需要开启数据流量、权限操作、位置信息时，需及时通知用户。App 可能会采取不同的申请访问权限的方式，每种访问触发权限的方式都需要测试。App 在后台运行时，需要关注是否有合适的通知和消息提示。

需要关注及时显示和同步消息的测试。同时在多个设备登录 App，验证 App 是否能及时显示和同步消息。缓存刷新后是否立即更新生效，缓存所占的存储空间的大小也要关注。

8.8.8　Android 应用的 Dalvik 与 ART 测试

在 Android4.4 版本之前，App 的运行环境是 Dalvik，由于 DalVik 满足不了性能要求，所以在 Android4.4 上同时支持 Dalvik 和 ART，在 Android5.0 上把默认的运行环境切换到 ART。Dalvik 环境下，App 每次运行时，其中一部分代码需要机器重新编译，既耗时又消耗系统资源，执行效率降低。ART 环境下，因为安装时会把代码转为机器语言，所以 App 的安装时间和所占用的存储空间会增加，而 App 启动时间极大提高，运行速度更快，电量消耗更少，系统运行也更流畅。需要分别在这两个模式下进行测试，在开发者选项中选择对应的运行环境就可进行两种模式的切换，切换后需要重启系统。

8.8.9　Android 应用的耗电量测试

如果一些 App 架构设计不好，或者代码有缺陷，则可能会导致电量消耗比较高。当用户发现电量消耗过快时，可能会查看哪些应用消耗电量较快，消耗排名比较高且有替代品的 App 很可能被用户卸载。测试需要关注 App 的耗电量，尽量减少 App 大小，降低流量和电量消耗，达到提升用户体验的目的。

测试场景需要关注低电量警报，关注低电量测试，当设备电量即将耗尽时，操作系统可能会关闭一些服务并降低 CPU 的运行速度，需要关注软件是否可以正确处理这种情况，当所依赖的服务被关闭，应该以友好的方式告知当前情况，如果设备连上电源，相关服务被启动，则软件应恢复正常工作。此外，还需要关注锁屏、灭屏测试、App 在前台与后台的测试、频繁唤醒测试、网络频繁变化、长时间高负载等测试场景。

电量的物理公式为：电功率 P＝电压×电流，电量＝电流 I×时间 t(s)。目前有的公司通过硬件来测试电流值，可以使用电流仪进行耗电量测试，缺点是电流仪很贵。这里介绍通过软件的方式进行耗电量的测试，监控相关信息后，再进行相关优化。Android 系统提供了相关的命令：adb shell dumpsys batterystats，来获取详细的耗电的相关信息，在 4.1～4.3 版本上，使用 adb shell dumpsys batteryinfo 来获取。Android 操作系统也有提供电量统计工具来查看 App 启动时间和对应的耗电量。GSam Battery Monitor Pro 是一款由 GSam Labs 开发的专业电池监控应用，可以及时了解电池各项指数从而方便的管理电池。GSam 会显示各个 App 的电量消耗情况，点击某个 App，可以查看该应用电量消耗的详细信息。

8.8.10　Android 应用的特性测试

App 如果支持图片文件，那么需要对其支持的图片格式进行测试，如 BMP、GIF、JPG、PNG 与 TIFF 等。如果支持的是音视频，那么需要对其支持的不同格式进行测试，如 MP4、3GP、AVI、RMVB、MKV 与 MOV 等视频文件格式，如 MP3、WAV、AAC、OGG 与 APE 等音频格式。App 如果支持分享功能，则确保 App 的内容可以被正确的分享到其他 App，从其他 App 看到的内容正确。

如果 App 支持数据显示，则实际操作由后台的服务器和数据库实现。App 与后台服务器如果通过 service 方式交换数据，就需要对 Service 进行 API 接口测试，确保 service 的可用性、准确性和稳定性，可以借助 JMeter、SoapUI 工具进行。对于 App 所依赖的 service，可以通过 Mock 方式测试，减少 App 依赖，方便定位。App 用到的后台服务的性能，可以借助工具如 Loadrunner、Apache JMeter 等进行性能测试，帮助测试人员了解 App 的性能是否可以达到客户的需求预期，以及达到各个条件下性能的阈值。

8.8.11　Android 应用的兼容性测试

App 与其他 App 是否有集成同样的第三方 App，它们之间的兼容性是否正常，需要持续关注第三方 App，如果其功能有任何修改，则应该重点关注测试这些改动。App 需要尽量使用系统本身支持的类库，如果使用第三方类库时，则要测试兼容性问题，避免其不稳定导致 App 的问题，同时也要关注性能问题。App 支持的设备硬件各不相同，所以性能可能也千差万别。

App 操作数据库时，需要关注大数据量测试，同时需要关注是否有其他 App 等操作数据库，是否会有并发的性能问题，例如其他 App 会同时操作对数据库进行锁定，从而导致性能出现问题。此外，需要对数据库进行操作的起始时间和结束时间可以记录到 log 文件，方便性能测试和分析。

需要关注不同操作系统的不同特性，例如 iOS 和 Android 的使用习惯不同等。操作系统的设计规范也需要遵守和关注，避免出现如 Android 系统却遵守 iOS 系统的设计规范。需要关注操作系统升级的具体细节，判断改动影响的范围，例如，如果 App 使用系统本身支持的类库功能，那么系统升级时，需要关注 App 的功能是否有变动，从而帮助制定回归测试的策略。例如，Android4.1 改进了 HTML 5/CSS 3/Canvas 的动画性能，增强了文本输入组件，更新了 JavaScript 引擎，对于使用 Webview 的 App，相关的部分都需要测试。

8.8.12　Android 应用的安全性测试

App 的安全性测试一般需要进行 App 自身的安全性测试和 App 使用的后台服务的安全性测试。在 App 自身的安全性测试中，可以从用户角度对 App 是否保存临时数据或者已删除数据，例如没有保存的内容，重新打开 App 是否会清空。例如 App 对于回话 session 是否有过期设置，运行 App 时，切换到其他 App 或者返回桌面，再次进入 App，App 是否需要输入密码等验证信息。需要测试 App 请求中是否包含明文的用户信息，例如电话号码、账号信息等，敏感信息是否有加密。需要测试 SQLite 数据库的存储是否安全，adb 连接到 Android 设备，使用数据库命令来查看数据库保存的信息，如 select ＊ from loginHistory

查看存储用户的账号信息是否有加密。日志文件和配置文件也要检查，是否有写入敏感信息。

对于 App 使用的后台服务进行安全性测试时，可以采用和 Web 安全性测试通用的测试工具，如 Zed Attack Proxy(ZAP)、Burp Suites、Websecurify、Wapiti 和 WebScatab 等。其中，ZAP 是一个易于使用的渗透测试工具，用于查找 Web 应用程序中的漏洞。

对于安全性漏洞和防范，可以参考 Android 开发安全技巧，开放式 Web 应用程序安全项目 TOP10 和 OWASP 安全性测试指南，以及乌云网的漏洞列表等。此外，需要对 App 申请某些特定权限的必要性进行检查，例如直接检查 manifest 文件来读取应用所需的全部权限，并结合需求注意校验此权限是否为必需的，建议去掉没有必要的权限，对于 manifest 文件的修改也需要关注，增加新权限前需要进行评估。

8.8.13　Android 应用的安装卸载测试

App 应用可先下载到 SD 卡中再进行安装，如果应用加载数据量大，那么应用的部分数据可能会在内存和 SD 卡之间相互转移，相互转移后应用也需要正常运行。有的应用会先小体积安装，之后通过在线方式下载数据使用，需要结合网络的测试，如无网络时是否正常，如断点续传是否正常等。对于 update 升级测试，包括跨版本升级，需要关注升级后，之前的用户信息、用户数据都正常。

App 卸载时，要关注缓存文件等，这些文件除了会占用用户存储空间外，还可能会给恶意软件留有可趁之机，导致用户信息泄露、App 的破解或者对 App 服务器的攻击。需要关注卸载再次安装，之前的信息是否还存在。

8.8.14　Android 应用的用户体验测试

对于支持多个操作系统平台的 App，需要关注操作系统的设计规范和习惯，一般可以根据操作系统的时间日期格式显示 App 的日期格式。

需要关注残障人士，很多发达国家在法律中就有相关规定。Android 自带的 Accessibility 选项。需要测试放大字体、反色、放大、文字转语音等功能。例如视力不好的可能会放大字体，需要保证在大字体下 App 不会出现界面显示不全、文字模糊等问题。听力不好的人，可能会使用文字转语音、VoiceOver 功能，需要测试是否正常。

此外，性能也是用户体验很重要的一点，测试需要特别关注。

8.8.15　Android 应用的性能测试

根据 MFQ 模型(包括单功能 M、功能交互 F 与质量属性 Q)，除了关注单功能 M 情况下的性能测试外，还需要关注功能交互 F 情况下的性能测试。例如处理尺寸很大的图片、传输大量数据、在低速网络中使用软件、在前台与后台使用软件、在低电量时使用软件、界面频繁切换测试等。例如在后台运行其他应用的情况下，进行 App 应用性能测试(如微信朋友圈的流畅度测试)。

性能测试需要关注启动时间、响应时间、流畅度等，可监控资源(如 CPU、内存、GPU、硬盘、网络与耗电量等)的使用情况。性能测试可以通过 Beta 用户以及商业用户的真实的大数据分析进行性能监控，包括异常指标的评估，同时获取用户模型来进行性能测试场景设计。

移动漫游测试有提到通过资源漫游来测试软件的性能。除了无负载压力下的性能测试外,可以通过给软件施加压力,全力运转或面临资源压力(如 CPU、内存、GPU、硬盘、网络与耗电量等),以检查软件的性能问题和可靠性问题。例如占用磁盘空间使得剩余磁盘 30%、40% 与 50% 下,进行应用(或者游戏)程序的帧率与响应时间的测试。

8.8.16　Android 应用的启动时间测试

App 应用的启动时间作为一项重要性能指标,一直以来受到众多手机厂商和 App 应用开发者的关注。启动时间包括冷启动(即首次启动,手机系统没有该 App 进程)与热启动(即手机系统有该 App 进程,App 从后台切换到前台)的测试。需要关注无负载(如删除后台运行的其他应用)情况下的启动时间测试,还需要关注负载(如提前预置资源,并在后台打开其他应用)情况下的启动时间测试。可以借助高速相机、秒表、代码里埋点、机械手等获取 App 启动时间,例如,使用高速相机录制采集图像,然后再使用工具对采集到的图像数据进行分帧处理、统计帧数。也可通过命令方式(如 adb shell am start 命令、adb logcat 等)获取 App 启动时间。

8.8.17　机器学习在 App 启动时间应用案例

本次方案中要使用的机器学习需要使用 Python 的的第三方库 scikit-learn,即 sklearn,它是一款简单高效的数据挖掘和数据分析工具,它对一些常用的机器学习方法进行了封装,它支持分类、聚类、回归分析如支持向量机、随机森林等。这里通过调用机器学习框架 sklearn,进行 App 启动耗时测试。sklearn 官网地址为 http://scikit-learn.org/。

(1) 原始数据采集。不同机器学习测试方案的数据输入来源获取的途径有所差异。首先,对被测 App 启动过程进行录屏,通过 screenrecord 命令录制视频。Screenrecord 具体方法是,手机和电脑 PC 连接,PC 端输入 adb 命令 adb shell screenrecord,如果需要获取录制视频中的一些时间信息和帧信息,则可以再该命令后加上--bugreport,即 adb shell screenrecord--bugreport。为了达到高精度,降低误差,可以使用高速相机(1 秒钟 360 帧)进行录制。

点击被测 App 应用图标,启动 App。等待被测 App 应用完全启动后,使用组合键 ctrl+C 来结束视频录制,screenrecord 最大记录时间为 180s。视频保存路径,录制好的视频将会保存在手机 sdcard 路径下,可以通过 adb pull 命令将手机/sdcard/目录下的例如 testscreen.mp4 视频文件拷贝到 PC 本地指定目录。可以使用 MonkeyRunner 实现基于坐标的自动化点击操作。

(2) 其次,进行视频文件分帧处理,将步骤(1)中录制的视频转换为图片。

ffmpeg 是一套可以用来记录、转换数字音频、视频,并能将其转化为流的开源程序,其功能很强大,一条指令就可以完成简单的视频功能需求,例如将一个视频所有帧转化为对于图片命令:ffmpeg -i testscreen.mp4-r 60-f image picture/image%06.jpg。

其中,-i 设定输入流,如 testscreen.mp4,-r 设定帧速率,这里是 60 帧;-f 设定输出格式;image 表示输出格式为图片;picture/image%06d.jpg 表示图片输出路径,这里%06d 表示图片命名格式。

(3) 数据预处理。机器学习中训练数据的"质"与"量",关系着整个机器学习方案的成败。采集的原始数据质量无法满足机器学习的要求（例如原始数据存在嘈杂、不完整性等）。因此，需要将原始数据经过数据预处理过程才能获得有效的数据训练集。在数据预处理阶段，可以将预处理后的数据分为两种数据集合，即训练集和测试时所使用的测试集。将分帧后的图片文件进行原始像素特征扁平化处理。通过 Python 图像数据处理库 PIL（Image library）的 Image 模块，调用 Image.open()函数打开分帧处理后的图像文件。使用 flatten()函数，将多维图像转换成单行矩阵，完成图片像素特征扁平化处理。

经过步骤(4)的处理，得到训练模型所使用的数据训练集。

(4) 训练数据收集。在训练集中，将 App 启动过程分别定义为五个阶段，这五个阶段分别是 Home Screen、Splash、Loading、Stable、End。

Home Screen：桌面。

Splash：闪屏界面。

Loading(加载界面)：大多数的 App 再启动过程中需要向服务器发出数据请求，服务器接收到请求之后向 App 传输相应数据，App 接收成功后显示数据内容，没有接收成功则反馈数据接收失败。在这个数据交换过程中，由于网络原因，需要花费一定时间，也就是说用户要等待加载完成，此时要用到 Loading 加载机制。

Stable：App 启动的稳定界面，即 App 启动已完成，前后不在发生变化，前后两张图没有明显变化。

End：App 启动完成，关闭录屏软件，这一段时间为 End 状态。其中，Splash 闪屏界面作为 App 启动测试的起始帧，Loading 加载界面相邻的两个不发生变化的帧作为结束，App 启动耗时的总帧数就是结束帧减去起始帧。

按照 App 启动过程的状态不同，将 App 启动过程分别标记为不同的启动状态 labal。然后将步骤(2)分帧处理后的图片通过人工识别的方式，放入不同的状态 lable 文件夹中。将分类后的图片进行步骤(3)的扁平化处理后，作为机器学习模型的原始训练数据，以供后续的模型训练使用。

(5) 模型选择。机器学习模型的本质上就是一种算法，该算法试图从数据中学习潜在模式和关系，而不是通过代码构建一成不变的规则。所以，机器学习模型的选择至关重要。

查阅 sklearn 官网的算法选择引导，训练数据样本数量在 $1000+<100k$ 范围内，选择 SVM+线性核。结合训练数据的样本数量，本次建模采用的是 LinearSVC(Linear support vector classification)，即核函数 kernel$=$′linear′的 SVC，该类基于 liblinear，在惩罚函数和损失函数的选择上更具灵活性，LinearSVC 不支持所有的低维至高维的核函数，仅支持线性核函数，且对线性不可分的数据也不能使用。

(6) 训练模型。机器学习模型建立完成后，将步骤(4)中保存的训练数据导入步骤(5)的训练模型中进行训练，训练模型是为了提高机器学习模型的识别率。训练数据多少对测试准确度有影响。

机器学习的过程中，训练模型的过程还是比较长的。可通过 joblib.dump()方法将训练模型进行保存使其持久化，接着进行评估和预测等，从而节省大量时间。在模型持久化过程中，使用 scikit-learn 提供的 joblib.dump()方法，即 joblib.dump(linear_svcClf,′./model.m′)。

(7) 实际启动耗时测试中，按照(1)～(3)步骤进行数据收集，然后导入步骤(6)中已经

保存的模型，进行数据处理，将会得到 App 启动过程的总帧数。通过公式：总耗时时间＝
总帧数×1/60 得到 App 启动的耗时的时间。最后，启动耗时的详细测试代码如下：

```python
from PIL import images              #从 PIL 库中导出 image
import numpy as np                  #导入 numpy,将 numpy 模块命名为 np
import os
from sklearn import svm
from sklearn. svm import LinearSVC
from sklearn. externals import joblib     #图片转换为矢量
if _name _== '_main_':
#步骤(3)，原始像素特征扁平化处理，获取训练数据
def get_train_image_datas():
    image_dir=os. getcwd()
    print(image_dir)
      image_list = []
      image_classes = os. listdir("image_training")
      for classes in image_classes:
            if classes == ". DS_Store":
                    continue
    image_dir = os. getcwd() + '/image_training/' + classes
            for image_path in os. listdir(image_dir)[:-1]:
                    if image_path. endswith(". jpg"):
    #从文件中载入图片
    img1=Image. open(image_dir+'\\video_1. jpg',mode="r")
    img2=Image. open(image_dir+'\\video_2. jpg',mode="r")
    img3=Image. open(image_dir+'\\video_3. jpg',mode="r")
    w,h = img1. size    #获得图像尺寸
    #将图片尺寸缩放到 1/8
    img. thumbnail((w // 8, h // ))
    image_list. append(np. asarray(img). flatten())
    label_list. append(classes)
return image_list, label_list
print(img1)
iar=np. asarray(img1)                #将图片转换为矩阵形式
print(jar)
image_list. append(np. asarray(img1). flatten())
iar1=list(np. asarray(imag1). flatten())
iar2=list(np. asarray(imag2). flatten())
iar=[iar1,iar2]
#步骤(6)，训练机器学习模型
def training_model():
    y=['stable','loading']
    tr_img, tr_label = get_train_image_datas()
    linear_svClf=svm. LinearSVC()
    linear_svClf. fit(iar,y)
```

```
    joblib. dump(linear_svcClf, "model/linear_svcClf_train_model. m")
    svcClf = svm. SVC()
    svcClf. fit(tr_img, tr_label)
    joblib. dump(svcClf, "model/svcClf_train_model. m")
    #保存机器学习模型
    joblib. dump(linear_svcClf,'. /model. m')
#启动耗时测试
def get_test_image():
    image_list = []
    image_dir = os. getcwd() + '/image_test/'
    file_names = sorted((fn for fn in os. listdir(image_dir) if fn. endswith(". jpg")), key
=numerical_sort)
    file_names = [image_dir + fn for fn in file_names]
def learning_by_modle(model):
    clf = joblib. load(model)
    tst_img = get_test_image()
    predicts = linear_svClf. predict([iar1])
    for index, result in enumerate(predicts):
        print index+1, result
    return predicts
    print(predicts)
total=learning_by_model(model)
    x=list(total)
    loading=x. count('loading")
    splash=x. count('splash')
    y=splash+loading
print(y)
```

8.8.18　Android 应用的其他测试

Android 应用测试除了前面小节提到的测试方法外，还包括压力测试(例如反复频繁操作的测试、频繁休眠唤醒测试、Monkey 压力测试)、注入故障注入测试、长时间稳定性测试等。实际项目中，可以参考 2.4 节的 Temb 测试策略，按照产品特性与风险分析，定义适合的测试方法。

8.8.19　Android 应用的典型问题

收集和整理典型缺陷有助于吸取经验，更好地测试。将缺陷作为攻击指南，根据典型缺陷和产品的特点，来快速测试。测试专家 Jonathan Kohl 总结的移动应用的七宗罪，概况了移动应用的典型问题，对测试设计很有启发性。

野心：承诺它做不到的事情。

暴食：使用了太多的资源，如占满了内存，拖慢了设备，耗尽了电量，用完了数据流量。

贪婪：不考虑信号微弱的情况，总是假设用户总是拥有强劲的网络连接。

懒惰：反应迟缓，速度很慢。

狂怒：与其他应用不能协作。

嫉妒：抄袭其他应用的功能，毫无创新。

傲慢：应用难以使用，期望用户适应它的古怪设计，而不是适应用户。

此外，代码审查也同样，包括自动化的代码审查，可以把常见问题记录作为审查自检表。自检表可以根据不同语言对应的代码规范，参考业界的代码易出错的问题，并根据代码实际审查情况和测试根因的分析，持续更新自检表，不断吸取经验，提升代码质量。

8.8.20　代码扫描测试

代码分析类似高级编译系统，一般是针对不同的高级语言去构造分析工具，在工具中定义类、对象、函数、变量和常量等各个方面的规则。在分析时，通过对代码进行扫描和解析，找出不符合编码规范的地方，从而给出错误信息和警告信息。还可以根据质量模型评价代码的质量，生成系统的调用关系图，评估代码的复杂度等。

这里推荐两款比较常用的代码静态扫描工具如 Findbugs 与 Lint，具体使用在开发小工具节里介绍。

8.8.21　云测试平台

云测试是指将待测 App 上传到云测试平台，在服务器端的自动化测试环境中部署和测试，云测试平台有很多优点，如提供了远程租用真机的服务故不用购买真机，无需部署运维等。由于 Android 端设备的种类多，云测试服务在 Android 端应用广泛，国内外都提供了多种云测试平台。

通常利用自动化框架来实现真机上的脚本自动化运行，或远程租用真机人工测试，或真人真机测试。根据远程测试机、人员与开发者间的合作方式，可以分为以下几种服务：云测试服务、内测服务以及众测服务，相应的平台支持如图 8-49 所示。

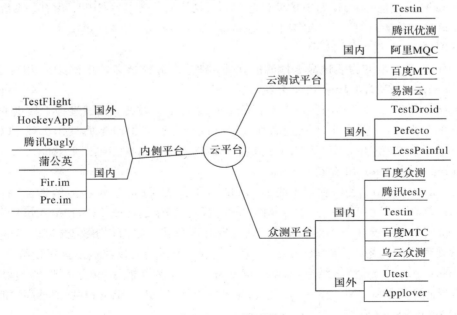

图 8-49　云测试平台

8.9　Android 常用测试系列工具

1. Antutu 介绍

超级兔子系统评测 AnTuTu Benchmark 是一个专门给 Android 系统的手机、平板电脑硬件跑分的软件，它能一键运行完整的测试项目，包括内存性能、CPU 整数性能、CPU 浮点性能、2D/3D 绘图性能、数据库 I/O、SD 卡读、写速度等多项性能测试。其中，RAM 表示机器对于数据运算的吞吐能力、CPU 整数/浮点性能代表处理器的运算能力、2D/3D 绘图性能表示图形处理芯片对图像的渲染能力、数据库 I/O 性能表示处理器与 RAM 对数据库的访问效率、SD 卡写入/读取速度则表明机身 ROM 的可读写能力。目前该项测试需要 ROM 空闲空间大于 300MB，因此若机身存储空间/ROM 不足 300MB，则忽略该项，且总成绩要扣除相对应的分数。理论上分数越高，表示该项性能越强。它不仅能够展现硬件的综合实力，同时还提供细分项成绩，可进行对照参考，同时上传分数并查看该设备在世界的排名。对于测试结果，可以同产品不同版本之间进行对比，可以与其他产品进行比较，如同硬件型号或者同硬件性能的产品对比，也可以对比业界其他设备竞争力如何，从而进行性能优化。后面小节介绍的性能工具的测试结果也可同样进行对比优化，后面就不再做此说明。

2. Pass Mark Performance Test 介绍

Pass Mark Performance Test 是速度和性能的测试软件，它可以用来测试 CPU 的运行速度、浮点运算能力，检测系统的内存和硬盘容量与使用率，测试 MMX 多媒体指令、DirectX 3D 图形系统等执行的效果，理论上分数越高，表示该项性能越强。

3. 0xBenchmark 介绍

0xBenchmark 是 Google 官方的测试程序，包括了对 2D/3D、CPU、内存、系统等详细的测试，理论上分数越高，表示该项性能越强。

4. 3D Mark 介绍

3D Mark 是一款专为测试显卡性能的软件，理论上分数越高，表示该项性能越强。

5. Basemark ES 2.0 Taiji Free 介绍

2Basemark ES 2.0 Taiji Free 是基于 OpenGL ES 2.0 技术，测试过程中提供一个经过科学设计的逼真游戏场景。软件通过高细节三维内容在游戏中产生的工作负载，以一种逼真的视觉效果来消耗 OpenGL ES 2.0 的执行，最终测试设备的三维图形效能。

6. LinpackforAndroid 介绍

LinpackforAndroid 是一款用于测试 Android 系统的 CPU 浮点性能的性能测试软件。它通过利用高斯消元法求解一元 N 次稠密线性代数方程组的测试，评价 Android 平板的浮点性能，包括单线程测试与多线程测试。处理器的运算能力越强，分数就越高。双核甚至未来的多核处理器的优势在多线程测试部分有所体现，测试结果以浮点运算每秒给出。

LinpackforAndroid 测试结果：MFLOPS(每秒百万浮点指令)值越高性能越好，Time (时间)值越低性能越好，NormRest(常规)值越高性能越好，Precision(精度)值越高性能越好。

7. Display Tester 介绍

屏幕测试仪(Display Tester)包括坏点测试、色彩测试、伽玛校正测试、可视角度测试、多点触控测试、显示性能测试、修复烧伤、显示测量信息、真实照片供比较、渐变测试、形变校正闪屏、抖动测试、测量 DPI、颜色图表、死点测试、系统字体测试仪、DIP / PX 计算器。

8. Vellamo 介绍

Vellamo 是一款评估 Android 设备上的浏览器性能的软件，HTML5 模块可用来评估移动网页浏览性能，它可对手机浏览器的性能及稳定性进行测试，包括像 Java 脚本性能、渲染、联网和用户界面、滚动缩放、3D 图形、视频性能、内存读写、带宽峰值性能等诸多方面进行评估。该工具的结果同样包括多个子项，分数越高表明手机对浏览器的优化程度越高，网页浏览体验更好。

9. HTML5 Browser 介绍

7 在浏览器输入网址 www.html5test.com，进行 HTML5 的测试。Save Result 保存结果后，可在网页查看测试结果。测试结果与浏览器有关，Firefox 的浏览器测试相对比值较高。理论上分数越高，表示该项性能越强。

10. Nbench 介绍

Nbench 是一个用于测试处理器，存储器性能的基准测试程序。由于它是开源的，因此可以在各种平台、操作系统上运行，并进行优化和测试。它的结果主要分为 MEM、INT 和 FP，其中 MEM 指数主要体现处理器总线、CACHE 和存储器性能，INT 当然是整数处理性能，FP 则体现双精度浮点性能。理论上测试分数越高，表示该项性能越强。

11. Antutu 3Drating benchmark 介绍

安兔兔 3DRating 评测是一个专业的 Android GPU 性能测试软件，和以往的安兔兔综合性能测试不同，3DRating 只偏重于 Android 设备中的 GPU 硬件的 3D 部分，而 3D 性能正是游戏软件的重点性能。通过测试所得的分数越高，说明设备的 3D 性能越好，也就能在此台设备中运行相应级别要求的游戏软件。

12. TAP Benchmark 介绍

系统基准点测试，包括 Database performance、FileRead/Write Performance 和 StressTest Performance，测试数值越高越好。

13. Speedtest 工具介绍

Speedtest 工具主要测试设备的网络速度，可单独测试 3G 和无线网络的上传和下载速度，通常需要多次测试取平均值。

Speedtest 测试工具分别从 ping 命令响应时间(其值越低越好)和上传/下载速率(其值越高越好)，来测试网络性能。

14. Iperf 性能测试

Iperf 是一个网络性能测试工具，可以测试 TCP 和 UDP 带宽的质量。它可以测量最大 TCP 带宽，具有多种参数和 UDP 特性。它可以报告带宽、延迟抖动和数据包丢失。可以用来测试一些网络设备如路由器、防火墙、交换机等的性能。Iperf 的主要功能如下。

TCP 测试：测试网络带宽，报告 MSS/MTU 值的大小和观测值，支持 TCP 窗口值通过套接字缓冲，当 P 线程或 Win32 线程可用时，支持多线程。客户端与服务端支持同时多重连接。

UDP 测试：客户端可以创建指定带宽的 UDP 流，测量丢包，测量延迟，支持多播，当 P 线程可用时，支持多线程。客户端与服务端支持同时多重连接。

8.10 CTS 测试

8.10.1 CTS 介绍

为了确保 Android 应用能在所有兼容 Android 设备上正确运行，并且保持良好的用户体验，Android 提供了一套 Compatibility Test Suite 兼容性测试套件，来验证运行 Android 系统的设备是否符合 Android 兼容规范，并附带有兼容性定义文档 CDD（Compatibility Definition Document），建议测试人员和开发人员阅读 CDD 文件，遵照 CDD 文件里的规范，规范中定义了各个不同 Android 系统版本必须包含的功能项目以及软硬件能力、性能、安全性规定等，在 CTS 测试中发现的产品缺陷，都必须修改通过。例如 Android 4.2 的 CDD 说明所有的设备实现都必须包括至少一种音频输出格式，以及一种或多种数据传输速率在 200 kb/s 或更高的网络连接，而具体采用哪些外设则由设备制造商来决定。具体 CDD 请详细参考 Google 网站。

兼容性测试套件（CTS）是一款自动化测试工具，目的是尽早发现兼容性问题，从而确保软件在整个开发过程中保持统一的兼容性。因为原始设备制造商（OEM）有时会深度修改 Android 框架层的代码，而 CTS 工具可以确保指定版本平台的 API 不被修改，即使经过了厂商的修改后，也可确保无论谁生产的设备，应用开发者都有一致的开发体验。其兼容性 API 接口测试基于 Junit 和 Instrumentation 仪表盘技术编写，主要是对于 Framework 层的测试，包括自动化执行用例、自动收集和汇总测试结果。建议学习 CTS 的 API 测试，了解接口测试方法。

8.10.2 搭建测试环境

以 Ubuntu14.04 64 位系统为例，安装合适的 JDK 版本。

（1）可以自己编译或从 Google 官网下载获取 CTS 工具。可以从 http://source.android.com/compatibility/downloads.html 下载适合自己系统内版本的 CTS；

也可以通过编译 Android 源代码的方式获得。

（2）获取 Android-sdk，安装 adb 工具。修改环境变量，将 CTS 和 Android SDK 工具目录加入到环境变量中，各路径以"："间隔。

（3）注意，如果 adb 无法使用或者遇到错误，则可能需要安装 apt-get install lib32z1 以及 apt-get install lib32z1-dev。

例如，官网说明如下：

Note：For CTS versions 2.1 R2 through 4.2 R4，set up your device（or emulator）to run the accessibility tests with：enable：Settings ＞ Accessibility ＞ Accessibility ＞ Delegating Accessibility Service.

Note：For CTS 2.3 R4 and beyond on devices that declare the android. software. device _adminfeature，set up your device to run the device adminnistration tests with：adb install-randroid-cts/repository/testcases/CtsDeviceAdmin. apk

On the device，enable only the two android. deviceadmin. cts. CtsDeviceAdminReceiver

* device administrators under：Settings > Security > Select device administrators. Make sure the android. deviceadmin. cts. CtsDeviceAdminDeactivatedReceiver and any other preloaded device administrators stay disabled in the same menu.

设备端，勾选前两个选项即可。

（4）把 CTS Media 文件复制到设备上，对于 CTS2.3 R12 或以上版本，如果设备支持视频编解码器，则需要复制 CTS Media 到该设备。进入下载并解压 Media 文件目录；更改文件权限：chmod u＋x copy_media. sh；运行 copy_media. sh。如果复制的设备分辨率是 720×480，则运行 . /copy_media. sh 720x480；如果不确定最大化的分辨率，则试着运行. /copy_media. sh all，将所用的文件复制；如果有多台设备，则 adb 添加 -s（serial）选项。例如，复制到分辨率为 720×480，Serial 为 1234567 的设备时，运行 . /copy_media. sh 720×480-s 1234567。

（5）设置 Device 端：

① 恢复出厂设置，选择 Settings → Backup & reset → Factory data reset 会删除设备上的所有用户数据。

② 设置语言，选择 Settings → Language & input → Language 设置为英文。

③ 打开本地 GPS/WIFI/蜂窝移动网络设置，选择 Settings → Location。

④ 连接到 WiFi 而且网络支持 IPv6，可以把被测设备（DUT）作为一个独立的客户端，并确保有网络连接，选择 Settings → WiFi。

⑤ 确保设备没有处在任何 lock pattern 之下，选择 Settings → Security → Screen lock ＝ 'None'。

⑥ 确保"USB 调试"选项被选中，选择 Settings → Developer options → USB debugging。

注意：在 Android4.2 及更高版本中，开发者选项默认是隐藏的。为了使它们可用，可以进入 Settings → About phone and tap Build number seven times，回到开发人员选项。

⑦ 选择 Settings → Developer options → Stay Awake。

⑧ 选择 Settings → Developer options → Allow mock locations。

注：Android6.0 开始后，这个步骤既没作用也不需要。

⑨ 启动浏览器时关闭所用启动/建立的屏幕。

⑩ 通过 USB Cable 将台式机与被测设备相互连接。

当连接到计算机的设备时，运行的是 Android4.2.2 或更高版本，系统会显示一个对话框，询问是否接受 RSA 密钥，通过这台计算机来进行调试。需要选择允许 USB 调试。

8.10.3　CTS 运行

（1）把 CTS 包解压缩后，至少连接一台设备，在 CTS 控制台运行 CTS tradefed 脚本，例如：

```
$. / Android-cts/tools/ cts--tradefed。
```

（2）可以通过执行 start -plan CTS 来执行默认的测试计划 test plan，它包含所有的测试用例。输入 list plans 来查看 repository 的测试计划列表。输入 list packages 来查看 repository 的测试包列表，可选择某个包进行测试，如 run cts --package ＜package_name＞。通过 CTS 命令参考或键入 help 来查看支持命令的完整列表。

（3）可以在命令行中执行 CTS plan，使用 run cts --plan ＜plan_name＞。

（4）在控制台上查看测试进度和结果报告。

（5）如果设备是 Android5.0 或更高版本，并且是支持 ARM 和 x86 ABI 的架构，则应该运行 ARM 和 x86 的 CTS 包。

在开始运行 CTS 的时候，按 Home 键来设置设备的主屏幕。当一个设备在进行测试时，绝不能执行其他任务，而是必须保持在一个固定的位置，避免触发其他传感器，而且使摄像头指向一个目标。CTS 运行时，不要按任何键，在测试设备上按键或触摸屏幕会干扰测试运行，并可导致测试失败。不同版本的 CTS 测试计划大同小异，选择一个版本，如有以下测试计划可供选择。

CTS：包含所有的兼容性测试用例。

Signature：包含对所有公共接口 API 的签名认证。

Android：包含对 Android 平台 API 接口的测试。

Java：包含对 Java 核心库的测试。

VM：包含对 Dalvik 虚拟机的测试。

RefApp：对参考应用进行测试（未来 CTS 将发布更多相关用户）。

Performance：包含对系统性能的测试（未来 CTS 将发布更多相关用户）。

中断后如何进行重新启动测试，具体介绍如下：

-l r：查看上次运行情况，获取任务的 sessionID 编号。

-run cts --continue-session sessionID --disable-reboot 继续运行上次的 cts 项，sessionID ＝ 0、1 、2，…。

每次测试完一个 CTS ID 后，都会产生一个目录，里面有测试 log 及测试 result report 的 XML 文件。通过 XML 文件及 log 信息里面的错误信息，分析定位问题。此外，如果设备不支持 USB Debug 等，只能通过网络方式，那么运行的时候，需要加上 --disable -reboot，例如 run cts --plan CTS --disable-reboot。Android 设备端，运行 setprop sys. usb. config adb。

8.10.4　结果分析

在 ＄ANDROID_CTS/repository/results 文件夹中，会看到以日期和时间命名的文件夹，以及同名的压缩文件保存同样的内容，可以通过多台机器上运行的结果汇总到一台机器上，方便统一分析。在测试结果文件中，测试结果是以 XML 的形式保存的，同时 Android CTS 提供了 XSL 将测试结果转换为网页形式以方便浏览，测试结果文件夹中其他文件都是在显示测试结果中需要用到的图片和样式表。

可以通过浏览器打开测试结果，包括几个部分，"设备信息"中列出了被测设备具体的软硬件以及功能配置信息，"Test Summary"包括 CTS 版本信息、开始结束时间、plan 名称、通过的用例数目、没有执行的以及失败的用例个数。"Test Summary by Package"根据包汇总的测试结果，"Test Failures"会将断言失败时的输出记录在内。

如果随着执行次数的增加而启动变慢，则可能是因为每次执行 CTS 会自动搜索历史报告文件，如果文件越多，则启动速度就会越来越慢，所以需要定期清理历史报告。需要注意的是，设备相关的信息，CDD 文件要求也是需要填写的，包括厂商信息等，需要查看测试报告文件的设备信息部分也得是正确的，不能是空的。

8.10.5　CTS Verifier 运行

CTS Verifier 主要包括硬件及 CTS 测试套件需要人工参与的一些偏功能性的接口测试，例如 Camera、GPS 以及 Sensor 等。在 Android 设备端打开 CTS Verifier 进行手动测试，CTS Verifier 的工具打开后，针对里面的所有内容进行测试。每个测试项，都有 Info 按钮，详细解释该测试的目的、步骤和判断标准，可以据此进行测试，所有测试项需要全部通过。如果出现错误，如不同视频格式的测试出错，则需要确定手动执行是否正常，是否是 Google 网页本身的问题。测试时，如果正确就选 Pass，如果错误就选 Fail。CTS Verifier 测试 Screen Lock Test 失败，则提示屏幕没有被锁定。预期是 Lock Screen 后，屏幕锁屏并需要密码才能进入系统。这里操作前，需要先设置锁屏密码才行，锁屏密码是字母汉字的组合。

CTS 与 CTS Verifier 在测试时，Android 版本必须和 CTS 版本一致。如果要通过 Google 认证，除了需要通过 CTS 与 CTS Verifier 测试外，还需要通过 GTS 等 Gongle TA 认证测试。测试通过后，提交给 Google 进行认证。认证通过后，Google 会自动将设备加入白名单，可以正常使用 Google Play Store 等的服务，WideVine 中的 key 可以对付费/视频的加密文件解锁。

CTS 是针对 Framework 层做兼容性测试的，目前 Android 已经提供 VTS（Vendor Test Suite），VTS 由一套测试框架和测试用例组成，目的是提高安卓系统核心硬件抽象层 HALs 和内核 Kernel 的健壮性、可依赖性和依从性等。

8.11　Android 开发系列工具

8.11.1　adb 工具介绍

adb 工具常用的操作介绍如下：

（1）安装、卸载应用，adb install 应用的文件名，如 adb install .. \ Androidtools \ antutu-benchmark-v6beta. apk。

adb uninstall package，其中，package 是包名，如 adb uninstall com. antutu. ABench-Mark，而不是应用的文件名如 antutu-benchmark-v6beta. apk。包名的获取方式在前面章节有介绍，可以通过源码获取，也可以通过 DDMS 等提供的工具获取，如打开 ddms. bat，然后打开 Android 待测设备端的 App，可以获取到 App 的包名和 AppActivity。

（2）进入设备或模拟器的 shell 命令为 adb shell。

通过上面的命令，可以进入设备或模拟器的 shell 环境中，在这个 Linux shell 中，可以执行各种 Linux 的命令，如果执行一条 shell 命令，则可以采用 adb shell［command］。如 adb shell dmesg 会打印出内核的调试信息。

（3）发布端口：可以设置任意的端口号，作为主机向模拟器或设备的请求端口。如 adb forward tcp:5555 tcp:8000。

（4）复制一个文件或目录到设备或模拟器，命令为 adb push，如 adb push test. txt /

tmp/test. txt。

从设备或模拟器上复制一个文件或目录，命令为 adb pull。如 adb pull /android/lib/libwebcore. so。

（5）搜索模拟器或设备实例：取得当前运行的模拟器或设备的实例的列表及每个实例的状态，命令为 adb devices。

（6）记录无线通信日志。一般来说，无线通信的日志非常多，在运行时没必要去记录，但还是可以通过命令，设置记录，命令如下：

```
adb shell
logcat -b radio
```

（7）获取设备的 ID 和序列号的命令如下：

```
adb get-product
adb get-serialno
```

（8）访问数据库 SQLite3 的命令如下：

```
adb shell
sqlite3
```

8.11.2　DDMS 介绍

DDMS(Dalvik Debug Monitor Service)是 Android 开发环境中的 Dalvik 虚拟机调试监控服务，其提供了测试设备截屏、针对特定的进程查看正在运行的线程以及堆信息、Logcat、广播状态信息、模拟电话呼叫、接收 SMS、虚拟地理坐标等。在 Android SDK 的 tools 下找到 ddms. bat，打开运行。用 Heap 监测应用进程使用内存情况的步骤如下：

（1）启动 Eclipse 后，切换到 DDMS 透视图，并确认 Devices 视图、Heap 视图都是打开的。

（2）将手机通过 USB 连接至电脑时需要确认手机是处于"USB 调试"模式，而不是作为"Mass Storage"或者 adb connect IP 连接到待测设备手机的。

（3）DDMS 的 Devices 视图中将会显示设备的序列号，以及设备中正在运行的部分进程信息。

（4）点击选中想要监测的进程。

（5）点击选中 Devices 视图界面中最上方一排图标中的"VM Heap"图标。

（6）点击 Heap 视图中的"Cause GC"按钮。

（7）此时在 Heap 视图中就会看到当前选中的进程的内存使用量的详细情况。

说明：点击"Cause GC"按钮模拟请求一次 GC 操作。当内存使用信息第一次显示以后，不需要再不断地点击"Cause GC"，Heap 视图界面会定时刷新，在对应用不断地操作过程中就可以看到内存使用的变化。Heap 视图中有 data object，即数据对象。在 data object 一行中有一列是"Total Size"，其值就是当前进程中所有 Java 数据对象的内存总量，一般情况下，这个值的大小决定了是否会有内存泄漏。

系统信息获取包括三部分，即 CPU 相关信息（CPU Load）、内存使用信息（Memory Usage）、框架渲染时间信息（Frame Render Time）。

通过选择 Device → File Explorer 打开 File Explorer。可以浏览文件，上传上载删除文

件，当然这是有相应权限限制的。此外，Screen Capture 可以通过选择 Device → Screen Capture 进行截图。Exploring Processes 通过选择 Device → Show process status 显示 Android系统上所有正在运行的进程，也可运行命令"adb shell ps − x"得到相同的结果。Examine Radio State 是通过选择 Device → Dump radio 来检测广播状态的。

8.11.3　静态代码扫描工具 Findbugs

　　Findbugs 是一款 Java 静态代码扫描工具，它检查类或 jar 文件，将字节码与一组缺陷模式(Java 代码规范)进行对比以发现各种可能存在的问题，能够发现 Java 代码中的隐含的问题。由于大部分的 Android App 都是 Java 编写的，所以可以使用 Findbugs 扫描和发现问题。Findbugs 发现的问题不能直接认定为缺陷，需要对发现的问题进行分析。优先级较低并确定可以排除的问题，可以直接通过 Findbugs 的过滤器进行过滤。

　　(1) 安装 Findbugs。它可以独立运行，也可以作为 Eclipse 的插件。这里介绍安装 Findbugs plugin 的方式：In Eclipse, click onHelp→Install New Software…，如图 8 − 50 所示。在 Name 中输入"Findbugs"；在 Location 中输入"http://Findbugs. cs. umd. edu/eclipse"；点击"OK"按钮，安装完成后，重启 Eclipse。

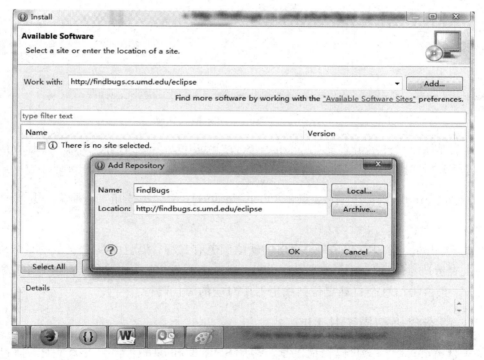

图 8 − 50　Install New Software

　　安装成功后，打开 Eclipse→Windows→Preferences，搜索关键字 Findbugs，如果能找到配置项，那么表示安装成功，或者展开"Java"后也会找到 Findbugs。从中可以发现 Findbugs 定义了很多种检查器(Detector)，而且分为不同的模式(Pattern)和类型(Category)：纠错 (Correctness)、不合理的(Dodgycode)、不好的实践(Bad practice)、安全性(Security)、性能(Performance)和多线程纠错(Multithreaded correctness)等问题，如图 8 − 51 所示。

（2）安装完成后就可以使用了。首先，编译工程，选择目标工程→build project。

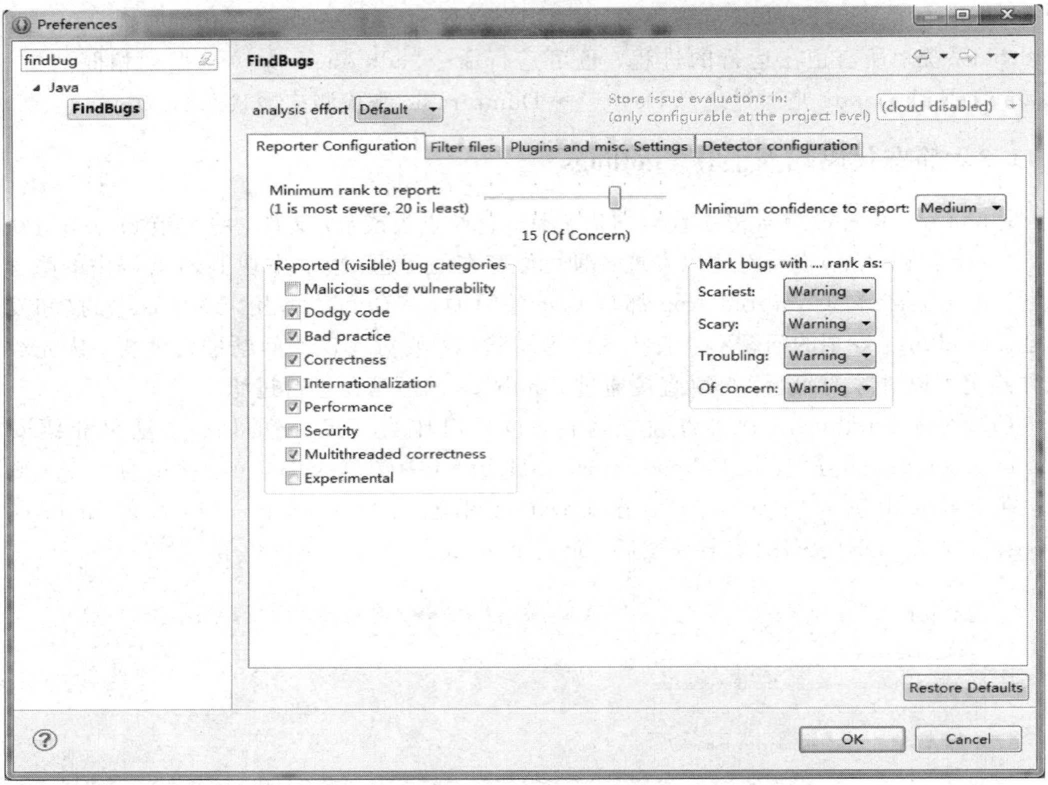

图 8-51　Findbugs 定义的检查器

（3）选择该项目并单击右键，从菜单中执行"Findbugs"，此时 Findbugs 会遍历指定的项目，进行分析，找出代码缺陷，然后集中显示在 Findbugs 的 bugs explorer 中。

（4）添加 Findbugs explorer。点击 Open Perspective  　 按钮，选择 Findbugs，点击"OK"按钮。

点击 Findbugs 可以查看结果。找出的缺陷颜色有三种，黑色的臭虫表示的是分类，红色的臭虫表示严重缺陷发现后必须修改代码，橘黄色的臭虫表示潜在警告性缺陷需尽量修改。双击某条警告信息会自动定位到编辑器中对应的源代码行。

8.11.4　静态代码扫描工具 Lint

Lint 是 Android 静态代码扫描工具，它是 SDK Tools 16 之后引入的工具，通过它对 Android 工程源代码进行扫描和检查，可发现潜在的问题，以便开发人员及早修正。Android Lint 提供了命令行方式执行，还可与 IDE（如 Eclipse）集成，并提供了 HTML 形式的输出报告。

在 Eclipse 中可以在菜单 Windows→Preference→Lint Error Checking 中设置规则的检查级别，如图 8-52 所示。

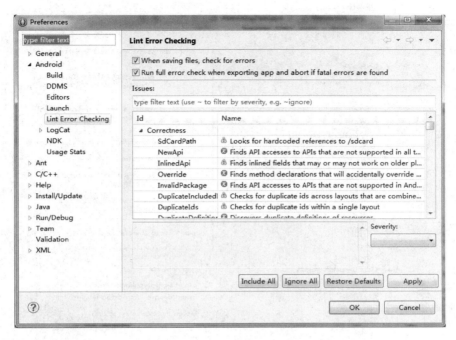

图 8 - 52　Lint Error Checking

在 Eclipse 中，可以通过两种方式来手动进行 Lint 的扫描。

（1）通过工具栏，双击 Run Android Lint 的按钮，下拉菜单罗列出 Check 的项目工程，在下拉菜单中选择要进行 Lint 扫描的项目工程，如图 8 - 53 所示。

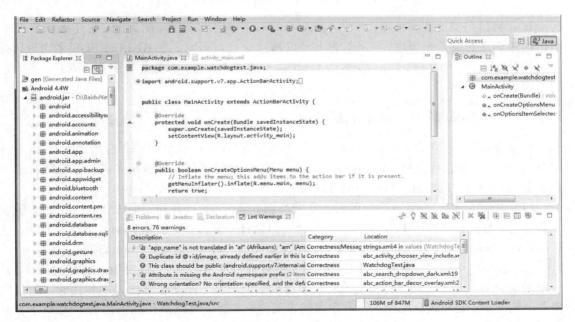

图 8 - 53　选择 Lint 扫描的项目工程

（2）选中一个 Android 工程，单击右键，在下拉菜单中选择 Android Tools→Run Lint：

Check for Common Errors，如图 8 - 54 所示。

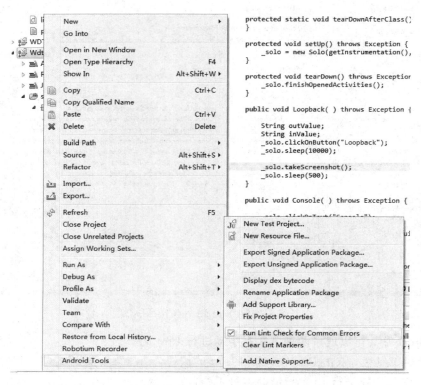

图 8 - 54　选择 Run Lint：Check for Common Errors

Lint 可以扫描的类型很多，其中，performance 中就有 16 种问题类型。它还可以定义自己的规则来扫描发现问题，另外，它也可以通过命令行运行。在 Android SDK 的 Tools 下有提供 lint. bat 的文件，Lint 命令后可以带一个或多个参数，参数之间用空格隔开，具体可参考官网。

8. 11. 5　Android 的内存泄露工具(MAT)

内存泄露工具(Memory Analyzer Tool，MAT)是 Eclipse 提供的一个内存分析工具，基于 heap dumps 来进行分析。它是一个功能丰富的 Java 堆转储文件分析工具，可帮助发现内存漏洞和减少内存消耗。具体使用方法如下：

(1) 安装 MAT。和其他插件的安装非常类似，MAT 支持两种安装方式，一种是单独下载运行，另一种是作为 Eclipse 的插件安装。以插件安装为例，在 Eclipse 中，点击 Help，install new software，在 work with 中输入网址，点击 Add→ Next→ Next 即可。

(2) 配置环境参数。安装完成之后，为了更有效地使用 MAT，需要做一些配置工作。一般来说分析一个堆转储文件需要消耗很多的堆空间，为了保证分析的效率和性能，在有条件的情况下，会建议分配给 MAT 尽可能多的内存资源。可以采用如下两种方式来分配内存更多的内存资源给 MAT，一种是修改启动参数 MemoryAnalyzer. exe -vmargs -Xmx4g；另一种是编辑文件 MemoryAnalyzer. ini，在里面添加类似信息 -vmargs -Xmx4g。

(3) 生成. hprof 文件。在 Eclipse 中的 DDMS 中选择要测试的进程，然后点击 Update

Heap 和 Dump HPROF File 两个按钮。. hprof 文件会自动保存在电脑上，把 . hprof 文件拷贝到 PC 上的\ android-sdk-windows\tools 目录下。

（4）这个由 DDMS 生成的文件不能直接在 MAT 打开，需要转换。打开 cmd 命令行，运行命令：cd\android-sdk-windows\ tools，进入到 tools 所在的目录，并输入命令 hprof-conv xxxxx. hprof yyyyy. hprof，其中 xxxxx. hprof 为原始文件，yyyyy. hprof 为转换过后的文件。转换过后的文件自动放在 android-sdk-windows\tools 目录下。接着，. hprof 文件处理完毕，就可以用来分析内存泄露了。

（5）打开 MAT。在 Eclipse 中点击 Windows → Open Perspective → Other → Memory Analysis。

（6）导入. hprof 文件。在 MAT 中点击 File→Open File，找到刚转换得到的. hprof 文件，并删掉自动生成报告，点击 Dominator Tree，并按 Package 分组，选择自己所定义的 Package 类然后点击鼠标右键，在弹出的菜单中选择 List objects → With incoming references。这时会列出所有可疑类，右键点击某一项，并选择 Path to GC Roots→exclude weak/soft references，会进一步筛选出跟程序相关的所有可能的那个存在内存泄露的类，这样就可以追踪到代码中的某一个产生泄露的类。因为此处会把所有可疑地方都罗列出来，故需要进一步分析确定。

8.11.6　HTTP 抓包工具 Fiddler

Fiddler 是一款非常流行且实用的 HTTP 抓包工具，它的原理是在本机开启了一个 HTTP 的代理服务器，接着它会转发所有的 HTTP 请求和响应，因此，它比一般的 Firebug 或者是 Chrome 自带的抓包工具要好用得多。而且，它还支持请求重放等一些高级功能，可以支持对手机应用进行 HTTP 抓包。

8.11.7　App 性能检测工具 GT

GT（随身调）是腾讯出品的开源调试工具，可对 App 进行快速的性能测试（如 CPU、内存、流量、电量、帧率、流畅度等）、开发日志的查看、Crash 日志查看、网络数据包的抓取、App 内部参数的调试、代码耗时统计等。如果觉得 GT 提供的功能还不够满足需要，则还可以利用 GT 提供的 API 接口自行开发 GT 插件，帮助解决更加复杂的 App 调试问题。步骤如下：

（1）在手机/设备端安装 GT，也可借助 adb 安装，如 adb install GT_2.2.6.4.apk。

（2）打开 GT，添加被测 App，选中关注的被测项，如 NET（流量）。

（3）为了方便统计，点击垃圾桶的按钮，先把之前采集的信息记录归零。启动数据采集，将会记录选中应用的待关注项的变化。

（4）退到应用界面，执行需测试的业务操作。

（5）业务操作后，回到 GT 界面，停止数据的采集，存储 log。

由于 PC 端查看结果方便，因此可以通过命令 adb pull 把 log 文件从手机/设备端拉回到 PC 端，然后查看本次业务操作的待关注项的变化。

第 9 章　Windows 测试

9.1　Windows UI 自动化测试工具介绍

Window UI 自动化测试工具按照测试工具是否收费，可以分为商业测试工具、开源测试工具和免费测试工具。

商业测试工具需要花钱购买，优势是相对比较成熟和稳定，且有一定的售后服务和技术支持，但是由于价格昂贵，并不是每个企业都愿意承担这部分费用的。商业测试工具主要集中在 UI 功能和性能测试方面，目前流行的 UI 功能工具有 Robot、QTP、Testcomplete 等。虽然各种自动化工具实现的功能大同小异，但是所支持的脚本开发语言、脚本开发方式，以及控件方面却有很多不同。

开源测试工具是指软件的源代码是公开发布的，通常是由自愿者开发和维护的软件。目前越来越多的公司使用开源工具。借助开源工具，可以构造一个完整的解决方案，大大提高了测试效率，降低了成本，从单元测试框架（如 Xunit）、功能测试（如 Selenium）、性能工具（如 Jmeter、LTP）、安全工具（如 NetCat）、缺陷工具（如 Bugzilla）、用例管理工具（如 Testlink）、覆盖了整个测试工作领域。但开源并不意味着是免费的，而且同样也需要考虑成本和不足，例如部分开源工具可能存在稳定性易用性不足、学习资料不完善学习成本高等问题。

有的软件公司会评估后选择自主开发工具，Windows 下进行自主开发自动化测试的几种技术，包括 Windows API、MSAA 与 UI Automation 等（具体内容将在下节分别介绍），其他商业工具或者开源工具很多也大都是基于这几种技术实现的，虽然好处很多，但是也要考虑成本问题，包括开发和测试成本，维护成本以及推广到其他项目的成本等。

9.2　Windows UI 自动化测试技术

9.2.1　Windows API 技术

Windows API 是使用底层的 Windows 自动化技术来进行 UI（用户界面）自动化测试的。这些技术涉及 Win32 API 函数的调用，所有的 Windows 控件本质上都是一个窗体，每个控件、窗体都有一个与之关联的句柄，通过句柄来访问，操作和检测这个控件/窗体。对于轻量级的，底层的 Windows 窗体 UI 自动化测试程序来说，需要完成以下三类工作。

（1）测试源的确定：获取测试目标元素的过程，找到目标窗体、控件的句柄。

（2）用户行为模拟：模拟用户的输入与测试对象发生交互，例如鼠标移动、点击、键盘触笔的操作等。

（3）目标检查：指获取测试元素的属性，来验证测试结果，如读取窗口标题、Checkbox 的勾选状态、Listbox 子元素等。

无论 MFC、VC 还是 VB6，都依赖于 Win32 SDK，最终都将和 HWND、Windows Message 打交道，实现自动化主要依赖 Win32 API、Windows Message 和 Windows Hook 三种技术。测试程序首先通过 FindWindowEx 和 EnumWindow 遍历窗口和子窗口，找到测试元素比如某个按钮，然后可以通过 Windows Message 或者 API 检查测试目标，比如通过 WM_GETTEXT 或者 GetWindowText 读取窗口标题，通过 GetWindowRect 读取按钮坐标位置等。对于用户行为模拟，可以直接通过 SendKey API 来完成，当然也可以发送 WM_CHAR 或者 WM_KEYDOWN 通知等。Windows Hook 更加丰富了技术的选取，通过其可直接进行监控、截取，模拟目标程序的 Windows 消息，实现更灵活的模拟，检查甚至录制功能。

Visual Studio.Net 所附带的 Spy++工具，对轻量级的 UI 自动化测试来说会比较常用。Windows Spy++是使用这套技术的典型例子，通过 Windows Spy++可以定位任意窗口，读取窗口属性，监视窗口消息，获取与控件相关联的 Windows 事件，以及获取控件的父窗体、子窗体和兄弟窗体等。

采用 Win32 API、Windows Message、Windows Hook 的优点是直接灵活，由于直接使用 Win32 API，没有额外的学习曲线，因此遇上问题可以直接参考 Win32 SDK 解决。使用 Windows Hook 使测试程序可灵活实现，直接对 Windows Message 的操作不仅可把很多情况化繁为简，还方便 Test Hook 的实现。而采用它们的缺点主要包括三方面：第一，使用复杂，实现成本高。Win32 API 的使用上有很多需要特别注意的细节，比如有的 Win32 API 不能跨进程工作，有的 Windows Message 只能发给当前线程所创建的窗口，稍有不慎，就导致测试程序不稳定。第二，过于底层，不便使用，为了方便调用，需要对 API 进行封装，增加了实现成本。而且，不同的开发工具，比如 MFC、VCL 以及后来的.Net Framework，在内部实现上对 Win32 API 有很多细节的处理，要实现出针对各种情况都通用的测试框架，并非易事。比如，.Net 中的 WinForm Control 对 Win32 HWND 的维护是动态的，同一个 WinForm Control 的 HWND 在程序的生命周期内是可能发生改变的，这一点对于依赖 HWND 作为唯一标识的 Win32 API 就是一个致命伤。第三，无法操作自绘窗口，比如打开 Excel 的工作表，会发现表格中的每一个 cell 并没有对应到 HWND 上。Excel 的 cell 都是通过代码绘制的，而不是依赖于现成的 Win32 Control，这就使得 Win32 API 对于自绘窗口没有用武之地。

9.2.2　MSAA 技术

MSAA(Microsoft Active Accessibility)技术，在 1997 年的 Windows 95 中就包含了此技术，其类似于 DCOM 技术，UI 程序可以暴露出一个 Interface，方便另一个程序对其进行控制。其初衷是为了方便残疾人士(色弱、盲人、聋哑人士等)使用操作系统与 Windows 程序。例如盲人看不见窗口，但盲人可以通过一个 USB 读屏器连接到电脑上，读屏器通过 UI

程序暴露出来的这个 Interface，获取程序信息，并通过盲文或者其他形式传递给盲人。MSAA 提供了如此方便的功能，UI 自动化刚好可借用此技术。其核心接口是 IAccessible，提供了一些方法，可获取控件更详细的信息，也可通过一些方法对控件进行简单操作。

MSAA 理念类似于 Test Hook，通过主动使 UI 程序暴露一个接口让调用者控制，实际使用中，可结合 MSAA 与 Win32 API 取长补短。一方面，对 UI 元素丰富的属性如 style，勾选状态是否最大化和模拟用户输入等，继续使用 Win32 API；另一方面，用 MSAA 优势弥补 Win32 API 的不足。MSAA 相对 Windows API 的方式更容易使用，不需要接触那些低级繁琐复杂的 API，使得控件的树层次不一定对应于控件句柄。比如 Excel 单元格这样的自绘制控件，可以为每个单元格实现 IAccessible 接口从而使得操作单个单元格成为可能，因为单元格并不是一个标准独立的控件，所以只使用 Windows API 则无法实现这样的功能。针对 MSAA 的工具也有很多，比如 AccExplorer 是基于 MSAA 技术开发的，可以像 Spy＋＋一样对指定程序进行控件的树形浏览、检查 MSAA 属性等。

MSAA 这一技术最早的定位其实并不是自动化，所以没有考虑自动化测试的需求，获取的控件信息比 Windows API 多，但是相对于自动化测试需求，远远不够，而且微软推出 WPF(Windows Presentation Foundations)后，MSAA 的局限性越来越明显，WPF 控件属性更丰富、更自由、更有定制性，用 MSAA 难以描述。MSAA 通过 IAccessible 接口暴露出来的信息和操作接口是有限的，不能满足日益复杂的控件自动化需求。例如 IAccessible 接口提供了 AccSelect 支持的选取，却没有类似 AccExpand 这样的方法来支持树状控件的展开等。

9.2.3　UI Automation 技术

UIA(UI Automation)是微软从 Windows Vista 开始推出的一套全新 UI 自动化测试技术，目前已经很常用。在最新的 Windows SDK 中，UIA 和 MSAA 等其他支持 UI 自动化技术的组件被放在一起发布，叫做 Windows Automation API。UIA 支持标准控件如 Win32 控件与 WinForm 控件，WPF 控件以及自定义控件。UIA 只能用.Net 语言开发，基于脱管的优化版本 Windows Automation API 3.0。

UISpy 是基于 UIA 的小工具，可使开发人员和测试人员查看并与用户界面上的元素交互，通过查看应用程序用户界面上的结构、属性值和引发的事件，来验证辅助技术设备（如屏幕阅读器）是否能够以编程方式访问用户界面。UI Spy 使用了用户界面自动化库(UIAutomation Libraries)。

Win32 API 和 MSAA 设计出发点并不是解决 UI 自动化的，Win32 是提供通用开发接口的，MSAA 是提供程序的多种访问方式的，而 UIA 的目的是针对 UI 自动化测试的，UIA 这套接口和模式，可以在不同平台、不同开发工具中实现和使用。

9.2.4　基于 Reflection 反射的 UI 测试技术

反射技术可被用于测试中，通过反射来加载被测试程序，获取被测试程序的各种属性，达到自动化目的。.Net 环境在 System.Reflection 命名空间里提供了很多类，使用这些类就可以在运行时刻操作应用程序，在运行时获得各种信息，如：程序集、模块、类型、属性、方法和事件等，通过对类型动态实例化后，还可以对其执行操作。需要注意，基于反射的

UI 自动化方式通过直接调用 Button 控件相应的方法来模拟用户的单击事件，而不是通过触发这个事件的消息来调用此方法。而实际上，当用户真正点击 Button 控件时，会产生一个 Windows 消息，这个消息由控件处理以后转化为一个受控的事件，这个受控的事件会触发一个特定的方法被调用。所以如果待测程序把一个错误的方法和 Button 的单击事件相绑定，基于反射的 UI 自动化测试并不能捕获这种逻辑错误。

9.2.5　自动化常遇到的问题总结

自动化的同步与等待：测试程序通过测试目标状态决定下一步的操作，例如测试预期值成功后再进行下一步工作，自动化同步与等待的例子，最简单的实现方法是 sleep 长时间的等待，比较好的实现方式采取小时间片的轮调状态检查或反复重试。检查目标程序的 CPU 使用情况、消息循环是否有回应、设定超时时间等。

自定义方式可以先编写一些处理窗口的函数，例如处理登录界面弹出的窗口，处理程序异常窗口的函数来处理非预期的窗口。可以参考 4.4 节的 AEP，分析自动化过程中常见的错误根源，消除错误原因，从而预防错误。自动化测试项目中，必然会遇到一些非预期窗口，这些窗口或界面不在所编写的脚本中处理，例如一些异常窗口。不同的工具对于非预期窗口有不同的处理机制，例如 QTP 采用 Recovery Senario 机制。testComplete 有默认处理方法以及自定义处理方法，其中默认处理方法包括：Ignore unexpected Window，忽略非预期窗口；Stop execution，停止执行脚步；Click on focused control，单击当前焦点所在的控件；Press Esc，按 Esc 按键；Press Enter，按回车键；Send WM_CLOSE，发送WM_CLOSE消息等。

多语言和本地化测试：这个对 UI 测试很重要，UI 程序可以通过资源文件来定义所显示的内容，要求自动化测试要可方便地读取和定位程序的资源文件，支持多语言和本地化。

9.3　常用工具 AutoIt 介绍

9.3.1　AutoIt 介绍

AutoIt v3 是编写并生成具有 BASIC 语言风格的脚本程序的免费软件，它被设计用来在 Windows UI(用户界面)中进行自动化操作。

AutoIt 免费不需要 license，非开源，上手快，非常小巧，轻量级(官方发布包 10M 左右)，编译成可执行文件后在所有 Windows 操作系统直接运行，不需要安装任何运行库。AutoIt 把 Windows 系统的 API 封装成易用的 Script 函数。通过调用这些函数，就能很容易地让程序模拟鼠标和键盘的操作，而且方便扩展。AutoIt 的脚本非常简单，只需要写一段比较简洁的脚本，调用某些函数就可实现模拟键盘或鼠标操作的功能。而如果用 C/C++来实现相同功能，代码量可能就不仅仅是一两行了。AutoIt 有丰富的函数库(标准函数库和自定义函数库)；有完善的帮助文档和丰富的论坛资源；它可以运行 Windows 和 Dos 程序，模拟键击动作(支持大多数键盘布局)；模拟鼠标移动和点击动作；对窗口进行移动、调整大小和其他操作；其直接与窗口的控件交互(设置/获取文本,移动,关闭等)；配合剪贴板进行剪切/粘贴文本操作；可以对注册表进行操作等。

对于辅助工具说明如下。

Au3Info(AutoIt Window Info)：获取窗口与控件的信息。

Au3Record：录制鼠标操作，当有些控件需要获取坐标值时，可以利用该工具获取。

AutoIt Debugger：调试脚本。

Aut2exe：脚本转换为可执行文件的工具。

SciTe Script Editor：用于编辑脚本，在脚本的相应函数按下 F11 键即可进入帮助文档。

Run Script：用于执行 AutoIt 脚本。

其常用的函数是：控件操作的函数为 Control＊，常用的定位控件的标识属性为 ID、Text、Class、Instance 等，这些属性值可以使用窗口工具，如 Au3Info 获取。定位控件可用格式为［PROPERTY1：Value1；PROPERTY2：Value2］。

常见的控件函数介绍如下。

ControlClick（"标题"，"文本"，控件 ID［，按钮［，点击次数［，X 坐标［，Y 坐标］］］］）：点击控件。

ControlCommand（"窗口标题"，"窗口文本"，控件 ID，"命令"［，"选项"］）：操作控件。

ShowDropDown：弹出/下拉 组合框(ComboBox)的列表。

HideDropDown：收回/隐藏 组合框(ComboBox)的列表。

AddString：字符串在 ListBox 或 ComboBox 的编辑框后面附加指定字符串。

ControlFocus（"窗口标题"，"窗口文本"，控件 ID）：设置焦点到控件上。

ControlSetText（"窗口标题"，"窗口文本"，控件 ID，"新文本"［,标志］）：输入文本到控件。

ControlGetText（"窗口标题"，"窗口文本"，控件 ID）：获取控件的文本。

ControlDisable（"窗口标题"，"窗口文本"，控件 ID）：禁用控件。

ControlGetHandle（"窗口标题"，"窗口文本"，控件 ID）：获取控件的句柄。

常用的鼠标操作函数介绍如下。

MouseClick（"按钮"［，X 坐标，Y 坐标［，点击次数［，速度 ］］］）：执行鼠标点击操作。

MouseDown（"按钮"）：在当前位置产生一个鼠标按下(按键)事件。

MouseMove（X 坐标，Y 坐标［，速度］）：移动鼠标指针。

MouseUp（"按钮"）：在当前位置产生一个鼠标释放(按键)事件。

MouseGetPos()：获取当前鼠标的坐标位置。

鼠标移动速度，可设数值范围在 1(最快)和 100(最慢)之间。若设置速度为 0，则立即移动鼠标到指定位置，默认速度为 10。

常用的键盘操作函数介绍如下。

Send（"按键"［，标志］）：向激活窗口发送模拟键击操作。

HotKeySet（"热键"［，"函数名"］）：设置快捷键。

更多详细内容，可以参考 AutoIt 的帮助手册文档。

9.3.2 Au3Info 获取信息工具

AutoIt 提供了一个窗口信息工具，即 Au3Info.exe，Au3Info 可帮助获取指定窗口的详细信息，主要包含的信息有：窗口标题、窗口中可见的和隐藏的文本、窗口大小和坐标、状态栏的内容、鼠标的坐标、鼠标下面像素的颜色、鼠标下面控件的详细信息。

首先打开 AutoIt Windows Info 工具，鼠标点击 Finder Tool，这时鼠标将变成一个小风扇形状的图标，按住鼠标左键拖动到需要识别的控件上，Au3Info 将立即显示从该窗口上获取的可用信息，这些信息包括：控件 ID(Control ID)、类别名（ClassNameNN)、文本（Text)、控件句柄（HWND)以及控件坐标信息等，分别介绍如下。

（1）控件 ID(Control ID)：控件 ID 是指 Windows 指定给每个控件的数值型标识符，这通常是用来识别控件的最好的方法。除了 AutoIt Window Info 之外，还有前面小节介绍的 UISpy、AccExplorer 工具也能获得控件信息。

（2）类别名（ClassNameNN)：每个标准的 Microsoft 控件都具有类别名，比如 button（按钮）或者 edit（编辑框）等。在 AutoIt 中还把它跟该控件的实例组合起来，并称为 ClassNameNN。如某个对话框上面有两个按钮，则通常它们的 ClassNameNN 就是 Button1、Button2 如此之类。当控件 ID 不适用时就可以考虑使用这个方法了。

（3）文本（Text)：Au3Info 给出了控件上的文本信息，例如某个按钮"Next"在 Au3Info 上看到的就是"&Next"。

（4）控件句柄（Control Handle（HWND）)：如果要获得某个控件的句柄则可使用 ControlGetHandle 函数。控件句柄是 Windows 赋予控件独一无二的标识符。每个被创建的控件都具有不同的句柄。用户在使用控件句柄来对控件操作之前应该确定自己对句柄是非常熟悉的。

ControlGetHandle（"窗口标题"，"窗口文本"，控件 ID）为获取指定控件的内部句柄。如 $handle = ControlGetHandle（"无标题-记事本"，""，"Edit1"）。

小技巧：要使用 Au3Info 捕捉的信息，可以使用 Ctrl+C 键复制窗口信息，然后粘贴到脚本，可有效避免代码拼写错误。

以计算器的乘法控件为例，例如双击 ClassnameNN，按 Ctrl+C 键复制窗口信息得到 Button8；或者双击 Advanced Mode，按 Ctrl+C 键复制窗口信息得到［CLASS:Button; INSTANCE:8］，如图 9-1 所示。

捕捉像素/鼠标的信息时可能很困难，因为它们是不断变化的，为了解决这个问题，按下 Ctrl+Alt+F 组合键即可暂停 Au3Info 的捕捉，再按一次 Ctrl+Alt+F 键即可恢复捕捉。

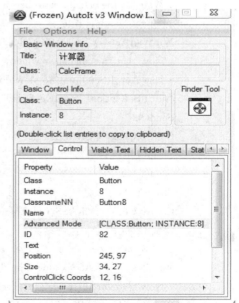

图 9-1 获取计算器的乘法控件

9.3.3 AutoIt 案例说明

以 AutoIt 的 example 为例，在其基础上稍作修改如下：

```
# include <Constants. au3>
; AutoIt Version：3.0
; Language：         English
; Platform：         Win9x/NT
; Author：           Jonathan Bennett
; Script Function：
; Plays with the calculator.
; Prompt the user to run the script – use a Yes/No prompt with the flag parameter set at
4 (see the help file for more details)
Local $iAnswer = MsgBox(BitOR($MB_YESNO, $MB_SYSTEMMODAL),
"AutoIt Example"，"This script will run the calculator and type in 2 x 4 and then quit.   Do
you want to run it?")
; Check the user's answer to the prompt (see the help file for MsgBox return values)
; If "No" was clicked (7) then exit the script
If $iAnswer = 7 Then
    MsgBox($MB_SYSTEMMODAL, "AutoIt", "OK.   Bye! ")
    Exit
EndIf
; Run the calculator
Run("calc. exe")
; Wait for the calculator to become active.  The classname "CalcFrame" is monitored
instead of the window title
WinWaitActive("[CLASS：CalcFrame]")
; Now that the calculator window is active type the values 2 x 4＝8
; Use AutoItSetOption to slow down the typing speed so we can see it
AutoItSetOption("SendKeyDelay"，400)
Send("2")
ControlClick("[CLASS：CalcFrame]"，""，"[CLASSNN：Button21]")
Sleep(100)
Send("4")
Sleep(100)
ControlClick("[CLASS：CalcFrame]"，""，"[CLASSNN：Button28]")
Sleep(2000)
; Now quit by sending a "close" request to the calculator window using the classname
WinClose("[CLASS：CalcFrame]")
; Now wait for the calculator to close before continuing
WinWaitClose("[CLASS：CalcFrame]")
```

其中，获取乘法"＊"按钮控件信息见上小节介绍，点击乘法"＊"按钮的脚本实现举例如下：

ControlClick("〔CLASS：CalcFrame〕", "", "〔CLASS：Button；INSTANCE：21〕")

或者：

ControlClick("〔CLASS：CalcFrame〕", "", "〔CLASSNN：Button21〕")

或者：

ControlClick("〔CLASS：CalcFrame〕", "", "Button21")

或者：

ControlClick("〔CLASS：CalcFrame〕", "", "〔ID：92〕")

9.3.4　Aut2exe 工具介绍

运行 Aut2exe 工具，脚本转换为可执行文件（见图 9-2）。首先，选择要加载的脚本名称；接着，点击"convert"按钮即可生成可执行文件；最后，运行生成的.exe 可执行文件即可。

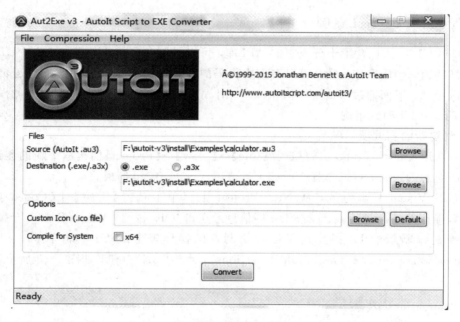

图 9-2　脚本转换为可执行文件

9.4　Coded UI Test

9.4.1　Coded UI 测试介绍

Coded UI 测试技术是微软推出的用户界面 UI 自动化测试框架。它包含有丰富的应用程序接口类库，支持 WPF、Windows Form 应用和 Web 应用，支持更多的第三方应用程序等，提供多种 API 来扩展所需的功能，可以快速地开发基于用户界面的自动化测试，支持测试脚本的录制、代码生成、编辑和回放，同时可和微软 Team Foundation Server 及微软测试管理器集成使用，成为整个软件生命周期中密不可分的一环，有助于提高测试效率。

HP 公司的 Quick Test Professional（QTP）功能强大，但价格昂贵，售价通常在几十万美元以上，一般的中小型企业无法承担，而且 QTP 不支持 Windows Presentation Foundation（WPF）控件的识别，有可能阻碍自动化的实施。而微软的 Coded UI 测试技术，既支持多种开发技术实现的软件系统自动化测试，售价也比较合理，提供了一种性价比更高的解决方案，其好处包括：第一、基于.Net framework，且同时支持 Win32/Web/WPF，利于代码的扩展和复用；第二、可以编译成 exe 文件，脱离 Visual Studio 运行；第三、除了支持 Web/Win 应用外，还支持 WPF。

待测软件系统中，每一个对象都包含有一些定位对象的属性，利用这些属性在自动化测试运行时识别对象。首先在待测软件系统的操作对象需要定义好相关属性，然后通过 Coded UI 测试编辑器获取对象属性，最后基于这些属性对对象进行识别。

通过测试建造器添加测试对象，然后转化成代码的时候，添加这些对象到 UIMap 文件（UIMap. uitest）中，并且添加这些对象的显示属性和过滤查询的属性。

9.4.2 Coded UI Test 案例

Coded UI Test 包含了十分丰富的 API 库，可以录制和回放 UI 操作，捕捉 UI 元素并获取属性的值，生成操作代码。可以在生成代码的基础上对测试对象的值进行逻辑判断并给出测试结果。下面通过 Visual Studio 2010 对 Windows 自带计算器录制脚本的操作来介绍创建 Coded UI 测试用例。

1. 创建新的测试项

（1）打开 Visual Studio，通过选择【File】→【New】→【Project】创建一个新的测试项目，根据自己熟悉的语言，可以选择 Visual C♯ 或者 Visual Basic 模板。

（2）以 Visual C♯ 为例，从 New Project 主菜单上选择【Test】→【Coded UI Test Project】，确认 Project Name、Location 等信息后点击"OK"按钮，Visual Studio 会弹出提示框让选择是录制新的 UI 操作还是已经录制好的操作来生成 UI Test 代码。在此选择"Record actions，edit UI map or add assertions"，点击"OK"按钮，如图 9-3 所示。

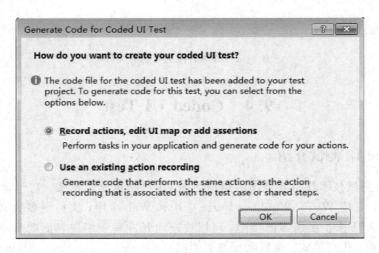

图 9-3　创建 Coded UI test

（3）工程会默认生成 CodedUITest1 文件。同时，Coded UI Test Builder 会显示在屏幕右下方。如图 9-4 所示，从左到右依次为 "Start Recording"、"Show Recorded Steps"、"To add or identify control or To add assertions" 以及 "Generate Code" 按钮。

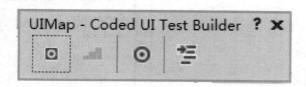

图 9-4 Coded UI Test Builder

2. 录制测试过程

点击 "Start Recording" 按钮，打开计算器，进行 1+2 的操作，点击 Coded UI Test Builder 上的 "Pause Recording"，并点击 "Show Recorded Steps" 按钮，弹出录制的操作，如图 9-5 所示。

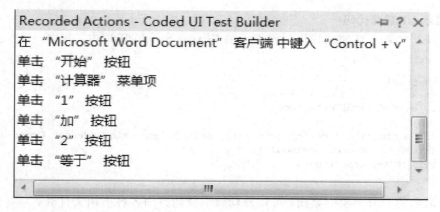

图 9-5 显示录制步骤

3. 生成代码

点击 Coded UI Test Builder 的 "Generate Code" 生成测试代码，默认生成命名为 RecordedMethod1。

4. 添加断言并生成代码

需要添加对检查点进行验证-断言来判断测试结果。

Step1：点击 Coded UI Test Builder 的 "Add Assertions"，将十字形拖到计算器结果框，计算结果框会被蓝色矩形框选中。

Step2：在 Coded UI Test Builder 窗口中将显示 step1 选中控件的属性，在 DisplayText 中添加断言，并点击 "OK" 按钮，如图 9-6 所示。

Step3：点击 "Generate Code" 按钮，并输入方法名称（例如 AssertSum），关闭 Coded UI Test Builder。

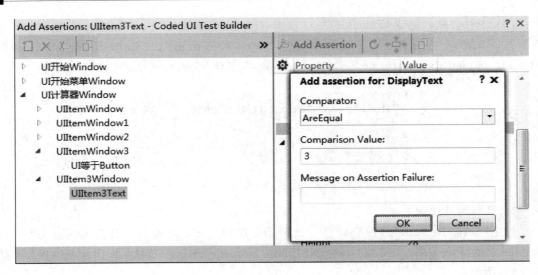

图 9-6　添加断言

5. 显示 UI 测试代码

通过以上方法，UI 测试代码已经显示在 Visual Studio IDE 中，其中，主要部分代码 CodedUITest1. cs 如下：

```
[TestMethod]
0 references | yy, 16 hours ago | 1 author, 1 change
public void CodedUITestMethod1()
{
    // To generate code for this test, select "Generate Code for Coded UI Test" 1
    this.UIMap.RecordedMethod1();
    this.UIMap.AssertSum();
}
```

在 IDE 右侧打开解决方案图，可以发现除了自动添加各种引用文件外，一些重要的项目组成文件也被添加到解决方案中，其中 UIMap. Desinger. cs 中存储了所有录制的动作，如图 9-7 所示。

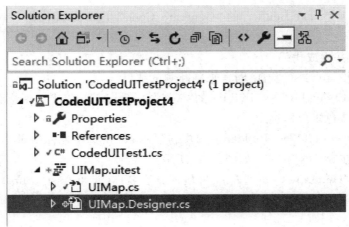

图 9-7　解决方案图

　　至此，一个简单的 Coded UI 自动化测试用例就创建完成了。可以通过 Visual Studio 的测试视图来执行测试用例，所有录制的测试步骤都会被执行，并且在测试结果窗口显示执行的结果。

9.5　猴子测试与模糊测试

9.5.1　猴子测试

　　猴子测试是指利用猴子来随机测试的产品，随机地从动作列表中选择一个工作来操作产品，其中，动作列表包括一组键盘、鼠标、触控命令，并监控产品的状态和行为，记录所发现的问题。猴子测试通常会连续运行整晚或者几天，如果产品崩溃或停滞，则可以重启产品来继续测试。简单的猴子测试，一般随机的选择命令，而不考虑产品当前的状态，实现简单，可快速投入测试，一般发现的错误是程序崩溃、停滞、资源泄漏等。当然也有智能猴子测试，动作列表是一组业务操作或简单功能测试，拥有产品的一些知识，更有针对性，除了发现常见错误，也能挖掘产品特有的缺陷。

　　Android 中也提供了对应的 Monkey 工具，就如同猴子一样狂敲键盘，发现了很多 Android 应用程序和 Android 整机系统的稳定性问题。

　　很多人可能认为猴子测试作用不大，只能发现一些简单缺陷，所以摒弃和遗漏了猴子测试。事实证明，猴子技术可以快速暴露错误，微软和其他知名公司都使用猴子工具来发现很多问题，特别是稳定性问题。另外，猴子测试可设置遇错不停，在系统发生崩溃时，记录 log 详细错误信息，系统重启后继续测试，这样就可能多找出几个软件缺陷。在开发生命周期的后期，产品趋于稳定，猴子测试可设置为遇错就停，从而保护现场，确保问题立即得到修复。

9.5.2　模糊 Fuzz 测试

　　模糊测试(Fuzz Test)是一种修改输入数据来暴露软件缺陷的方法，是通过构造畸形输入，来测试软件输入验证的方法。这一技术最初由威斯康星大学麦迪逊分校的 Barton Miller 教授于 1988 年提出，当时只作为一个课程项目来测试各种 UNIX 系统工具的错误。模糊测试技术的应用产生了许多新的工具和日益广泛的影响。1990 年 Miller 等人发现，通过简单的模糊测试可以使运行于 UNIX 系统上的至少 25% 的程序崩溃。安全漏洞困扰了许多流行的客户端应用程序，包括微软的 Internet Explorer、Word 和 Excel，2006 年通过模糊测试技术发现了许多漏洞。由此可见，模糊测试在安全领域的重要性。

　　模糊测试是向产品有意识地输入无效数据以期望触发错误条件或引起产品的故障，这些错误条件可以帮助找到安全漏洞。相比于人工审查二进制或者源代码而言，开发一个简单的模糊测试工具一般只需要很少的时间，开发完成后可长期运行，减少研发人员所需投入的精力，而且，使用模糊测试找到的缺陷数量远超过人工审查。

　　模糊技术的基本思想是将随机数据作为程序的输入，并监视程序执行过程中产生的任何异常，记录下导致异常的输入数据，从而定位软件中缺陷的位置。一般而言，模糊测试分为四个步骤，包括：选定目标、确定输入与产生模糊数据、执行模糊数据、检测异常等。几乎所有可被人利用的漏洞都是因为应用程序接受了用户的输入并且在处理输入数据时没有处理非法数据。

(1) 选定目标：需要考虑程序的复杂性，实现的难度，研发人员的经验，攻击向量和攻击面等。

(2) 确定输入与产生模糊数据：要遍历所有的输入集合，往往是不太可能的，这里一般包括非智能模糊测试和智能模糊测试两种。非智能模糊测试情况下，输入的生成并不考虑输入的语法信息，这种耗费的开发时间很短，不需要深入理解输入数据，但是如果遇到缺陷分析时候，就需要花费更多精力才能理解根本原因。采用非智能模糊测试的方法，会将不同的变异技术用在有效的输入上，最常见的变异手段例如将输入数据改为随机值，基于变异的非智能模糊测试非常流行，发现了很多缺陷。智能模糊测试并不是大量纯随机的测试，而是基于已知有效数据、故意错误数据和随机数据的测试，使用已知有效数据是为了跳过不感兴趣的代码片段，或者说是为了防止程序在抵达一个欠缺的代码块前出现拒绝信息，使用故意错误数据是利用已知或者怀疑成为代码缺陷的情况。智能模糊测试在输入生成上需要更加智能，需要更多的前期投入，消除遍历不必要地不感兴趣的代码路径，通过学习代码结构可以极大提高代码的覆盖率。虽然智能模糊测试也可以用变异的方式来生成输入，但是主要依赖生成的方法，这种方法通常使用基于输入数据格式的自定义程序或语法，从零开始生成整个输入，智能模糊测试比非智能模糊测试更可能发现安全漏洞。两种模糊测试方法可以混合起来使用，这样可以生成任何一种单一方法不可能生成的输入，将输入解析成不同的数据结构，然后在不同的逻辑层面进行变异，将会是一种强大的技术。

(3) 执行模糊数据：通过自动化方式把构造的输入反复地传递给目标软件。

(4) 监控结果：测试可能会出现各种结果，例如成功的处理、中止、程序或系统的崩溃以及测试系统的永久破坏等。需要考虑异常情况，否则会导致模糊测试工具停止运行，就无法做到无需人为参与了。记录和报告统计数据有助于快速了解模糊测试工具的运行情况，例如检测 log 日志、检测事件、函数截获等。开发一个健壮的模糊测试工具，需要考虑各种情况。这里介绍以下几种模糊测试。

① Web 模糊测试：对 Web 应用程序进行模糊测试时，主要考虑 Web 应用程序所特有的漏洞如 SQL 注入、交叉站点脚本 xss 等，这使得模糊器必须具备通过超文本传输协议 HTTP 进行通信及通过捕捉网络响应来分析安全漏洞的能力。模糊测试要考虑 HTTP 请求，header 所有字段如 uri、Cookies、分隔符等。这部分对应的模糊工具网上资料很多，在此不做详细介绍。

② 文件模糊测试：一种针对特别定义的目标应用的模糊测试方法。这些目标应用通常是客户端应用，例如媒体播放器、Web 浏览器、Office 办公套件等，目标应用也可以是服务器程序，如防病毒网关扫描器以及常用的邮件服务程序。文件模糊测试最终目标是发现应用程序解析特定类型文件的缺陷。当解析不规则文件时，一个编写不好的应用程序易于受到不同类别漏洞的攻击，例如逻辑错误、格式化字符串、简单的栈/堆溢出等。这部分对应的工具例如微软的 MiniFuzz。

③ 协议模糊测试：要求识别攻击的界面，变异或生成包含错误的模糊值，将模糊值传递给一个目标应用，并监视目标应用以发现错误。如果模糊器通过某种形式的 socket 与其目标应用相通信，那么该模糊器是一个网络协议模糊器。协议模糊测试常见漏洞有缓冲区

溢出、格式串漏洞、资源分配问题、递归故障等。

　　以 Android 不同架构的模糊测试工具为例，例如，应用层可以选择 peach 工具，Framework 层可以选择 Codenomicon 协议栈健壮性测试工具和 Socket Fuzz，Library 层可以选 libfuzz，Kernel 层可以选择 syzkaller 对 Linux 内核进行模糊测试。以应用程序测试为例，假设 Name 域应该接受一个字符串值，Age 域应该接受一个整数值。如果用户偶然改变了两个域的实际输入范围并且在 Age 域输入了一个字符串后会发生什么呢？字符串值会被自动转换为基于 ASCII 码的整数值吗？是否会显示一条错误报告消息？应用程序会崩溃吗？可以借助模糊自动化进行测试，也可以通过工具或源代码检查来进行测试。

9.6　Windows 系列工具

1. UI Spy 工具

　　UI Automation 有一个配套的工具，用于查看控件的属性和事件，即绿色版的 UI Spy，非常好用。用于抓取 Winform、WPF 等窗体中控件的信息，是 UI Automation 自动化中的重要工具。

2. Prefast 工具

　　Prefast 是微软提供的针对 C/C++ 程序的静态代码分析工具，自 Visual Studio 2005 版本开始被集成在了 Visual Studio 中去，使用起来非常方便。目前有两个办法可以获得 Prefast 工具：Prefast 包括在 Visual Studio 2005/2008 的团队版本（team edition）中，Prefast 也包括在 Windows 驱动程序开发包（Microsoft Windows Driver Kits）的开发环境中。

　　Prefast 能帮助找到以下错误：没有初始化、空指针取值、可能错误的运算符优先级、可能的 buffer overrun、可能的无穷循环、格式字符串错误、安全问题、＝和＝＝的误用（如 if(a＝3)、逻辑运算问题）等。

3. Fxcop 工具

　　Fxcop 是一个代码分析工具，它依照微软.Net 框架的设计规范对托管代码 Assembly（可称为程序集，Assembly 是.Net 中的.exe 或者.dll 文件，不包括 netmodule 文件）。

　　分析工具结果中会提示很多警告信息，标识任何相关的编程和设计问题，需要进一步分析定位，摒弃无效内容。

4. WHQL 测试

　　对于硬件驱动程序，如果希望驱动程序更加稳定，符合 Windows 严格要求，可申请 WHQL 测试。Windows 硬件设备质量实验室（WHQL）是创建并管理用于测试系统和外围设备与微软 Windows 操作系统的硬件兼容性测试（HCT）工具。制造商用硬件兼容性测试 HCT 工具，检测硬件，以便获取使用"Designed for Windows"徽标资格。

5. 打包工具

　　Inno Setup 是一个免费的 Windows 安装程序制作软件，方便好用。安装程序用编译脚本的方式创建，脚本是一个类似.ini 文件格式的 ASCII 码文本文件。具体使用可参考手册和网上资料，由于篇幅关系，这里不做详细介绍。

第 10 章　Web 测试

10.1　测试方法与工具

10.1.1　Web 功能测试

网页基本功能常用的测试方法有 Cookies 测试、表单测试、网页内容、浏览器交互测试等。其中，Cookies 测试常用来存储用户信息和用户操作状态，以便下次访问网站或者访问其他网页时使用。如果 Web 应用系统使用了 Cookies，就必须检查 Cookies 是否能正常工作，包括 Cookies 是否起作用、是否按预定的时间进行保存、Cookies 的时效性是否设置正确、刷新对 Cookies 有什么影响，如果 Cookies 有注册信息，就需要确定该信息的安全性，如用户敏感信息密码等部分是否加密等。

（1）Cookies 测试可以借助 IECookiesView 工具，它可以搜寻并显示出计算机中所有的 Cookies 文件的数据，包括哪一个网站写入 Cookies、内容、写入的时间日期、Cookies 的有效期限等，还可以通过它查看、修改、删除 Cookies 内容。该软件的使用非常简单，只需解压到一个文件夹后即可直接运行使用。启动软件后，会自动扫描驻留在本地计算机 IE 浏览器中的 Cookies 文件。选中一个 Cookies 后就可以从内容显示区域看到它的地址、参数、过期时间等信息了。另外，IE Developer Toolbar 和 Cookies Manager 等工具也可测试当前网页设置的 Cookies 内容。

（2）表单测试主要分以下三个步骤：

① 客户端表单信息的验证、收集和提交。需要保证用户输入数据的有效性，例如对于邮政编码、年龄等数据，可以限制文本框只能输入数字。有一种注入攻击是通过用户输入特别字符对服务器端数据库进行破坏，可在用户提交的信息中过滤掉这些字符。这里可以采用前面第三章提到的等价类边界值方法进行测试，保证不会把不符合规范的数据提交到服务器端。校验提交给服务器信息的正确性，例如不填写必填项是否会提示错误信息、填写或者不填写非必填项是否都能通过。格式要求如 Email 信息有特定的格式，格式不对会不会有提示信息等。有特定值要求如某些选项不能接受包含某些特殊字符，例如密码不能使用"`‛（）|；\`"，当包含这些字符时，会不会有错误提示。

② 服务器端用户信息的保存过程。用户信息经过处理保存到数据库或者文件中，在实际测试中，通过把不同测试数据的测试用例提交到服务器端，来查看程序的行为。例如，用户输入了合法的数据，但是数据长度超过数据库某字段的定义长度，即存储数据的地方不

够，观察服务器端程序的处理情况，例如用户输入了客户端无法验证的数据，但这些数据对于服务器端是不合法的。例如一些特殊情况的容错，比如断网等连接中断下，服务器端程序和数据库的处理情况。

③ 服务器提示信息的返回。服务器端程序处理完后，无论结果正确与否，都要给用户清晰易懂的反馈，避免出现过于简单的提示或者很难读懂的错误代码。对于正确的结果，提示信息要尽量完整，对于用户下一步操作给出建议，或者过段时间跳转到初始网页。对于错误的结果，提示信息要列出一些可能的原因，同时表明表单提交的状态，并按照网站设计说明对用户下一步的操作给出建议。这里主要测试的是信息的完备性、对用户是否友好等。需要注意，在进行认证测试时，如果提供的认证错误提示信息太明确，反而会帮助黑客更明确渗透目标，降低攻击成本。例如用户名输入错误时，不能提示"用户名错误"；例如密码输入错误，不能提示"密码错误"，应该统一提示"用户名或者密码错误"。

（3）网页内容测试：针对内容信息是否正确的测试，包括网页信息正确性、信息的准确性（主要针对专业术语，例如网站的各项用户协议，在线支付的各种文本都要符合相关规定和标准以及信息的时效性（主要保证信息的有效时间处于最近的时期内）。

（4）浏览器交互测试，主要关注网页和浏览器交互部分的功能是否正常。例如修改浏览器选项设置，查看当前网页是否存在问题。网页在浏览器状态栏中显示文字和特殊效果，例如采用文字行进效果是否正常。浏览器中进行网页大小缩放比例的改变时，显示效果是否正常。浏览内容时需要安装插件，如 Flash 播放插件、数字版权插件、播放音视频插件，浏览器需要给用户足够的信息对这些插件进行说明，保证用户的使用。

10.1.2　Web 链接测试及工具

链接测试验证网页上的所有链接，包括三种，即文字、图片（静止图片与动画图片）和 Flash 动画。链接测试一般分为三个方面，逐一检查链接的有效性、可达性、正确性等。首先，测试所有链接是否按指示链接到了该链接的页面；其次，测试所链接的页面是否存在；最后，保证 Web 应用系统中没有孤立的页面。孤立页面即没有链接指向该页面，大都是由于网站页面不断修改、变化版本，导致之前开发后来被新页面代替的旧网页遗留在服务器导致的。对于图片链接，验证会复杂一些，需考虑几个特殊情况：第一，有的图片链接是以图片地图的形式存在的，即一幅图片，不同的部位指向不同的目标网页，多用于导航条和网站地图等，如 Yahoo 网站上各个国家或者地区分站的入口，虽然是同一个世界地图的图片，但是单击不同的蓝点会切换不同的页面。第二，有的图片是动画 GIF 格式或者 Flash 动画，需要注意验证动画的每一帧所链接的网页是否正确。一般容易忽视的是第 2 帧以后的链接，因为往往在网页显示完后就立即测试各个链接，此时动画图片后几帧还未显示。例如在首页的新闻提示栏或者各个友情链接被合并成一个动画图片时，可能会遇到此情况。总之，对于以上这几种图片或者 Flash 动画，只能把它们当成多个链接来处理，一个个的全部验证。

由于网页的链接一般很多，手工逐个验证很容易遗漏和出现错误。所以，可以考虑利用自动化的方式进行测试，可利用某些链接验证工具软件进行网页的链接测试；也可利用某些测试工具的脚本录制功能，将用户点击链接的行为录制来进行验证；还可利用 HTML 等知识，通过验证 DOM 里<a>标签的值进行测试。实际中需要综合考虑进行取舍，如果被测试产品未稳定，链接经常改动，则建议采用手工测试方式，反之，则可考虑采用自动化方式。

这里介绍一个免费的链接验证工具 Xenu′s Link Sleuth。它是一款深受业界好评，并被广泛使用的死链接检测工具，也可发现孤儿网页的功能。Sleuth 是个压缩包，解压缩后软件才几兆，它可检测出指定网站的所有死链接等，并用红色显示。

下载网址：http://home. snafu. de/tilman/xenulink. html。

使用方法：点击 Check URL，输入某待测的网址链接。在抓取过程中，可以看到该程序检查每个网页、文件的类型、大小和 HTML 标题等，最后生成测试报告。

另外，互联网标准组织 W3C 的官方网站也有一个网页用于链接检查，使用快捷，无需安装，网址是 http://validator. w3. org/checklink。它可用于链接不是很多的网页验证，从而大致了解网站的链接情况。

10. 1. 3　Web 兼容性测试及工具介绍

兼容性测试主要考察被测试软件与外部环境的兼容性，可参考 1. 2. 9 小节。

（1）操作系统测试：考察软件和不同操作系统的兼容性，例如网页上有在线播放音乐的功能，在不同操作系统上的表现就不一样。在 XP SP3 系统上，默认有 Windows Media Player 9，网页中可以控制 Media Player 插件进行播放，而在 Vista 系统中，默认有 Windows Media Player 11，网页可以通过控制 Media Player 插件进行播放，版本不同，会有一些差别。

（2）浏览器测试：各个厂商的浏览器及其不同版本之间网页显示是否正常的测试，例如 IE 7/8/9、Firefox、Chrome、Safari 等，来自不同厂商的浏览器对 HTML 标签（如表格间距、框架处理）、CSS 样式表（如编写规范）、JavaScript（网页元素名称、方法名称等）、ActiveX 控件、浏览器插件和安全性等都有着不同程度的支持。

可以获取各种操作系统的市场配额、浏览器市场份额数据等，可通过网页获取，通过选择不同的分类来获得。网页地址：http://marketshare. hitslink. com/report. aspx? pqrid＝8。也可获取自己产品的实际用户信息，根据用户数据可以帮助制定浏览器兼容性的测试策略，如在市场占据多的浏览器上进行主测，其余浏览器进行抽测。

（3）显示设置测试：考察软件与屏幕显示设置之间的兼容性，如不同的分辨率：1024×768，800×600 等是否显示正常？如不同的 DPI(Dot Per Inch)设置下是否显示正常等。

（4）打印效果测试：考察软件与打印设置之间的兼容性，保证正确和清晰的打印出来。

（5）网络线路速度测试：考察软件与网络速度之间的兼容性，主流的上网模式有 ADSL 宽带、小区宽带和局域网接入互联网等方式，速度分别为每秒几十 kb/s 到几百 kb/s 不等。需要模拟不同的上网条件，可以结合工具来限制带宽进行测试。

模拟弱网的情形一般有两种方式：第一，使用网络损伤仪；第二，采用软件方式。第一种硬件采购费用太贵，所以这里推荐软件方式，Windows 下常用的几款网络状况模拟工具：一是 Network Delay Simulator 工具，简称 netsim，用于模拟网络丢包、延迟、低带宽等多种网络异常情况。二是 Fiddler 工具，模拟网速功能比较单一（Rules → Performance → Simulate Modem Speed），选项较少，Fiddler 仅减缓带宽并未引入包丢失。还有一款比较好用的网络模拟工具是 Network-Emulator-Toolkit(NEWT)，其具体使用在 Android App 的不同网络下的测试以及网络模拟工具章节中有提到。

兼容性测试工具包括：不同浏览器兼容性如 Spoon Browser Sandbox、Superpreview、BrowserSeal、Browsershots；IE 浏览器不同版本兼容性如 IETester、Multiple IEs、IE netrenderer；不同分辨率兼容性如 Viewlike. us 等。其中，IETester 是一个免费的 WebBrowser控件。Viewlike. us 可查看网站在不同分辨率下的显示情况，分别支持 800×600、1024×768、1152×864、1280×800、1400×900、1600×1200、1920×1200 等分辨率。BrowserShots 是一个免费的开源的在线工具，提供一个方便的途径来测试网站在不同浏览器下的兼容性，Browsershots 可在不同操作系统的不同浏览器下获取网页截图，可参考 10.3.1 小节。

10.1.4　W3C 测试

随着浏览器版本的升级和 Firefox、Chrome 等多个浏览器的流行，以前大量基于旧浏览器(尤其是 IE6)开发的不规范 Web 页面无法正确展示，由此带来了大量的维护工作。W3C(World Wide Web Consortium)发布了一款 Web 验证工具 Unicorn，可以方便地检查 Web 页面是否符合规范，帮助开发出规范的 Web 页面，从而降低开发的维护成本。

W3C 组织是制定网络标准的一个非赢利组织，像 HTML、XHTML、CSS、XML 的标准都是由 W3C 来制定的。Unicorn 工具返回的信息列表分为三类：info、error 和 warning，每一条信息都有对应的不规范代码和原因，方便进行快速查找和修改，而且这个工具可以很好地辅导学习规范代码，可以用来检查站点，看看网站表现如何。

10.1.5　Web 安全性测试

测试 Web 应用是否构成安全隐患，例如存在密码泄露、数据库被侵入等的风险。通过各种各样对服务器的攻击，目的在于验证网站本身的安全性，发现安全性问题和风险以及确保网站保存或者传递的用户个人信息不被盗用。可以利用网站操作系统的漏洞和 Web 服务程序的 SQL 注入漏洞等得到 Web 服务器的控制权限，轻则篡改网页内容，重则窃取重要的内部信息，更为严重的是在网页中植入恶意代码，使网站访问者受到侵害，因此越来越多的用户关注 Web 安全问题，对 Web 的安全关注度逐渐升温。

网络安全是很复杂的领域，需要根据技术总监、项目经理、网络管理员、网络安全工程师以及开发人员等共同讨论制定安全说明书来进行测试，持续提高网站的安全性。Open Web Application Security Project(OWASP)致力于发现与解决不安全 Web 应用的根本原因，总结了 Web 应用十大安全隐患。WASC 将 Web 应用受到的威胁、攻击进行说明，并归纳出共同特征的分类。有专业的资料可以参考学习，也有一些工具可供使用，如微软的免费工具 WFetch，就可以用于 IIS 站点的某些安全性测试；如 AppScan 可自动化检测 Web 应用的安全漏洞；如 Metasploit 可进行渗透测试；如 SQLMap 是个自动化的 SQL 注入工具；如 Nmap(Network Mapper)网络映射器可快速扫描大型网络的安全漏洞。

10.1.6　Web 代码合法性测试

HTML 校验工具的主要原理是使用基于规则检查的工具，读取输入的源代码，与编码标准语言规则相对比，找出两者之间的不一致性，以及源代码中存在的潜在错误。常用的工具有 CSE HTML Validator 等。

Web 设计语言版本的差异可以引起客户端或服务器端严重的问题，例如使用不同版本的 HTML 等。当在分布式环境中开发时，开发人员都不在一起，这个问题就显得很重要。除了 HTML 语言的版本问题外，不同的脚本语言，例如 Java、Javascript、ActiveX、VBscript或 Perl 等也要进行代码合法性验证。

10.1.7　Web 的 UI、UE 测试

UI(User Interface)：在软件开发中，主要是指程序的用户操作界面的设计。随着 Web 应用的普及，UI 也应用在了 Web 的用户界面规划。UI 测试还可确保 UI 中的对象按照预期的方式运行，并符合公司或行业的标准。网页用户界面测试是指整个 Web 应用系统的页面结构设计，测试范围从总体效果布局到具体的文字、图片、链接等网页元素；页面整体测试风格是否统一、易用性如何等；页面导航测试，网页的导航条或者菜单罗列出用户在网站切换的便捷方式，主要由文字或者图片链接、跳转按钮、单独的 Div 浮动层、下拉列表和网页窗口等组成；页面样式表测试，即针对网页上各个元素的显示进行测试，例如图片的替换文字是否具备、图片大小是否限制、文字按钮等元素的字体颜色边框是否符合要求、同一页面没有特殊要求的文字字体是否一致、网页应用了样式风格的元素是否符合设计说明的样式表设定。用户界面测试一般采用人工测试，关注用户体验，但是，验证文字内容，如按钮文字、重要链接、验证页面元素位置等可通过自动化方式完成。

UE(User Experience)：网站或者软件的使用完全应建立在用户的角度上去进行策划和设计，应从多个角度去试验从而找到用户最美好的使用体验。用户体验是从网站整体上衡量内容、用户界面(UI)、操作流程、功能设计等多个方面的用户使用感觉。而 UI 仅仅是指用户使用的界面、流程。

此外，国际化、本地化、全球化测试具体参考第 1 章。

10.1.8　契约测试

契约测试是微服务测试的一个优秀实践。在开发过程中，联调成本过高，需要双方开发到某一阶段后放在同一个环境上才能进行，要同时把握双方的进度，避免造成资源和时间上的浪费。由于接口变动普遍存在，对于接口的变动把控相当困难，尤其对于调用关系复杂的接口，一旦发生变动，如果没有一套机制进行控制，则验证的成本巨大，持续集成也只能成为空谈。

通过使用契约测试，接口调用双方协商接口后就可以并行开发，并且在开发过程中就利用契约进行预集成测试，不用等到联调再拉通接口进行集成测试，一旦成熟，在保证质量的前提下，联调的成本可以减低到几乎为零。因为契约的存在，让接口的变动有迹可循，即使变动也可以确保变动的安全性和准确性。如果规范整个的开发流程，正确使用契约测试，就可以真正实现持续集成，从而达到任何时候构建出来的程序都是真正可发布的状态。

在微服务场景中，服务之间会有很多依赖关系。根据消费者驱动契约(Consumer Driven Contract)可以将服务分为消费者端和生产者端，通常消费者会定义所需的数据格式以及交互细节，并生成一个契约文件。生产者根据契约来实现自己的逻辑，并在持续集成环境中持续验证。消费者驱动契约测试，消费者端提供 Mock 服务模拟生产者并记录契约信息，生产者端使用契约来验证生产者的服务。消费者是服务的使用者，向生产者发送 HTTP 请求

来获取数据，生产者是服务的提供者，接受消费者的 HTTP 请求并返回数据。契约定义了消费者和生产者之间的交互方式，用以验证生产者是否按照期望的方式与消费者进行交互的。在生产者的测试环境中，使用契约替代真实的消费者，来验证生产者的修改会不会造成任何契约的失效。支持契约测试的工具有 Pact、Pacto、Janus、Swagger 等。其中，Pact 工具非常轻量化，简单易使用，带来的效果显著，它提供一套 API 接口，支持消费者驱动契约测试。

10.1.9　Web 的 API 接口测试

API 接口是一种传输或操作数据的方式，用于 App、Web、服务器等，适用于数据的获取、更新、删除以及其他操作，常见的如 HTTP 接口和 WebService 接口，使用最多的是 HTTP 协议的 POST 接口和 GET 接口。接口测试用于检查外部系统与系统之间以及系统内部各个子系统之间的交互点。参考 6.2 节的接口测试基本方法，例如基于流程的接口测试；例如基于状态的接口测试（重点关注状态，包括请求的返回值如 200 或 404 等错误）。接口测试需要关注数据的正确性与格式（如 JSON 或 XML 格式等），也要关注边界（如短信验证码的次数超过 5 次）以及异常测试（如参数含有错误值）等。接口的来源通过开发人员提供的 API 文档，可以结合 Fiddler 等抓包工具获取。常见的开源接口调试和抓包工具有 Postman 和 Fiddler，常见的开源接口测试工具有 JMeter、SoapUI 等，JMeter 参见 11.4 节。

10.2　自动化测试工具 Selenium

10.2.1　Selenium 介绍

Selenium 主要用于 Web 应用程序的自动化测试，适用于功能性测试和不同操作系统不同浏览器的兼容性测试。Selenium 提供了一系列函数用于支持 Web 自动化测试，能通过多种方式定位 UI 元素，并将预期结果与实际表现相比较。它是开源免费的，且支持多种浏览器，如 Firefox、Chrome、IE（支持版本 7～11，版本 11 需额外配置）、Opera、Safari；可支持不同系统，如 Microsoft Windows、Linux、Apple OS X。

Selenium 经历了几个版本。Selenium 1.0 包括 Selenium IDE、Selenium RC（Client 和 Server）和 Selenium Grid。Selenium 2.0＝Selenium1.0＋WebDriver。Selenium 3 已经移除了 Selenium core 的实现部分，并且去掉了 Selenium RC 的 API。Selenium 具体使用参考官网：http://docs.seleniumhq.org/docs/。

Selenium IDE 是开发 Selenium 测试用例的集成开发环境，是嵌入到 Firefox 浏览器的一个插件，支持开发、运行单个测试用例或者测试用例集。它具备录制和回放功能，提供了一个图形用户界面，可以用脚本记录一系列用户操作，并进行回放，它容易安装，通过 IDE 运行脚本，简单易用，不需要编程能力，可以在几分钟内完成脚本，适合于初学者。虽然它只支持 Firefox 浏览器，但是通过它创建的测试用例，可以通过 Selenium-RC 或 WebDriver 在其他浏览器上运行。它可以快速地创建缺陷重现脚本，发现缺陷后直接通过 IDE 录制操作步骤，帮助开发人员快速重现缺陷。不过之前章节讲过，录制回放工具产生的大都是线性脚本，例如不支持循环控制和条件控制等，IDE 详细介绍参考 10.2.2 小节。

Selenium Grid 是一个分布式测试平台。通过一个 Server 端的 Hub 服务来控制多个用于提供 Selenium 脚本运行环境的 Client 端，从而达到加快测试速度和有效扩充测试环境的目的。通过 Selenium Grid，可以在不同操作系统和不同浏览器环境下运行测试脚本。

Selenium 2.0 主推 WebDriver，可看做是 Selenium RC 的替代品。WebDriver 通过原生浏览器支持或浏览器扩展来直接控制浏览器，与浏览器紧密集成，因此支持更高级的测试。WebDriver 的详细介绍参考 10.2.5 小节。

Sauce Labs 是目前比较流行的云测试平台，为企业 Web 应用提供自动和人工测试服务。Sauce 测试云采用了开源测试项目及浏览器自动化框架 Selenium，其创造者兼首席技术专家就是 Selenium 的创始人 Jason Huggins。Sauce 在 Selenium 的基础上进行了扩展，使得敏捷开发者能够在各种主流浏览器（IE、Firefox、Safari、Chrome、Windows 版及 Linux 版的 Opera 等）中测试 Web 应用，同时还可以记录缺陷的截图和视频。为了应对嵌入式系统的大量普及，特别是 Android 和 iOS，Jason Huggins 又一次开发针对嵌入式的并且基于 WebDriver 的自动化测试框架 Appium，并且开源托管在 GitHub 上。其中，Appium 可参考前面的章节。此外，Bromine 工具是专门针对 Selenium 设计的基于 Web 的 QA 管理工具，可以设置测试计划，包括运行的浏览器、操作系统等。

10.2.2 Selenium IDE

Selenium IDE 是一种开发 Selenium 测试用例的工具，通过此工具可以熟悉 Selenium 脚本语法，学习 Selenium。安装 IDE，使用 Firefox 通过 Internet 从网址 http://selenium-hp.org/download 下载 IDE 插件，添加到 Firefox，点击安装，重启 Firefox 即可。也可以使用非 Firefox 浏览器单击 Selenium IDE 的版本号链接，下载 IDE，得到 xpi 的文件，打开 Firefox 浏览器，附加组件搜索框左侧的齿轮中选择从文件安装附加组件，选择下载的 xpi 文件进行安装，安装完成后重启浏览器即可。

打开开发者里的 Selenium IDE，界面如图 10-1 所示。

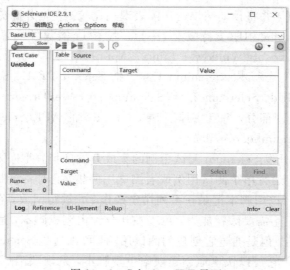

图 10-1　Selenium IDE 界面

　　File(文件)菜单可以新建、打开和保存测试用例和测试用例集。Edit(编辑)菜单允许复制、粘贴、删除、撤销和添加命令。Actions 菜单设置脚本的录制与运行。Options 菜单可以设置命令的超时时间、IDE 生成测试用例的语言规范等。

　　工具栏中包括：速度控制可用于控制用例运行速度，如 Fast 表示快速执行用例；运行所有用例集还是当前选定的测试用例；暂停、恢复测试用例执行；单步即在测试用例范围内，一次运行一行命令，用于调试测试用例；添加 Rollup 规则，将经常重复执行的一系列Selenium 命令组合成一个 Action；录制用户在浏览器的操作，当第一次打开 Selenium IDE时，录制按钮默认选中，即打开的状态。

　　测试用例面板包括两个页签，一个是 Table，另一个是 Source，分别以不同的格式展示测试脚本。其中，Source 页签，默认是以 HTML 格式展示的，必要时可以转换为其他语言，如 Java、C♯、Python 等，在 Source 中允许编辑测试用例，包括复制、粘贴和剪切等。Table 中用例的一条命令由 Command、Target、Value 三部分组成，它们分别显示当前选中的命令及其对应的参数，Target 和 Value 分别对应命令的第一个和第二个参数，如图 10-2所示。如果在 Command 中输入一个字符，则会基于首字符出现下拉列表，帮助选择期望的命令。参考文档(Reference)会显示对应命令的参考文档。

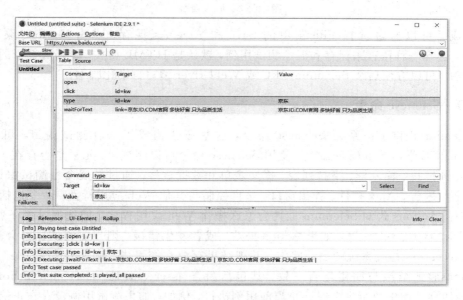

图 10-2　测试用例面板

　　IDE 主界面的最底部包含多种面板，分别是日志(Log)、参考文档(Reference)、UI 元素(UI-Element)和 Rollup 面板。当运行测试用例时，错误信息将会自动在面板显示，对调试很有帮助，单击 Clear 按钮即可清除日志，通过 Info 可以筛选日志。

　　录制过程中，Selenium IDE 会依据操作自动插入命令到测试用例中。录制完成后，如图 10-3 所示，可以对 Command、Target 与 Value 的内容进行修改和编辑；也可以在某个命令上右击，选择 Insert New Command 命令，插入一个空白命令，在空白命令进行编辑。以同样的方法右击选择 Insert New Command 命令，插入注释行，提高脚本的易读性。在Table 与 Source 视图中，都可选择想插入命令的地方插入命令；也可以移动某行命令的顺序，只需单击鼠标拖动到相应的位置即可。此外，还有个比较好用的功能，在 Target 会生成针对当前元素的所有定位方式，可以单击 Target 下拉框选择元素定位方式。

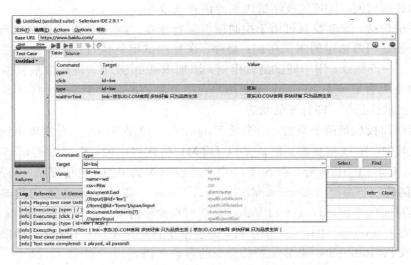

图 10-3　插入命令

完成后可以通过选择 File 菜单的 Save 和 Save As 保存。点击 Options 菜单下的 Format，选择一种语言来保存和展示测试用例，默认是 HTML 格式。翻译成选择的一种编程语言后，可以方便后续 Selenium—RC 或 WebDriver 编写自动化脚本。

10.2.3　Selenese 命令

Selenium 提供了一系列 Selenese 命令，这些命令构成了一种测试语言，可以通过 Selenium IDE 学习 Selenese 命令。使用 Selenese 命令可以测试 UI 元素是否存在，测试特殊文本、死链接、输入框、下拉列表、提交表单和数据表等。通过扩展命令测试窗口尺寸、鼠标位置、警告、Ajax 控件、弹出窗口、事件控制与其他 Web 应用特性。命令包括三种类型：第一，Actions 告知 Selenium 工具会怎么操作 Web 应用程序，如选择某个下拉选项，包括 click、type、select 等。如果 Action 失败，或者发生错误，则当前测试执行会被终止。第二，Accessors 检查系统的当前状态，并把结果存放在变量中，例如"storeTitle"。第三，Assertions 验证结果与期望是否一致，其包括断言 assert、验证 verify 和 waitFor。断言 assert 会使测试用例执行失败时终止当前用例执行，例如，如果测试用例没有在正确的页面上，则肯定希望终止测试用例执行，查看原因并修复。而验证 verify 在测试用例执行失败时允许用例继续执行，并在日志记录失败，例如页面某个 values 出错了，希望其他用例继续执行完成后，统一修改处理。

手动测试时断言部分通过眼睛来进行判断，自动化时，需要对实际结果与预期结果进行判断。检查页面属性，可使用 assert 与 verify 命令，在 Selenium IDE 录制过程中，在浏览器页面上任何位置右键点击鼠标，如图 10-4 所示，会看到一个文字菜单显示 assert，verify，waitFor(等待)和 store(定义变量)四类命令，只需要在页面上选择 UI 元素即可，其对图片和标题都有良好的支持。其中，waitFor 用于在一定时间内等待某个元素显示，默认等待时间为 60s。store 用于定义一个变量，例如，可以把页面中获取到的标题定义为变量，通过定义的变量作为断言与验证的比较参数。

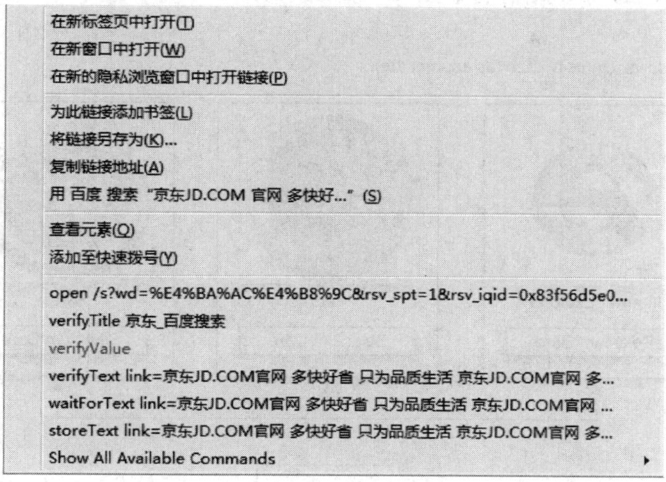

图 10 - 4　右键点击鼠标后界面

选择图 10 - 4 中的最后一个选项 Show All Available Commands，可提供更多命令和对应的推荐参数（见图 10 - 5），帮助测试被选中的 UI 元素。这四类 assert，verify，waitFor 和 store 命令提供了五种验证手段，包括可以获取页面的标题 Title、获得元素的值 Value、获得元素的文本信息 Text、获得元素的标签 Table 以及获得当前元素 ElementPresent。

图 10 - 5　点击 Show All Available Commands 后界面

10. 2. 4　Selenium RC 介绍与不同语言的使用说明

Selenium IDE 不支持条件判断、循环、测试结果报告生成、错误处理、测试用例组合与依赖、捕捉屏幕快照等，通过编程语言和特定语言的 Selenium RC 客户端库文件都可以实现。Selenium RC 的简单架构图如图 10-6 所示。

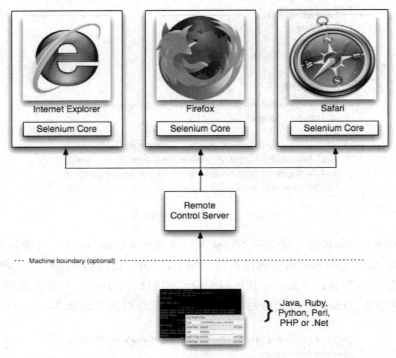

图 10-6　Selenium RC 的简单架构图

Selenium RC 提供不同语言的编程接口，包括 Java、Ruby、Php、Python、Perl、.Net，以便允许编写程序来运行 Selenium 命令，每一种支持的语言都有其对应的客户端库文件。对于任何一种接口而言，都有对应的函数支持每一个 Selenium 命令。Selenium IDE 创建的 Selenese 命令，选择 Export 翻译导出客户端驱动的 API 函数，生成 Selenium RC 测试代码。

客户端库文件将 Selenese 命令传递给 Selenium Server，Selenium Server 使用 Selenium Core 的 JavaSciript 命令，将 Selenium 命令传递给浏览器，浏览器会使用自带的 JavaScript 翻译器来执行 Selenium 命令。为了避免同源规则，可以采用提高浏览器权限的方式以及代理注入的方式来解决此问题。其中，代理注入的方式中，Server 类似于客户端配置的 HTTP代理一样，位于浏览器和待测系统之间，其拥有篡改待测系统真实 URL 的能力。其测试流程具体如下：

（1）测试用例通过客户端驱动与 Selenium RC Server 建立连接。

（2）Selenium RC Server 启动浏览器，把 Selenium Core 加载到浏览器页面当中。

（3）测试用例通过客户端驱动向 Selenium Server 发送 HTTP 请求，Selenium Server 对请求进行解析，并触发对应的 JavaScript 在浏览器中执行。

（4）Selenium Core 指示浏览器执行指令，例如打开待测系统页面。

（5）浏览器收到新的页面请求信息，于是发送 HTTP 请求，请求 Web 站点内容。

（6）Selenium RC Server 与 Web 服务器通信，请求页面，一旦收到响应就将页面传递给浏览器，但会篡改源，使得页面好像来自于 Selenium Core 同源服务器。

（7）浏览器接收并显示 Web 页面。

使用不同语言的客户驱动来创建工程。

（1）使用 Java：获取 selenium-java-client-driver. jar 文件。启动 Java 集成环境如 Eclipse，创建新工程，将 selenium-java-client-driver. jar 文件加入到工程引用中；在 classpath 中加入 selenium-java-client-driver. jar；编写 Java 测试用例，可以使用 Junit 或者 TestNG 单元测试框架来运行测试用例。

（2）使用. Net：获取相关文件，下载和安装 Nunit，打开. Net 集成开发环境，如 Visual Studio，创建类库，加入 Dll 引用，如 nmork. dll、nunit. core. dll、nunit. framework. dll、ThoughtWorks. Selenium. Core. dll、ThoughtWorks. Selenium. IntegrationTests. dll 和 ThoughtWorks. Selenium. UnitTests. dll。使用 C♯ 或者 VB. Net 编写测试用例，可以用 Nunit 单元测试框架运行测试用例。

（3）使用 Python：获取 selenium. py，使用 Python 编写测试用例，将 selenium. py 加入测试路径，可以通过 Pyunit 单元测试框架运行测试用例。

（4）使用 Ruby：安装 RubyGems，运行 gem install selenium-client。测试用例开头需要加入 require "selenium/client"，加入 require "test/unit"使用 Ruby 编写测试用例，通过控制台运行 Selenium Server，执行测试用例。

Selenium RC 没有提供自己的机制来报告测试结果，需要根据所选用的语言来构建测试报告，业界已经有提供不同语言的测试框架，可以生成测试报告。Java 有两种常用的测试框架：Junit（使用 Junit 生成报告）与 TestNG（TestNG 产生 HTML 格式的测试报告，也可选 ReportNG 提供彩色编码测试报告，来替代默认的 TestNG HTML 测试报告）。. Net 的 Nunit 框架可以生成报告，Python 的 HTMLTestRunner 可以用来产生测试报告，Ruby 的 RSpec 测试框架的 HTML 产生测试报告。目前 Selenium 已经不再支持 Selenium RC，故这里大概了解下，接下来介绍 WebDriver。

10. 2. 5　WebDriver 介绍与案例

WebDriver 作为 Selenium RC 的替代者，由 Simon Stewart 提出，它是一个轻便简洁的自动化测试框架。WebDriver 通过尝试不同的方法去解决 Selenium1. 0 所面临的问题。WebDriver 不依赖于集成在浏览器的 JavaScript Core，而是针对各个浏览器，实现了每一个不同浏览器特定相关的原生 API 来和浏览器打交道，与浏览器的紧密集成支持创建更高级的测试，避免了 JavaScript 安全模型导致的限制。除了来自浏览器厂商的支持，WebDriver 还利用操作系统级的调用模拟用户输入。

WebDriver 支持的浏览器包括 Firefox、IE、Safari、Opera 和 Chrome，还包括基于 HtmlUnit 的无界面实现，相关驱动为 HtmlUnitDriver。此外，也支持 Android 和 iPhone 的移动应用测试，Android 采用 Selendroid 或者 Appium，而 iOS 采用 ios-driver 或 Appium，Appium 在第 8 章介绍过。

下载并安装浏览器驱动，各个浏览器驱动的下载地址为 http://www. seleniumhq.

org/download/。其中，Firefox 浏览器默认驱动已经打包在 Selenium WebDriver 包里了，所以可以直接调用。注意，浏览器自动更新建议关掉，避免更新为 Firefox 最新版，Selenium 没有更新导致支持不好。

Chrome Driver 支持三种操作系统，包括 Windows、Linux 和 Mac OS，下载地址为 http://code.google.com/p/chromedriver。

Internet Explorer Driver 运行在 Windows 操作系统上，注意区别 32 位和 64 位版本，下载地址为 http://code.google.com/p/selenium/downloads/list。

编写的测试脚本需要指定对应的浏览器，例如 Python 脚本修改为

```
# coding＝utf-8
from selenium import webdriver
# Get Firefox object
driver = webdriver.Firefox()
# Send URL tobrowser
driver.get("http://www.baidu.com/")
# Close browser
driver.quit()
```

首先下载和安装相应的浏览器驱动，例如，把 IEDriverServer_Win32_2.53.1 的 IEDriver-Server.exe 放到 C:\Python27 下，上面的测试脚本 driver = webdriver.Firefox() 修改为 driver = webdriver.Ie()，浏览器修改为 IE。例如，chromedriver_win32 的 chromedriver.exe 可放到 C:\Python27 下，需要添加此路径到系统环境变量，上面的测试脚本 driver = webdriver.Firefox() 修改为 driver = webdriver.Chrome()，浏览器修改为 Chrome。

WebDriver 目前支持的浏览器包括 Firefox、Chrome、IE、Edge、Opera、Safari。HtmlUnit 这种模式下，脚本运行时不会真正的打开浏览器，整个过程都在后台运行，可以通过截图 driver.get_screenshot_as_file("./BaiduResult1.png") 看出确实脚本有运行。PhantomJS 与 HtmlUnit 类似，是一个无界面 Webkit 内核，渲染后的网页实际不会显示。PhantomJS 与 HtmlUnit 是两个比较特殊的模式，可以看做是伪浏览器，在这种模式下支持 HTML、JavaScript 等的解析，但是不会真正渲染出页面，由于不进行 CSS 与 GUI 的渲染，所以执行效率要比真实的浏览器快很多，主要用于功能性测试。前面 Android 自动化章节提到的 Appium，其扩展了 WebDriver 的协议，支持 Android 和 iOS 平台上原生应用、Web 应用、混合应用等。

10.2.6　定位页面元素与对应脚本说明

在自动化开始前，需要获取页面上的输入框、按钮、下拉框、文字链接等，接着在模拟鼠标键盘来操作这些元素，如点击、输入等。这里以 http://www.baidu.com 为例，如图 10-7 所示，通过 Firebug 查看，页面上的元素都是由一行行的代码写的，每个元素有不同的标签名和属性值，WebDriver 通过这些信息来找到不同的元素。对于 HTML 语言，这里不多做介绍，网上资料也很多，可进行查阅学习。

WebDriver 提供了八种元素定位的方法，分别介绍如下。

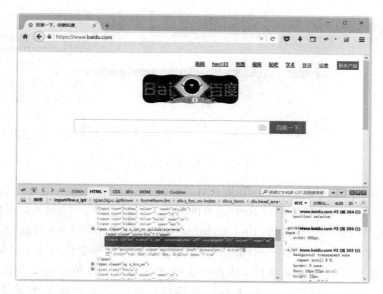

图 10-7　Firebug 定位元素

（1）根据 ID 定位元素：HTML 规定 ID 属性在 HTML 文档中必须是唯一的，类似身份证号码，WebDriver 有提供 ID 属性查找元素，Firebug 工具中的"点击查看页面中的元素"的按钮单击后，移动鼠标到需要查看的元素即可，在本章的测试小工具小节中有介绍 Firebug 具体的应用方法。通过 Firebug 工具可很快定位百度网页的编辑框信息：<input id="kw" class="s_ipt" autocomplete="off" maxlength="255" value=" " name="wd">，搜索按钮信息：<input id="su" class="bg s_btn" type="submit" value="百度一下">。百度网页的编辑框和搜索按钮在 Python 中通过 ID 属性识别，对应脚本如下：

elem = driver.find_element_by_id("kw")

elem.send_keys(u"京东")

driver.find_element_by_id("su").click()

（2）根据名字定位元素：HTML 规定 name 指定元素名称，类似人名，name 在当前页面可以不唯一。通过名字来定位，可以使用过滤器，比如 name = verifybutton value = chocolate。百度网页的编辑框在 Python 中，通过 name 识别，对应脚本如下：

driver.find_element_by_name("wd").send_keys(u"京东")

搜索按钮没有定义 name，所以不能通过 name 属性定位。

（3）根据 class 定位元素：HTML 规定 class 指定元素的类名，百度网页的编辑框在 Python 中，通过 class name 识别，对应脚本如下：

driver.find_element_by_class_name("s_ipt").send_keys(u"京东")

（4）根据 tag 定位元素：HTML 实质上是通过 tag 定义实现不同的功能，每个元素实质上也是一个 tag。因为一个 tag 往往用来定义一类功能，所以通过 tag 识别某个元素的几率很低，很难通过 tag name 区分不同元素。百度网页的编辑框和搜索按钮的 tag name 完全相同，即 driver.find_element_by_tag_name("input")。

（5）链接定位元素，主要用来定义文本链接。百度输入框上面的几个文本链接如图 10-8所示。

图 10 - 8　链接定位元素

例如，driver. find_element_by_link_text("hao123"). click()。

（6）根据 patial link 定位是对 link 定位的补充，有些文本链接很长，可以采取部分定位，只用部分信息来标识链接，如 find_element_by_partial_link_text("hao")。

（7）根据 xPath 定位元素，一般推荐 ID 或者 name 属性来定位元素，但是实际项目中，有时候元素没有 ID 或者 name 属性，或者每次刷新页面时，ID 值会随机变化的话，可以考虑根据 xPath/CSS 定位元素。Firefox 有提供插件，可以帮助获取页面元素的 xPath，即 xPath Checker 和 Firebug 的 FirePath，其中 FirePath 在测试工具小节中有具体介绍其使用方法。

① 绝对路径方式：xPath 用标签名的层级关系来定位元素的绝对路径，最外层是 HTML语言，在 body 里，一级一级往下找，如果同一级有多个相同的标签名，则按照上下顺序确定是第几个，如 div[2]指当前层级下的第二个 div 标签，这里不推荐这种定位方法。百度网页的编辑框和搜索按钮在 Python 中，通过 xPath 绝对路径识别，对应脚本：driver. find_element_by_xpath("/html/body/div[1]/div[1]/div/div[1]/div/form/span[1]/input"). send_keys(u"京东")。

② 相对路径方式：xPath 使用元素的属性值来定位，通过 FirePath 直接获取元素的 xPath 即可，如图 10 - 9 所示。

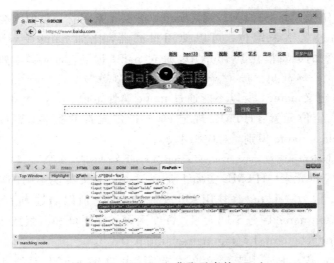

图 10 - 9　FirePath 获取元素的 xPath

百度网页的编辑框和搜索按钮在 Python 脚本中，通过 xPath 元素属性值识别，对应脚本如下：

driver. find_element_by_xpath("//input[@id='kw']"). send_keys(u"京东")

driver. find_element_by_xpath("//input[@id='su']"). click()

其中，//表示当前页面某个目录下，input 表示定位元素的标签名，[@id='kw']表示这个元素的 ID 属性值为 kw，另外也可通过 name 和 class 等能唯一表示元素的属性来定位。例如：

driver. find_element_by_xpath("//input[@name='wd']"). send_keys(u"京东")

driver. find_element_by_xpath("//input[@class='s_ipt']"). send_keys(u"京东")

如果不想指定标签名，则可以用 * 来代替。例如：

driver. find_element_by_xpath("// * [@class='s_ipt']"). send_keys(u"京东")

driver. find_element_by_xpath("// * [@type='submit']"). click()

③ 层级和属性相结合的方式来定位：如果元素本身没有可以唯一标识的属性值，那么可以往上一级元素找，或者再往上一级找，只要有能唯一标识属性的元素，都可以使用。例如：

driver. find_element_by_xpath("//form[@id='form']/span[1]/input"). send_keys(u"京东")

④ 如果一个属性不能唯一定位一个元素，则可以用逻辑运算符 and 来连接多个属性来定位元素，例如 find_element_by_xpath("//input[@id='kw' and @class='su']/span/input")。

（8）根据 CSS(Cascading Style Sheet)定位元素，CSS 比 xPath 定位速度一般会快点，FirePath 有提供获取元素的 CSS，如图 10 – 10 所示。

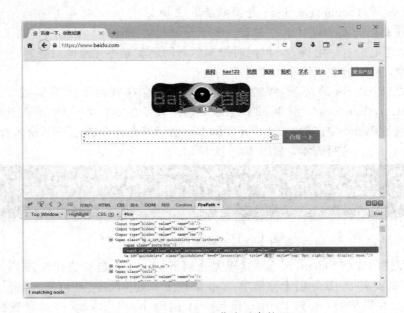

图 10 – 10　FirePath 获取元素的 CSS

百度网页的编辑框和搜索按钮在 Python 脚本编程如下：

```
driver. find_element_by_css_selector("＃kw"). send_keys(u"京东")
driver. find_element_by_css_selector("＃kw"). click()
```

另外，也可以通过 class 属性定位，点号"."表示通过 class 属性定位元素，百度网页的编辑框如下：

```
driver. find_element_by_css_selector(". s_ipt"). send_keys(u"京东")
```

前面提到的标签名定位、父子关系定位、属性定位，或者把上面的定位策略组合起来使用，会大大加强定位元素的唯一性。

CSS 和 xPath 都提供了非常强大而灵活的定位方法，CSS 相对来说更加简洁，但是理解和使用相对难点。这两种方法一般掌握一种就可以解决大部分的定位问题。而且最好建议开发人员规范 ID、name 等方式，减少自动化时间。此外，WebDriver 也有提供另一套写法来调用 find_element()，即通过 by 来声明定位的方法，传入对应定位方法的参数即可，如 By namelocator＝By. id("Name")。可以通过将页面当作一个对象，对对象进行封装，并提供一系列的操作，从而实现 Page Object 模式。

WebDriver 提供操作页面各种元素的方法，其中，定位之后提供对元素进行操作，例如，清除文本 clear、输入 send_keys 或者单击 click 方法等。提供操作浏览器的方法，如控制浏览器窗口大小：driver. set_window_size(480,800)；操作浏览器前进或者后退：driver. back()和 driver. forward()；浏览器刷新；driver. refresh()；多窗口之间切换：switch_to. window()用于切换到相应的窗口。警告框处理，switch_to. alert()处理 JavaScript 所生成的 alert、confirm 和 prompt 等。WebDriver 的接口 API 很丰富，这里就不一一介绍了，具体可查阅官方文档。

10.2.7 基于 Python 的 WebDriver 案例说明

Python2 和 Python3 处于并行更新状态。之所以有两个版本并存，是因为早期的 Python版本在基础方面的设计上存在着一些不足之处，Python3 很好地解决了这些遗留问题，并且在性能上也有一定提升，但同时带来的新问题就是不完全向后兼容，Python2 的开发者依然过半，所以造成了两个版本并存的情况。

这里介绍 Windows 系统下，安装和使用 Python。在官网下载需要的 Python 版本：https://www. python. org/.对于 32 位系统，选择 X86 版本；对于 64 位系统，选择 64 位版本。可以使用 Python 自带的 IDLE 开发脚本；也可以在命令提示符下输入"python"，进入 Python shell 模式编写脚本，如图 10－11 所示。

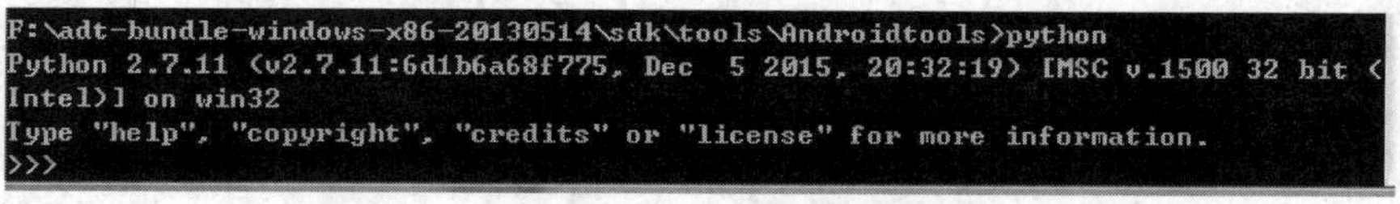

```
F:\adt-bundle-windows-x86-20130514\sdk\tools\Androidtools>python
Python 2.7.11 (v2.7.11:6d1b6a68f775, Dec  5 2015, 20:32:19) [MSC v.1500 32 bit (
Intel)] on win32
Type "help", "copyright", "credits" or "license" for more information.
>>>
```

图 10－11　输入 Python 命令

为了更方便的安装 Selenium 包，这里先介绍下 pip。pip 是安装和管理 Python 包的工具，通过 pip 来安装 Python 包十分简单，pip 依赖于 setuptools，所以安装 pip 前需要先安装 setuptools。在安装前，先到 Python 路径下（C:\Python27\Scripts）查看是否有 pip. exe 或 pip3. exe 文件。如果没有的话，进行下载和安装。pip 下载路径：https://pypi. python. org/pypi/pip。

setuptools 下载路径：https：//pypi. python. org/pypi/setuptools。

下载后解压，得到相应文件夹，进入解压路径，通过"python"命令执行 setup. py 进行安装：python setup. py install，如图 10 - 12 所示。

```
E:\tools\setuptools-25.2.0>python setup.py install
```

图 10 - 12　"python"命令安装 setuptools

命令提示符下输入 pip，出现命令说明信息，说明安装成功。如果 pip 不是内部或外部命令，则需要手动将 C:\Python27\Scripts 目录添加到系统环境变量的 path 下面，重新打开 cmd 即可。

通过 pip 命令可直接安装 Selenium 包。pip install selenium，默认安装的是最新版本的 Selenium，如果不想要最新版本，则可以加上版本号进行安装，pip install selenium==2.48.0。

pip show selenium 可查看 Selenium 版本，如图 10 - 13 所示。

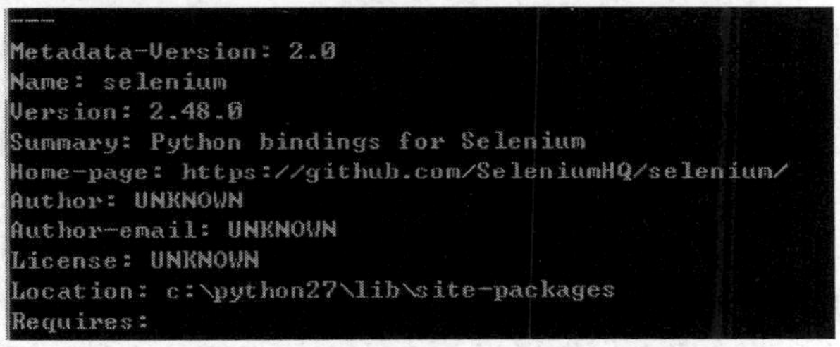

```
Metadata-Version: 2.0
Name: selenium
Version: 2.48.0
Summary: Python bindings for Selenium
Home-page: https://github.com/SeleniumHQ/selenium/
Author: UNKNOWN
Author-email: UNKNOWN
License: UNKNOWN
Location: c:\python27\lib\site-packages
Requires:
```

图 10 - 13　查看 Selenium 版本

例如百度的输入框输入、搜点击索、截图，Python 对应的 WebDriver 测试脚本如下：

```python
# coding=utf-8
from selenium import webdriver
# Get Firefox object
driver = webdriver.Firefox()
driver.implicitly_wait(30)
# Send URL to browser
driver.get("http://www.baidu.com/")
# Set window size
driver.set_window_size(480,800)
# Identity id and input "京东"
driver.find_element_by_name("wd").send_keys(u"京东")
# Click search button
driver.find_element_by_id("su").click()
# Save picture
driver.get_screenshot_as_file("./baidu.png")
# driver.back()
# Close browser
driver.quit()
```

执行后，发现当前路径下保存了图片 baidu. png。可以用数组存放待搜索的关键字，如'京东'、'python'、'selenium'，通过 for 循环遍历数组，最后把遍历的数组元素作为每次搜索的关键字。

```python
#coding=utf-8
from selenium import webdriver
from time import sleep
searchText=[u'京东','python','selenium']
for text in searchText：
    # Get Firefox object
    driver = webdriver.Firefox()
    driver.implicitly_wait(30)
    # Send URL to browser
    driver.get("http://www.baidu.com/")
    driver.find_element_by_name("wd").send_keys(text)
    driver.find_element_by_id("su").click()
    # Close browser
    driver.quit()
```

结合前面章节提到的数据参数化，这里可以把数据存在 XML、csv、txt 或者 ini 文件里，Python 都有对应的读取和写入的函数接口，很方便使用，这里不再做介绍。

实际项目中，对于预期结果判断部分，除了 Web 界面对应的元素信息查看外，可能还需要借助其他方式来帮助验证预期结果是否正确。例如通过 Web 界面设置某台设备的网口 eth0 的 IP，Web 界面显示是正确的设置过的 IP，但是实际查看某台设备的 IP，发现实际设置的是网口 eth1 不是 eth0。那么如何通过自动化方式发现这个缺陷呢？可以考虑调用 Web 的 Rest API 接口等的方式，查看 Web UI 界面的值显示的与实际是否一致，设置是否生效正确，前提是 Web 的 Rest API 接口等已经有做过测试，结果是可信的。此外，也可以直接通过获取被测试系统设备的信息，查看是否正确，此时可能会结合其他自动化技术，例如第 7 章提到的 Expect 脚本，可通过 SSH 或者 Telnet 连接到待测设备系统中，读取系统里的实际值，协助验证结果是否正确。此外，根据测试金字塔，建议加大 API 接口、单元测试，减少 UI 测试比例。

10.2.8 元素等待方法与案例说明

因为一个元素的加载时间有长有短，那么如何等待页面的元素加载完成呢？通过设置 sleep 时间方式把握长短，太短容易超时，太长浪费时间。此外，Selenium 提供了显示等待和隐式等待两种类型的等待。

1. 显示等待方法

webdriverWait 是 WebDriver 提供的等待方法，在设置时间内，默认每隔一段时间检测一次当前页面元素是否存在，如果超过设置时间检测不到，就会抛出异常，例如：

```python
element=webdriverWait(driver,5,0.5).until(EC.Presence_of_elment_located(By.ID,"kw"))
element=webdriverWait(driver,5,0.5).until(excepted_conditions.Presence_of_elment_located(By.ID,"kw"))
element.send_keys('selenium')
```

webdriverWait()一般和 until()和 until_not()配合使用，这里通过参数设置最长超时时间为 5s，poll_Frequecy：检测的间隔时间默认是 0.5 秒。

excepted_conditions 类提供的预期条件判断方法，如表 10 - 1 所示。

表 10 - 1　预期条件判断方法

判断方法	说　　明
title_is	判断当前页面的 title 是否等于预期字符串
title_contains	判断当前页面的 title 是否包含预期字符串
presence_of_element_located	判断某个元素是否被加到了 DOM 树中，并不代表该元素一定可见
visibility_of_element_located	判断某个元素是否可见(可见代表元素非隐藏，并且元素的宽和高都不等于 0)
visibility_of	跟上面方法作用一样，只是上面的方法要传入 locator 定位，这个方法接收的参数为定位后的元素
presence_of_all_elements_located	判断是否至少有 1 个元素存在于 DOM 树中。例如有 n 个元素，只要有一个存在就返回 True
text_to_be_present_in_element	判断某个元素中的 Text 是否包含了预期的字符串
text_to_be_present_in_element_value	判断某个元素中的 value 属性是否包含了预期的字符串
frame_to_be_available_and_switch_to_it	判断该 frame 表单是否可以切换进去，如果可以的话，则返回 True 且 switch 切换进去，否则返回 False
invisibility_of_element_located	判断某个元素中是否不存在于 DOM 树或者不可见
element_to_be_clickable	判断某个元素中是否可见并且是可以点击的
staleness_of	等待某个元素从 DOM 树中移除
element_to_be_selected	判断某个元素是否被选中了，一般用于下拉列表
element_selection_state_to_be	判断某个元素的选中状态是否符合预期
element_located_selection_state_to_be	与上面的方法作用一样，只是上面的方法要传入定位后的元素，而这个方法传入 locator
alert_is_present	判断页面上是否存在 alert

is_displayed()方法也可以用于判断元素是否可见。

2. 隐式等待方法

WebDriver 提供了 implicitly_wait()来实现隐式等待。

经过一定时间等待页面上某元素加载完成，如果超出了设置时间元素还没有加载，则抛出 NoSuchElementException 异常。如 driver. implicitly_wait(30)：设置等待时长为 30 s，30 s 不是固定的等待时间，不像 sleep(30)，不影响脚本的执行速度。这里不是针对页面的某个具体元素进行等待。当脚本执行到某个元素定位时，如果元素可以定位则继续执行脚本，如果不能定位到元素，则以轮询的方式判断元素是否被定位到，如果超出时长，如这里的 30 s 还没有定位到元素，则抛出异常。有时希望脚本在执行到某个步骤时候，固定时间的休眠，则可以使用 sleep 方法，如下：

```
from time import sleep
sleep(20)
```

20 为固定休眠的时长，休眠 20s 后再继续执行。

修改上节的百度输入框输入、搜索点击的实例，加入元素等待处理的代码如下：

```
# coding＝utf-8
from selenium import webdriver
from time import sleep
from selenium.webdriver.common.by import By
from selenium.webdriver.support.ui import WebDriverWait
from selenium.webdriver.support import expected_conditions
# Get Firefox object
driver = webdriver.Firefox()
# driver.implicitly_wait(30)
# Send URL to browser
driver.get("http://www.baidu.com/")
# Identity id and input "京东"
ele＝WebDriverWait(driver,5,0.5).until(expected_conditions.presence_of_element_
located((By.ID,"kw")))
ele.send_keys(u"京东")
# Click search button
for i in range(5):
    try:
        sButton＝driver.find_element_by_id("su")
        if sButton.is_displayed():
            sButton.click()
            break
    except:pass
    sleep(1)
else:
    print("timeout")
# Close browser
driver.quit()
```

10.2.9　Unittest 的案例说明

具体参考 6.3 小节的 Python Unittest 单元测试框架来实现，Python 的 Unittest 详见官方文档：https://docs.python.org/2/library/unittest.html。这里还是以百度搜索为例：

```
# coding＝utf-8
from selenium import webdriver
import unittest
import datetime
from time import sleep
class BaiduTest(unittest.TestCase):
    def setUp(self):
        self.driver = webdriver.Firefox()
        self.driver.implicitly_wait(30)
```

```
        def tearDown(self):
            # Close browser
            self.driver.quit()

        def test_baidu(self):
            # Send URL to browser
            self.driver.get("http://www.baidu.com/")
            self.driver.find_element_by_name("wd").send_keys(u"selenium")
            self.driver.find_element_by_id("su").click()
            sleep(2)

    if __name__ == '__main__':
            unittest.main()
```

用 Sublime Text 工具按 Ctlr＋B 键运行，结果如下：

```
.
——————————————————————————
Ran 1 test in 15.888s

OK
[Finished in 16.1s]
```

如果想有一份漂亮且通俗易懂的测试报告来展示测试成果，而不是显示简单的 log，则可以借助下面介绍的 Unittest 扩展的 HTMLTestRunner，来生成一份 HTML 的测试报告。其中，HTMLTestRunner 是针对 Python2 开发的，如果想支持 Python3 的环境，则可对 HTMLTestRunner 的内容做修改。

10.2.10　HTMLTestRunner 的案例说明

下载 HTMLTestRunner.py 文件，把 HTMLTestRunner 文件放到 C:\Python27\Lib 的目录下即可，路径为 http://tungwaiyip.info/software/HTMLTestRunner.html。举例如下：

```
# coding=utf-8
from selenium import webdriver
import unittest
import HTMLTestRunner
import datetime
from time import sleep
class BaiduTest(unittest.TestCase):
    def setUp(self):
        self.driver = webdriver.Firefox()
        self.driver.implicitly_wait(30)

    def tearDown(self):
        # Close browser
        self.driver.quit()
```

```python
def test_baidu(self):
    # Send URL to browser
    self.driver.get("http://www.baidu.com/")
    self.driver.find_element_by_name("wd").send_keys(u"京东")
    self.driver.find_element_by_id("su").click()


if __name__ == '__main__':
    suite = unittest.TestLoader().loadTestsFromTestCase(BaiduTest)
    # log name endded by date
    date = datetime.datetime.today()
    date=''.join(str(date).split('-'))
    date=''.join(str(date).split(' '))
    date=''.join(str(date).split(':'))
    filename = "./BaiduTest"+date+".html"
    fp = open(filename, 'wb')
    runner = HTMLTestRunner.HTMLTestRunner(
                stream=fp,
                title='TestReport',
                description='Baidu search test'
                )
    runner.run(suite)
    fp.close()
```

上面的脚本说明如下：

（1）filename = "./BaiduTest"+date+".html"：定义测试报告文件名为"BaiduTest"＋当前脚本运行时间＋".html"。

（2）fp = open(filename, 'wb')：打开当前目录下的文件名字为"BaiduTest"＋当前脚本运行时间＋后缀名为".html"的文件，如果没有，则自动创建此文件。

（3）runner = HTMLTestRunner.HTMLTestRunner(Stream = fp, title ='TestReport', description='Baidu search test')：stream 指定测试报告文件，title 为测试报告的标题，description为测试报告的副标题。

（4）runner.run(suite)：运行测试套件中所组装的测试用例。

（5）fp.close()：关闭测试报告的文件。

运行上面脚本，可打开生成的测试报告 BaiduTest20180905102017.968000.html，如图 10-14 所示。

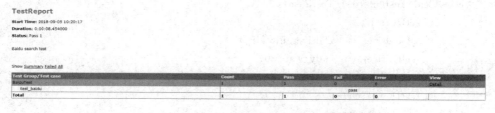

图 10-14　打开生成的 HTML 测试报告

Python 的注释一般有两种，一种是 comment 普通注释，一种是 doc string，用于函数方法类的描述。在类或者方法下方，通过三引号("""")或者双引号(" ")来添加 doc string 类型的注释，这类注释在平时调用时不显示，但是可以通过 help 方法来查看类或者方法的注释。而且 HTMLTestRunner 可读取 doc string 的注释，所以可以通过给类或者方法添加注释，增进测试报告的易读性。修改上面脚本，在 class BaiduTest 与 def test_baidu(self)函数下分别加入注释，其余脚本保持不变：

```
class BaiduTest(unittest.TestCase):
    "baidu search Test"


    def test_baidu(self):
        """Search selenium"""
        # Send URL to browser
        self.driver.get("http://www.baidu.com/")
        self.driver.find_element_by_name("wd").send_keys(u"selenium")
        self.driver.find_element_by_id("su").click()
```

运行修改过的脚本，打开生成的测试报告 BaiduTest20180905102322.772000.html，如图 10-15 所示，可提升测试报告易读性。

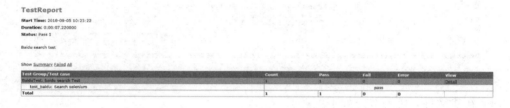

图 10-15　打开生成的 HTML 测试报告

针对整个脚本的组织调用管理等，可以参考第 6 章的 Python Unittest 单元测试框架部分来实现，如借助 6.3.3 小节的 discover 函数实现此部分，这里不做介绍。

10.2.11　PageObject 页面对象设计模式

在 Web UI、Android UI 和 Windows UI 的自动化框架设计中，推荐采用 PageObject 页面对象设计模式。PageObject 模式中，将页面设计为面向对象的类，实现了页面元素的定位和操作、页面跳转的检测、弹窗(如警告框、确认框、提示框)处理等，而测试业务逻辑脚本执行测试用例流程，它不用关心页面上的元素信息，只需要和对应的 PageObject 类产生交互。通过业务逻辑和页面元素分离，来提升脚本的可读性、复用性以及可维护性。如果 UI 变化，只需要在 PageObject 类进行修改，不需要修改业务逻辑脚本。

10.2.12　结合 Junit 的 Java 案例说明

WebDriver 支持多种编程语言，且每种语言都有自己的客户端驱动，这里以 Java 为例进行介绍。

(1) 在 Selenium 官网(http://docs.seleniumhq.org/download/)下载 WebDriver Java Client Driver。下载的 WebDriver Java Client Driver 如 selenium-java-3.0.0-beta4.zip，解压为 selenium-java-3.0.0-beta4。

（2）下载并安装 Eclipse，下载地址为 http：//eclipse.org/downloads。

（3）在 Eclipse 中配置 WebDriver，如图 10－16 所示。在项目中点击右键，选择 Properties→Add External JARs，添加 selenium-java-3.0.0-beta4 文件的 client-combined-3.0.0-beta4-nodeps.jar 以及 lib 下的所有 jar。

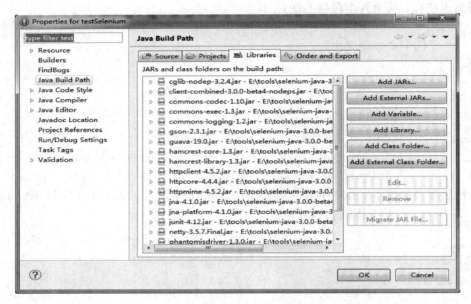

图 10－16　Eclipse 中配置 WebDriver

（4）新建文件，代码节选如下：

```
import java.util.concurrent.TimeUnit;
import org.openqa.selenium.By;
import org.openqa.selenium.WebDriver;
import org.openqa.selenium.chrome.ChromeDriver;


class test {
    public static void main(String[] args) {
        final WebDriver driver;
        final String baseUrl;
        System.out.println("Start to test:");
        System.setProperty("webdriver.chrome.driver",
        "E:\\tools\\chromedriver_win32\\chromedriver.exe");
        driver = new ChromeDriver();
        baseUrl = "https://www.baidu.com/";
        driver.manage().timeouts().implicitlyWait(30, TimeUnit.SECONDS);
        driver.get(baseUrl + "/");
        driver.findElement(By.id("kw")).sendKeys(new String[]{"selenium"});
        driver.findElement(By.id("su")).click();
        driver.quit();
    }
```

```
    }
```

如果 Chrome 浏览器不是默认安装路径，则需要指定路径来加载 chromedriver，如：

```
    System. setProperty("webdriver. chrome. driver",
    "E:\\tools\\chromedriver_win32\\chromedriver. exe");
```

chromedriver 隐式等待 30s，等待百度网页完全加载成功：

```
    driver. manage(). timeouts(). implicitlyWait(30，TimeUnit. SECONDS);
```

这里，需要注意浏览器版本不兼容的问题。

使用 Junit 开发 Selenium 测试用例，脚本如下：

```
    import org. junit. * ;
    import java. util. concurrent. TimeUnit;
    import org. openqa. selenium. By;
    import org. openqa. selenium. WebDriver;
    import org. openqa. selenium. chrome. ChromeDriver;
    public class test {
        private WebDriver driver;
        private String baseUrl;
        private StringBuffer verificationErrors = new StringBuffer();
        @Before
        public void setUp() throws Exception {
            System. setProperty("webdriver. chrome. driver",
            "E:\\tools\\chromedriver_win32\\chromedriver. exe");
            driver = new ChromeDriver();
            baseUrl = "https://www. baidu. com/";
            driver. manage(). timeouts(). implicitlyWait(30，TimeUnit. SECONDS);
        }
        @Test
        public void testBaidu() throws Exception {
            driver. get(baseUrl + "/");
            driver. findElement(By. id("kw")). sendKeys(new String[] {"selenium"});
            driver. findElement(By. id("su")). click();
            try {
            Assert. assertEquals("Selenium-Web Browser Automation"，driver. findElement(By.
        linkText("Selenium-Web Browser Automation")). getText());
            } catch (Error e) {
                verificationErrors. append(e. toString());
            }
        }

        @After
        public void tearDown() throws Exception {
            driver. quit();
        }
    }
```

Assert. assertEquals 为断言，判断是否相等，而且可以指定输出错误信息。其中，第一个参数是期望值，第二个参数是实际的值。运行上面的脚本后，如图 10－17 所示，显示为绿色则表示测试结果通过，而如果结果出现错误，则会显示红色表示失败。

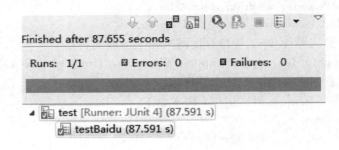

图 10－17　测试结果

可以使用 JunitReport 来生成测试报告。JunitReport 用来以 XML 文档的形式输出测试结果，通过 XSL 样式表转化成 HTML。如果希望并行运行用例测试，经常用到 TestNG 单元测试框架，使用 TestNG 开发 Selenium 测试用例，那么 TestNG 会产生一个 HTML 的测试报告，而 ReportNG 是一个 TestNG 测试框架的插件，可以替代默认的 TestNG HTML 测试报告，ReportNG 是一个简单的彩色编码的测试报告视图，可以获得很好的测试报告。

10.2.13　Selenium Grid 的安装与案例说明

Selenium Grid 是一个分布式测试平台，允许在多台测试机上安装不同操作系统，通过与多线程技术相结合，可以实现并行运行测试用例，减少测试用例集的执行时间，加快测试进度，给出迅速可靠的反馈，从而改进 Web 应用系统。由一个 hub 主节点和若干个 node 代理节点组成，hub 管理各个代理节点的注册和状态信息，并且接收远端客户端代码的请求调用，然后把请求的命令再转发给代理节点来执行。通过一个 Server 端的 hub 服务来控制多个用于提供 Selenium 脚本运行环境的 Client 端，从而达到增快测试速度和有效扩充测试环境的目的。

环境配置：

（1）下载 selenium-server-standalone-3.13.0.jar（The selenium-server-standalone package includes the Hub，WebDriver，and legacy RC needed to run the grid.），下载地址为 http://selenium-release.storage.googleapis.com。

由于该包由 Java 开发，所以对 jar 包的运行需要 Java 环境。

（2）Java 环境分为 JDK 和 JRE 两种。JDK 全称为 Java Development Kit，是面向开发人员使用的 SDK，提供了 Java 的开发环境和运行环境。而 JRE 全称为 Java Runtime Environment，是 Java 的运行环境，它是面向 Java 程序使用者，而不是开发者的。

双击下载的 JDK，点击"下一步"，设置安装路径，安装完成后，设置环境变量，右击计算机，在弹出的右键菜单中单击属性→高级系统设置→环境变量→系统变量→新建，如：C:\Program Files\Java\jdk1.8.0_202\bin;C:\Program Files\Java\jdk1.8.0_202\jre\bin；环境变量创建后，在命令提示符中输入"java"来验证 Java 环境是否配置成功。

启动 selenium-server-standalone-3.13.0.jar 的 hub（见图 10－18），hub 默认端口号是 4444：java-jar selenium-server-standalone-3.13.0.jar-role hub。

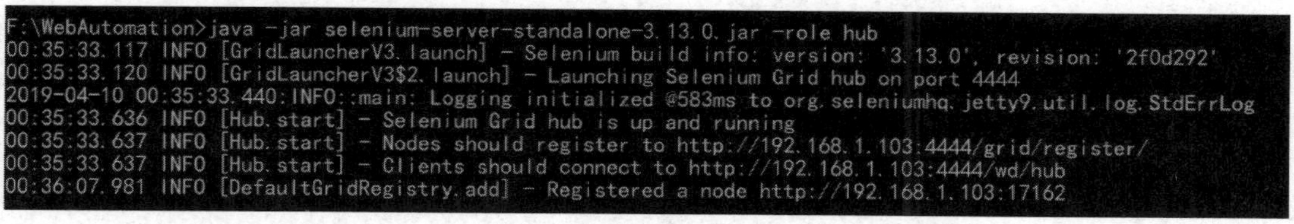

图 10－18　启动 selenium-server-standalone-3.13.0.jar

启动 node，如图 10－19 所示，node 默认端口号是 5555：java -jar selenium-server-standalone-3.13.0.jar-role node。

如果是同一台机子上需要启动多个 node，则需要注意指定其端口号：java -jar selenium-server-standalone-3.13.0.jar-role node-port 5556。

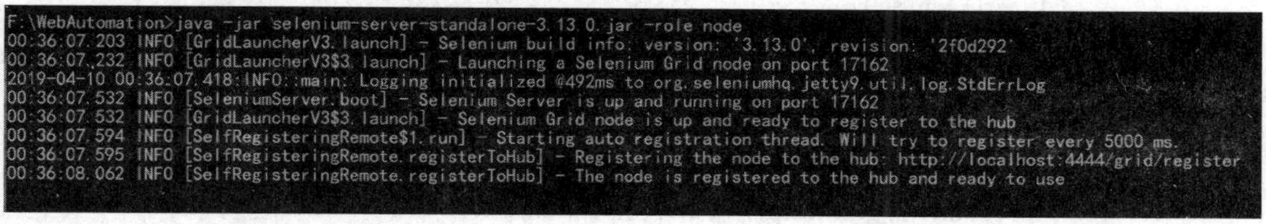

图 10－19　启动 node

此时，可通过浏览器访问 Selenium Grid 控制台：http://localhost:4444/grid/console，或者 http://127.0.0.1:4444/grid/console，验证 Selenium Grid 是否启动成功，如图 10－20所示。

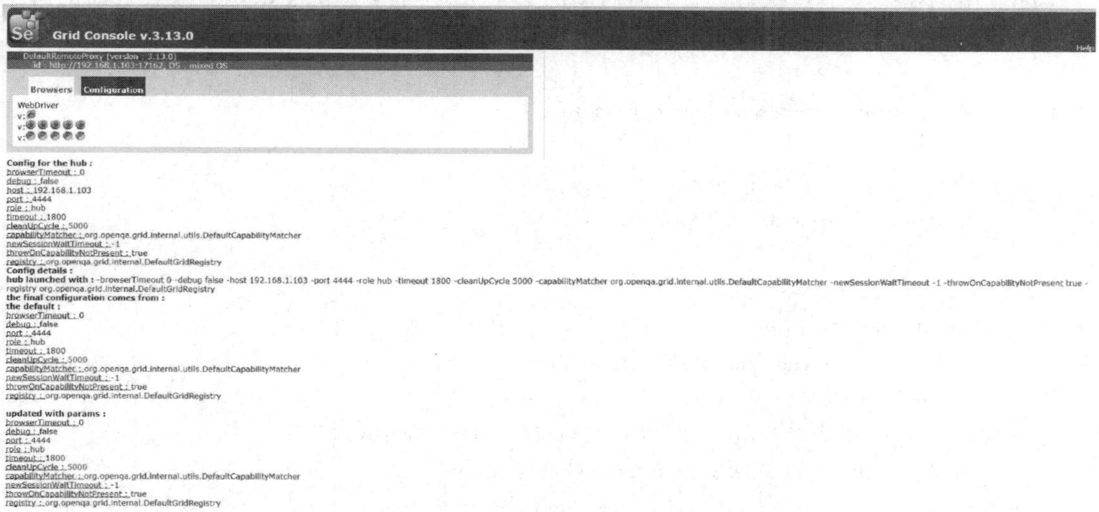

图 10－20　浏览器访问 Selenium Grid 控制台

举例：

```
#coding=utf-8
from selenium.webdriver import Remote
import unittest
import datetime
```

```
from time import sleep
class BaiduTest(unittest.TestCase):
    def setUp(self):
        self.driver = Remote(command_executor='http://127.0.0.1:4444/wd/hub',
            desired_capabilities={'platform': 'ANY',
            'browserName': 'chrome',
            'version': '',
            'javascriptEnabled': True
            }
            )
        self.driver.implicitly_wait(30)
    def tearDown(self):
        #Close browser
        self.driver.quit()
    def test_baidu(self):
        #Send URL to browser
        self.driver.get("http://www.baidu.com/")
        self.driver.find_element_by_name("wd").send_keys(u"selenium")
        self.driver.find_element_by_id("su").click
        sleep(5)
if __name__ == '__main__':
    unittest.main()
```

配置用例在某些节点执行，如上面启动的一个 hub 与两个节点 node，修改上面的脚本使其在不同的节点和浏览器上运行，脚本修改如下：

```
#coding=utf-8
from selenium.webdriver import Remote
import unittest
from time import sleep,ctime
class BaiduTest(unittest.TestCase):
    def setUp(self):
        print "test start"
    def tearDown(self):
        print('end time:%s'% ctime())
    def test_baidu(self):
        lists = {'http://127.0.0.1:4444/wd/hub':'firefox',
        'http://127.0.0.1:5555/wd/hub':'chrome',
        'http://127.0.0.1:5556/wd/hub':'internet explorer'}
        for hostUrl,browser in lists.items():
            self.driver = Remote(command_executor=hostUrl,
            desired_capabilities={'platform': 'ANY',
                'browserName':browser,
                'version': '',
                'javascriptEnabled': True
                }
```

```
          )
          print('start time:%s'% ctime())
          # Send URL to browser
          self. driver. get("http://www. baidu. com/")
          self. driver. find_element_by_name("wd"). send_keys(u"selenium")
          self. driver. find_element_by_id("su"). click
          # Close browser
          self. driver. quit()
    if _ _name_ _ == '_ _main_ _':
          unittest. main()
```

通过创建 lists 字典，定义不同的 HostIP、端口号和浏览器，从而循环读取遍历，使脚本在不同的节点和浏览器下运行。

若要发挥 Selenium Grid 的优势，并行执行用例进而缩短测试总耗时，这依赖于选择的编写语言和开发平台是否提供并行执行测试用例的解决方案，需要借助编写语言的多线程技术。例如，如果使用 Java 来编写用例，则可以选择 TestNG parallel runs 或者 Parallel Junit，例如使用 Python 的多线程技术编写用例程序，不过 Python 的 Unittest 单元测试框架本身并不支持多线程技术，不能像 Java 的 TestNG parallel runs 那样通过简单配置就可以使用多线程技术来执行用例。Selenium Grid 将运行环境、监控和测试脚本分离。可以在 127.0.0.1 上启动 hub 服务，其他主机上（Windows、Linux、Mac）运行 node，可以有各种各样的浏览器环境，方便扩展集群的性能，从而缩短回归周期。

上面介绍的 hub 和 node 都在同一台主机上启动运行，如果想在其他主机上运行 node，则需要在远程机子上安装：

（1）需要用例执行所需的浏览器和驱动，并且驱动要放在环境变量 path 中。

（2）远程机子需要安装 Java 环境（如果是 Linux 系统 64 位系统，则下载对应的 JDK 压缩包，解压并导出环境变量 tar-xzvf jdk-8u101-linux-x64. tar. gz 即可），并且运行Selenium Server。

举例说明如下：启动远程 node。

启动本地 hub 主机（本机 IP 是 169.1.3.71，hub 默认端口号是 4444）：java -jar selenium-server-standalone-3.13.0. jar-role hub。

启动远程 node 机子（操作系统 Ubuntu，IP 是 169.1.3.20，端口号是 5557，指向的 hub IP 是 169.1.3.71）：java -jar selenium-server-standalone-3.13.0. jar-role node-port 5557-hub http://169.1.3.71:4444/grid/register。

Grid 可以根据用例指定的平台配置信息把用例转发给符合匹配要求的测试代理，例如可以执行 Linux 用 Chrome 版本进行测试，脚本修改如下：

```
'http://169.1.3.20:5557/wd/hub':'chrome'
```

运行发现 Ubuntu 系统的脚本会被执行。

如果希望以多线程方式运行的话，则脚本需要修改，多线程根据字典中节点和浏览器启动线程数，脚本如下：

```
# coding=utf-8
from selenium. webdriver import Remote
from threading import Thread
from time import sleep,ctime
```

```
def baidu(hostUrl,browser):
    print(hostUrl,browser)
    print('start time:%s'% ctime())
    driver = Remote(command_executor=hostUrl,
        desired_capabilities={'platform':'ANY',
        'browserName':browser,
        'version':'',
        'javascriptEnabled':True
        }
        )
    driver.get("http://www.baidu.com/")
    sleep(5)
    driver.find_element_by_id("kw").send_keys(browser)
    # self.driver.find_element_by_name("wd").send_keys(browser)
    driver.find_element_by_id("su").click()
    driver.quit()
if __name__ == '__main__':
    lists = {'http://127.0.0.1:4444/wd/hub':'chrome',
        'http://169.1.3.57:5557/wd/hub':'chrome'
        }
    threads=[]
    nums = range(len(lists))
    nums = range(len(lists))
    print nums
    for hostUrl,browser in lists.items():
        thr = Thread(target=baidu,args=(hostUrl,browser))
        threads.append(thr)
    for i in nums:
        threads[i].start()
    for i in nums:
        threads[i].join()
        print('end time:%s'% ctime())
```

上述案例通过 Python 的多线程实现，不过 Python 的 Unittest 单元测试框架本身并不支持多线程技术，不能像 Java 的 TestNG parallel runs 那样通过简单配置就可以使用多线程技术来执行用例。

10.2.14　Jenkins 与 Selenium 的集成

Jenkins 与 Selenium 集成的很不错。Jenkins 下载地址为 http://jenkins-ci.org/。单击 Jenkins 的 Manage Jenkin，进入 Plugin Manager，切换到 Available 选项卡，在 Filter 中输入 Selenium Plugin，在过滤列表中选中 Selenium Plugin 并进行安装，安装成功后，在 Dashboard 界面会出现 Selenium Grid 的菜单选项。

（1）进入 Jenkins 的 Selenium Grid 的 console output，可以看到 Selenium Grid 已经随着 Jenkins 启动了。

（2）进入 Jenkins 的 Selenium Grid 的 Configuration，新建 Configuration，新建 node 配置文件并命名为 Selenium grid-WebDriver。

（3）Jenkins 的 Manage Jenkins 的 Manage Nodes/Master/Selenium Node Management/可以看到之前新建的 Selenium grid - WebDriver，确认该 node 的状态为 started，如果不是 started 状态，则需要单击"Start"按钮启动该 node。

（4）浏览器中打开网址 http://localhost:4444/grid/console。

通过 Jenkins 添加更多的 nodes 就可以实现组件完整的 Selenium Grid 任务，具体对于 Jenkins Selenium Grid Plugin 的信息，可查阅官网：http://wiki.jenkins-ci.org/display/JENKINS/Selenium＋Plugin。

10.2.15　验证码的常用处理方式

为了提高安全性，有时产品会采用验证码的处理方式，这样不论是对于性能还是自动化测试，都比较棘手。这里给出几个常见的解决方案：一是和开发讨论，先注释掉验证码，但有时自动化脚本是在正式环境上进行测试的，会有一定的风险，不推荐使用。二是设置万能的验证码，即不取消验证码，加入设置一个万能的验证码，只对用户输入信息多加入一个逻辑判断，可以限制此验证码中必须加入公司的局域网。三是使用验证码识别技术处理验证码，Tesseract 是一个开源的 OCR(Optical Character Recognition，光学字符识别)引擎，可以识别多种格式的图像文件并将其转换成文本，目前已支持 60 多种语言(包括中文)。Tesseract 最初由 HP 公司开发，后来由 Google 维护，目前发布在 Googel Project 上，地址为 http://code.google.com/p/tesseract-ocr/。例如可以通过 Python-tesseract 来识别图片验证码。但是目前验证码形式繁多，大多数识别技术、识别率都很难达到 100％。此外，也可通过记录 Cookie 的方式，绕过登录的验证码。如果在第一次登录某网站时勾选"记住密码"的选项，则当下次再访问该网站就自动处于登录状态了，从而绕过了验证码的问题。"记住密码"其实就记录在 Cookie 中，通过 WebDriver 的 add_cookie()方法将用户名密码写入浏览器 Cookie，当再次访问该网站时，服务器自动读取浏览器的 Cookie 进行登录。

10.2.16　Web 自动化使用 AutoIt 工具

浏览器自动化中，有时会遇到无法识别的 Windows UI 控件，例如下载文件到本地指定路径，或者从本地上传文件到 Web 端等，此时，Selenium 无法处理 Windows 控件，可以考虑借助 AutoIt 操作 Windows UI 控件，模拟鼠标移动、键盘按键和窗口控件的组合来实现自动化。

可以通过 AutoIt Windows Info 工具来获取信息，然后在编辑器中编写脚本，并通过 CompileScript to.exe 工具来生成可执行文件 exe，通过自动化脚本调用 exe 程序即可，例如 os.system(".\upfile.exe")，具体参考 9.2 节部分。

10.2.17　Web 自动化使用 Sikuli 工具

Sikuli 是一种图形脚本语言，不需要编写代码，而是用屏幕截图的方式，采用截取的图形元素组合出程序，使用图像识别来识别和控制 GUI 组件。与常用的自动化测试技术有很大的区别，只要略懂一点编程语言的用户就可以完成简单的编程与程序之间的调用，通过 Sikuli 的截图很容易实现程序的操作和相互调用，用最少的代码量来完成所需操作。下载

Sikuli-X-1.0rc3（r905)-win32.zip，解压，打开 Sikuli – IDE.exe，如图 10 – 21 所示。

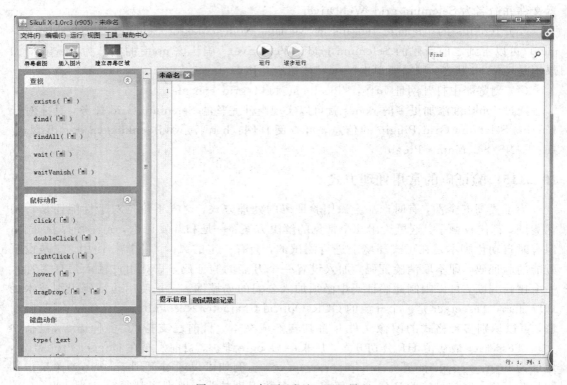

图 10 – 21　打开 Sikuli – IDE 界面

　　Sikuli 也有其缺点，例如图片的分辨率、色彩、尺寸、唯一性对程序会有影响，而且采用截图方式，脚本存储占用空间大，相似度调整需要手动一个个的调整，工作量比较大，所以不推荐使用。具体查参考：https://code.google.com/archive/p/sikuli – api/。

10.3　Web 系列测试工具介绍

　　常用的 Web 测试工具很多，例如 Fiddler、YSlow、HttpWatch、Firebug、Webpagetest 以及浏览器大都自带的开发者工具。此外，Web 性能分析中，有时也会用到一些 Linux 的小工具，具体在第 7 章有做介绍，可以根据需要参考和查阅。

10.3.1　Browsershots 工具

　　Browsershots 是一个开源免费的在线工具，能在不同的浏览器中显示网站，用来检查对不同浏览器的兼容性。当提交网站地址时，大量分布的计算机会以不同的浏览器打开网站，然后再将图片上传到服务器上，进行查看。

　　现在，Browsershots 提供不同操作系统、不同浏览器、不同版本的页面显示情况来做对比。支持对四种不同的操作系统（Windows、Linux、MacOS、BSD），以及这四个操作系统几十种不同的浏览器进行测试，也可以选择截图大小、颜色深度、JavaScript、Java 和 Flash 等。但是，浏览器兼容性测试不仅只有显示效果方面的要求。

10.3.2　HD‐Tach 工具

Web 服务器的性能除了与 CPU 相关外，硬盘也是影响 Web 性能的重要硬件因素，选购 Web 服务器的时候，根据用户上网进行的主要活动的具体情况，磁盘更好的读取数据能力可能成为一个优势。HD Tach(http://www.simplisoftware.com/)是一款专门用于检测硬盘存取速度、存取时间等硬件指标的检测软件。

它的使用非常简单，安装运行后从主界面上的下拉菜单选择要检测的磁盘，可以是系统上已安装的硬盘，也可以是移动硬盘等随机存取的可擦写光盘设备，并从下拉菜单下方选择是需要快速检测还是更充分的检测，其中，充分检测软件将以更多的数据存取来检测硬盘的性能。选择完毕后单击"开始测试"，软件将依次检测磁盘的存取速度、CPU 占用率、随机存取速度等指标，并在检测之后以图表方式给出结果。

10.3.3　Firefox 的 Firebug

Firebug 是 Mozilla Firefox 浏览器下的一款开发类扩展，它集 HTML 查看和编辑、Javascript 控制台、网络状况监视器于一体，是开发 JavaScript、CSS、HTML 和 Ajax 的得力助手。

在 Firefox 浏览器的菜单栏单击 Tools，选择 Add-ons Manager 添加组件，搜索 Firebug，对搜索到的插件进行安装，完成后重启浏览器。重启浏览器后，即可按"F12"快捷键启动 Firebug 插件，也可点击 Firefox 地址栏右边的 Firebug 图标启动，启动后，页面将分栏显示，Firebug 各项功能显示在下方，如图 10‐22 所示。

图 10‐22　Firebug 各项功能显示

点击左上角的"点击查看页面中的元素"按钮，在 Web 上点击需要查看的控件，如图中的搜索的编辑框：id＝"kw"。Firebug 同时也提供其他功能，如图 10‐23 所示的网络等，方便 Web 性能测试使用。

图 10-23　Firebug 网络功能显示

YSlow 是基于 Firebug 的分析插件，可以帮助分析页面性能，是性能测试的常用工具，具体使用可在网上搜索查看，这里不再详细介绍。

10.3.4　Firefox 的 FirePath

有些时候录制一些网页，ID 无法很好定位，此时就可能需要用到 xPath，那么怎么找到一个元素的 xPath 呢？FirePath 是 Firebug 插件扩展的一个工具，用来编辑、检查和生成 xPath1.0 表达式、CSS3 选择器以及 jQuery 选择器，帮助 xPath 和 CSS 来快速定位页面上的元素。

点击左上角的"点击查看页面中的元素"按钮，在 Web 上点击需要查看的控件，FirePath 输入框会给出 xPath 的表达式，帮助定位元素，如图 10-24 中的搜索的编辑框的 xPath 表达式为. // * [@id='kw']。

图 10-24　FirePath 的 xPath 表达式

点击 xPath，切换到 CSS 定位方式，从而得到元素的 CSS 定位方式，如图 10-25 所示。

图 10-25　FirePath 的 CSS 定位

最新版本的 Firefox 已覆盖 Firepath 定位功能，无需加载插件。

10.3.5　Chrome 开发人员工具

Chrome 浏览器与 IE 浏览器也提供了类似 Firebug 的开发人员工具，帮助定位页面元素。Chrome 浏览器默认自带 Chrome 开发人员工具（见图 10-26），单击 Chrome 浏览器右上角的菜单按钮，在下拉菜单中选择工具→开发人员工具即可打开，也可以通过快捷键 F12 或者 Ctrl+Shift+I 打开。

图 10-26　Chrome 开发人员工具

同时，Chrome 开发人员工具还提供很多其他有用的功能，例如网络部分，便于性能测试时查看使用，如图 10 - 27 所示。

图 10 - 27　Chrome 开发人员工具的网络功能

10.3.6　IE 开发人员工具

IE 浏览器从 IE8 版本开始加入了开发人员工具（见图 10 - 28），使用起来很方便，可以通过开发人员工具或者快捷键 F12 打开。

图 10 - 28　IE 开发人员工具

另外，可以通过选择浏览器模式，切换到不同的 IE 版本，非常方便测试 IE 浏览器的兼容性。

10.3.7　Web 性能测试工具介绍

Web 性能测试工具，基本工作原理都是一致的。在客户端通过多线程或多进程模拟虚拟用户访问，对服务器端施加压力，然后在过程中监控和收集性能数据。这里介绍几种常用的 Web 性能测试工具。

Apache ab 是一款开源的工具，使用简单，能满足最基本的静态 HTTP 并发测试的需求。ab 命令创建多个并发访问线程，模拟多个访问者同时对某一 URL 地址进行访问。它的测试目标是基于 URL 的，因此，它既可以用来测试 Apache 的负载压力，也可以测试 nginx、lighthttp、tomcat、IIS 等其他 Web 服务器的压力。基本用法：ab -n 全部请求数 -c 并发数 测试 url。如 ab -c 50 -n 10000 url，表示 50 个并发，共发送 10 000 个请求。ab 通过简单的参数配置提供了很基础的虚拟用户生成器，通过流量发生器来产生并发的请求，同时有简单的分析和报告模块，但并不提供资源监控和可交互的控制台，具体可查阅网上资料。

Loadrunner 是一个内涵丰富，协议支持很多，功能强大的性能测试工具，也是业界常用的性能测试软件，但价格昂贵。它是一种预测系统行为和性能的负载测试工具，一般用来做压力、负载等性能测试。它是基于议协的工具，支持的协议非常丰富，根据测试的系统需求，选择合理的议协来进行录制，然后虚拟并发器进行回放。也有提供很好的性能结果数据监控和生成图形的功能，而且，各个细节部分也设计得很好，例如设置集合点、增加并发量等。

JMeter 操作界面与 Loadrunner 相似，是一款用来对客户端、服务器软件进行负载测试的、100% 纯 Java 桌面应用。它能用来对静态文件、Java Servlet、CGI 脚本、Java 对象、数据库、FTP 服务器等静态和动态资源进行性能测试。

WebLoad 是 RadView 公司推出的一个性能测试和分析工具，它通过模拟真实用户的操作，生成压力负载来测试 Web 的性能。

通过自主开发实现性能测试工具，因为开发和后续持续改进及维护的代价比较大，所以需要首先思考以下内容：

（1）为什么必须自行开发工具，是否广泛评估现有工具能不能满足需求。

（2）是否可以在现有开源工具基础上进行二次开发。

（3）性能测试工具本身也是需要高性能的，需要在这方面有一定的技术积累。

（4）性能测试工具常需要高并发长时间工作，对稳定性要求很高。

（5）在工具开始使用前期要仔细验证测试数据，排除工具本身缺陷导致的数据问题，否则会带来很大的误导。

（6）可以和类似工具做对比测试来验证工具本身。

（7）一开始就要考虑到后续的更新和维护的安排。

第 11 章　Web 性能测试

不仅要让马儿跑，还要让马儿少吃草，马儿跑是指软件系统给用户的响应时间要快，处理时间要短，长时间的稳定性也要关注；马儿少吃草就是软件系统要尽可能少的占用和消耗资源，如内存、CPU 等，因此往往性能测试需要关注响应时间、计算性能/速度、启动时间、CPU/内存/网络/磁盘等资源利用率、伸缩性、稳定性等。

11.1　Web 性能测试技术

11.1.1　Web 性能测试术语

在开始讲解性能测试前，先说明一些 Web 性能测试的术语。

（1）并发用户。并发一般分为两种，一种是严格意义的并发，即所有用户在同一时刻做同一件事情或者操作，这种操作一般指做同一类型的业务。例如一定数目的用户同一时刻对已经完成的业务进行提交，此时操作的不是同一记录。还有一种特例即所有用户进行完全一样的操作，例如修改同一条数据记录。另一种并发是广义范围的并发，多个用户对系统发出了请求或者进行了操作，这些请求或者操作可以是相同的，也可以是不同的。对整个系统而言，仍然是很多用户同时对系统进行操作，因此也属于并发。后一种并发是包含前一种并发的，后一种并发更接近用户的实际使用情况，因为对于大多数系统，只有数量很少的用户进行严格意义上的并发。对于 Web 性能测试而言，这两种并发一般都需要测试，通常是先进行严格意义上的并发，严格意义的用户并发一般发生在使用比较频繁的模块中，尽管发生的概率不大，但是一旦性能出现问题，后果可能是致命的。严格意义的并发测试往往和功能测试有关，因为并发功能遇到异常往往是程序的问题，这种测试也是健壮性和稳定性测试的一部分。

（2）用户并发数量。首先，并发用户数量不是使用系统的全部用户数量，并发用户数量也不是在线用户数量。在线用户不一定和其他用户发生并发，例如正在浏览网页信息的用户，对服务没有什么影响，但是在线用户数量是计算并发用户数量的主要依据之一。并发主要是对 Web 服务器而言的，是否并发的关键在于用户的操作是否对服务器产生了影响，因此，用户并发数量是指在同一时刻与服务器进行交互的在线用户数量，这些用户的最大特征是和服务器发生了交互，这种交互可以是单向传送数据包，也可以是双向传送数据包。用户并发大多会占用套接字、句柄等操作系统资源。用户并发数量统计方法目前还没有准确的公式，因为不同的系统会有不同的并发特点。例如按照经验 OA 系统统计并发数量的公式为使用系统的用户数量×（5%～10%），例如系统期望用户 1000 个，只要测试系统能否支持 100 个并发就行了。对于这个公式，除非要测试系统能承受的最大并发数量，否则没有必要拘泥于计算出的结果，因为为了保证系统的扩展空间，测试时并发数量会稍大些。

（3）请求响应时间：指客户端发送请求到得到响应的整个过程的时间。有些工具中请求响应时间通常叫做 TTLB 即 Time To Last Byte。从发起一个请求开始，到客户端收到最后一个字节的响应所耗费的时间。请求响应时间过程的单位一般为秒或者毫秒。页面响应时间包括网络传输时间＋Web 应用服务器处理延迟时间＋数据库服务器处理延迟时间＋客户端处理的延迟响应时间，通过对响应时间进行分解，可以更好地定位性能瓶颈。

（4）事务响应时间：事务是指一系列相关操作的组合，事务的响应时间主要针对的是用户业务，是为了向用户说明业务响应时间提出的，事务响应时间和业务吞吐率都是直接衡量系统性能的参数。事务的响应时间计算可以根据业务逻辑的需要来设定计时的起点和终点。

（5）吞吐量。吞吐量是指在一次性能测试过程中网络上传输的数据流量的总和。

（6）吞吐率。吞吐率是指单位时间内网络传输的数据流量，也可以指单位时间内处理的客户端请求数量。它是衡量网络传输性能的重要指标，一般情况下，吞吐率用请求数/秒或者页面数/秒来衡量。从业务角度看，吞吐率也可以指业务吞吐能力，如用业务数/小时、访问人数/天来衡量。

（7）每秒事务量 TPS(Transaction Per Second)。每秒事务量是指每秒钟系统能处理的交易或者事务的数量，是衡量系统业务处理能力的重要指标。

（8）点击率(Hit Per Second)。点击率是指每秒钟用户向 Web 服务器提交的 HTTP 请求数。这个指标是 Web 应用特有的指标：Web 应用是请求-响应模式，用户发送一次申请，服务器就处理一次，所以点击是 Web 应用能够处理的交易的最小单位，如果把每次点击定义为一个交易，那么，点击率和 TPS 一样。不难看出，点击率越大，对服务器的压力也越大。点击率是性能参考指标，重点是分析点击时产生的影响。这里的点击不是鼠标的一次单击操作，因为一次鼠标单击操作中，客户端可能就向服务器发出多个 HTTP 请求。

（9）资源利用率。资源利用率是指对不同系统资源的使用程度，例如服务器的 CPU 利用率、磁盘空间利用率、内存利用率、网络带宽利用率、其他资源利用率等，资源利用率针对 Web 服务器、操作系统、数据库服务器、网络等。它是分析系统性能指标、分析瓶颈进而改善性能的主要依据。在 Web 性能测试中，需要采集相应的参数进行分析。

（10）思考时间(Think Time)。从业务角度来说，思考时间是指用户在操作时，每个请求之间的间隔时间。如果是利用 JMeter 等录制的脚本，则两个请求的执行时间之前没有任何的停顿，其间隔只是依赖于上一个服务的响应时间和测试机发起请求所需的时间，但真实用户不是机器，在做具体步骤时都有一个思考的时间，这也是这个词的意义来源。每个步骤间加入模拟真实用户的思考时间与不加入思考时间的两种情况进行对比，对于同一个系统，能支持的同时在线人数一定会有不同的差异，加入思考时间更接近真实情况。JMeter 中模拟思考时间，最简单的办法是在第二个请求中加入一个固定定时器如 2 秒，这样第一个请求执行完成后会等待 2 秒发起下一个请求。实际中每个用户的思考时间可能不同，也可以用随机的定时器，设置一个时间范围，每次发起请求时随机选取。思考时间会影响到请求模拟的真实性，直接影响到性能测试的压力情况，进而影响到可以支持多少并发用户的测试结果。

11.1.2　Web 性能数据的计算方式

性能数据的计算方式，常用的包括：

（1）平均值。这个方式最普遍，将大量的同类数据汇总成一个值，一般结果都会包含此值。但是平均值不能说明问题，甚至会隐藏可能的性能问题。除了关注平均值外，也要注意其他问题，如数据是否存在两极分化？例如响应时间很短是否由于缓存的缘故？响应时间很长是否是 Web 应用代码的问题？不同浏览器的响应时间有什么规律？多多思考有助于提高测试的准确性。

（2）标准差。统计中常用的一种工具，用来反映个体的离散程度。

平均值看起来很公平，但是在实际中，很多信息都会被遗漏，有时不能反映真实的情况。有时平均值相同的两组数据集，但是一个数据集可能更加靠近均值，波动比较小，如果这些数值代表响应数据，则说明稳定性好。从数学角度，可以用标准差来衡量数据偏离均值的程度，标准差也称为标准偏差，或者实验标准差。

（3）最大最小值。这个指标在统计结果中也经常使用，而且一般测试工具会直接给出，帮助了解极端的情况，不过由于这个直接代表的是个案，当数据量非常大时参考意义不大，但是可以针对日志中查看极端数据对应的问题。

（4）中位值。其计算方式是将所有数据从小到大或者从大到小排列，奇数个数则取中间的数字，偶数个数则取中间两个数的平均值，然后得到此值。中值虽然不等同于平均值，但是如果中值与平均值越接近，说明数据分布的越均匀。

（5）其他很多计算方式类似的演变形式：包括 90% 值，例如响应时间中，通常代表 90% 的响应时间在这个数据以下；包括正态分布，即一系列的数值当中，靠近中值附近的数值数量最多，而偏离中值的数值数量则不断减少。此外，还有上四分位数和下四分位数等。

11.1.3　Web 性能结果分析

如何对现有的数据进行分析，并据此得到性能好坏的结论，为编写性能测试报告做准备呢？对性能测试结果分析需要以下步骤：

（1）性能测试的设计阶段，可能对于影响因素考虑不足，导致有些因素没有考虑到，这种情况会导致测试结果不全面，也可能出现考虑影响因素过多的情况，需要在测试数据中进行判断，从而将无关的因素去除。在 Web 应用领域，影响性能的因素有用户数量、服务器性能、网络带宽、客户端软件配置等，由于这些因素是综合起作用的，所以可以组合成很多种测试情况。需要根据足够多的测试数据为判断依据，用隔离的方法进行精简。

运用隔离、对比等方法进行趋势判断。隔离就是固定其他影响因素，只变化剩余那一个影响因素的方法，如用户数量变化，其他因素不变的情况，如表 11 - 1 所示，既可简化问题，又能发现各因素的影响规律。

表 11 - 1　性能因素隔离

Index	用户数量	服务器性能	网络带宽	客户端软件配置
1	变化	不变	不变	不变
2	不变	变化	不变	不变
3	不变	不变	变化	不变
4	不变	不变	不变	变化

对比是分析数据的方法，可以分为纵向对比和横向对比。纵向对比指同一个影响因素数值变化，其他因素固定的情况下，将多次测试结果并列在一张图表中进行分析，从而发现该因素对性能的影响规律，例如用户数量为 100、500、1000 时对制表进行比较，发现用户数量对性能的影响。横向对比是将多次纵向对比的结果，并列在一张图表中，从而发现各个因素之间的关系或者性能的变化趋势，它多用于判断性能的优化。例如优化前和优化后，进行不同用户数量的测试，如果测试结果曲线变化明显不同，则可说明优化的效果。

（2）记录各个测试结果，发现规律。测试中间结论对于性能测试数据的分析也是非常重要的，在分析每张数据表格或者图片后，需要记录该图或者表格说明了什么问题，通过此方法，有利于做出错误结论后的回溯，发现分析思路上的错误。

11.2　Web 性能测试类型

Web 性能测试类型一般包括：负载测试、压力测试、峰谷测试、并发测试、可靠性测试、容量测试、配置测试以及狭义的性能测试等。对于这些概念没有必要进行严格的区分，因为它们经常相互包含。这些类型的性能测试可以单独实施，也可以结合起来实施，下面分别进行介绍。

1. 狭义的 Web 性能测试

狭义的性能测试，主要描述预先确定的常规的性能指标，通过模拟业务压力或使用场景组合，来测试系统性能是否满足生产性能的要求，一般属于正常范围的测试。在需求分析等阶段会提出系统的性能指标，完成这些指标相关的测试是性能测试的首要工作。例如系统支持并发用户 1000 个、系统响应时间不得高于 10 秒等在产品说明书等文档中十分明确的性能指标，要首先进行测试验证。根据需求和设计文档提取指标，针对每个指标都要编写一个或者多个用例来验证系统是否达到要求，如果达不到，需要根据测试结果做出调整。性能测试是一种正常的测试，主要是测试正常使用时系统是否满足要求，同时可能为了保留系统的扩展空间而进行一些稍稍超出正常范围的测试。

2. Web 并发测试

并发测试，主要测试多用户同时访问同一程序、同一模块或者同一数据记录时是否存在死锁或者其他性能问题。用户并发测试是性能测试的核心部分，涉及狭义性能测试、压力测试、负载测试等多方面内容。选择具有代表性、关键的业务来设计用例，以便更有效地评测系统性能。根据 3.4 节的 MFQ，用户并发性能测试需要分别对 M 单功能与 F 功能交互进行并发。

（1）单功能并发。根据 2.4.3 小节的风险分析，产品风险＝失效概率×失效影响，而失效概率＝使用频率×缺陷概率。系统开发比较复杂、使用频繁、缺陷出现的概率高，属于核心业务，风险优先级高的需要优先加大测试，其可能发现核心算法或者功能方面的问题等，例如多线程，同步并发算法的问题。参考 2.4 测试策略 TEmb 的 LITO，根据产品特性和风险分析，一般情况下，核心模块在需求阶段确定后，在系统测试阶段开始单独测试其性能即可，但如果是系统类软件或者特殊应用领域的风险高的软件，则需要从单元测试阶段就开始进行，并在接着的集成测试、系统测试、验收测试中进一步进行测试，以保证核心业务模块的性能稳定。并发主要模拟一定数量的用户同时使用某一核心模块的相同或不同的功能,并且持续一段时间,主要包括:第一,同一模块完全一样的功能并发,即各个用户对系统完全一样的影响,主要检查系统的健壮性,检查程序对同一时刻并发操作的处理,例如模拟多个用户,同一时刻向数据库写入完全一样的数据,或者多个用户在同一时刻请求任务,看系统能否进行正确的响应。借助工具如 Loadrunner 等可快速实现同一时间点开始同一个事务。第二,同一模块完全一样的操作并发,各个用户对系统的影响可能不同,要求在同一时刻进行完全一样的操作,宏观上对系统影响一致,例如保存按钮保存数据,保存的数据可能不一样,但是对系统影响基本一致,验证核心模块在大量用户使用同一功能时是否正常工作。可以看出后者是包含前者的,前者是后者的特例。

(2) 功能交互并发。把具有耦合关系的模块或模块中的子特性组合起来进行测试,最能反映实际使用情况。典型场景获取方式有需求设计文档、现场调查及开发简单模块来自动统计系统用户的在线情况或者自动分析系统日志,进而确定用户使用各个业务模块的实际情况。具体组合方式包括:第一,模块之间存在一定的耦合,不同的核心业务模块的用户进行并发。在多用户并发的条件下,一些存在耦合或者数据接口的模块是否正常运行。分析一些核心模块的接口,设计对应用例。第二,彼此独立的、内部具有耦合关系的核心模块组的并发测试。多个模块组中,每个组相关模块具有一定的耦合关系,组与组之间关系相对独立。具有耦合关系的核心模块组并发测试主要是站在用户角度进行考虑的,各种类型的用户都会对应一组模块,相当于不同的业务组在并发访问系统。用例设计时,可以直接把前面具有耦合关系核心模块的并发测试的用例组合起来,主要结合用户场景即可。第三,同一模块内相同或者不同子功能并发,需要考虑相同子功能并发以及不同子功能并发。同一模块的大部分功能是相互耦合的,所以测试时,需要对子功能进行组合测试。尤其是针对某些子功能比较多的模块,组合的依据就是用户的使用场景。对每个不同的子功能都模拟一定的用户数量,通过工具来控制并发情况。用户场景和用户数量可以参考组合模块用户并发性能测试的用例设计。建议把模块功能划分为很小的事务进行测试,方便分析定位。第四,基于用户场景的并发测试,选择场景相关的模块,每个模块模拟一定数量用户进行并发。基于场景的组合模块用户并发测试的特点是选择用户的一些典型场景进行测试,因此测试对象可以是核心模块、非核心模块、或者核心与非核心模块的组合,重点选择最接近实际的场景进行设计即可。

组合并发可根据用户使用系统的情况分成不同的用户组进行并发,每组的用户比例要根据实际情况来进行匹配。逐渐增加用户数量来加重系统负担,通过工具对系统、各种服务器资源进行监控,进而全面分析系统的瓶颈,为改进系统提供有利的依据。其可能发现接口方面的功能问题,也可能发现综合性能问题,既包括数据库服务器、Web 服务器、操作系统、应用系统等引起的综合性能问题,也包括硬件资源不足引起的性能问题。最后通过测试结果分析系统性能。

3. Web 负载测试

负载测试是指确定在正常和峰值负载下系统的性能,目标是通过逐渐增加系统负载,测试系统各项性能指标的变化情况,最终确定在满足系统性能指标的情况下,系统所能承受的最大负载量。例如响应时间超过预定指标或者某种资源已经达到饱和状态,找到系统的处理极限,为系统调优提供依据。

4．Web 压力测试

压力测试(Stress Test)是指对系统不断施加超过正常和峰值压力，不断施加压力，确定系统的瓶颈或者不能接受用户请求的性能点，来获得系统能提供的最大服务级别的测试。它对系统的稳定性、健壮性以及未来的扩展空间具有重要意义。为了发现什么条件下程序不可接受，可以通过改变应用程序的输入以对其施加越来越大的负载，直到发现其性能下降的拐点，从而有效地发现系统的某项功能隐患、系统是否具有良好的容错能力和可恢复能力。压力测试包括 Torture Test，持续以超过规格的负载进行测试，使得测试时间缩短，查看可恢复性，包括用于确定测试对象能够处理的最大工作量。例如，当用户点击率为 1000 次/秒，运行点击率为 2000 次/秒的用例；导致磁盘数据频繁存取或剧烈抖动的用例等。

压力测试包括高负载下的长时间(如 24 小时以上)的稳定性压力测试和极限负载情况下导致系统崩溃的破坏性压力测试。可以通过稳定性压力测试进行常量负载及长时间测试，通过模拟大量虚拟用户向服务器产生负载，使服务器的资源处于极限状态下长时间连续测试，以测试服务器在高负载下是否能稳定工作。此外，压力测试包括弹性测试，即持续突发形态下的测试。该测试方法执行负载测试，先增加负载至超出边界(扩展)，然后将负载降低到边界以下(缩短)，例如负载上限是 100 个并发用户，可以测试 100、99、101 个并发用户，持续测试一天，预期结果是性能对于用户保持一致，无论用户数实际是否超过了边界值。压力测试参考 1.2.4 小节的介绍。

通常性能方面给系统留有 30% 左右的扩展空间就可以了。例如，1000 个用户并发时发现了系统瓶颈，而客户最大并发用户数量是 500 左右，那么此类性能问题完全没有必要处理。要是 550 个或者 600 个用户并发出现性能问题就应该认真调整系统性能了。这里需要了解软件应用需求，用户提出的不切实际的性能指标，针对 500 个用户使用 OA 系统，可能有的负责人会提出满足 100 个甚至 500 个用户并发的性能目标，而实际并发数量应不会高于 50，这时就要和用户进行沟通才可解决。总之，对待性能问题要根据实际情况来决定，系统性能满足现在以及未来一定时间的用户需求即可，因为软件有生命周期，没有一个软件系统能一直永远使用下去。在整个软件生命周期内，可以通过升级等手段来解决系统的性能问题。因此，对于软件性能把握一个适量的度即可。

5．Web 容量测试

容量测试是指在一定的软、硬件及网络环境下，构造不同数量级的数据库的数据，在一定虚拟用户数量下，通过运行业务场景，获取不同数量级别的性能指标，从而得到数据库能处理的最大会话能力、最大容量等。

6．Web 大数据量测试

对于数据库测试，除了功能测试，还包括性能测试、安全测试、容错测试、可靠性测试等，具体根据产品特性和需求决定。

大数据量性能测试分为三种，一种是针对存储、传输、统计查询等业务进行大数据量的测试，主要测试运行时的实时数据量较大时的性能情况，一般都是针对某个特殊的核心业务或者一些日常比较常用的组合业务的测试，主要模拟系统运行时可能产生的大数据量来进行测试。另一种是极限状态下的数据测试，可以结合大数据量的容量测试，主要指系统数据量达到一定程度时，通过性能测试评估系统的响应情况，测试对象可以是某些核心业务的单功能或者常用组合业务的功能交互。例如某系统数据每年只在年底备份转移一次，则可分别以一个季度、半年、一年为基线，并模拟输入各个时间段的预计数据量，模拟的时间点是系统预计转移数据的某一时间，进而预估系统的性能走向。测试环境中需要创建大数据量的数据库，可采用数据生成工具模拟大批量的数据如 DataFactory，或自己编写 SQL 语句插入数据库表或编写程序产生大批量的数据库表数据。注意，数据内容尽量和真实用户的数据相似，但是一般很难推测真实数据可能会有什么相互关系和结构，而且客户的数据一般会不断的添加和修改，所以建议和客户沟通，用真实的用户数据库进行测试，为了不影响用户使用，可以复制用户的数据库，然后在副本上进行测试。对于回归类项目，也可以通过在以往积累的数据库上继续测试。最后一种就是把前两种结合起来进行大数据量的测试，主要测试在极限状态下，同时运行产生较大数据量时的系统性能。数据库的性能并发测试，可结合响应时间的测试，数据库并发访问会导致数据库数据错误，数据库死锁等故障。

对于一些安全性要求很高的产品，需要充分考虑数据库安全性测试。之前就有多次报道过由于数据库的安全性问题，导致的客户资料以及核心数据外泄的问题。数据库容错测试可以考虑结合磁盘空间，测试磁盘空间不够的情况下，如何处理等。大数据量测试可与可靠性测试结合起来设计。分析系统压力点，例如长时间往数据库写数据和大量并发访问系统。

7. Web 峰谷测试

峰谷测试是指在系统高峰时间进行测试，接着降低到最低点进行测试，进行反复攀升、降低的测试。

8. Web 可靠性测试

可靠性测试是指测试系统在一定业务压力下，长时间运行是否稳定可靠，主要目的是确定系统长时间处理大业务量时的性能。测试内容可根据风险分析，选择高风险的核心模块用户并发和组合模块用户并发，用工具模拟用户的一些核心典型业务，长时间运行，检测系统稳定性。可以在系统资源特别低的情况下观察软件系统运行情况，找出因资源不足或资源争用而导致的错误。如果内存或磁盘空间不足，则可能会出现出一些在正常条件下并不明显的缺陷或者由于争用共享资源（如数据库锁或网络带宽）导致的缺陷，更容易发现系统是否稳定以及性能方面是否容易扩展，例如施加使 CPU 资源保持 70%～90% 使用率的压力，连续对系统加压运行如 24 小时、3×24 小时、7×24 小时，根据结果分析系统是否稳定。

9. Web 配置测试

配置测试是指通过对被测软件的软、硬件配置测试，找到系统各项资源的最优分配原则。它是系统调优的重要依据，例如可以实时调整 Oracle 的内存参数进行测试与优化。如网络带宽的设置优化，测试用户数与网络带宽的关系，通过工具准确展示带宽、延迟、负载和端口的变化是如何影响用户的响应时间。例如，可以分别测试不同带宽条件下系统的响应时间，通过工具调整网络设置，监视与优化网络性能。

例如，操作系统各参数的设置优化。可提升 CPU 硬件、硬盘硬件，或者硬盘缓存、硬盘运行模式、磁盘阵列设置等。在操作系统中提供了硬盘写入缓存的功能，开启其功能以获得最大可能的性能。选择管理选项，计算机管理对话框，选好磁盘分区，右击分区，在弹出的快捷菜单中选择属性选项，弹出该磁盘分区的属性对话框，选择硬件标签，进入硬件选项卡，在所有磁盘驱动器列表框中选择某个硬盘，点击右下方的属性按钮后，会弹出所选择物理磁盘的属性对话框，在写入缓存和安全删除选项区域中，确认为提高性能而优化被选中，并将下面的一个或几个复选框都选中，单击确定按钮使设置生效。在系统进行前面类型的测试时，通过测试工具对数据库、Web 服务器、操作系统使用情况进行监控，监控服务器一些计数器信息，通过这些计数器对服务器进行综合性能分析，找出系统瓶颈，为调优或者提高性能提供依据。

　　这么多的测试类型都密切相关的，例如运行 8 小时测试系统是否可靠，可能会包含强度测试、并发测试、性能测试、负载测试等。因此实施性能测试时，不能割裂其内部联系，而应该分析其之间的关系，以高效率的方式进行性能测试。

　　10. Web 性能计数器介绍与监控工具

　　性能计数器可显示该软件系统当前运行状况的一些指标，用来评估当前软件的负荷情况，进行性能测试结果的分析。和 Web 应用相关的软件，比如操作系统、应用服务器和数据库，都提供了性能计数器。性能计数器大都是软件对系统资源某个方面某个部分的占用情况，故单一的一个性能计数器不能全面反映系统状态，一般需要对多个性能计数器进行综合分析。对于 Web 依赖的软件中，操作系统作为基础平台，支撑应用服务器，可通过操作系统提供的性能计数器来监控整个操作系统的性能表现。

　　Windows 下，通过 Windows 自带的任务管理器，查看进程、性能等标签，获得当前系统中进程占用 CPU 时间、内存数量、缓存数量、网络流量、登录用户等多种信息，对性能有基本的了解。如果需要准确反映性能，则需要更多更细致的性能计数器。依次单击开始→运行命令，在弹出的运行对话框中输入 perfmon 并按回车键，就能打开系统自带的性能程序了，如图 11-1 所示。

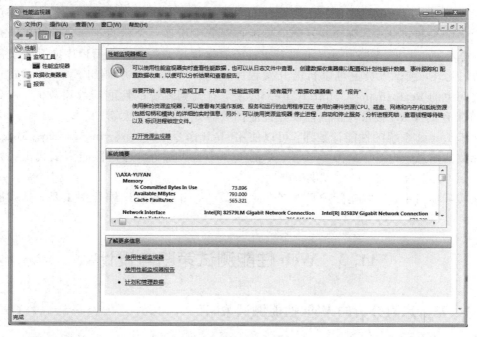

图 11-1　性能监视器

通过单击按钮进行增加、删除计数器操作，如图 11 - 2 所示。

图 11 - 2　添加计数器

如果需要长时间获取监测信息，则需要将计数器的结果自动记录成为文件，通过增加日志保存一段时间内的计数器数值变化。也可以通过设置警报，例如给 CPU 占有率设置阈值 75%，如果超过此值，则会在系统的事件查看器中增加一个信息记录，通过单击开始→运行，输入 eventvwr 后按回车键，打开事件查看器程序，来查看应用程序向系统发出的日志信息。此外，测试人员也可以自己开发程序，例如.Net 平台中调用 System.Diagnostics 命名空间中的 PerformanceCounterCategory 类，查询到系统的性能计数器数值。例如通过 VBScript 查询 WMI 接口获得当前硬盘性能计数器等信息的方法等。

对于 Linux 系统的性能计数器，可以使用 shell 命令，如 top、vmstat、sar、iostat 等来获取计数器信息，此部分具体参考第 7 章的 Linux 工具部分。通过性能测试找出各种服务器的瓶颈，为系统扩展、优化提供依据。

在实际项目中，结合实际项目背景与风险策略，可以通过思维导图工具，具体展开测试点。

11.3　Web 性能测试策略与设计

11.3.1　基于风险分析的 Web 性能测试策略

在第 2 章的测试策略中已提到，可通过 HTSM 模型获取信息，包括客户需求、产品特性等。Web 软件按照用途可以分两大类，即系统类软件或者特殊类软件与一般类软件。根据 2.4 节的 TEmb 测试策略,按照产品特性与风险分析,系统类或者特殊应用领域的软件用户需求通常对性能要求较高,如果出现性能问题,用户可能不能接受,则会造成重大损失,风险很大。特殊类软件主要包括银行、电信、电力、保险、医疗、安全等领域类的软件,这类软件使用比较频繁,用户较多,一般也要较早进行性能测试。例如银行并发 100 左右数据库服务器崩溃,造成很大损失,风险比较大。因此,系统类软件或者特殊类软件从一开始就应考虑到系统架构、数据库设计等方面对性能的影响,可从设计阶段或单元测试阶段就开始进行,例如测试人员协同开发人员在单元测试阶段确定重要程度,针对核心模块详细测试,并在接着的集成测试、系统测试、验收测试中进一步进行测试,以保证核心业务模块的性能稳定。一般类应用主要是指一些普通应用,例如办公自动化软件、MIS 系统等,一般应用类软件多根据实际情况来制定性能测试策略,可在系统测试阶段开始单独测试其性能即可。

分析产品特性的时候,需要进一步确认重要程度。通过风险分析来设置其重要程度之类的,从而帮助决定测试策略。风险＝失效概率×失效影响,其中,失效概率＝使用频率×缺陷概率。例如使用频率高的核心模块优先级高。风险分析时,需关注用户对性能的关注度,实际上用户不关注性能并不意味着可以忽略性能测试,但是如果用户特别关注性能,则测试人员也应该特别重视性能测试,失效影响更高些。这里的用户指广义的用户,包括所有与产品有利害关系的群体,因而不单单指最终使用产品的用户,这些用户可以是提出需求的产品经理、公司的董事会成员、项目的研发人员等。制定测试策略时,用户的态度对策略会有一定的影响,但不是决定因素。如几千用户使用的 OA 系统,仍然要高度重视性能,不管客户对待系统的性能是什么态度。具体还要根据产品特性,风险评估来进行考虑,如表 11-2 所示。

表 11-2　风险评估的测试策略

质量属性子特性	生命周期	基础设施	技术（测试类型）	技术（测试广度：根据产品继承,全新或者是部分继承等,定义继承策略为完全覆盖,部分测试或者不测试）	组织	风险等级
性能	单元/接口/系统					

考虑生命周期的阶段,例如性能要求很高的是不是单元测试阶段或者开发阶段就要考虑测试,例如通过插桩和单元测试框架测试核心算法的性能,获取时间、CPU、内存等来进行代码优化。谁来测试(组织),怎么测试等,而且在产品不同的生命周期中,侧重点可能不同,优先验证简单且容易出现收益的部分,从简单到复杂。

11.3.2　Web 测试设计与注意点

通过 HTSM 模型启发,获取信息与风险,包括但不限于从文档获取、从自身或历史经验获取、通过交流从相关角色头脑里获取等,并对信息去伪存真,启发策略与设计。根据风险策略,参考 3.4 节的测试设计与建模,分析 MFQ 的单功能 M,功能交互 F,选择适合的质量属性 Q 与测试类型。如果适合建模,则可以选择合适的模型,如流程图、状态机图、

IBO 等，确定测试条件、测试数据和输出结果，并不断完善和扩展模型。

性能测试用例设计通常不会一次设计到位，而是一个迭代和不断完善的过程。即使在测试过程中，也不是完全按照设计好的用例执行的，而是根据测试要素的变化对其进行调整和修改的。因此测试用例设计模型应该是一个内容全面、比较容易组织和调整的模型架构。设计用例时需要和性能测试策略结合，使之符合特定的性能需求。

有的人往往找到一个可以给被测系统发出请求的工具就着急开始测试，很多参数都是比较随意的制定，这样可以给出一些测试的结果，但是很容易给出误导性的结果，也经不起评审和验证。可从下面几个方面考虑如何尽可能在性能测试中模拟真实用户的行为来进行测试。这里需要注意以下几点：

获取和模拟单个用户的行为。获取用户操作对应的接口请求，通过 JMeter 等代理软件工具，抓出操作对应的请求。通过抓包结果，如果发现与产品无关的请求，则需要和开发人员确认，进行修改，如果是产品设计需要自动发起其他请求，那么通过真实用户行为的分析，就可以避免遗漏其他必要的请求。如果遗漏其他必要的请求，则在性能请求量会有很大的偏差，其他必要请求的性能问题就无法暴露出来。所以需要在单个真实用户行为分析上多花一些时间，如果不在性能测试脚本构造前弄清楚，则很容易差之毫厘谬以千里。在实际性能测试中，每一个需要被覆盖的用户使用场景都需要进行类似的分析。

对于一个真实的被测系统，通常有很多种使用方式，并不是每个用户做的操作都一样，如果要看系统整体的性能，则需要同时模拟不同用户的操作，不同用户可以做不同用户使用场景的操作，针对每个场景构造出每个场景的真实用户对应的请求。可以在 JMeter 中创建多个线程组来表示不同的虚拟用户组，针对每个组来设置控制并发请求量。每个线程组进行不同场景的测试。但是用户比例如何设置呢？如果有历史数据作为参考会比较有说服力。历史数据可以来自一个以往产品的报告或者日志，也可以参考业界的相关数据，实在没有参考的就只能通过相关人一起讨论来做合理的假设。

选择测试数据样本，和前面提到的虚拟用户组比例的选取一样，最好有一些实际系统的参考数据。数据的大小和类型对于性能有着非常明显的影响，除了内容解析本身的耗时不同外，也可能因为触发不同的策略而处理时间不同。通过分析真实系统中的数据，来选取更接近用户真实的构造测试数据。

11.4　Web 性能测试工具 JMeter

11.4.1　JMeter 介绍

Apache JMeter 是 Apache 组织开发的开源的基于 Java 的测试软件。可以用于对软件做功能、性能、负载、压力测试等，它最初用于 Web 应用测试，后来扩展到其他测试领域。JMeter 支持多种服务类型，包括 Web - HTTP、HTTPS、SOAP、Database via JDBC、LDAP、JMS、FTP、Mail - POP3 等。JMeter 可用于 Web 应用程序的回归测试，通过创建带有断言的脚本来验证应用程序返回结果与预期结果一致，为了实现最大限度的灵活性，JMeter 允许使用正则表达式创建断言。JMeter 可以对静态的和动态的资源（如文件，Java Servlets、ASP. Net、PHP、CGI Scripts、Java 对象，数据库，FTP 服务器等的性能）进行测试，也可以对服务器、网络或对象模拟大的负载，在不同压力类别下进行测试，返回统计信息，分析优化整体性能。JMeter 测试报告的 10 个字段分别介绍如下。

（1）Label：定义的 HTTP 请求名称。

（2）Samples：表示这次测试中一共发出了多少个请求，如果模拟 20 个用户，每个用户迭代 1 次，这里就是 20。

（3）Average：平均响应时间。

（4）Min：最小响应时间。

（5）Max：最大响应时间。

（6）Error％：本次测试出现错误的请求的数量/请求的总数。

（7）Throughput：吞吐量，默认情况下表示每秒完成的请求数。

（8）KB/Sec：每秒从服务器端接收到的数据量。

（9）90％ Line：90％用户的响应时长。

（10）Median：中位数，即 50％用户的响应时长。

JMeter 本身提供图形界面，极大地方便了用例编写和调试，它不但提供请求配置和脚本编写的界面，也可以用于执行和调试，并有对应的多种形式的报告，让用例编写和调试的过程变得简单。当调试完成后，可以用命令行的方式来执行 JMeter 脚本，而不需要打开图形界面，也方便自动化框架的封装。

11.4.2　JMeter 安装与目录结构

从官网 http://jmeter. apache. org/download_jmeter. cgi 下载 apache-jmeter-3. 0. zip，然后解压。其目录结构如图 11－3 所示。

图 11－3　JMeter 目录结构

其中，docs 目录下是一些用户手册文档等，可以参考。

extras 目录提供了对构建工具 ant 的支持，从而实现批量脚本执行，产生 HTML 测试报告。运行的时候，可以把测试数据记录下来，JMeter 自动生成一个 .jtl 文件，运行 ant -Dtest＝文件名 report 即可生成测试统计报表。

lib 目录主要是 JMeter 的核心 jar 包等，对于用户依赖的包，也要放在此 lib 目录下。

JMETER_HOME/lib：用于 utility jars，公用支持的 jar 包。

JMETER_HOME/lib/ext：用于 JMeter 组件和插件。

如果用户开发的 JMeter 组件，需要拷贝相应的 jar 包到 JMETER_HOME/lib/ext 目录下，则 JMeter 会自动在这里查找组件。Utility 的 jar 以及其插件依赖的 jars，不能放在 JMETER_HOME/lib/ext 目录下，需放在 JMETER_HOME/lib 目录下。

11.4.3 运行 JMeter

（1）在 Windows 下运行 jmeter. bat 或者 UNIX 下运行 JMeter，会出现 JMeter 图形用户界面。bin 目录下还有其他一些有用的脚本。Windows 脚本文件如下。

jmeter. bat：默认 GUI 模式运行 Jmeter。

jmeterw. cmd：run JMeter without the windows shell console（in GUI mode by default）。

jmeter -n. cmd：加载一个 JMX 文件，在非 GUI 模式下运行。

jmeter -n -r. cmd：加载一个 JMX 文件，在远程非 GUI 模式下运行。

jmeter -t. cmd：加载一个 JMX 文件，在 GUI 模式下运行。

jmeter -server. bat：以服务器模式启动 JMeter。

jmeter -server. cmd：在非 GUI 模式下运行 JMeter Mirror 服务器。

shutdown. cmd：优雅的关闭一个非 GUI 实例。

stoptest. cmd：突然的关闭一个非 GU。

UNIX 脚本文件如下。

Jmeter：运行 JMeter，默认 GUI 模式。

jmeter -server：以服务器模式启动 JMeter。

jmeter. sh：最基本的 JMeter 脚本。

mirror -server. sh：在非 GUI 模式下运行 JMeter 镜像服务器。

shutdown. sh：运行 Shutdown client 来优雅的停止非 GUI 实例。

stoptest. sh：运行 Shutdown client 来中断式的停止非 GUI 实例。

如果当前使用的 JVM 不支持某些 JVM 设置，则可修改 JMeter shell 脚本。使用 JVM_ARGS 环境变量来修改或者设置额外的 JVM 选项，例如 JVM_ARGS = "-Xms1024m -Xmx1024m" jmeter -t test. jmx［etc. ］，就会覆盖脚本中的堆设置。

（2）使用代理服务器。如果测试隐藏于防火墙或者代理服务器后，需要向 JMeter 提供防火墙或代理服务器的主机名和端口号。通过命令行来运行 JMeter. bat 文件，并带如下参数：

-H：［代理服务器主机名或者 IP 地址］。

-P：［代理服务器端口］。

-N：［不使用代理的主机］（例如 *. apache. org|localhost）。

-u：［代理验证的用户名—如果要求的话］。

-a：［代理验证的密码—如果要求的话］。

例如，jmeter -H my. proxy. server -P 8000 -u username -a password -N localhost，也可以使用--proxyHost，--proxyPort，--username，and -password 作为参数名。

命令行提供的参数可能对系统其他用户也是可见的。

（3）命令行模式。对于非交互式测试，选择不使用 GUI 方式运行 JMeter。为了这一目的，可以使用下面命令行选项。

-n：指明 JMeter 以非 GUI 模式运行。

-t：[JMX 文件（包含测试计划）名称]。

-l：[JTL 文件名称，用于存放 log 采用结果]。

-j：[JMeter 日志文件的名称]。

-r：JMeter 属性 "remote_hosts" 指定的服务器上远程运行测试脚本。

-R：[远程服务器列表]在指定的远程服务器上运行测试脚本。

-g：[csv 文件路径] 仅产生报告 dashboard。

-e：加载测试后，产生报告 dashboard。

-o：输出的文件夹，里面是加载测试后产生报告 dashboard。文件夹必须为空或者不存在。

这些脚本允许指定可选的防火墙/代理服务器信息。

-H：[代理服务器主机名或者 IP 地址]。

-P：代理服务器端口号]。

例如，jmeter -n -t my_test.jmx -l log.jtl -H my.proxy.server -P 8000。

（4）服务器模式。分布式测试，在远程节点上以服务器模式允许 JMeter，并通过图形用户界面（GUI）来控制这些服务器，也可以使用命令行模式去进行远程测试。要想启动这些服务器，在每个服务器主机运行 jmeter-server[.bat]。脚本也运行指定可选的防火墙/代理服务器信息。

-H：[代理服务器主机名或者 IP 地址]。

-P：[代理服务器端口号]。

例如，jmeter-server -H my.proxy.server -P 8000。

命令行模式在客户端运行测试，使用下面的命令：

jmeter -n -t testplan.jmx -r [-Gprop＝val] [-Gglobal.properties] [-X]。其中，G 用于定义要在服务器中设置的 JMeter 属性；-X 意味着测试结束后退出服务器。

（5）全部的命令行选项列表。通过命令 jmeter -?，查看命令选项的列表，如图 11－4所示。

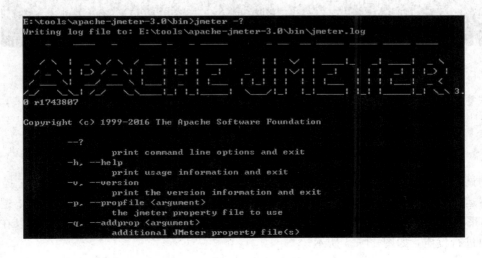

```
-t, --testfile <argument>
        the jmeter test<.jmx> file to run
-l, --logfile <argument>
        the file to log samples to
-j, --jmeterlogfile <argument>
        jmeter run log file <jmeter.log>
-n, --nongui
        run JMeter in nongui mode
-s, --server
        run the JMeter server
-H, --proxyHost <argument>
        Set a proxy server for JMeter to use
-P, --proxyPort <argument>
        Set proxy server port for JMeter to use
-N, --nonProxyHosts <argument>
        Set nonproxy host list (e.g. *.apache.org|localhost)
-u, --username <argument>
        Set username for proxy server that JMeter is to use
-a, --password <argument>
        Set password for proxy server that JMeter is to use
-J, --jmeterproperty <argument>=<value>
        Define additional JMeter properties
-G, --globalproperty <argument>=<value>
        Define Global properties (sent to servers)
        e.g. -Gport=123
          or -Gglobal.properties
-D, --systemproperty <argument>=<value>
        Define additional system properties
-S, --systemPropertyFile <argument>
        additional system property file(s)
-L, --loglevel <argument>=<value>
        [category=]level e.g. jorphan=INFO or jmeter.util=DEBUG
-r, --runremote
        Start remote servers (as defined in remote_hosts)
-R, --remotestart <argument>
        Start these remote servers (overrides remote_hosts)
-d, --homedir <argument>
        the jmeter home directory to use
-X, --remoteexit
        Exit the remote servers at end of test (non-GUI)
-g, --reportonly <argument>
        generate report dashboard only, from a test results file
-e, --reportatendofloadtests
        generate report dashboard after load test
-o, --reportoutputfolder <argument>
        output folder for report dashboard
```

图 11-4　查看命令选项的列表

注意：JMeter 日志文件名字可以在日志文件后加上当前日期，单引号括起来，例如 jmeter_'yyyyMMddHHmmss'.log'。

11.4.4　JMeter GUI 界面介绍

测试计划是 JMeter 进行测试的开始，是其他 JMeter 测试组件的容器。它描述了 JMeter 运行时会执行的系列步骤，一个完整的测试计划包括一个或者多个线程组、逻辑控制器、采样器、监听器、定时器、断言和配置文件。整个测试脚本的基础设置都可以在测试计划中进行设定，如图 11-5 所示。

图 11-5　测试计划中添加

JMeter UI 的基本操作：

（1）添加测试元件：图像界面右侧的控制面板可帮助设定某个测试元件的行为。

（2）加载和保存测试元件：右键单击需要添加元素的已有的测试树元素，点击 merge 合并，选中保存过的测试元素文件，可以将测试元件添加到测试树中。

（3）保存测试元件：选中该测试元件后单击鼠标右键，在弹出的快捷菜单中选择"保存为"命令，供后续使用。

（4）保存测试计划：右键单击要保存的测试元件，进行保存供后续使用。可点击文件菜单的"Save"或"Save Test Plan As …"。

（5）运行测试计划：选择"运行"→"启动"命令，或按 Ctrl＋R 组合键。

（6）终止测试计划：两种命令可以用于终止测试，即停止（Ctrl＋.）和关闭（Ctrl＋,）。

停止与关闭的区别，停止（Stop）是立即终止，立刻停止所有线程。关闭（Shutdown）是优雅的关闭，线程在当前工作完成后停止，不会中断任何采样器的工作。

11.4.5　JMeter 常用组件介绍

1. 线程组（Thread Group）

线程组是任何测试计划的起点，所有的控制器和采样器都必须放在线程组之下。其他的测试元件，如监听器，可以被直接放在测试计划之下，这样就会对所有线程组都生效。线程组的配置界面如图 11-6 所示。

（1）名称：可以给线程组设置一个有意义的名称。

（2）线程数：设置发送请求的用户数，即并发数，默认为 1。这里对并发量进行说明，JMeter 脚本中，如果将某个线程组的线程数设置为 100，那么是不是对于这个类型的请求，并发量就是 100？宏观的角度是对的，100 个人都独立完成一连串的工作，确实是 100 个在

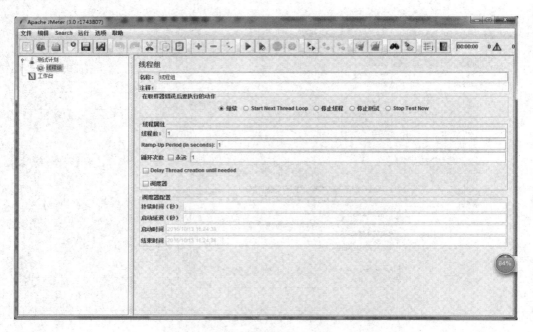

图 11 - 6　线程组的配置界面

并行。但是对于服务器可能就不是 100 了。每个虚拟用户执行都是独立的，假定操作需要 2
个请求完成，很可能某个虚拟用户还在等待第一个请求的响应，但是另一个虚拟用户已经
收到了第一个请求的响应并发起了第二个请求。那么对于服务端而言，某个时刻，操作的 2
个请求的并发都没有到达 100。某个请求的严格意义上的并发可以通过 TCP 连接的保持数
来看。执行 JMeter 前关闭本机上其他可能联网的软件，减少数据干扰，在脚本运行过程
中，通过 netstat|grep ESTABLISH |wc -l 命令获得保持连接状态的 TCP 请求数量。

（3）Ramp - Up Period：设置达到最大线程数需要的时间，即所有线程在多少时间内启
动，单位是秒。例如 20 个线程，Ramp - Up Period 为 80，那么 JMeter 需要 80 秒来使得 20
个线程全部运行，每个线程启动的间隔时间为 4s，即每个线程会在上个线程启动 4s 后才开
始运行。Ramp - Up Period 参数如果设置的太短，则会在测试开始阶段就给服务器过大的
压力。但也不能设置的太长，否则会出现第一个线程已经执行完毕，而最后的线程还没有
启动，除非有特殊需求。一般建议 Ramp - Up Period 设置为总线程数，可根据实际需求进
行增减。

（4）循环次数：请求的循环执行次数。默认情况下线程组被设定成只执行一遍，根据需
要设置测试脚本的循环执行次数。

（5）调度器：选中调度器的选项，设定测试运行的持续时间、启动延迟、启动时间和结
束时间。启动时间，测试启动后会一直等待，直到用户设定的启动时间。结束时间，测试运
行期间，JMeter 会在每一次循环结束后，检查是否已经到达结束时间。如果已经到达结束
时间，就会终止测试运行，否则会继续下一个测试循环。设定启动延迟与持续时间两项参
数，来控制每个线程组多少秒后启动以及持续时间。启动延迟和持续时间的优先级高于启
动时间和结束时间。

2. 控制器（Controller）

JMeter 有两种类型的控制器：采样器和逻辑控制器，二者结合起来驱动测试进程。采样器用来向服务器发送请求，例如，当用户想向服务器发送一个 HTTP 请求时，就加入 HTTP 请求采样器。逻辑控制器用来定义 JMeter 发送请求的逻辑，例如，添加一个交替逻辑控制器在两个 HTTP 请求采样器之间轮流。

（1）采样器（Samplers）：服务器发送请求并等待服务器的响应。采样器会按照其在测试树中的顺序去执行，可以用控制器来改变采样器运行的重复次数。JMeter 采样器包含如图 11 - 7 所示的内容。

每一种采样器都有一些可以设置的属性。通过在测试计划中添加一个或者多个配置文件定制化一个采样器来定制化请求。如果给同一个服务器发送相同类型（如 HTTP 请求）的多个请求，则控制器可以使用默认配置文件，每个控制器可以有一个或者多个默认文件。

（2）逻辑控制器（Logic Controllers）：定制化 JMeter 发送请求的行为逻辑，改变请求的顺序，以便能按照用户期望的顺序和逻辑执行。它和采样器结合使用，模拟复杂的请求序列。Test Fragment 为控制器的一种特殊类型，在测试计划数中与线程组属于同一级。

3. 监听器（Listeners）

监听器负责收集并显示测试结果。监听器可以将测试数据导入到文件中，以供后续分析。每一个监听器由用户指定存储数据的文件。监听器提供了一个配置按钮，用来选择存储数据的字段，以及选用的存储格式（csv 或者 XML）。监听器可以在测试的任何地方添加，包括直接放在测试计划之下。监听器包含如图 11 - 8 所示的内容。

图 11 - 7　采样器

图 11 - 8　监听器

4. 定时器（Timers）

定时器负责定义请求之间的延迟间隔，如固定定时器。默认情况下，JMeter 线程顺序执行采样器是没有时间间隔的，JMeter 可能会在短时间内产生大量的访问请求，导致服务器被大量请求所淹没。如果为线程组添加定时器，则会让作用域内的每一个采样器都在执行前等待一个固定时长，即前面小节提到的思考时间。如果选择为线程组添加多个定时器，那么 JMeter 会将这些定时器的时长叠加起来，共同影响作用域范围内的采样器。定时器可以作为采样器或者逻辑控制器的子项，从而只影响作用域内的采样器。

5. 断言（Assertions）

断言用来检查从服务器获得的响应结果是否与预期一致，即保证功能正确的同时，进行接口或压力测试。如果想检查服务器响应的内容，可以给对应采样器添加断言。例如，给 HTTP 请求添加断言检查文本</HTML>，JMeter 会检查 HTTP 响应是否有此文本，如果没有此文本，则会标记为失败的请求。查看断言结果，可以为线程组添加"断言结果"的监听器；失败的断言也会在"察看结果树"和"用表格察看结果"这两种监听器中显示，在 "Summary Report"和"聚合报告"这两种监听器中会以错误百分率的形式进行统计。断言内容如图 11-9 所示。

6. 配置元件（Configuration Elements）

配置元件用来维护采样器需要的配置信息，根据实际情况修改请求的内容，配置元件与采样器相关联。除了 HTTP 代理服务器例外，配置元件并不发送请求，但可以添加或者修改请求。如果向同一个服务器发送同一类请求，可以考虑使用默认配置元件。每一类采样器可有一个或多个对应的默认配置元件，可以通过在测试计划中加入一个或者多个配置元件，来进一步定制化采样器。配置元件仅对其所在的测试树分支有效。无论处于测试树的哪个位置，都会在测试的初始阶段执行，为了便于理解，建议将它放在线程组的开始部分。配置元件中内容如图 11-10 所示。

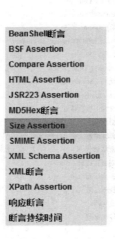

图 11-9　断言

图 11-10　配置元件

7．前置处理器(Pre‐Processor)

在前置处理器的作用范围内，任何采样器被执行之前，要先执行前置处理器。通常用于在采样器发出请求前修改采样器的某些设置，或者更新某些变量的值。如果前置处理器附着在某个采样器之下，那么它只会在该采样器运行之前执行。

8．后置处理器(Post‐Processor)

在后置处理器的作用范围内，任何采样器被执行之后，都要执行对应的后置处理器。它通常用于处理服务器的响应数据，特别是在服务器响应中提取数据。如果后置处理器附着在某个采样器之下，那么它只会在该采样器运行之后执行。

9．参数化设置

以 HTTP 请求为例，HTTP 请求中一般会提交一些参数和值，为了避免在每次请求中都使用相同的参数值，可以进行参数化设置。参数化中常常用到 CSV Data Set Config 进行参数化设置，也可以利用函数助手的_Random 随机函数进行参数化设置。

11.4.6　JMeter 的执行顺序

这里，说明下 JMeter 的执行顺序：配置元件→前置处理器→定时器→采样器→后置处理器(除非服务器响应为空)→断言(除非服务器响应为空)→监听器(除非服务器响应为空)。

其中，只有当作用域内存在采样器时，定时器、断言、前置处理器和后置处理器才会被执行。逻辑控制器和采样器处理顺序是其在测试树中出现的顺序，其他测试元件会依据自身的作用域范围来执行，另外还与测试元件所属的类型有关，归属于同一类型的测试元件，会按照它们在测试树中出现的顺序来执行。例如测试计划为

- Controller
  - Post-Processor 1
  - Sampler 1
  - Sampler 2
  - Timer 1
  - Assertion 1
  - Pre-Processor 1
  - Timer 2
  - Post-Processor 2

执行顺序为：

Pre—Processor 1

Timer 1

Timer 2

Sampler 1

Post—Processor 1

Post—Processor 2

Assertion 1

Pre—Processor 1

Timer 1

Timer 2

Sampler 2

Post－Processor 1

Post－Processor 2

Assertion 1

11.4.7　JMeter 作用域

JMeter 测试树中包含遵循分层规则与顺序规则的测试元件。测试树的一些元件（控制器、采样器）是遵循顺序规则的。创建测试计划，需要创建采样器请求的顺序列表，来代表一系列要执行的步骤。还有一些是遵循分层规则的（监听器、配置元件、定时器、断言、前置处理器、后置处理器），例如断言，在测试树中就遵循分层规则，如果断言的父测试元件是请求，那么就会被应用于请求，如果断言的父测试元件是控制器，那么就会影响控制器下的所有子请求。例如官网文档给的如图 11-11 所示的例子。

断言♯1 应用于请求 One，而断言♯2 应用于请求 Two 和 Three。官方文档给的另个例子如图 11-12 所示。

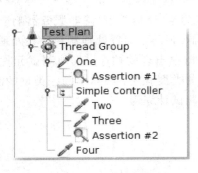

图 11-11　测试计划用例

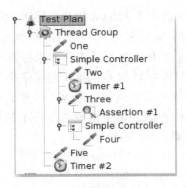

图 11-12　测试计划用例

定时器 Timer♯1 应用于请求 Two、Three 和 Four，断言♯1 只应用于请求 Three，定时器 Timer♯2 应用于所有请求。

11.4.8　JMeter 的参数化测试

使用变量代替测试计划中经常出现的表达式，或者某些在单次运行过程中不变但是多次运行中改变的项，如主机名或者线程数。当构建测试计划时，对于在运行时保持不变但是在不同线程之间可能变化的项，应该有单独的变量名字，建议使用如前缀 C_ 或 K_，或者大写，以便进行区别。例如，可以在测试计划中如此命名：

HOST　　　　　　　　www. example. com

THREADS　　　　　　5

LOOPS　　　　　　　10

测试计划中使用 ${HOST}、${THREADS}等来引用这些变量，例如如果要改变主机名，则只需改变 HOST 变量即可。这种方法适用于并发量小的情况，但是对于大量并发的压力测试，可以使用 JMeter 属性来定义变量值。例如：

HOST　　　　　　　　${__P(host,www. example. com)}

THREADS ${__P(threads,5)}
LOOPS ${__P(loops,10)}

可以通过命令行改变 JMeter 属性的值，如 jmeter … -Jhost＝www3. example. org -Jloops＝20。

此外，HTTP 请求的参数中，会遇到一些参数的值是从服务器响应返回的动态数据，这些数据需要进行关联，才能使得下一次请求被服务器成功接受，Jmeter 采用正则表达式提取器来获取这些动态数据，作为一个后置处理器，正则表达式会在每个请求执行后再执行，这样提取请求的参数值，就可以将结果保存到设置的相应变量中了。

11.4.9　创建 Web 测试计划

本节介绍如何创建一个基本的测试计划，来测试 Web 站点。创建 5 个用户，对站点的两个网页发送请求。每个用户都会运行两次测试。因此，总请求数目为 5 个用户×2 个请求×2 次重复＝20 HTTP 请求。构建此测试计划，需要使用下面的测试元件：线程组（Thread Group）、HTTP 请求（HTTP Request）、HTTP 请求默认值（HTTP Request Defaults）和图形结果（Graph Results）。

（1）添加用户。创建 JMeter 测试计划，首先，添加线程组测试元件，线程组可设置模拟的并发用户数目、用户发送请求的频率以及需要发送请求的数目。

添加线程组元件首先需要选中测试计划，单击鼠标右键，选择 Add 菜单，然后选择 Add → ThreadGroup，就可看到测试计划下的线程组元件，如果没有看到，则可单击测试计划展开测试计划树。接着，修改默认的属性。在测试树中选择线程组元素，可看到JMeter 窗口右边部分的线程组控制面板，如图 11‑13 所示。首先，给线程组提供一个有意义的名字，在名称域中，如输入 JMeter Users。接着，设置线程数为 5。Ramp-Up Period 保持默认 1 s 的值不变，这个属性设置启动每个用户之间需要多久，例如，如果输入 Ramp-Up Period 为 5 秒，JMeter 会在 5 秒内，完成所有用户的启动。所以如果有 5 个用户，5s 的 Ramp-Up

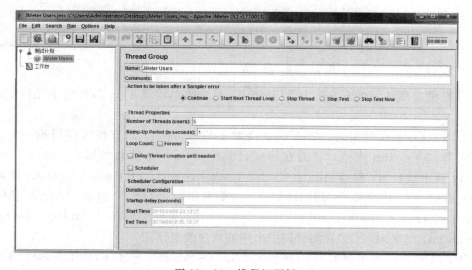

图 11‑13　线程组面板

Period，那么启动用户会有 1 秒的延迟（5 个用户/5 秒＝1 用户每秒）。如果设置为 0，那么 JMeter 将立即启动所有的并发用户。

接着，输入循环次数为 2，用来设置重复多少次测试。如果输入循环次数为 1，那么 JMeter 只会运行测试一次。如果需要重复运行测试计划，那么选择永远（Forever）复选框。

JMeter 的控制面板会自动接受用户在控制面板中的修改变化，例如，改变某个测试元件名字，那么离开控制面板后，就会以新名字更新测试树。

（2）添加默认 HTTP 请求属性。定义了并发用户数，接下来定义需要执行的任务，为 HTTP 请求制定默认设置。下节添加 HTTP 请求，并使用此处设定的默认设置。

首先，选择 JMeter 线程组元件。单击鼠标右键，选择 Add 菜单，然后选择 Add → Config Element → HTTP Request Defaults。选择新测试元件来查看它的控制面板。HTTP 请求默认值的控制面板也有可以修改的名称域，这里保留默认值。对于正在构建的测试计划，所有 HTTP 请求都发往相同的 Web 服务器，例如 Web Server's Server 的名称或 IP 输入 jmeter.apache.org，其他可以保持默认值，如图 11-14 所示。

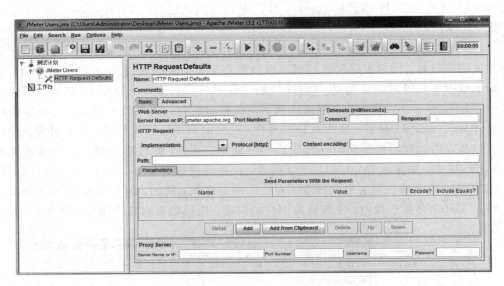

图 11-14　添加默认 HTTP 请求属性

HTTP 请求默认元件不发送 HTTP 请求，只是简单定义了 HTTP 请求元件使用的默认值。

（3）添加 Cookies 的支持。Web 测试需要支持 Cookies，只有特殊应用程序才不使用 Cookies。添加 Cookies 支持，只需在测试计划中的每个线程组添加一个 HTTP Cookie Manager，选中线程组，选择 Add → Config Element → HTTP Cookie Manager 即可。

（4）添加 HTTP 请求。在测试计划中，需要发送两个 HTTP 请求，一个是 JMeter 主页面（http://jmeter.apache.org/），另一个是 Changes 页面（http://jmeter.apache.org/changes.html），JMeter 按照在测试树中出现的顺序发送请求。

首先，JMeter 线程组添加 HTTP 请求（Add → Sampler → HTTP Request），接着，在测试树中选择 HTTP 请求测试元件，编辑下面的属性，如图 11-15 所示。

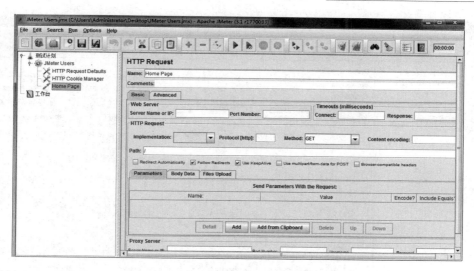

图 11 - 15　添加 HTTP 请求

将名称域改为"Home Page"。将路径域设置为"/"，不用设置服务器名称，因为已经在 HTTP 请求默认值（HTTP Request Defaults）中设定了。

接着，添加第二个 HTTP 请求，编辑下面的属性，如图 11 - 16 所示。

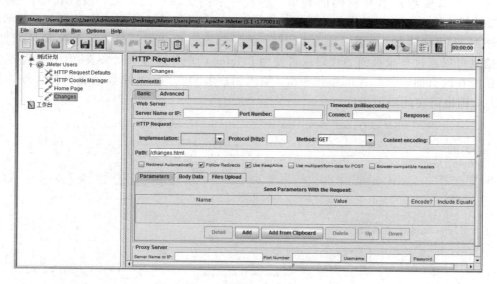

图 11 - 16　添加第二个 HTTP 请求

将名称域改为"Changes"。将路径域设置为" /changes. html"。

（5）添加监听器来查看和存储测试结果。测试计划添加监听器，将所有 HTTP 请求的测试结果存储在一个文件，并以可视化的模型进行显示。

选中线程组，添加图形结果（Graph Results）监听器（Add → Listener → Graph Results），接着需要指定输出文件的目录和文件名称，如图 11 - 17 所示。既可以在文件域中输入，也可以单击浏览（Browse）按钮，选择目录输入文件名称。

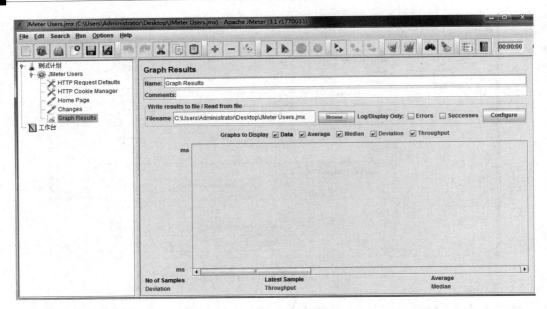

图 11 - 17　添加监听器

此外，有的 Web 站点要求在执行特定操作前需要先登录。在 Web 浏览器中，登录界面通常是一个需要用户名和密码的表单，还有一个提交表单的按钮，该按钮会产生一个 POST 请求，传递表单的元素作为参数。在 JMeter 中进行这个步骤，如图 1 - 18 所示，就需要添加 HTTP 请求，设置方法为 POST。需要知道表单使用的输入域名称和目标页面，这些信息可以通过登录页面的代码或者使用 JMeter 代理等进行录制来获取。设置路径为提交按钮所在的页面，点击 Add 按钮两次，输入用户名和密码。如果登录表单包含额外的隐藏信息，则也需在此添加。

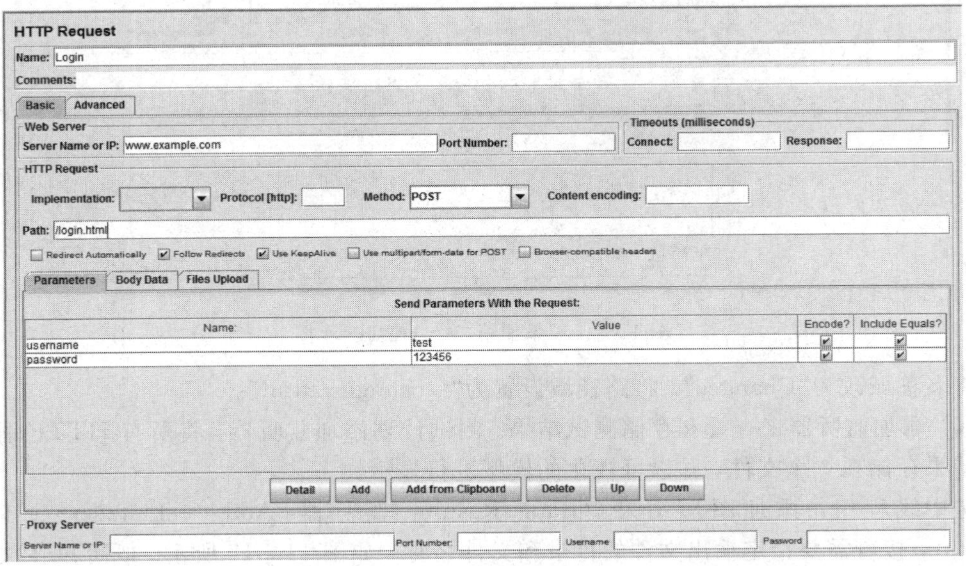

图 11 - 18　登录的 HTTP 请求

11. 4. 10　使用 JMeter 代理录制性能测试脚本

本节介绍如何使用 JMeter 代理录制 Web 性能测试脚本。

（1）启动 JMeter，选中测试树的测试计划。右键点击测试计划，添加一个新的线程组：Add→Threads（Users）→Thread Group。

（2）选择线程组，单击鼠标右键，选择 Add → ConfigElement → HTTP Request Defaults。在新的 HTTP Request Defaults 测试元件中，服务器名称输入"jmeter. apache. org"，路径则保留空白，如图 11 - 19 所示。

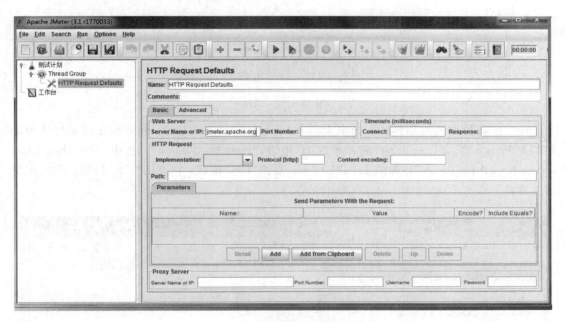

图 11 - 19　设置服务器名称

（3）右键单击线程组，添加录制控制器：Add → Logic Controller → Recording Controller。

（4）选中工作台，右键点击工作台，添加 HTTP(S)代理：Add → Non－Test Elements → HTTP(S) Test Script Recorder。HTTP 代理服务器（HTTP(S) Test Script Recorder），点击 URL Patterns to Include 的添加按钮，产生一个空白输入域，在空白输入域输入". * \. html"，如图 11 - 19 所示。

（5）右键点击 HTTP(S) Test Script Recorder，添加监听器 Add → Listener → View Results Tree。

（6）返回 HTTP(S) Test Script Recorder，点击底部的启动按钮，如图 11 - 20 所示。配合浏览器来使用 JMeter 代理。

目前 JMeter 代理已经运行，作为练习，使用 Firefox 来查看 JMeter 网站的一些网页。

（7）开启 Firefox，但是不关闭 JMeter。在工具栏，选择 Edit → Preferences（或者 Tools → Preferences），选择高级的 Network，点击靠近底部的"Setting"按钮。

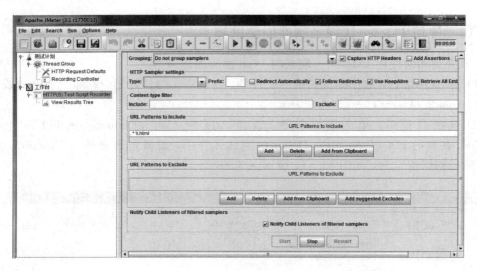

图 11-20 启动

（8）在新弹出的对话框中，选中 Manual proxy configuration。地址和端口域应该使能 HTTP Proxy 输入"Localhost"或者系统 IP 地址，Port 输入"8088"，选中"Use this proxy server for all protocols"，如图 11-21 所示。点击"OK"按钮，再点击"OK"按钮，返回浏览器主界面。

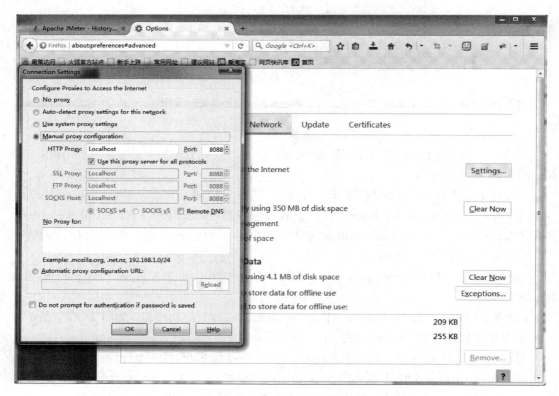

图 11-21 网络设置

（9）在浏览器顶部的地址栏，输入 http://jmeter.apache.org/index.html，并点击确定键。然后点击 JMeter 页面上的一些链接，关闭浏览器后，返回 JMeter 窗口。展开线程组，即可发现录制的采样器。这个案例中，没有默认请求参数，如果需要某个特定的请求参数，那么需要在请求默认值中添加并保存该参数。

（10）选择线程组，右键单击 Add → Listener → Summary Report，添加监听器。选择线程组，设置线程数输入"5"，Ramp-Up Period 不变，Loop Count 输入"100"。

（11）运行测试，并在监听器中监视测试的运行情况。测试运行时，右上角有个绿色小方盒，测试结束后，小盒子会变灰。

11.4.11　使用 Badboy 录制性能测试脚本

Badboy 是一款不错的 Web 工具，用于辅助应用程序的测试和开发，它可以捕捉回放接口，支持负载测试和详细的报告等。Badboy 监控 IE 的活动并录制，可用于查看或者回放。Badboy 提供了简单好用的功能，将 Web 测试脚本直接导出生成 JMeter 脚本。详细使用参考 http://www.badboy.com.au/docs/Badboy_v2.1_User_Doc.pdf。

（1）通过 Badboy 的官方网站（http://www.badboy.com.au/）下载与安装 Badboy。

（2）启动 Badboy，在地址栏中输入测试的 URL，这里以 http://www.baidu.com/为例，点击 GO 按钮开始录制，Badboy 会使用内嵌的浏览器访问网站如图 11-22 所示。

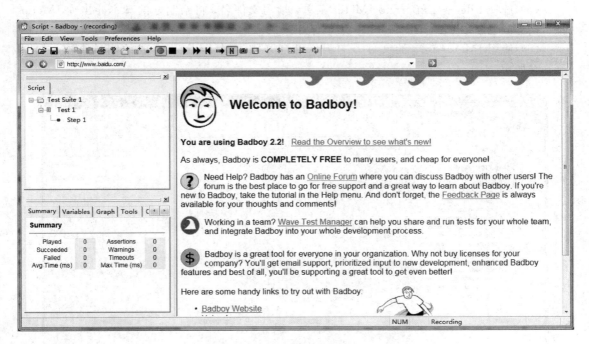

图 11-22　Badboy 界面

（3）在 Badboy 右边打开的网页中完成所需的各项操作，左上角的脚本框即可看到录制的脚本，如图 11-23 所示。

图 11-23　录制脚本

（4）录制完成后，点击工具栏中的"停止录制"按钮，完成脚本的录制。

（5）选择 File → Export to JMeter 菜单，填写文件名，将录制好的脚本导出为 JMeter 脚本格式，也可以选择 File → Save 菜单保存。

（6）使用 JMeter 菜单的文件→打开，可打开刚通过 Badboy 生成的测试脚本，如图 11-24所示。

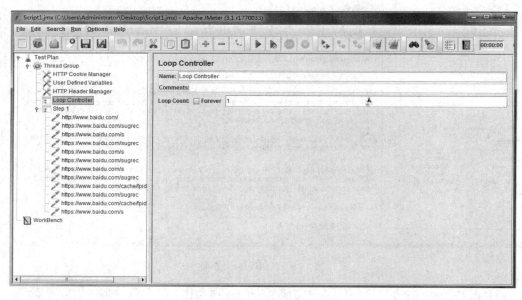

图 11-24　打开录制的脚本

（7）为测试脚本添加监听器，察看结果树和图形结果。

（8）运行测试，并在监听器中监视测试的运行情况，如图 11-25 所示。

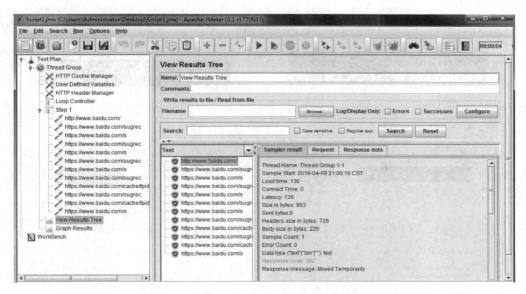

图 11-25　监听器监听

11.4.12　使用 Chrome 插件录制性能测试脚本

在 Chrome 的扩展程序/获取更多扩展程序中，查找扩展程序 BlazeMeter（见图 11-26），并添加至 Chrome，则浏览器右上角出现 ☆ 🔳 ☰ BlazeMeter。

图 11-26　查找扩展程序 BlazeMeter

（1）点击 BlazeMeter 插件，注册账号。

（2）为本次录制取一个名字，如 TEST，然后点击红色原点，开始录制脚本。

（3）Chrome 浏览器中在测试的网页完成所需的各项操作，以 http://www.baidu.com/为例，进行一些搜索操作，每一次服务器请求，BlazeMeter 插件的图标上的数字都会加一，可以清楚的看到录制的步骤，如图 11-27 所示。

（4）录制完成后，再次点击 BlazeMeter 的图标，点击"Stop recording"停止按钮。

（5）点击".jmx"按钮，将测试脚本导出生成一个.jmx 的文件，如图 11 - 28 所示。

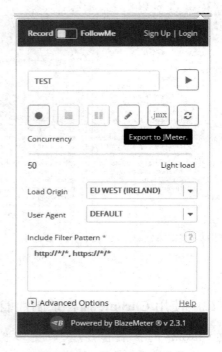

图 11 - 27　录制界面　　　　　　　　图 11 - 28　导出.jmx 的文件

（6）使用 JMeter 菜单的文件/打开，打开刚通过 Chrome 插件导出的测试脚本。

（7）为测试脚本添加监听器，察看结果树和图形结果。

（8）运行测试，并在监听器中监视测试的运行情况，如图 11 - 29 所示。

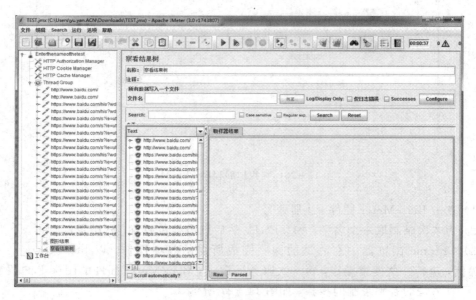

图 11 - 29　监听器监听图

参 考 文 献

［1］　Patton Ron. 软件测试. 张小松，等，译. 北京：机械工业出版社，2006.

［2］　Whittaker James A.. 探索式软件测试. 方敏，张胜，钟颂东，等，译. 北京：清华大学出版社，2010.

［3］　Whittaker James，Arbon Jason，Carollo Jeff. Google 测试之道. 黄利，李中杰，薛明，译. 北京：人民邮电出版社，2013.

［4］　施毅民. Android 应用测试与调试实战. 北京：机械工业出版社，2014.

［5］　陈绍英，刘建成，金成姬. Loadrunner 性能测试实践. 北京：电子工业出版社，2007.

［6］　CSTQB 官网.

推 荐 语

西安理工大学的顾桓教授：本书作者作为有十多年一线测试经验的工程师，在工作中做出了出色的成绩，难能可贵的是作者长期以来能够对相关的技术和经验进行深挖和总结，并在丰富积累的基础上提炼和总结并成书。本书内容丰富实用，能够将测试技术与实践经验结合，对包括测试模型、测试策略、测试设计、自动化测试等进行了系统的讲解，并针对涉及的包括 Linux、Windows 和 Android 和 Web 平台下的测试方法、自动化工具和应用经验进行了论述和总结。在如何开发测试策略，如何输出测试设计、建模与用例，如何进行不同平台的自动化和测试，如何进行质量评估和管理等方面给出了宝贵的指导。此书不仅适合自学，也适合相关教学，可以帮助读者获取全面的测试知识，具备融会贯通的能力，避免知识结构单一，对求职和职业生涯很有裨益！

研华科技 CEO Allan. Yang：本书是根据作者十几年的一线实践经验与理论相结合而编写的，内容丰富而颇具深度，全面系统地介绍了测试策略模型、测试设计技术与建模，涵盖了 Android、Windows、Linux 系统下的各种自动化技术与工具、单元接口测试与 Web 测试，以及质量评估与质量管理等。每一章节都自成一体，既深入浅出地对书中内容做了详细的介绍，又引入了大量的实践案例，通过理论结合实践的应用方式加深读者对知识的理解与有效掌握，初级以及资深的读者均可从本书中受益。

武汉佰钧成技术有限责任公司 CEO 肖骏：作者在大型 IT 企业从事测试管理工作，是测试领域的专家，书中内容是作者多年从事测试工作的最佳实践，既有理论基础又具备实践指导意义。本书既可以帮助读者提高测试技术和自动化测试的理论水平，又可以从中得到实践思路，值得推荐。

前 Microsoft 软件架构师 John Zhang：本书将软件测试理论和一线测试实践相结合，书中详细介绍了测试策略、测试建模、测试设计与质量管理，系统介绍了 Windows、Linux、Android 平台以及 Web 的各种测试方法和自动化工具。书中包含了大量自动化测试真实案例，对相关的测试团队或个人，具有很好的参考作用！

上海大学博导杨邦华教授：本书是一本由国内具有丰富经验的作者编写的软件测试实战的书，全书内容丰富，结构清晰，涵盖精选选取的主流技术，包括测试策略模型、测试建模和设计、不同类型的测试自动化与工具等，既有测试理论和新技术介绍，又有测试案例应用。无论是在校学生、刚踏入软件行业的新人，还是已经在测试行业前行的人、希望成长为测试架构师的人，抑或是测试管理者，此书都是不可多得的全面实用的教材。

OPPO 广东移动通信有限公司测试经理张倩：本书倾注了作者多年的测试经验，内容全面，将测试技术提升到很关键的高度，很好地指导了测试人员，为广大的测试工程师提供了必备的参考！